ADOBE® PREMIERE® PRO CS4

Adobe Premiere Pro CS4
经典教程

〔美〕Adobe公司　著
王永炫　译

人 民 邮 电 出 版 社
北 京

图书在版编目（CIP）数据

Adobe Premiere Pro CS4经典教程 / 美国Adobe公司著；王永炫译. —北京：人民邮电出版社，2009.6 (2017.7 重印)
ISBN 978-7-115-20566-7

I. A… II. ①美…②王… III. 图形软件，Premiere Pro CS4—教材 IV. TP391.41

中国版本图书馆CIP数据核字（2009）第037936号

版权声明

Adobe Premiere Pro CS4 经典教程

◆ 著　　[美] Adobe 公司
　译　　王永炫
　责任编辑　李　际

◆ 人民邮电出版社出版发行　　北京市丰台区成寿寺路 11 号
　邮编　100164　　电子邮件　315@ptpress.com.cn
　网址　http://www.ptpress.com.cn
　北京鑫正大印刷有限公司印刷

◆ 开本：800×1000　1/16
　印张：24.25
　字数：569 千字　　2009 年 6 月第 1 版
　印数：49 301－50 300 册　　2017 年 7 月北京第 26 次印刷

著作权合同登记号　图字：01-2008-5865 号

ISBN 978-7-115-20566-7/TP

定价：49.00 元（附光盘）

读者服务热线：(010)81055410　印装质量热线：(010)81055316

反盗版热线：(010)81055315

内容提要

本书由 Adobe 公司的专家编写，是 Adobe Premiere Pro CS4 软件的正规学习用书。

全书共分为 21 课，每课都围绕着具体的例子讲解，步骤详细，重点明确，手把手教您进行实际操作。全书是一个有机的整体，通过大量富有创意的项目，详细地介绍视频编辑的流程和细节，帮助您快速掌握软件的使用方法。本书除全面介绍了 Premiere Pro CS4 的操作流程外，还详细介绍了 Premiere Pro CS4 的新功能。书中给出了大量的提示和技巧，提高您使用 Premiere Pro CS4 的效率。

无论您是视频编辑的新手，还是在视频编辑软件方面已有一定经验和水平的专业人士，本书都有适合您阅读的内容。如果您对 Premiere Pro 还比较陌生，可以先了解使用 Premiere Pro 所需的基本概念和特性；如果您是一位 Premiere Pro 的老手，则可以将主要精力放在新版本的技巧和技术的使用上。本书也适合各类相关培训班学员及广大自学人员参考。

前 言

Adobe Premiere Pro CS4，这是一个为视频编辑爱好者和专业人士准备的基本编辑工具，它能极大地提升您的创作能力和创作自由度。Adobe Premiere Pro 是目前最易学、高效和精确的视频编辑软件之一。无论您使用的是 DV、HD、HDV、AVCHD、P2 DVCPRO HD、XDCAM 或者其他任何格式，Premiere Pro 无与伦比的强大功能都将令您的工作更快捷、更有创造力。一整套功能强大、独一无二的工具可以让您轻松面对编辑、制作以及工作流上遇到的所有挑战，满足您创建高质量作品的要求。

关于经典教程

本书是 Adobe 图形和出版软件系列中官方培训教程的一部分。教程设计的出发点有利于您以自己的进度来学习。如果您是 Adobe Premiere Pro 的初学者，则首先需要学习和这个程序有关的基本概念和功能。本书中涉及许多高级特性，包括使用这个程序最新版本的技巧和方法。

教程中很多地方应用到这个版本的新功能。比如，改进的音频选项、改善的编辑效率、无磁带介质，以及不用渲染或者中间导出就能够把序列发送到 Adobe Encore CS4，输出到 DVD、蓝光光盘或 Adobe Flash CS4 Professional。利用 Adobe Media Encoder 的批导出，使导出功能变得更强大、更便于使用。新增功能（如语音 - 文本抄本）为查找项目内的帧节省了大量的时间。Adobe Premiere Pro CS4 现在可用于 Windows 和 Mac 操作系统。

必备知识

在开始使用本书之前，请确认您的系统已经正确设置并且安装了所需的软件和硬件。您应该具有使用计算机和操作系统方面的常识，必须懂得怎样使用鼠标和标准的菜单和命令，以及怎样打开、存储和关闭文件。如果您需要复习这些内容，请参考 Windows 或 Mac 系统中相关的印刷文档或联机文档。

安装 Adobe Premiere Pro CS4

必须单独购买 Adobe Premiere Pro CS4 软件。您可以根据程序 DVD 光盘中的 Adobe Premiere Pro ReadMe.html 文档来了解安装该软件的系统需求和完整的安装指导。

请把 Adobe Premiere Pro 从 Adobe Premiere Pro CS4 DVD 光盘安装到硬盘上，该程序无法直接在 DVD 光盘上运行，请根据屏幕的提示进行操作。安装期间也会安装 Adobe Encore CS4、Adobe OnLocation CS4、Adobe Bridge CS4 以及一些共享组件。

可以在注册卡上或 DVD 光盘盒的背面找到序列号，安装前确认您的序列号是可用的。

优化性能

视频编辑对于台式计算机的内存和处理器来说是高强度的工作。快速处理器和大量的内存会使您的编辑变得更快、更高效。Adobe Premiere Pro CS4 对内存的最低要求是 1GB；编辑 HDV 或 HD 媒体时推荐使用 2GB 的内存。在 Windows 和 Mac 系统上，Adobe Premiere Pro CS4 支持多内核处理器，将来能够运行在具有多核 Intel 处理器的 Mac 计算机上。

在进行 SD 或 HDV 编辑时建议使用专用的 7200-RPM 或更快的硬盘。进行 HD 编辑时建议使用 RAID 0 条带化磁盘阵列或 SCSI 磁盘子系统。如果您尝试在同一个硬盘上存储媒体文件和程序文件，性能则会受到极大的影响。

Pr

提示：常见磁盘配置是把操作系统和应用程序放置在磁盘 1 上，将音频文件放在磁盘 2 上，将导出文件放在磁盘 3 上。对于 HD 的处理，磁盘 2 应该设置为 RAID 0 条带化磁盘阵列或者 SCSI 磁盘子系统。

复制教程文件

本书中使用了特殊的源文件，比如，用 Adobe Photoshop CS4 和 Adobe Illustrator CS4 创作的图像文件，以及音频文件和视频文件。要完成本书中的课程，必须把本书所附 DVD 光盘中的所有文件复制到计算机硬盘中。此外，安装 Adobe Premiere Pro CS4 软件还至少需要 12GB 的硬盘空间。

虽然每课都是相对独立的，但有些课会用到其他课中的文件，所以在学习本教程期间，必须在硬盘上完整保存所有的课程文件。下面介绍怎样把课程文件从 DVD 光盘中复制到硬盘上。

1. 在“我的电脑”或 Windows 资源管理器或者 Finder（Mac）中打开本书所附的 DVD 光盘。

2. 右击（Windows）或者 Control- 单击（Mac），如果您使用的是超级鼠标或者光笔，则也可以右击）Lessons 文件夹，选择复制命令。

3. 导航到用于存储 Adobe Premiere Pro CS4 项目的文件夹。

默认文件夹是 My Documents\Adobe\Premiere Pro\4.0（Windows）或 Documents/Adobe/Premiere Pro/4.0（Mac）。

4. 右击（Windows）或者 Control- 单击（Mac）文件夹 4.0，左快捷菜单中选择粘贴命令。

这样就把所有课程素材复制到本地文件夹中。复制时间的长短取决于您的计算机硬件，它可能需要几分钟时间。

怎样使用教程

本书中的每一课都逐步指导您为真实的项目创建一个或多个具体元素。每课都是独立的，但大多数课程是建立在前面课程所介绍的概念和技巧之上。所以，学习本书的最好方法是按照顺序来学习。

课程是按照工作流，而不是软件功能来组织的。课程按照视频编辑人员完成项目所使用的典型顺序步骤编排组织，首先采集视频，创建一个仅有硬切换效果的视频，然后添加特效，美化音轨，最终把项目导出到 DVD、蓝光光盘或者 Flash。

注意：Adobe Premiere Pro CS4 的很多功能可以用多种方法控制，如菜单命令、弹出菜单和键盘快捷键。有时在一个指定的操作内，即使前面完成过该任务，本书仍然会介绍多种方法，这样便于您学习不同的工作方法。

其他资源

本书并不意味着可以替代软件所附的说明文档，软件的说明文档全面介绍了 Premiere Pro CS4 的每一项功能。本书仅解释其中最实用的命令和选项。要全面了解该软件功能方面的信息，请参阅以下资料。

- Adobe Premiere Pro CS4 Community Help（社区帮助）：可以通过选择 Help > Premiere Pro Help 命令查看它。Community Help 是有关命令、灵感和支持的一个联机集成环境，它包含 Adobe.com 内外专家选择的相关自定义搜索内容。Community Help 把 Adobe Help、Support、Design Center、Developer Connection 和 Forums，以及一些联机社区的内容组合到一起，使用户能够很容易地找到最佳、最新的资源。请访问其中的指南、技术支持、联机产品帮助、视频、文章、提示和技巧、博客、例子等内容。
- Adobe Premiere Pro Help（帮助）和 Support Center（支持中心）：从中可以查找和浏览 Adobe.com 上的支持和学习内容，网址为 www.adobe.com/support/premierepro/。
- Adobe TV：从中可以找到有关 Adobe 产品的程序设计，包括专业摄影师频道，以及 How To 频道，其中包含 Premiere Pro CS4 以及 Adobe Creative Suite 4 产品线内其他产品的数百部电影。网址为 http://tv.adobe.com/。

此外，还可以访问以下有用的链接，了解更多内容。

- Premiere Pro CS4 产品主页：www.adobe.com/products/premierepro/。

- Premiere Pro 用户论坛，有对 Adobe 每个产品的讨论，网址为 www.adobe.com/support/forums/。
- Premiere Pro Exchange：介绍了有关扩展、功能和代码等方面的内容，网址为 www.adobe.com/cfusion/exchange/。
- Premiere Pro 插件：提供了 Premiere Pro 的插件，网址为 www.adobe.com/products/plugins/premierepro/。

注意：在启动 Premiere Pro 时，如果该应用程序检测到您没有连接到 Internet，请选择 Help > Premiere Pro Help 打开随 Premiere Pro 一起安装的 Help HTML 页面。有关产品更新方面的信息，请访问联机帮助文件，或者下载最新的 PDF 参考。

目 录

第1课 Adobe Premiere Pro CS4概述

本课介绍的内容包括：

- Premiere Pro CS4 的新功能；
- Premiere Pro CS4 中的非线性编辑；
- 标准的数字视频工作流；
- 将其他 Creative Suite 组件集成到工作流；
- Premiere Pro 工作区介绍；
- 定制工作区。

学习本课大约需要 40 分钟。

在第一次编辑或者应用第一个切换之前，需要简要了解一下视频编辑，Premiere Pro 对视频制作工作流的支持方式，以及这一版本中的新功能。即使是视频编辑方面的老手，也会发现这一版本 Premiere Pro 中有很多增强的功能以及一些新功能。

1.1 Adobe Premiere Pro CS4 简介

作为视频编辑人员，我们从老式磁带录像机和昂贵的制作设备发展到桌面计算机上的专业编辑这一过程中，经历了相当长的一段时间。Adobe Premiere Pro CS4 进一步扩展了我们的能力。本课将首先介绍此软件中包含的一些令人激动的新功能。我会介绍大多数视频编辑人员所采用的基本工作流，以及 Premiere Pro 怎样适应 Creative Suite 的不同版本。最后，介绍在 Premiere Pro CS4 中定制工作区。

1.2 Adobe Premiere Pro CS4 中的新功能

虽然这不是 Premiere Pro CS4 项功能的完整列表，但会列出您在学习这个应用程序时所期望的一些功能改进。我们将在本书中使用很多这些功能。

1.2.1 特效

- **把特效应用到多个剪辑：**选择序列中的多段剪辑，把一个或多个特效从 Effects 面板拖放到所选择的剪辑，这样可以提高编辑效率。
- **使用多种预设特效：**现在把一个或多个特效保存为预设，您可以把它应用到序列或项目面板内的一个或多个剪辑。
- **删除所有特效：**从一个或多个剪辑中快速删除所有特效，这些新的选项还允许您从剪辑中删除所选择的特效。
- **使用混合模式：**每个剪辑现在都可以使用混合模式，它们类似于 Photoshop CS4 和 Adobe Effects CS4 中的混合模式。具有混合模式的 Photoshop 图像在导入到 Premiere Pro CS4 时，可以获得支持，并被有效组织。

1.2.2 音频

- **纵向放大波形：**在 Source Monitor 内放大波形，以更好地了解其幅度。
- **刮擦波形内的音频：**在过去，需要使用 Source Monitor 内的当前时间指示器才能刮擦，而现在可以直接在波形上刮擦。
- **规格化主音轨：**把主音轨规格化到指定的峰值（以分贝为单位）可以简化混合音量的调整。
- **使用其他音频增益选项：**现在可以把增益设置到具体值，按当前值的相对量调整增益，规格化最大峰值或者具体的峰值。
- **转录语音：**把视频采访转录为文本，以便于搜索文字或者查找指定的视频帧，而不必逐帧监听该音频。

1.2.3 编辑序列

- **把当前时间指示器移动到粘贴的剪辑尾部**：该操作虽然简单，但在多次粘贴相同的内容时却非常有用。
- **回到前一次的缩放级别**：编辑人员常常想缩放指定的帧，之后又回头查看序列中的更多内容。这种新的快捷方式可以简化该操作。
- **拖动剪辑时在 Timeline 内改变目标轨道**：现在可以在把剪辑拖动到 Timeline 时确定选择的目标轨道。
- **改变多个剪辑的速度和时长**：这是一项强大的新功能，在您需要操作素材时间时，它可以为您节省大量的时间。
- **使用新的键盘快捷键跳转到剪辑的头 / 尾**：这些新的快捷键可以在 Timeline、Program Monitor、Reference Monitor、Effect Controls 和 Audio Mixer 面板内使用。
- **在轨道之间移动时对齐剪辑**：使用这个新选项，当在轨道之间拖动剪辑时很容易把它保持在相同的时间位置。
- **吸附对齐关键帧**：对齐多种特效的关键帧是很容易的操作。
- **向多个剪辑应用默认切换**：在向一个或多个剪辑应用相同的切换时，这可以节省大量的时间。
- **快速嵌套序列**：嵌套序列是 Premiere Pro 的强大功能，现在它们更加灵活，可以从连续或不连续的剪辑选择中快速创建嵌套。
- **从 Timeline 拖动子剪辑**：现在可以直接从 Timeline 把子剪辑拖动到文件夹。
- **在剪辑周围设置入点和出点**：除了传统的序列入点（In）和出点（Out）之外，现在还可以在序列内的剪辑周围创建入点和出点。
- **编辑期间轨道同步**：在波纹编辑或者插入编辑期间很容易控制哪些轨道保持同步。
- **使用源路径指示器**：把每个包含多个音频轨道的源轨道映射为指定的目标轨道。

1.2.4 管理素材

- **更快、更好地在 Project 面板内搜索**：更快地在 Project 面板的栏目中进行搜索。
- **发挥改进的元数据的作用**：在列之间按 Tab 键切换，编辑 Project 面板内的字段。
- **导入具有 PSD 增强支持的图层**：Premiere Pro CS4 现在与 Photoshop 的集成更为紧密。它现在提供合并所有图层，合并选中的图层，选择各个图层以及把选中的图层导入到序列等选项。

- **导入 Photoshop 视频**：现在可以把 Photoshop 视频导入到 Premiere Pro CS4 中，在 Photoshop 内打开它时可以回放。
- **替换素材**：类似于以前的 Replace With Clip 功能，这个功能具有更强的灵活性。
- **用 Media Browser（媒体浏览器）浏览文件**：Media Browser 是 Premiere Pro CS4 内用于快速定位和导入素材的面板。有了 Media Browser，我们浏览文件时就不需要再进入操作系统的文件管理器。
- **对无磁带格式的支持**：使用新的 Media Browser，可以自动筛选来自 Panasonic P2 或者 Sony XDCAM 的媒体，以显示可导入的媒体。Premiere Pro CS4 还支持和维护来自无磁带媒体的元数据。

1.2.5 项目和序列

- **项目内保存媒体的位置**：不用使用全局编辑，如果愿意，您可以为每个项目指定不同的缓存磁盘路径。
- **独立的序列和项目设置**：现在可以在同一个项目内创建具有不同媒体类型的序列，还可以从一个项目导入指定的序列，而不是导入整个项目。
- **用 After Effects 合成替换剪辑**：选择一组剪辑，很容易把它们转换为 After Effects 合成图像，它可以立即成为 Premiere Pro CS4 内的动态链接。
- **动态链接到 Encore CS4**：把序列发送到 Encore，而不用渲染和导出中间文件，这可以节省大量的时间和磁盘空间。

1.3 Adobe Premiere Pro CS4 中的非线性编辑

Adobe Premiere Pro 属于非线性编辑工具（NLE）。与通常需要在老式磁带录像机编辑系统上连续不断地放置素材的方式不同，Adobe Premiere Pro 允许在用户想要的任何位置上放置、替换、剪切和移动视频剪辑。

在磁带编辑系统中，如果想在已编辑好的磁带素材中插入一段声音，就必须先将这段音频插入到现有编辑上，并重新编辑该点之后的所有内容。另一种方法是先复制新编辑点后的素材，并在添加音频后再重新录制这一部分（这个操作通常会导致信号质量下降）。

Adobe Premiere Pro 允许我们不按顺序编辑。使用 Adobe Premiere Pro（和其他 NLE），可以在最终视频内简单地随意拖动剪辑或片段，实现要做的修改；可以单独编辑视频片段，最后再把它们组合到一起；甚至可以先编辑结尾序列。

与磁带编辑系统相比，NLE 的另一大优点是：立即访问视频素材。你再也不必为了找到一条想不起来放在何处而又不可或缺的素材，而在数以吨计的磁带中无穷尽地快进或倒带搜索了。使用 Adobe Premiere Pro，只要单击几下鼠标，问题就解决了。

Adobe Premiere Pro 支持新的无磁带媒体格式，包括 Panasonic P2 和 Sony XDCAM。采用这种新的无磁带技术，媒体采集也成为非线性的。

1.4 提供标准的数字视频工作流

用 Adobe Premiere Pro 之类的 NLE 软件编辑视频有一种基本的工作流，稍后它就会成为一种习惯。通常这个工作流包括以下一些步骤。

1. 拍摄视频素材。
2. 采集（传输）视频素材到硬盘中。对于无磁带媒体，Adobe Premiere Pro 能够直接读取媒体。或者使用 Adobe OnLocation CS4 直接把视频录制到工作站硬盘上（省去采集这一步骤）。
3. 通过选择、剪切以及把剪辑添加到 Timeline 上，建立编辑后的视频文件。
4. 在剪辑间加入切换，向剪辑应用视频特效，合成（分层）剪辑。
5. 建立文本、字幕或基本的图形，并把它们应用到项目中。
6. 加入音频，可以是同期声、音乐或者音频效果。
7. 在音频剪辑中将多轨音频进行混合，并使用切换特效和特殊音效。
8. 将完成后的项目导出到磁带、桌面计算机上的文件、适合因特网播放的流媒体或 DVD 和蓝光光盘上。

Adobe Premiere Pro 以其业界领先的工具支持以上每一个步骤。因为这本书定位于初学者和中级视频编辑人员，因此熟悉并掌握这些标准工作流工具是进行后续课程的基础。

> Pr | **注意：**音频可以在开始编辑视频文件时先加入。

1.5 用高级功能增强工作流

Adobe Premiere Pro 不仅提供了一整套全功能的标准数字视频编辑工具，它还具有一些独特的功能。这可以增强视频制作效果，提升最终作品的质量。

在最初的几个视频作品中，你很可能不会用多种这样的功能。但随着技术和对作品期望的提高，你会逐渐开始接触这些高效的功能。本书会介绍以下几方面内容。

- **高级音频编辑：**Adobe Premiere Pro 提供了与其他非线性编辑工具和大多数音频软件完全不同的音频效果和编辑功能。可以创建并加入 5.1 环绕声音频通道，完成采样水平的编辑，在任何音频剪辑或音轨上应用多种音频效果，使用自带的艺术级插件和其他 VST（Virtual Studio Technology）插件。

- **色彩校正**：用高级色彩校正器滤镜校正和增强视频效果。
- **关键帧控制**：Premiere Pro CS4 提供了精确的控制功能，使你无需导出到合成应用程序，就可以调整视觉和运动特效。
- **广泛的硬件支持**：采集卡以及其他硬件的可选择范围很大，可以根据自己的需要和预算进行选择。Premiere Pro CS4 不但支持价格便宜的，用于 DV（数字视频）和 HDV（压缩的高清视频）格式编辑的廉价计算机，也支持用于采编高清（HD）视频的高性能工作站。当要升级硬件进行 HD 和电影编辑时，无需离开熟悉的 Adobe Premiere Pro 界面。这点不像其他一些专用系统那样，为不同的格式文件的编辑提供不同的界面。
- **剪辑审查**：将 Adobe Premiere Pro 项目嵌入到 PDF 文档内，可以加速客户的检查和审批过程。客户可以通过 Adobe Reader 软件观看视频，将意见写入 PDF 文件的反馈表格中，之后通过电子邮件发送给你。
- **GPU 加速视频效果**：使用现代图形卡上的 Graphics Processing Unit（GPU 图形处理单元，）创建实时卷页、滚页、映射有视频的球体，以及通常需要昂贵的硬件和长时间的渲染才能制作的其他图像变形特效。
- **高清视频支持**：可以支持任一种高清格式，包括 HDV、AVCHD、XDCAM HD、DVCPRO HD、D5-HD 和 4K 电影胶片扫描。Premiere Pro CS4 在任何分辨率（720p、1080i、1080p）和帧速率（24 帧 / 秒、23.98 帧 / 秒、30 帧 / 秒、60 帧 / 秒等）下都支持这些格式。
- **支持无磁带工作流**：Premiere Pro CS4 本地支持无磁带媒体，如 P2 和其他基于闪存的格式，无需转换为文件。
- **多摄像机编辑**：可以轻易而迅速地编辑多摄像机拍摄的素材。Adobe Premiere Pro 会在一个分割显示的窗口中显示每台摄像机的图像轨，可以通过单击相应的轨道或者按快捷键来选取编辑的图像。
- **项目管理器**：通过单个对话框就可以管理媒体文件。可以查看、删除、移动、搜索、重组剪辑和文件夹。将那些真正在项目中用到的剪辑统一复制到某个文件夹中，以此来合并项目，然后删除无用的素材，释放硬盘空间。

1.6 在编辑工作流中与其他 Creative Suite 组件协同工作

虽然 Adobe Premiere Pro 有许多强大的高级功能，但还是有些数字视频编辑工作无法在其中完成。例如：

- 高端 3D 运动特效；

- 详细的文本动画；
- 带图层的图形；
- 矢量作品制作；
- 音乐创作；
- 高级音频混合、编辑和效果处理。

要将这些功能中的一项或多项集成到一个作品中，建议使用 Adobe Creative Suite 4 Production Premium 产品系列，它具有创建任何视频作品所需的任何工具。

下面简要介绍 Adobe Creative Suite 4 Production Premium 内包含的其他 9 个组件。

- Adobe After Effects CS4：这是运动图像和应用视频特效时选择的工具。
- Adobe Photoshop CS4 Extended：行业标准的图像编辑和图像创建产品。
- Adobe Soundbooth CS4：简单易用而又功能强大的音频编辑、音频整理、音频美化和音乐创作工具。
- Adobe Encore CS4：高质量的 DVD 创作产品，它与 Premiere Pro、After Effects 和 Photoshop CS4 紧密集成。Encore 可以创作出标准 DVD、蓝光光盘和交互式 SWF 文件。在单独购买 Creative Suite 4 Production Premium 组件内的产品时，Premiere Pro CS4 内包含 Encore CS4。
- Adobe Illustrator CS4：为印刷、视频创作和 Web 提供的专业的矢量图形创作软件。
- Adobe Dynamic Link：产品间的连接，使用户能够在 Premiere Pro 和 Encore CS4 内实时处理 After Effects 本地文件，而不用首先渲染它们。
- Adobe Bridge CS4：可视化的文件浏览器，它提供对 Creative Suite 项目文件、应用程序和设置的集中访问。
- Adobe Flash CS4 Professional：行业标准的交互式 Web 内容创作工具。
- Adobe OnLocation CS4（现在可用于 Windows 和 Mac 系统）：功能强大的，直接录制到磁盘的记录和监视软件，有助于从视频摄像机创作超高品质的作品。

Adobe Creative Suite 4 Production Premium 工作流

Adobe Premiere Pro/Adobe Creative Suite Production Studio Premium 工作流会随着创作的需要而变化。以下是一些小型工作流的流程。

- 使用 Adobe OnLocation 把视频直接录制到磁盘。
- 使用 Photoshop CS4 从数码相机、扫描仪或者 Premiere Pro 视频剪辑中获得静态图像，然后将它们导出到 Premiere Pro 中。

- 在 Photoshop CS4 中制作图层图形文件，然后在 Premiere Pro 中打开它们。可以选择让每个图层显示在 Timeline 上独立的轨道上，这样能够对选择的图层应用特效和运动特技。
- 用 Soundbooth CS4 建立自定的音乐轨道，之后把它们导出到 Premiere Pro 中。
- 用 Soundbooth CS4 在现有的 Premiere Pro 视频文件或者独立的音频文件上进行专业品质的音频编辑和美化。
- 使用 Dynamic Link，在 After Effects CS4 中打开 Premiere Pro 视频序列，应用复杂的运动和动画特效，之后将这些处理后的运动序列发送回 Premiere Pro，无需事先渲染就可以在 Premiere Pro CS4 中直接播放 After Effects 合成图像。
- 用 After Effects CS4 的多种手段创建动画文本，这些手段是 Premiere Pro 所不具备的。将这些合成文件导出到 Premiere Pro 中。
- 使用 Dynamic Link 将在 Premiere Pro 内创建的视频项目发送到 Encore CS4 中，而不用渲染或者保存中间文件。使用 Encore 创建 DVD、蓝光光盘，或者交互式 Flash。

本书将主要集中介绍只涉及 Premiere Pro 的“标准”工作流。然而，本书将用几课的篇幅演示怎样在自己的工作流中集成 Adobe Creative Suite 4 Production Premium 组件，以创建出更好的效果。

1.7 Adobe Premiere Pro 工作区

下一课开始将研究非线性编辑，这里我们将大致了解一下视频编辑工作区。这个练习中将使用本书所附 DVD 光盘中提供的 Adobe Premiere Pro 项目。

1. 确认已将 DVD 中的所有课程文件夹及其内容复制到硬盘中。默认时，Windows 系统下的目录是 My Documents\Adobe\Premiere Pro\4.0\Lessons，Mac 系统下的目录是 Documents/Adobe/Premiere Pro/4.0/Lessons

> Pr | **注意**：由于有些课程需要参考之前的课程内容，所以最好将 DVD 中的所有课程文件全部复制到硬盘上，并一直保存到完成本书所有课程的学习为止。

2. 启动 Premiere Pro。

3. 单击打开项目（Open Project），如图 1-1 所示。

图1-1　在Adobe Premiere Pro的欢迎屏幕中，可以启动新项目或者打开已经保存的项目

4. 在打开项目（Open Project）窗口中，导航到 Lessons 文件夹下的 Lesson 01 文件夹，之后双击 Lesson 01.prproj 项目文件，在 Premiere Pro 工作区内打开第 1 课，如图 1-2 所示。

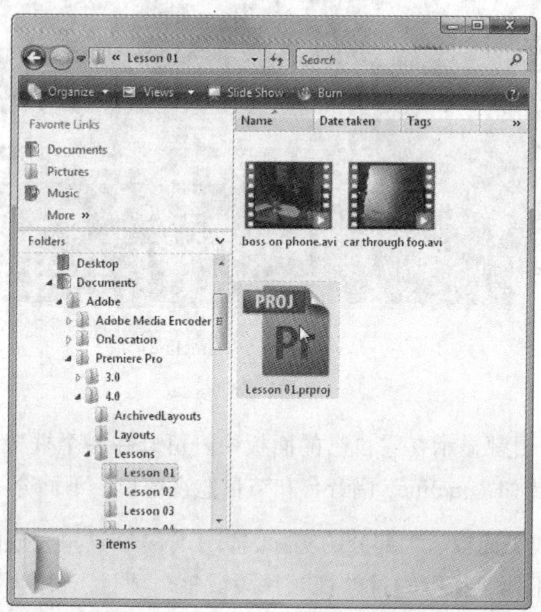

图1-2　所有Premiere Pro项目文件都具有.prproj扩展名

> **注意：**可能会出现提示对话框，询问某个文件的位置。当原来的文件没有保存在当前所用硬盘时会出现这种情况。这时需要告诉 Premiere Pro 该文件的位置。在这种情况下，导航到 Lesson 01 文件夹，选择对话框中提示的文件即可。

工作区布局

如果你之前没有接触过非线性编辑工具，这样的工作区可能会让你觉得不知所措。没关系，这样的设计和布局是经过精心设计的。图 1-3 中标明了界面中的主要元素。

图1-3

工作区内的每一个项目都显示在它自己的面板中。可以在一个框架中放置多个面板。一些通用的公共项目单独排列，比如 Timeline，调音台和节目监视窗口。下面介绍一些主要的工作区项目。

- **Timeline（时间线）面板：**大部分的实际编辑工作是在这里完成的。在 Timeline 面板上创建序列（Adobe 术语，指编辑过的视频片段或整个项目）。序列的优点之一是可以嵌入它们，即把某些序列放置到其他序列中去。可以用此方法把完整的任务分解成若干个易于处理的小块。

更多的可用轨道：可以在无限数量的轨道上分层或合成视频剪辑、图像、图形和字幕。在 Timeline 上，放置在较高层轨道上的视频剪辑会覆盖其下方轨道上的内容。因此，如果你想要让处在低轨上的剪辑显现出来，就要为高轨上的剪辑设置一定的透明度，或者缩小它们的尺寸。

- **Monitors（监视窗口）**：Source Monitor（信号源监视窗口）位于左边，用来观看和剪切原始素材（拍摄的原始信号）。要想把剪辑放到信号源监视窗口播放，需要双击项目面板中的 boss on phone.avi。Program Monitor（节目监视器）位于右边，用来观看正在处理的项目。

单个或两个监视器回看：一些编辑人员喜欢只使用单个监视器，而本书各课中都会使用两个监视器。可以自己选择一个或两个监视窗口。在 Source（源）选项卡中，单击字母“x”就可以关闭该监视窗口。在主菜单中，选择 Window>Source Monitor 命令可以再次打开它。

- **Project Panel（项目面板）**：在这里放置到项目素材的链接。这些素材包括有视频剪辑、音频文件、图形、静态图像和序列。可以通过文件夹来组织这些素材。
- **Media Browser panel（媒体浏览器面板）**：在这里可以浏览文件系统，快速找到要检查或者导入的文件。

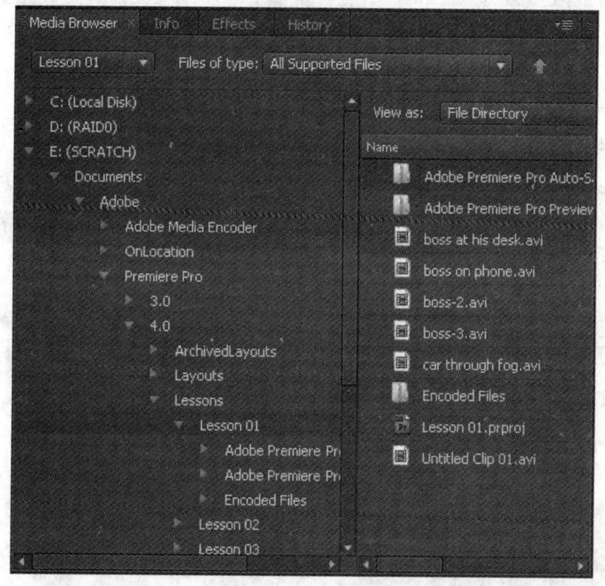

图1-4 Media Browser能够快速方便地访问操作系统内的文件

- **Effects Panel（效果面板）**：单击 Effects 选项卡可以打开 Effects 面板，如图 1-5 所示，默认时它与 History（历史记录）和 Info（信息）选项卡定位在一组。效果按 Preset（预设）、Audio Effects（音频效果）、Audio Transitions（音频切换）、Video Effects（视频效果）和 Video Transitions（视频切换）组织。如果打开各种效果文件夹，会注意到它们都包含了为数众多的音频效果、两组音频交叉消隐过场、视频场景转换（例如溶解和划像），以及许多改善剪辑效果的视频特效。
- **Audio Mixer（调音台）**：单击 Effect Controls 选项卡右边的 Audio Mixer 选项卡（如图 1-5 所示）打开 Audio Mixer，这个界面看起来很像一台用于音频制作的硬件设备，它包括音量滑块和摇曳旋钮，Timeline 上每一轨音频都有一套控件，此外还有一个主音轨。

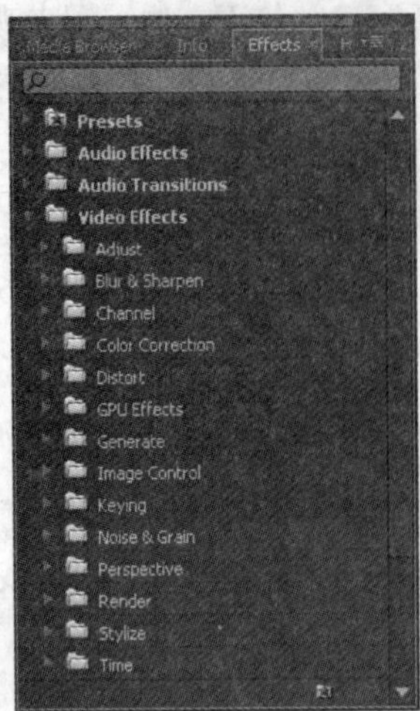

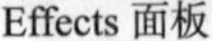

Effects 面板　　　　　　　　　Audio Mixer 面板

图1–5

- **Effect Controls Panel（效果控制面板）：** 请单击 Effect Controls Panel（如图 1–6 所示），然后单击 Timeline 上任意一个剪辑，在 Effect Controls Panel 中就会显示出该剪辑的效果参数。在后续许多课程中都会用到这样的操作。每一段视频、静态图像或图形，通常都会提供两种视频特效：Motion（运动）和 Opacity（不透明度）。每个效果参数（以 Motion 为例，它的效果参数是 Position（位置）、Scale Height（缩放高度）和 Width（缩放宽度）、Rotation（旋转）和 Anchor Point（轴点））都可用关键帧随时间而调整。Effect Controls Panel 是一个功能非常强大的工具，使用户能够充分发挥自己的创造性。本书许多课程中都会涉及它。

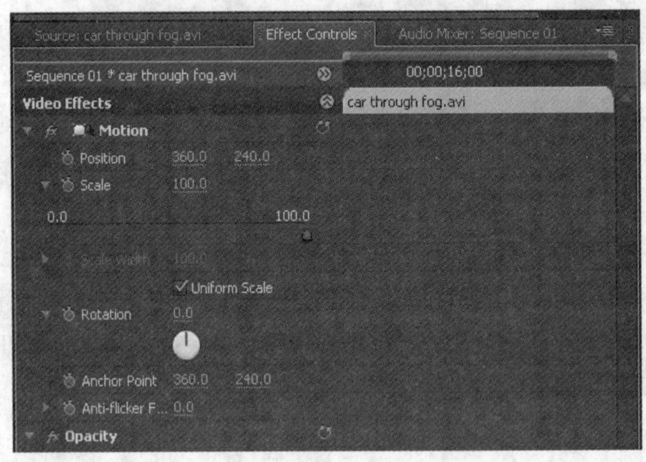

Effect Controls 面板　　　　　　　　　Tools 面板

图1–6

- Tools Panel（工具面板）：该面板中的每个图标（如图 1–6 所示）代表一个执行特定功能的工具，通常是编辑功能。Selection（选择）工具与环境相关。它会自动变换外观，代表与环境相匹配的功能。
- Info Panel（信息面板）：请单击 Effect 选项卡左边的 Info 选项卡。Info 面板显示项目面板中当前选取的所有素材、序列中选取的所有剪辑或切换特效的数据快照，如图 1–7 所示。
- History Panel（历史记录面板）：请单击 Effects 选项卡右边的 History 选项卡（如图 1–8 所示），History 面板记录视频编辑过程中的每一步操作，它允许用户撤销最近的操作。当返回到先前的状态时，在该点之后的所有操作步骤也被取消了，但不能撤销当前操作列表中的单步操作。

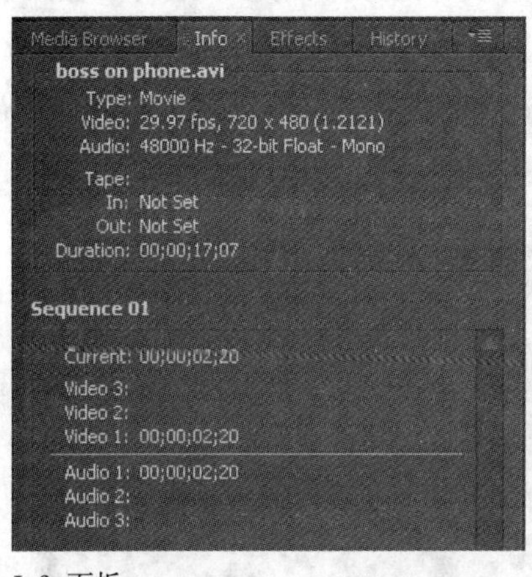

Info 面板

图1–7

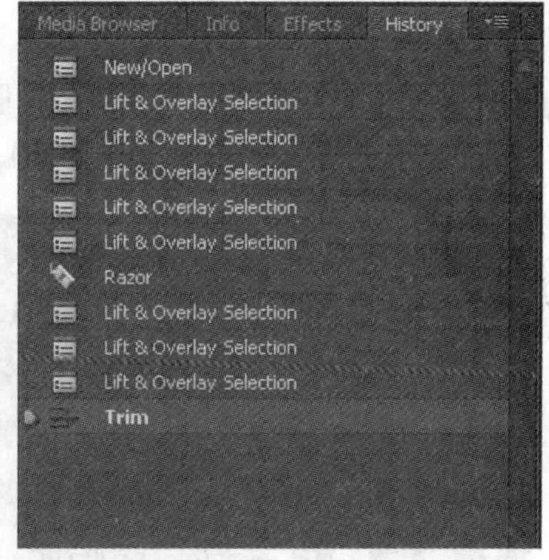

History 面板

图1–8

1.8 定制工作区

用户可以自定义工作区，创建出最适合于自己的布局。

- 当更改一个框架尺寸时，其他框架的尺寸会随之做相应的调整。
- 框架中的所有面板可以通过选项卡来访问。
- 所有面板都可定位，可以把面板从一个框架拖放到另一个框架。
- 可以把某个面板从原来的框架中拖出，使它成为一个单独的浮动面板。

可以把工作区保存为自定义工作区，并且可以保存任意多的工作区。

我们在本课会尝试所有这些功能，并保存一个自定义的工作区。在调整界面布局之前，将先调节亮度。

1. 在 Windows 系统下，请选择 Edit（编辑）>Preferences（首选项）>Appearance（外观）命令，

而在 Mac 系统下，则请选择 Premiere Pro>Preferences> Appearance 命令。

2. 左右移动 Brightness（亮度）滑块，调整到适合自己的亮度之后，单击 OK 按钮，如图 1–9 所示。

图1–9

暗淡的编辑隔间：当接近最暗设置时，文字切换为灰色背景上的白色文字。这适合于在暗淡的编辑隔间内进行编辑的编辑人员。

3. 单击 Effects 选项卡，之后把指针定位到 Effects 面板和 Timeline 之间的垂直分隔条上，再左右拖动，改变这些框架的尺寸，如图 1–10 所示。

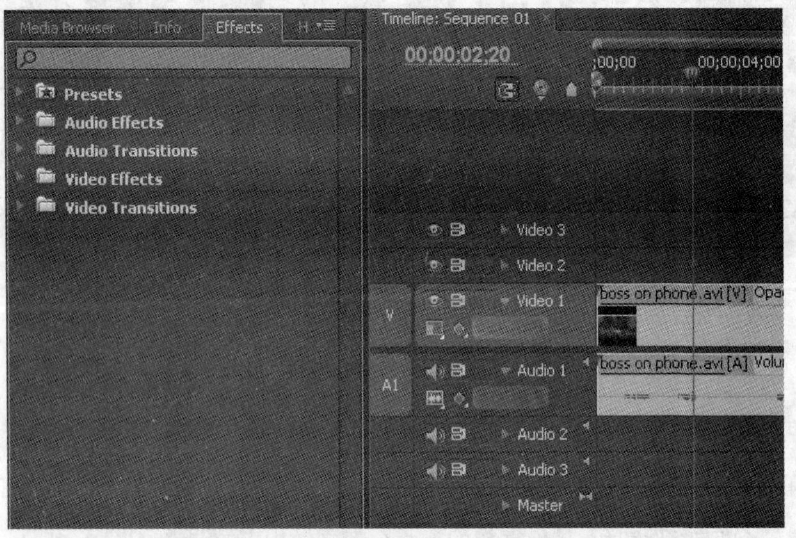

图1–10

4. 把指针移动到 Effect Controls 面板和 Timeline 之间的水平分隔条上，再上下拖动，改变这些框架的尺寸。

5. 单击并拖动 History 选项卡左上角的手柄，将它拖到界面顶部，紧挨着 Project 选项卡，将它定位到该框架中。

> **注意：**当来回移动面板时，Premiere Pro 会显示下落区域。如果这个区域是矩形，面板就会进入选定的框架中；如果是梯形，面板则会进入自己的框架内，如图 1–11 所示。

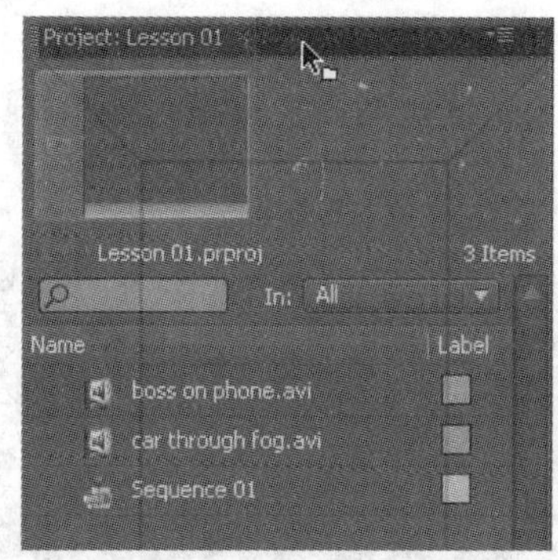

矩形下落区域

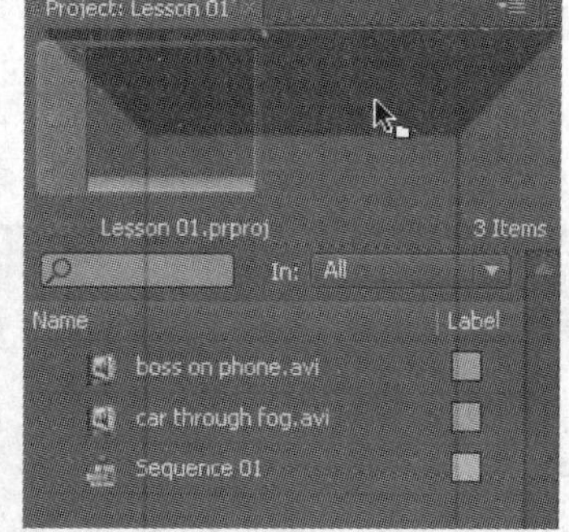

梯形下落区域

图1-11

怎样处理拥挤的框架：History 面板添加到 Project 面板所在框架中之后，就可能无法看到所有选项卡了。在这种情况下，选项卡上会出现一个滑块，左右移动滑块即可显示出所有选项卡。也可以直接从主菜单中选择 Window，之后单击相应的面板名称来打开隐藏的（或任何其他）面板。

6. 单击并拖动效果控制面板的移动柄，将它拖到靠近 Project 面板底部位置，把它放置到其自己的框架内，如图 1-12 所示。

像图 1-12 左图所示的，下落区域是一个梯形，它覆盖了 Project 面板下半部分。释放鼠标，这时工作区如图 1-12 中的右图所示。

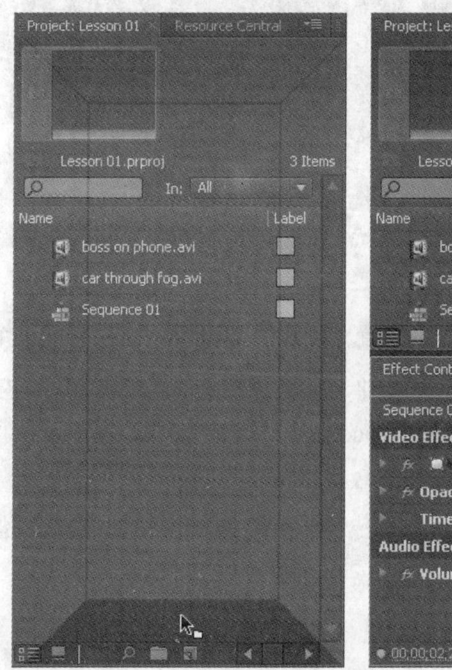

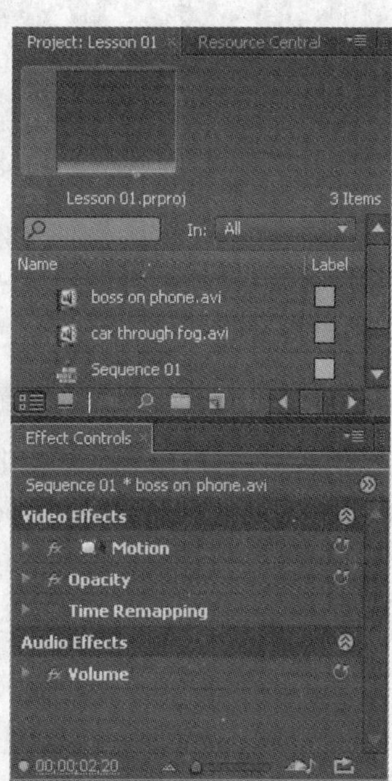

图1-12

7. 单击并拖动Program Monitor窗口的移动柄，在将它拖出框架的同时按住Ctrl键（Windows）或Command键（Mac），它的下落区图形就更清楚，显示出即将创建一个浮动面板，如图1–13所示。

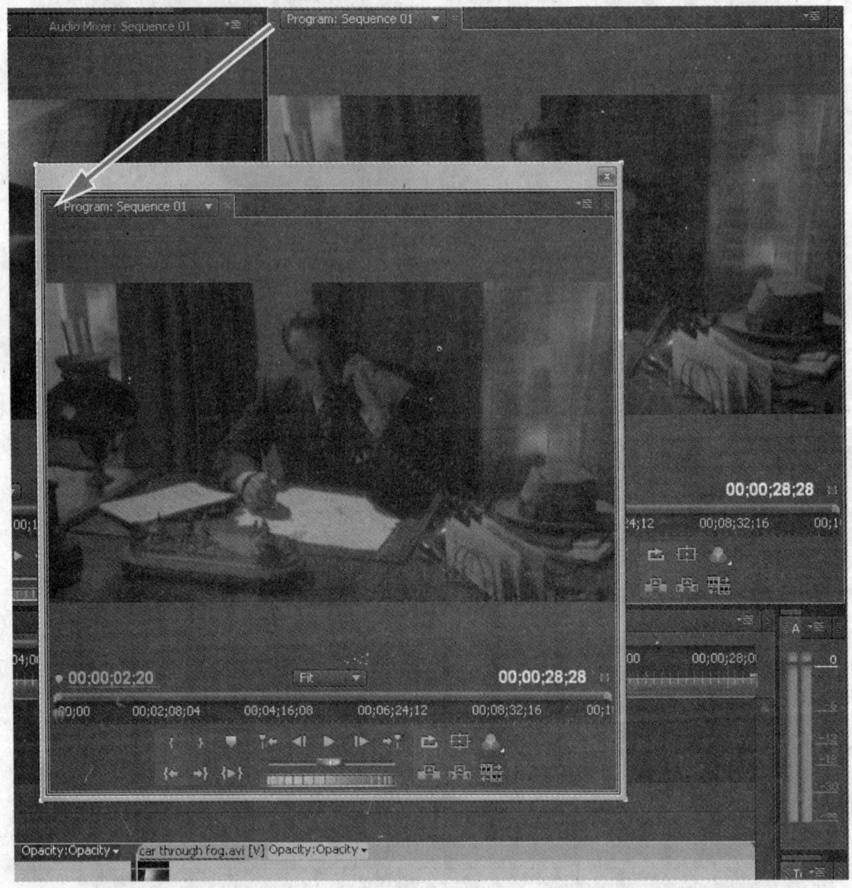

图1–13

8. 把Program Monitor窗口随便拖到一个位置，创建浮动面板。拖住它的某个角将其展开。

9. 随着编辑技能的提高，也许用户想要创建和储存一个自己定制的工作区。要实现这一点，请选择Window>Workspace>New Workspace命令，输入工作区的名称，单击OK按钮保存，如图1–13所示。

10. 如果你想使工作区回到其默认布局，则请选择Window>Workspace>Reset Current Workspace命令。

复习

复习题

1. 为什么 Adobe Premiere Pro 被认为是一个非线性编辑工具？

2. 请描述基本视频编辑工作流。

3. Project 面板和 Media Browser 有什么差别？

4. 可以保存定制工作区吗？

5. Source Monitor 有什么用途？ Program Monitor 窗口有什么用途？

6. 请描述 OnLocation 与 Premiere Pro 的协同工作方式。

复习题答案

1. Adobe Premiere Pro 可以把视频、音频和图形放在一个序列（Timeline）的任何地方。在序列中重新组合媒体素材之间的顺序，加入切换、应用视频特效，还能以任意顺序执行很多其他视频编辑步骤。

2. 拍摄视频，将其传输到计算机中；在 Timeline 上创建视频、音频和静态图像剪辑序列；应用视频特效和切换特效，添加文字和图形；编辑音频，导出最终作品。

3. Project 面板包含指向计算机上的文件（已导入到 Adobe Premiere Pro 中）的链接，Media Browser 为在 Adobe Premiere Pro 内浏览计算机上的文件系统提供一种便捷的方法。

4. 是的，使用 Window>Workspace>New Workspace 命令，可以保存任何定制的工作区。

5. 用 Monitor 面板可以查看项目内容和原始素材。使用两个监视面板 Source 和 Program 时，我们可以在 Source Monitor 中查看和剪切原始素材，用 Program Monitor 查看在 Timeline 上所创建的序列。

6. OnLocation 提供一种直接把视频和音频从摄像机采集到磁盘的方法，您可以直接把这些文件导入到 Adobe Premiere Pro，而不用采集它们。

第2课 ADOBE ONLOCATION CS4

本课介绍的内容包括：

- 把便携式摄像机连接到 Adobe OnLocation CS4；
- 用 SureShot 校准摄像机；
- 录制实况视频；
- 把视频记录到拍摄列表；
- 用 Adobe OnLocation 分析视频；
- 用 Adobe OnLocation 分析音频。

学习本课大约需要 40 分钟。

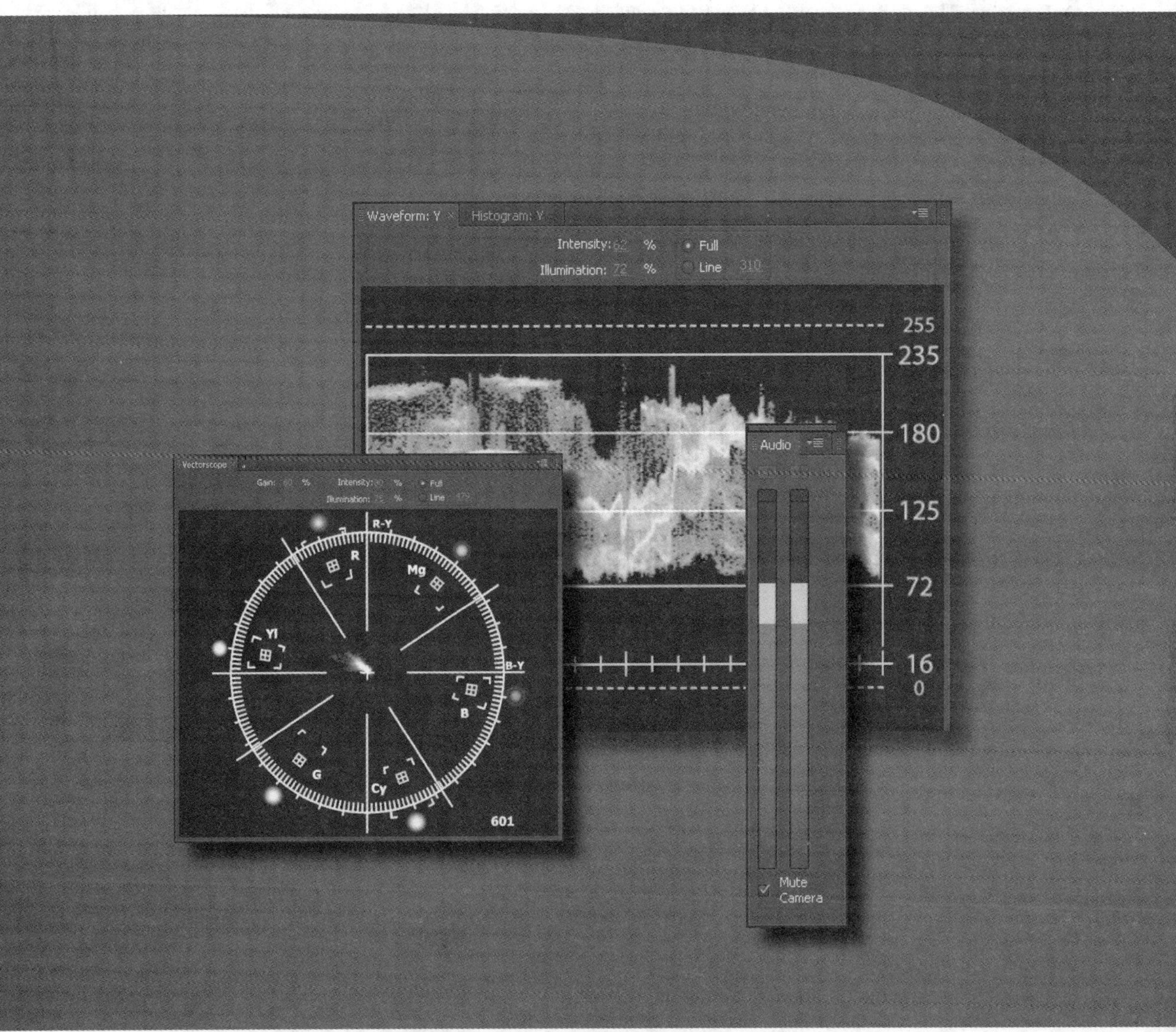

使用 Adobe OnLocation 可以绕过耗时的视频捕获步骤，并且它提供一些工具，确保在开始记录视频帧之前，摄像机和灯光被准确配置。

2.1 开始

利用 Adobe OnLocation，能够把视频直接从摄像机录制到磁盘，从而绕过录制到磁带，之后再采集这一缓慢的过程。因为编辑人员的时间常常很紧迫，所以这一功能可以大大提高效率。Adobe OnLocation 提供专业的监视工具和拍摄范围，它可以节省时间，改善拍摄质量。Adobe OnLocation 现在可以用在 Windows 和 Mac 两种系统的平台。

2.2 配置 Adobe OnLocation

Adobe OnLocation 使用 IEEE 1394 标准与摄像机和其他 OHCI 兼容的设备通信。可以按照下一课所介绍的方法通过 IEEE 1394 电缆把摄像机连接到桌面计算机或笔记本计算机，就像采集已经录制到磁带的视频那样。然而，这里不是把视频采集到 Adobe Premiere Pro，而是将实况视频直接录制到计算机。这要求计算机与摄像机一起在“现场”。基本的操作步骤如下所示。

1. 把摄像机连接到计算机。
2. 打开摄像机电源，把它设置为摄像模式。
3. 在 Windows XP 下，如果弹出 Digital Video Device 对话框，请单击 Take No Action（不执行任何操作），选取 Always Perform The Selected Action（始终执行所选择的操作）选项，单击 OK（下次启动摄像机时，就不会看到这个询问）。在 Windows Vista 系统下，可能会弹出 AutoPlay（自动播放）对话框，请单击“Set AutoPlay defaults in Control Panel”按钮，如图 2–1 所示。在 Mac 系统下，如果 iMovie 或者其他应用程序启动，请查看相应应用程序的帮助，了解相机连接时所打开的应用程序的信息。

图2–1

4. 启动 Adobe OnLocation。
5. 单击 New Project，如图 2–2 所示。
6. 把该项目命名为 First_Project，把它保存在您选择的文件夹内。
7. 选择 Window > Workspace > Calibration 命令，修改为 Calibration 工作区，如图 2–3 所示。
8. 单击靠近该窗口底部的 SureShot 选项卡，如图 2–4 所示。

Welcome to Adobe OnLocation
OL
ADOBE ONLOCATION CS4
Recent Projects
Lessoon 02
Cover
OLPROJ
New Project
Open Project
What's New?
Exit

图2-2

Adobe OnLocation - Calibrate
File Edit Marker Window Help
Workspace
Shot List Shift+1
Field Monitor Shift+2
Audio Meters Shift+7
Metadata Shift+8
SureShot Camera Setup Shift+9
Vectorscope Shift+5
Waveform Monitor
Histogram
Calibration
Full Screen
Pre Production
Production
New Workspace...
Delete Workspace...
Reset "Calibration"...

图2-3

SureShot
Shot List
Metadata
Enable
25
Percentage of frame
100
Focus
Exposure
White Balance
Help

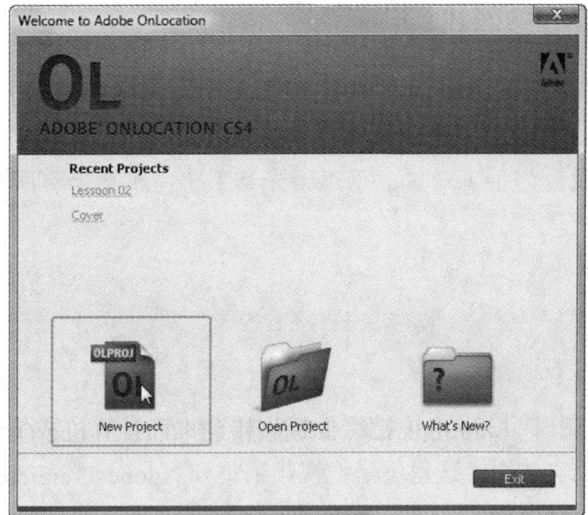

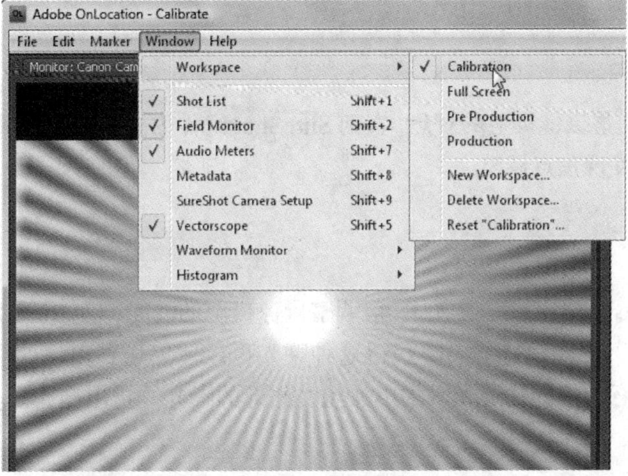

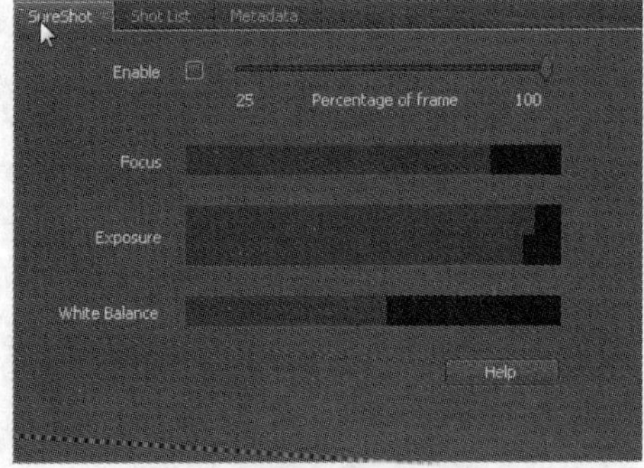

图2-4

2.3 用 SureShot 校准摄像机

在录制单帧视频之前先调整摄像机设置可以大大改善视频质量。Adobe OnLocation 内的 SureShot 组件是一个很好的工具，可以帮助校准摄像机的对焦、曝光和白平衡。为了有效地调整摄像机配置，把摄像机设置为手工对焦、手工曝光和手工白平衡会有所帮助，这样可以完全控制这些属性。

2.3.1 设置画面

设置画面需要执行以下步骤。

1. 将摄像机指向主体，把 SureShot 对焦和曝光图（包含在 Adobe OnLocation 框内）放置在主体旁边。
2. 推近摄像机镜头，使对焦图充满画面的大部分空间。
3. 如果需要，用 SureShot 面板内的滑块调整画面值的百分比，以裁剪画面，使它只包含对焦图。

2.3.2 对焦

要配置对角，请调整摄像机上的对焦，直到 SureShot 组件内的 Focus 指示器变到尽可能大为止。在监视器窗口内也会发现焦点调整。

2.3.3 光圈 / 曝光

要配置 Iris/Exposure（光圈 / 曝光），请调整摄像机上的曝光，使 SureShot 面板内的测光表尽可能远地扩展到右侧，但要保持均匀。获得这种曝光可以使黑场到白场的变化范围最大，而又不使视频曝光过度。注意，顶部的曝光线指出黑场，底部的曝光线指出亮光。

关于曝光

曝光由多种因素决定：光照、光圈、快门速度和增益。

- 调整场景的实际光照（环境光或人造光），以得到最佳曝光。
- 调整摄像机的光圈让更多或更少的光线进入摄像机（光圈越大，景深越浅）。
- 调整快门速度改变光线进入摄像机时间的长短（拍摄时通常选择 1/60 秒的快门速度，但这不适合特别快的动作）。
- 调整增益设置摄像机对光量的电子增强量。

2.3.4 设置白平衡

白平衡在拍摄中很重要，适当的白平衡有助于保证摄像机记录到正确的颜色。准确设置白平衡之后，记录的图像会精确地反映场景中的真实颜色。按照以下步骤可以确保相机拍摄出最佳的曝光和对焦的视频。

1. 把 SureShot Focus and Exposure 图翻过来，显示出空白的白色卡。

2. 调整摄像机上的白平衡，直到 SureShot 面板内的白平衡表达到最右边为止。准确设置之后，Field Monitor（现场监视器）组件内的白色卡会显示为白色，而不是灰色或其他不同色相。

摄像机上的白平衡控制

大多数摄像机上的白平衡控制包括手动设置、预设和自定预设。

手动：一些摄像机允许手动调整色温，这是最灵活的一种方法。

预设：一些摄像机具有白平衡预设，如Indoors（室内）、Outdoors（室外）等。应上下滚动查找，找到与场景最匹配的预设。

自定预设：一些摄像机可以这样“学习”自定白平衡设置：把摄像机指向白色卡，按摄像机上的按钮，“学习”色温。

请查阅摄像机文档以了解如何正确设置摄像机的白平衡。

2.4 录制实况视频

把摄像机的实况视频录制到计算机可以节省采集和记录磁带所花费的数小时时间。直接录制到计算机的硬盘是实时的，所录制的剪辑可立即用于编辑。只需简单地把它们导入到 Premiere Pro。

现在摄像机已经正确配置和校准，接下来将直接向硬盘录制一些视频。

1. 选择 Window > Workspace > Production 命令，修改为 Production 工作区。

2. 如果摄像机是打开的，应该能在监视器中看到实时视频。

Adobe OnLocation Recording功能

数字录像机实际上在我们单击Record按钮前5秒钟就开始录制视频。这有助于确保不会错过好的场景。可以在Premiere Pro > Preferences > Device Control（Mac）或者Edit > Preferences > Device Control菜单（Windows）内调整“预录”缓冲的时间量。

如果想把一个场景拆分为多段素材，则请在开始录制新的素材后单击Record按钮。

用Adobe OnLocation可以直接录制到硬盘或磁带。只要按照以上说明即可直接录制到硬盘，也可以在摄像机内放置一盒磁带。该磁带可以根据需要用作备份或归档。

3. 单击监视器面板底部的红色 Record（录制）按钮，请注意显示在 Shot List（拍摄列表）面板内的剪辑说明正在执行录制操作。录制完成后，请按 Stop（停止）按钮。

4. 要在 Premiere Pro 内立即使用该剪辑，请打开 Premiere Pro，选择 File > Import 命令，导航到创建 Adobe OnLocation 项目的文件夹。在该文件夹内有一个 Clips 文件夹，请选择想要的文件，单击 Open（打开）。视频可立即用于编辑，而不需要任何采集时间或素材记录操作。

2.5 把视频录制到拍摄列表

规划好视频拍摄可以节省大量的时间，Adobe OnLocation 允许用户在拍摄之前创建拍摄列表，以帮助规划和组织拍摄。在这个练习中，将创建三次拍摄组成拍摄列表。

1. 请使用已经打开的项目。

2. 单击 Add shot placeholder（添加拍摄占位符）图标三次，为该拍摄列表创建三个新的拍摄，如图 2–5 所示。

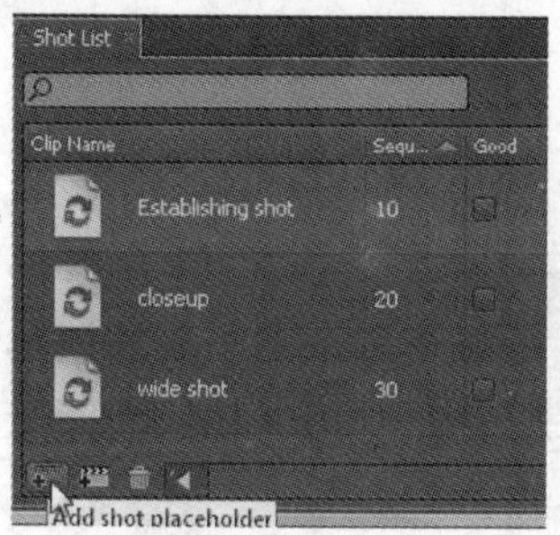

图2–5

3. 拍摄占位符将基于项目名称命名。按如图 2–5 所示对它们重命名。

4. 确保摄像机已经连接、打开，并处于摄像模式。

5. 选择拍摄列表中的“Establishing shot”剪辑。

6. 单击靠近 Monitor 面板底部的 Record 按钮。注意，该视频被录制到“Establishing shot”占位符剪辑。录制完成后，请单击 Stop 按钮。

重新拍摄

拍摄场景时常常会遇到一些问题，因此同一个画面经常需要拍摄多次。如果在录制拍摄列表时需要拍摄第2个或者第3个拍摄，则请在主拍摄画面被选中时单击“Add Shot Placeholder”（添加拍摄占位符）图标，Adobe OnLocation会为同一个拍摄创建新的画面。

7. 对 wide-shot 和 close-up 占位符剪辑重复这一过程。

2.6 用 Adobe OnLocation 范围分析视频

本课早些时候校准了摄像机，因此，对焦、曝光和白平衡都是正确的。这是重要一步，在完成这一步中，SureShot 功能是一个很有用的工具。但是，问题是现场不断变化的状况可能改变颜色或曝光，因此，重要的是要不断地监视拍摄内容。Adobe OnLocation 提供一套功能强大而又非常有用工具帮助监视视频。

1. 请选择 File > Open Project 命令，打开新的 Adobe OnLocation 项目。

2. 导航到 Lesson 02 文件夹，打开项目 Lesson 02.olproj。

注意，该项目内已经采集了三段剪辑，这些剪辑的 Comments 字段内具有一些元数据（如图 2-6 所示），有助于编辑人员选择最佳的剪辑。这些剪辑拍摄的是同一个场景，但在摄录它们摄像机使用了不同的曝光和音频设置。

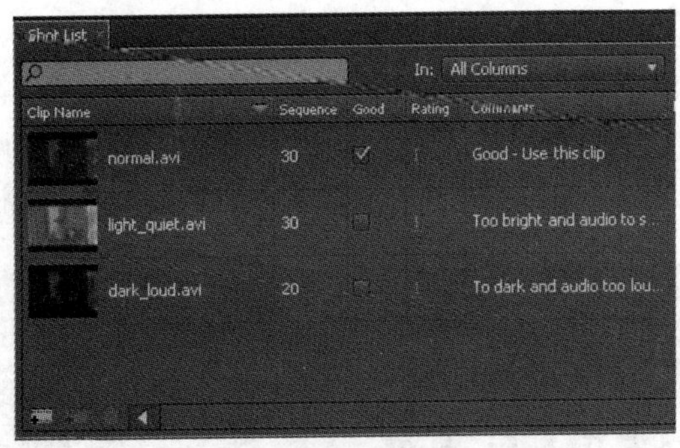

图2-6

2.6.1 波形监视器

Waveform Monitor（波形监视器）以图形化实时显示所播放视频的明度（也就是亮度），视频画面内每个像素的亮度值用波形图表示，图形越高，像素越亮。

曝光良好的场景的亮度值会占据整个刻度。我们很容易发现：全暗的像素创建出暗的视频；全亮的像素会创建出明亮的视频。但重要的是理解亮度值占据整个刻度还会增强图像的深度。占据整个刻度的亮度值被称作范围。下面介绍使用波形监视器作工具所监视到的一些好的范围和差的范围例子。

1. 请选择 normal.avi 剪辑，单击该监视器底部附近的 Play 图标。

2. 观察 Waveform Monitor。

其明度值或者亮度值具有很好的范围（如图 2-7 所示），它从 16（通常代表黑色的低范围）到 200（通常表示白色的高范围）左右。该剪辑是一个曝光良好的场景例子。

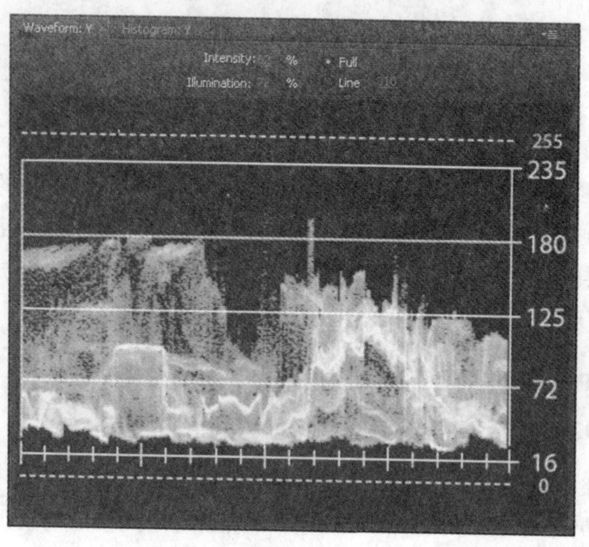

图2-7

3. 选择素材 dark_loud.avi。在播放这段素材时请注意波形没有达到 100，即所有亮度值都位于底部，如图 2-8 所示。虽然图像不是太暗，但有限的亮度值范围使图像显得没有生机。当看到像这样的波形时，应该考虑调整摄像机上的曝光，或者改变光照，以提供更大的亮度范围。改变灯光时观察 Waveform Monitor 是一种好的习惯，这样可以了解何时曝光正确。

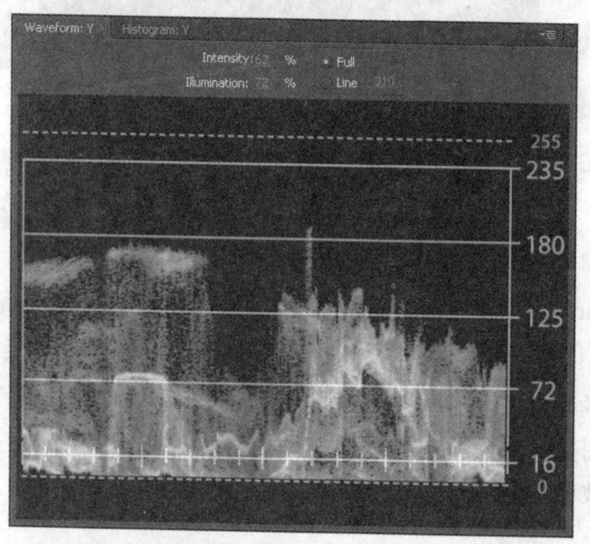

图2-8

4. 选择素材 light_quiet.avi。在播放该素材时请注意其波形堆在顶部，暗的值很少，如图 2-9 所示。有限的亮度范围再次使图像显得没有生机。这个例子再次说明，调整灯光或摄像机曝光可以使图像效果变得更好。

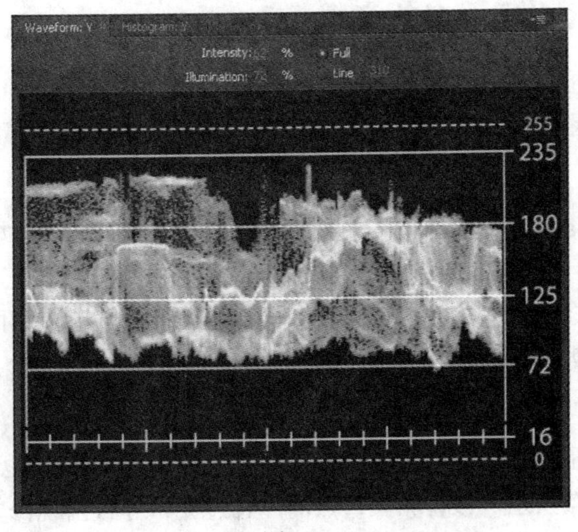

图2-9

2.6.2 矢量监视器

虽然波形监视器有助于分析亮度，但 Vectorscope 有助于分析颜色。Vectorscope 是一个圆形，中央表示“没有颜色”，外部边缘表示高颜色值。色轮用 Vectorscope 圆圈周围 4 个象限表示。从 11 点位置开始，沿顺时针方向依次是红色、洋红色、蓝色、青色、绿色和黄色。图形向边缘扩展得越远，该颜色的饱和度越高。

Vectorscope 在设置白平衡时很有用，因为颜色的偏移很容易发现。

请播放 Lesson 2 Adobe OnLocation 项目内包含的素材样本，注意 Vectorscope 显示的图形指向红色和黄色之间。这是这个场景内的主要颜色，如图 2–10 所示。

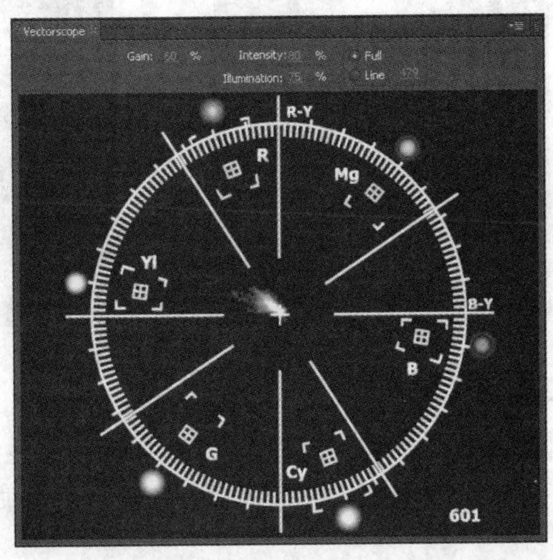

图2–10

2.7 用 Adobe OnLocation 分析音频

目前为止，我们把重点放在 Adobe OnLocation 的视频功能上，但对任何优秀的作品而言，音频是其成功的一半，因此让我们来了解 Adobe OnLocation 所包含的音频工具：Audio Meter（音量表）。

1. 播放剪辑 normal.avi，并观察电平表内绿 / 黄线所表示的电平，如图 2-11 所示。因为这是一段立体声素材，所以可以看到它播放时所显示的左、右两个声道。注意，该音频中的绿色点和一些黄色点说明它具有良好的电平分布在大多数频率范围内。这是一个很好的音频文件例子。在播放这个文件时，两个主音量表没有达到峰值（变为红色）。这说明总体音量是合适的，但音量不够大。

2. 播放素材 dark_loud.avi，注意该素材在主音量表上达到峰值，也就是出现"修剪"，如图 2-12 顶部的红色条所示。该音频某些点的声音过大，导致出现修剪，使音量大的这部分声音变得非常单调。在这种情况下，应该关小摄像机上的音量，或者重新定位麦克风。

3. 播放素材 light_quiet.avi，总体电平显示出音量太低（如图 2-13 所示），在图形上表示为只有绿色电平部分，峰值没有到达黄色区域。这在后期制作时很难以校正。当用 Audio Meter 工具监测到这种情况时，在现场更容易校正它。

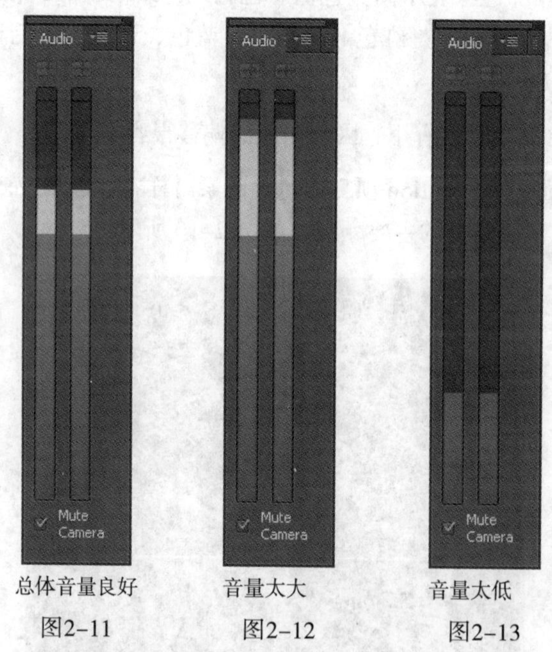

总体音量良好　音量太大　音量太低

图2-11　图2-12　图2-13

使用这些音频和视频监视工具可以节省后期制作时校正这些问题所花的时间。Adobe OnLocation 是一个真正的节约时间的工具，它可以防止出现问题，有助于创作出高质量的音频和视频。

复习

复习题

1. 为什么要花时间校正摄像机的白平衡？

2. 直接录制到硬盘有什么优点？

3. 波形监视器指示哪一项：颜色还是亮度？

4. 拍摄列表有什么用处？

5. 音量表峰值达到红色时意味着什么？

复习题答案

1. 调整摄像机白平衡可以确保精确记录颜色色相，在后期制作中校正要花费更长时间。

2. 直接录制到硬盘可以节省大量时间，因为后期不必采集素材。

3. 波形监视器指示的是明度（也就是亮度）。

4. 拍摄列表让用户在拍摄场景之前组织画面，这可以为实际拍摄期间节省大量的时间。

5. 当音量表显示出刻度高端的红色时，说明音频的音量太大。音量表上的红色导致音频的这些部分被修剪。

第3课 拍摄和采集高质量视频素材

本课介绍的内容包括：

- 拍摄高质量的视频；
- 采集视频剪辑；
- 采集整盘磁带；
- 批量采集和场景检测；
- 采集模拟视频；
- 采集 HDV 和其他 HD 视频。

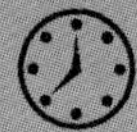

学习本课大约需要 45 分钟。

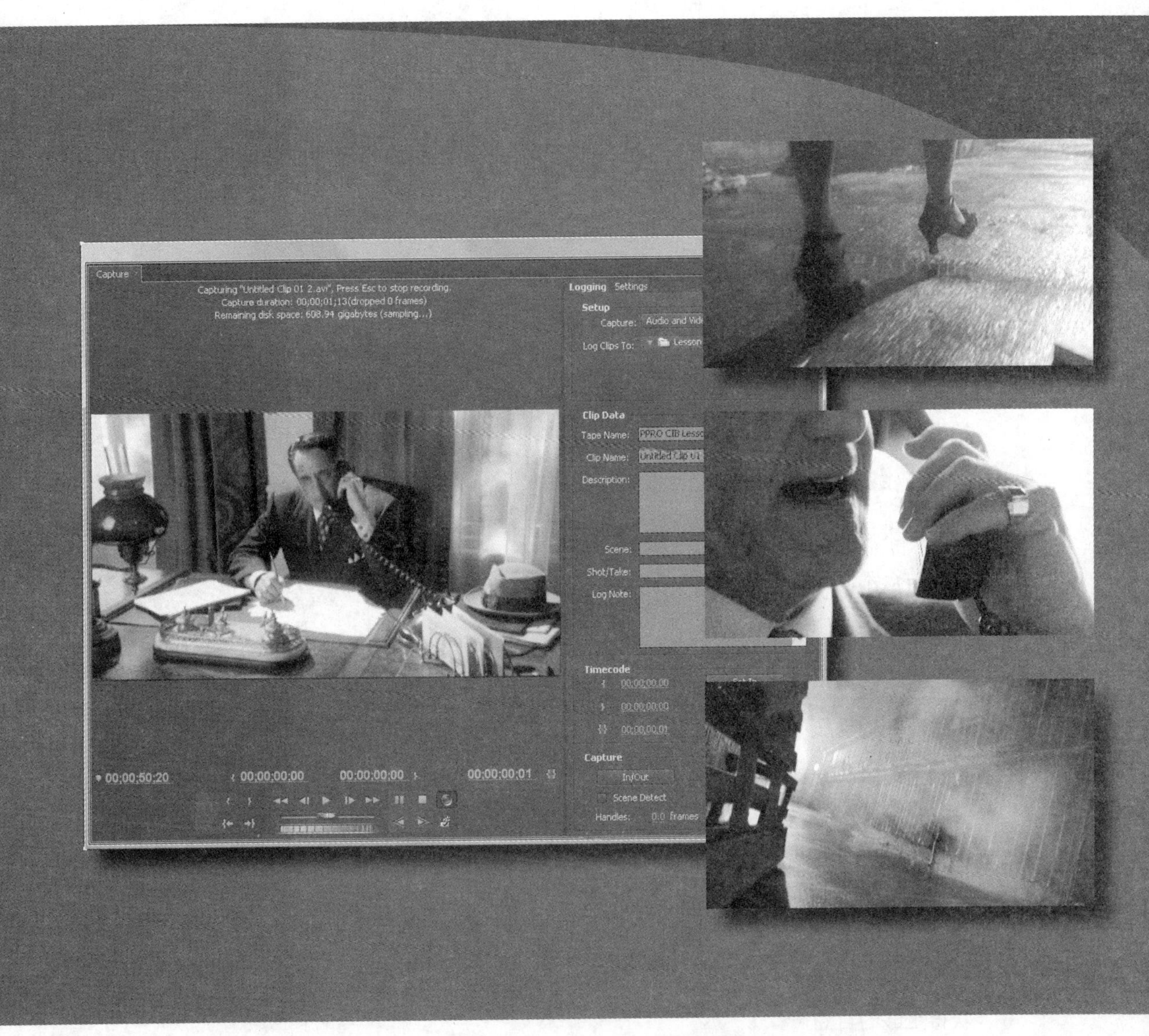

第一项任务是要拍摄出高质量的素材，然后用 Premiere Pro CS4 采集素材，将素材从便携式摄像机或录像机传输到硬盘中。Adobe Premiere Pro 提供了几种采集方法，每一种操作都简单而快捷。

3.1 开始

本书的目的是帮助用户使用 Adobe Premiere Pro 制作出专业的视频效果。要达到此目的，首先必须要有高质量的原始素材。本课将介绍有关拍摄高质量素材方面的技巧，之后介绍将视频传输或采集到 Adobe Premiere Pro 的方法。

3.2 高质量视频拍摄技巧

如果有一台便携式摄像机，就可以大胆地拍摄了。如果你是一个摄像新手，那么以下技巧有助于你拍摄出较好的视频。如果你已经是一位老手，下面这些内容也许能帮助你打破常规，拍摄出更好的作品：

- 近景拍摄；
- 远景拍摄；
- 拍摄足够的视频素材；
- 坚持“三分法则”；
- 拍摄时保持稳定；
- 跟随动作拍摄；
- 移动拍摄；
- 寻找与众不同的拍摄角度；
- 拍摄过程的前倾或后仰变化；
- 广角和近距离拍摄；
- 拍摄匹配的动作；
- 拍摄连续镜头；
- 避免快速摇移和变焦；
- 拍摄切换镜头；
- 使用灯光；
- 采集好的“同期声”；
- 获得足够的自然声音；
- 制定拍摄计划。

3.2.1 近景拍摄

近景图像能给人留下深刻的印象。必须坚持不懈地等待最佳时机，拍摄出适合故事情节的最佳镜头或连续画面。

3.2.2 远景拍摄

远景拍摄能在一幅图像中容纳下整个场景。虽然超广角拍摄的效果也很好（尤其是航空拍摄），但也可以考虑其他角度拍摄，如赛车的座舱、寒光闪闪的解剖刀面或水中挥舞的船桨。每个角度都能紧紧抓住观众的注意力，有助于表现故事情节，如图 3–1 所示。

远景拍摄容纳下整个场景，这是老板坐在桌面的宽画面

图3–1

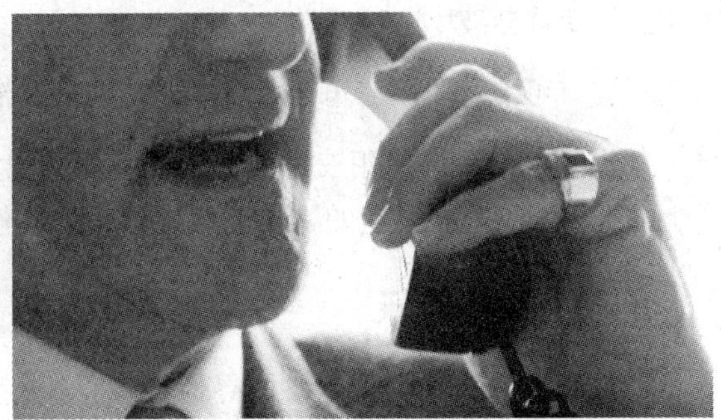

近景画面展示故事：他正在与他人电话交谈

图3–2

3.2.3 拍摄足够的视频素材

录像带是很便宜的消耗品。请拍摄出比最终作品所需素材长得多的原始素材，拍摄的素材量通常是最终作品时长的 5 倍。知道这个范围有助于用户拍摄一些有可能错过的东西。

3.2.4 坚持三分法则

虽然被称为“三分法则”，但它更像 4 条交叉线规则，如图 3–3 所示。拍摄构图时，要想像着寻像器是由两条水平线和两条垂直线相交而成。兴趣点应该沿着这些线或靠近 4 个交点之一分布，而不是位于图像的中心。

图3–3

观察全家福照片时会发现，人的眼睛都位于照片的中心，这种照片的构图不好。

另一种遵循三分法则的方法是拍摄时注意观察寻像器的四周，而不是仅盯着它的中心。观察画面边缘中是否有令人感兴趣的图像，要避免出现大块的空白区域。

3.2.5 拍摄时保持稳定

要给观众一种感觉：他们正通过窗户观看实景，甚至是让他们有一种身临其境的感觉。如果摄像机晃动就会破坏这种感觉。

只要有可能就要用三角架。好的三角架带有液压云台，这使镜头能够平滑地摇移或倾斜。

如果环境不允许使用三角架，则要尽量找出能够稳定拍摄的方式，如靠在墙上、把肘支在桌子上或把摄像机放在固定的物体上。

3.2.6 跟随动作拍摄

这点是显而易见的，但要使寻像器一直保持跟踪目标（跑步选手、高速行驶的警车、冲浪运动员和传送带等）。观众的眼睛想跟踪动作，因此要让他们看到想看的内容。

一个诀窍是用定向的移动作为拍摄全景镜头的激发因素。例如，跟随一片从空中飘落入溪流的叶子，然后将镜头移过叶子——拉远镜头，拍摄全景，显现出一些出人意料的事物，如瀑布、大的工业中心或者渔夫。

3.2.7 移动拍摄

移动拍摄随动作移动。例如，将摄像机保持离小孩一个手臂的距离拍摄他在房间内骑电动车时的情况；将摄像机放在手推车上推过走廊或者从高速行驶中的火车车窗里伸出摄影机进行拍摄。

3.2.8 寻找与众不同的拍摄角度

将摄像机从肩膀上放下，放到远比眼睛高度低的位置，这样会拍摄出更有趣的画面。地平线高度最适合于拍摄活蹦乱跳的小羊羔或上窜下跳的小动物。请从低角度向上拍摄和从高角度向下拍摄。当拍摄穿过对象或人时，焦点要始终保持在主体上。

3.2.9 拍摄过程的前倾或后仰变化

变焦镜头很有用。一种比较好的移近和远离主体的简单方法就是偏向主体或偏离主体。例如，先将身子偏向木雕制作者，拍摄他们的手部特写，然后仍保持录制状态，仰起镜头（可能还要拉远镜头）。

3.2.10 广角和近距离拍摄

我们的眼睛就像中等角度的透镜，所以我们也常用这样的方式拍摄视频。请用广角和近距离拍摄主体，如图 3-4 和图 3-5 所示。如果可能的话，要靠近主体近景拍摄，而不是使用变焦镜头。近景拍摄不但画面效果更好，而且能得到更清晰的声音。

近景拍摄雾中穿行的画面

图3-4

用广角拍摄展现她孤零零的效果

图3-5

3.2.11 拍摄匹配的动作

我们来看从投手背后拍摄他掷球时的情况。他掷球后，球飞向接球手的手套。此时，不能只拍摄单个画面，而是要抓拍两个画面。从投手后面拍摄的中距离画面，表现投手掷球和球飞向接球手的场景，另一个画面用近景表现接球手的手套。同样的方法也适用于艺术家，先用广角拍摄她在画布描绘时的情景，然后移近，近距离拍摄她相同的动作。在后期编辑时，把这两个镜头编辑到一起，匹配该动作。

> Pr **提示：**在说明一个故事点时，匹配的动作能够保持画面平滑流动。

3.2.12 拍摄连续镜头

连续拍摄重复动作是讲述故事、引起注意或创造悬念的另一种方法。板球的投球手在松香袋子上擦拭他的双手、在吹风机上吹干、用毛巾擦拭球、捡球、盯着门柱、走向前、挥动球并投出、滑行到边界和观察球的运行轨迹，然后对这次投掷做出相应的反应。

拍摄这一系列动作，并把它们编辑到一起，比用一个简单的长镜头捕捉所有动作更能吸引人们的注意。你可以简单地将广角近景画面、移动拍摄、匹配的动作结合起来，把重复的素材变成引人注目的一连串动作。

3.2.13 避免快速摇移和变焦

快速摇移和变焦常用于 MTV 和视频业余爱好者的作品，其他情况下很少使用。通常，最好尽量少摇移和变焦。摇摆摄像机时，这会让观众觉得他们是在观看电视。

如果确实需要变焦和摇移镜头，一定要有一个明确的目的，如展示某件事情，跟随人的关注点移动到他或她感兴趣的物体上，或者继续拍摄动作的延续（比如前面例子中漂浮的叶子）。以最小的焦距变化缓慢地推上镜头，可以为画面增添戏剧性效果。再强调一次，一定要慎用这种方法。

不停地转动

不要因为这个“禁止快速移动”警告使你在变焦或摇移镜头时变得犹豫不决。如果发现某件事必须要快速地靠近拍摄，或者需要突然地摇移以抓拍一些可能疾驶而过的素材时，尽管去做吧。之后我们可以围绕着这个突然的动作进行编辑。

如果先停止录制，摇移镜头、变焦或调整焦距，这可能会失去一些甚至所有你想拍摄的内容，也会错过相应的同期声。

3.2.14 拍摄切换镜头

拍摄切换镜头时要避免出现跳接，跳接在编辑时会给观众不连贯的感觉。顾名思义，切换镜头就是指中断当前画面的镜头，它可以解决跳接问题。

切换镜头通常出现在采访中，我们可能想把同一个人的两段 10 秒同期声编辑到一起。这么做会使被采访者看起来像是突然移动了。为了避免出现跳接使镜头突然转换，我们可以做一个采访的切换镜头。该镜头可以是广角画面、手部画面，或者通过被采访者肩膀拍摄到的采访者的倒摄画面。然后我们在两段同期声的结合点上编辑切换镜头，掩盖镜头的跳接。

足球比赛中也可以采用这种方法，广角镜头从球场上一个运动员切换到另一个运动员时会显得不自然。如果这时拍摄一下拥挤的人群或者记分牌，就可以用这些切换镜头来掩盖可能出现的跳接。

3.2.15 使用灯光

灯光可以为单调乏味的场景添加明亮、耀眼的效果。使用便携摄像机时，记得带上灯光。如果你有时间、资金、耐心和人员的话，则还要带一套完整的灯光箱和少量的彩色滤光板。

如果不具备这些条件，也要尽可能地增加可用灯光。打开窗帘、打开所有灯或者把所有台灯都拿来使用。这里要提出一点警告:低照度环境可以产生戏剧化的效果，几盏台灯会破坏这种气氛。

3.2.16 采集好的同期声

解说员提供真相,故事中的人物展示情绪、感情和观点。不要指望采访同期声来说明人物、事件、地点、时间和经过。要让采访同期声来解释其原因。

在公司介绍会上，让解说员介绍产品，让员工或消费者说明他们对产品是多么有兴趣。

解说员应该这么说："就在开幕的那个夜晚，这是她第一次独唱演出。"再让歌手回忆起那个难忘的时刻，她说："当时我的喉咙发紧，胃打了好几个结。"

通常，即使采访时间很长，最终作品中使用的同期声也要短一点。同期声要作为标点，而不是段落来使用。

特殊人物的例外情况

这些警告不是不可违背的。一些人物很有说服力，非常奇特或幽默，这时最好的选择是让他们成为主讲员。然后，你要考虑用什么样的场景来配合他们的言论。不要使节目一直在那里滔滔不绝地讲下去。

3.2.17 获得足够的自然声音

除了图像之外，声音非常重要。你要仔细聆听，寻找作品中可以使用的声音。即使视频效果很一般，也要把握好音频。

摄像机的机载麦克风并不怎么可靠，要考虑使用其他的麦克风。有指向性的长筒麦克风能避免噪声；采访时采用带有装饰的麦克风可以起到隐藏效果；而当摄像机无法靠近时应该使用无线麦克风

3.2.18 制定拍摄计划

当考虑一个视频项目时，要计划好拍摄哪些内容来讲述这个故事。是拍摄小孩的足球锦标赛、公司介绍会，还是医疗过程，无论做什么都需要计划才能确保成功。必须知道最终的视频项目要表达什么内容，以及要录制哪些内容来讲述你的故事。

即使是最好的计划和最细心编写的脚本，一旦进入现场录制，它们都可能需要调整。无论你想像中的最终项目是什么样子，如果情况许可，一定要进行修改。

3.3 采集视频

在编辑自己的视频之前，需要先把视频传输到计算机的硬盘里。用NLE术语来说，就是需要采集视频。采集这个词多少会容易让人误解，但它又在NLE中普遍使用。在采集DV视频期间，Adobe Premiere Pro所做的工作是把电影文件内的视频数据打包，而不改变原来的DV数据。

模拟信号采集过程包括：传输、转换、压缩和打包。摄像机把视频和音频作为模拟数据传送给视频采集卡，采集卡的内置硬件将波形信号转换成数字格式，用编解码器（压缩/解压）进行压缩，然后将它打包成Windows系统下的AVI格式，或者QuickTime格式，供在Mac系统上使用Premiere Pro CS4的用户使用。

3 个 DV 采集场景

Adobe Premiere Pro 提供的工具能够减少采集过程中的手动操作，它提供了以下 3 种基本方法：

- 把整个磁带采集为一个长剪辑；
- 记录每个剪辑的入点、出点信息，供自动批量采集使用；
- 任何时候当按下摄像机上的暂停 / 录制键时，可以用 Adobe Permiere Pro 内的场景检测功能自动创建独立的剪辑。

要完成这个练习，需要有一台 DV 摄像机。大多数 DV 摄像机配有 IEEE1394 电缆，可以把它连接到计算机的 IEEE 1394 接口。如果计算机没有 IEEE 1394 接口，建议购买一块 IEEE 1394/USB 组合卡。

也可以用 HDV 或带 SDI（Serial Digital Interface，串行数字接口）接口的专业摄像机和专用的视频采集卡。

Adobe Premiere Pro 使用与标准 DV 摄像机相同的软件设备控制处理 HDV 和 SDI 的采集。SDI 要求额外的设置。

如果你有一台模拟摄像机，则需要一张支持 S-Video 和复合视频接口的视频采集卡。大多数模拟摄像机惟一的选择是手动启动和停止录制。大多数模拟采集卡没有远程设备控制功能或时码读出功能，所以无法标记磁带，进行批量采集，或使用场景检测功能。

3.4 采集整盘磁带

要采集整盘磁带，请按照以下步骤执行。

1. 将摄像机连接到计算机。

2. 打开摄像机电源，把它设置到回放模式：VTR 或 VCR。不要设置到 Camera（摄像）模式。

使用交流电源，不要用电池。

采集视频的时候，请使用摄像机的交流电源适配器，而不要用电池。因为用电池时摄像机会进入休眠模式，而且在采集期间电池电量常常会用完。

Pr **注意**：Windows 系统可能会发现已打开摄像机，弹出 Digital Video Device（数字视频设备）连接信息。Mac 系统可能启动默认的相关应用程序，如 iMovie.。

3. 在 Windows XP 系统下，如果弹出了 Digetal Video Device 窗口，单击 Take no action 按钮，选取 Always perform the selected Action 总是执行所选操作复选框，单击 OK 按钮（下次启动摄像机时，就不会看到该连接询问），如图 3-6 和图 3-7 所示。在 Mac 系统下，如果启动了 iMovie 或其他应用程序，请查阅该应用程序的帮助信息，了解在连接摄像机时要打开哪个应用程序。在 Windows Vista 系统下可能会弹出 AutoPlay 对话框，请单击 Set AutoPlay defaults in Control Panel 按钮。

图3–6

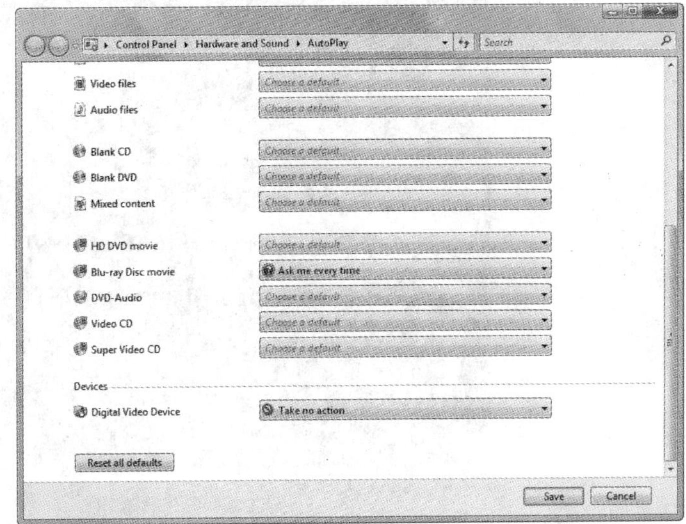

图3–7

SDI或HDV项目设置

本课假定是用DV摄像机录制的：得到标准的4:3格式或16:9宽屏格式。如果使用SDI或HDV格式，则需要启动Adobe Premiere Pro，单击New Project（新建项目），选择与摄像机匹配的预设项目设置选项。

4. 启动 Adobe Premiere Pro，单击 Open Project（打开项目），导航到 Lesson 03 文件夹，双击 Lesson 03.prproj。

5. 选择 File>Capture（采集）命令，打开 Capture 面板，如图 3–8 所示。

6. 查看 Capture 面板预览窗口的上方，确保摄像机连接正确。

> Pr **注意：** 如果提示“No Device Control”（无设备控制）或者“Capture Device Offline”（采集设备脱机），那就需要排除这一故障。最简单的解决方法就是确认摄像机电源已经打开、数据线已经连接，关于故障排除的更多方法，请参考 Adobe Community Help 网站。

7. 将磁带插入到摄像机中，Adobe Premiere Pro 会提示输入磁带名。

8. 在文本框中输入磁带名。一定不要给两盘磁带起相同的名字，Adobe Premiere Pro 会根据磁带名来记忆剪辑的入点和出点。

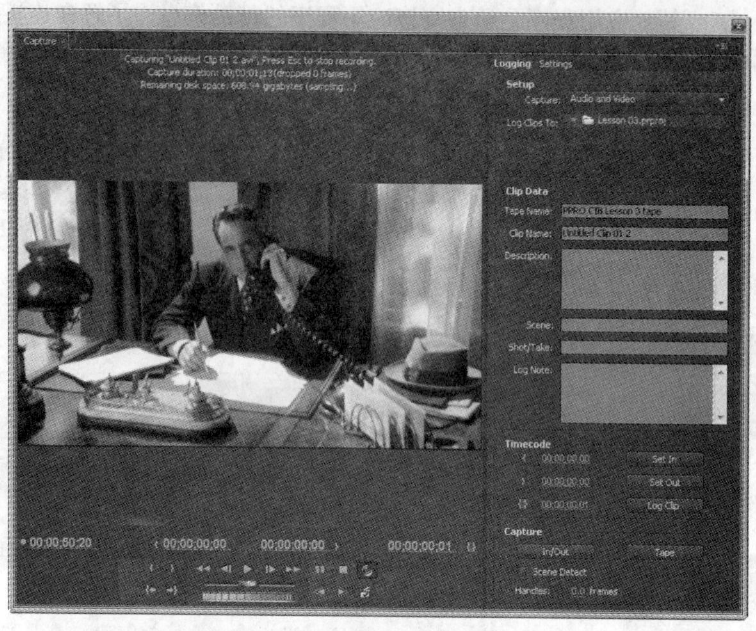

图3-8

9. 使用 Capture 面板中 VCR 风格的设备控制按钮来播放、快进、倒带、暂停和停止磁带，如图 3-9 所示。如果以前从没有用过计算机来控制摄像机，那么这看起来可能显得很酷。

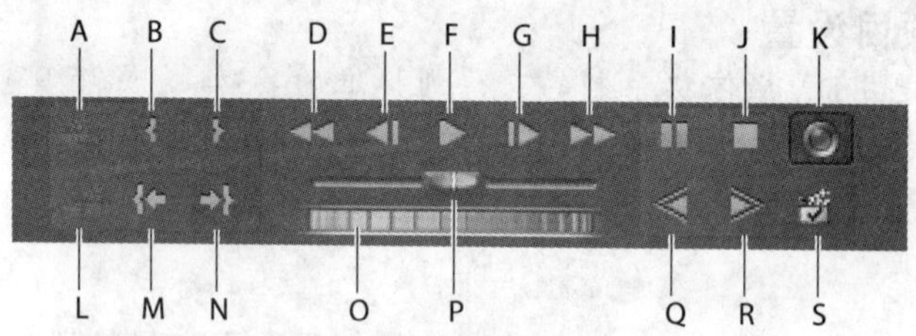

A. 下一场景；B. 设置入点；C. 设置出点；D. 倒带；E. 步退；F. 播放；G. 步进；H. 快进；I. 暂停；J. 停止；K. 录制；L. 前一场景；M. 跳到入点；N. 跳到出点；O. 逐帧导像；P. 快速导像；Q. 慢倒；R. 慢放；S. 场景检测

图3-9

10. 请试试其他一些 VCR 风格的按钮：

- Shuttle（快速导像，靠近底部的滑块）允许向前或向后缓慢移动或快速拉动剪辑画面，速度取决于滑块移开中心的距离；
- 单帧 Jog（导像）控制（在 Shuttle 下方）；
- 单步前进或单步后退，每次一帧；
- 慢倒和慢放。

11. 将磁带倒至起点或者想要开始录制的任何地方。

注意：如果想了解这些按钮的功用，只需把光标移动到它们上面就可以看到弹出的工具提示。

12. 在 Logging 选项卡的 Setup 区域，请注意 Audio and Video（音频和视频）是默认设置。如果只想采集音频或视频，则可以改变这个设置，如图 3–10 所示。

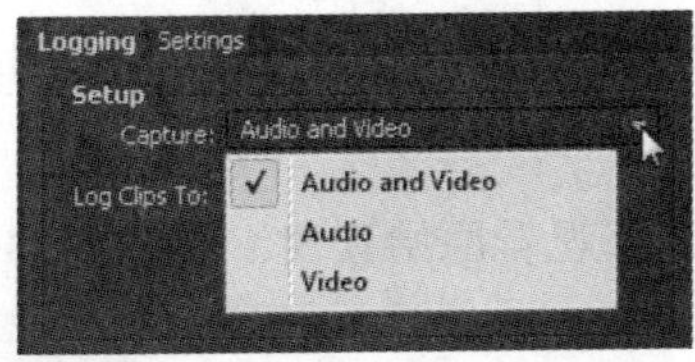

图3–10

13. 单击 Logging 选项卡 Capture 区域内的 Tape 按钮或 Capture 面板内的 Record 按钮开始录制。

在 Capture 面板内和摄像机上可以看到视频。因为采集过程会有一点延迟，所以会听到像回声一样的声音，因此可以关小摄像机或计算机的扬声器。

注意：如果采集 HDV 视频，在采集过程中，视频不会显示在 Captrue 区域。

14. 要停止录制时，请单击红色 Record 按钮或黑色 Stop 按钮，如图 3–11 所示。

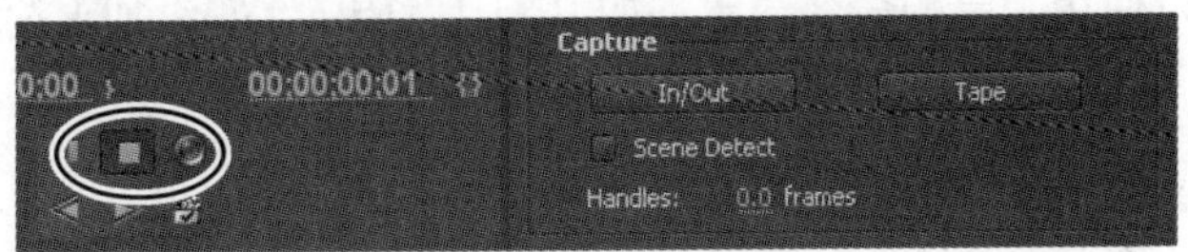

图3–11

这时会弹出 Save Capture Clip（保存采集的剪辑）对话框。

15. 为剪辑取一个名字（可以加上描述信息），然后单击 OK 按钮，如图 3–12 所示。

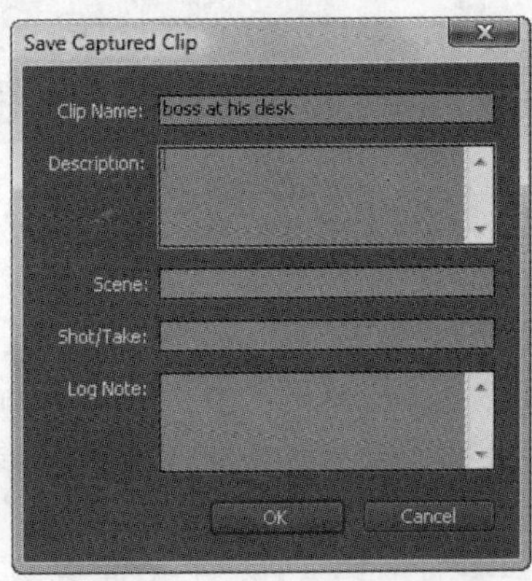

图3–12

Adobe Premiere Pro 会把本课中采集的所有剪辑存储到硬盘上的 Lesson 03 文件夹内。在 Windows 系统下选择 Edit>Preferences>Scratch Disks（暂存盘）命令，或者在 Mac 系统下选择 Premiere Pro>Preferences>Scratch Disks 来改变默认位置。

3.5 批量采集和场景检测

批量采集时，首先要记录下这些剪辑的入点和出点，之后让 Adobe Premiere Pro 自动将它们传送到计算机中。

在入点和出点记录过程中要认真观看原始素材。要找到“保留”视频、最好的采访同期声，以及所有可以增强作品的自然声音。

批量采集的目的有 3 个：更好地管理媒体素材；加速视频采集过程；节省硬盘空间（1 小时的 DV 素材要占用 13GB 的硬盘空间）。如果批采集所有剪辑，则可以使用 Adobe Premiere Pro 项目文件（它相对较小）和 MiniDV 磁带组合作为项目的备份。 要再次编辑项目，只需打开项目文件，重新采集剪辑即可。

3.5.1 剪辑命名约定

仔细想想要怎样命名剪辑。我们最终可能要面对大量的剪辑，如果不给它们起个有描述性的名字，有可能会延缓编辑速度。

在命名同期声时可使用一定的命名约定，如 Bite-1，Bite-2 等。加上简短的描述会很有帮助，例如 Bite-1 笑声。

我们要遵守以下这些步骤。

1. 在 Capture 面板内，单击 Logging 选项卡。

2. 把 Handles 设置（Capture 面板的右下方）修改为 30 帧，如图 3–13 所示。

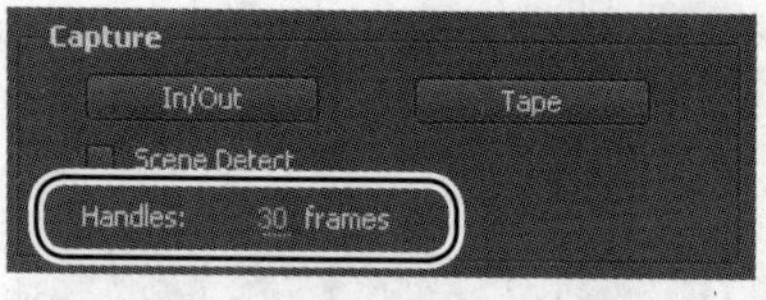

图3–13

用鼠标单击或拖动的方法改变数值

改变Handles值时，可以单击当前数值，并输入新的数值，也可以只是把光标放到Handles数字上，然后左右拖动它来减少或增加数值。这种改变数值的方法在 Adobe Premiere Pro中都通用。

这样将在每段采集剪辑的头尾各增加 1 秒，这样留下足够的头、尾帧来添加切换特效，而不会覆盖剪辑内的重要元素。

3. 在 Logging 选项卡的 Clip Data 区域，为磁带起一个惟一的名字。

4. 倒带后再播放磁带，来记录磁带。

5. 当看到想要传送进计算机的素材段的起始部分时，停下磁带，倒到这段素材的起点，单击 logging 选项卡 Timecode 区域内的 Set In（设置入点）按钮。

6. 到达该段素材的结束处时（可以用快进或播放键到达此处），单击 Set Out（设置出点）。入点和出点的时间，以及剪辑的长度都会显示出来，如图 3–14 所示。

图3–14

设置入点和出点的另外3种方法

还可以采用其他方法为选定的剪辑设置入点和出点。单击播放控制上的括弧（{或}），用键盘快捷键（I打入点，O打出点），或者在时码上左右拖动，直接在时码区域改变入点和出点的时间。

7. 单击 Log Clip（记录剪辑），打开 Log Clip 对话框。

8. 如果需要的话，请修改剪辑名称，添加合适的注释，之后单击 OK 按钮，如图 3–15 所示。

图3–15

这将把该剪辑的名称与入点和出点时间，以及磁带名信息添加到 Project 面板中（在 Offline 文字旁边）。稍后我们会到这里进行实际采集。

9. 用同样的方法记录剩余磁带上的剪辑。

每次单击 Log Clip 时，Adobe Premiere Pro 都会自动在上一个剪辑名称后加一个数字。可以接受或改写这种自动命名功能。

10. 记录完所有剪辑后，请关闭 Capture 面板。记录的所有剪辑都显示在 Project 面板内，每段剪辑旁边都有一个 Offline 图标。

11. 在 Project 面板内，选择想要采集的所有素材（见下面 3 种采集方法提示），如图 3–16 所示。

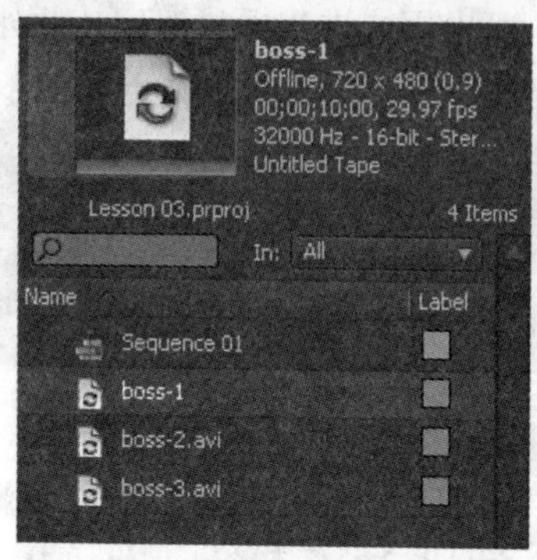

图3–16

选择多个文件的3种方法

选择一个窗口内的多个文件通常有3种方法。如果文件名是连续的，则用鼠标单击第一个文件，再按住Shift键，单击该组内的最后一个文件，或者用鼠标在剪辑上方一侧单击，再向下拉到最后一个剪辑，把这组框选起来。如果文件名是分散的，则先单击第一个文件，再按住Ctrl键（Windows）或Command键（Mac），依次单击其他文件。

12. 选择 File>Batch Capture（批量采集）。这将打开一个非常简单的 Batch Capture 对话框，你可以改变摄像机设置，或添加更多的处理帧，如图 3–17 所示。

注意：处理帧是剪辑开始和结尾处的额外的帧。例如，添加 30 帧作为处理帧将向剪辑的开始和结束添加 1 秒的视频，这可用于切换。

13. 不要选取 Batch Capture 对话框内的选项，单击 OK 铵钮。

会打开 Capture 面板，还会打开另一个小对话框，它提示插入正确的磁带（磁带可能还在摄像机里）。

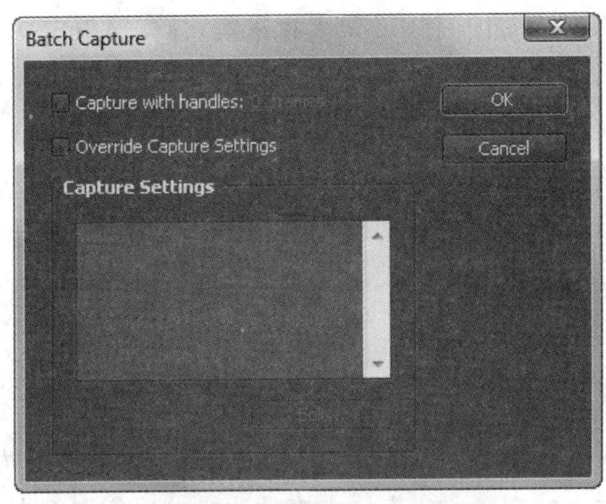

图3-17

14. 插入磁带，单击 OK 按钮。Adobe Premiere Pro 现在开始控制摄像机，导航到第一段剪辑，将该剪辑以及其他所有剪辑传送到硬盘中。

15. 采集完成后，请观察一下 Project 面板中的结果。Offline 图标现在已经变成影片图标，素材可以编辑了。

3.5.2 场景检测

可以用 Scene Detect（场景检测）功能取代手工设置入点和出点。Scene Detect 能自动分析磁带的时间 / 日期戳，辨认出中断的地方，如在录制过程中按摄像机的暂停键所产生的中断点。

当打开 Scene Detect 功能进行采集时，Adobe Premiere Pro 自动把它所检测到的每一个场景中断采集到一个独立的文件中。不管是采集整盘磁带，还是只采集指定入点和出点之间的素材，都可以使用 Scene Detect 功能。

要打开 Scene Detect 功能，请执行如下两种操作之一：

- 单击 Scene Detect 按钮（位于 Capture 面板内 Record 按钮的下方）；
- 选取 Logging 选项卡 Capture 区域内的 Scene Detect 复选框，如图 3-18 所示。

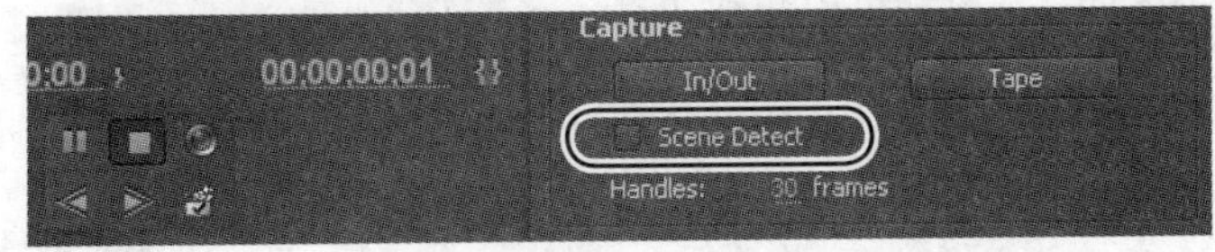

图3-18

然后，可以设置入点和出点，单击 Record 按钮，或者将磁带倒到想开始采集的地方，再单击 Record 按钮。在后一种情况下，采集完成后单击 Stop 按钮。

采集的剪辑会显示在 Project 面板中。不需要批采集它们，Adobe Premiere Pro 很快就采集完每一段剪辑。Adobe Premiere Pro 会为每一段剪辑命名，采集的第一段剪辑的名称是我们在 Clip Name 文本框中输入的名称后再加 01，以后每段新剪辑的名字在此基础上将序号依次加 1。

> Pr | **注意**：自动场景检测功能不能用于 HDV 和 HD 素材。

3.6 手工采集模拟信号

如果需要传输模拟视频，如消费级的 VHS、SVHS 和 Hi-8，或专业级的 Beta-SP 视频信号，则需要一块具有模拟输入的视频采集卡。大多数这样的采集卡都带有消费级的复合接口以及 S-Video，有的还带有高级的分量输入口。

请查看采集卡文档中有关配置和兼容性方面的内容。

采集模拟视频时只能通过手工采集，操作步骤如下所述。

1. 打开 Capture 面板（File>Capture）。
2. 用摄像机上的控制键将视频磁带倒到需要开始采集帧几秒前的位置。
3. 按下摄像机上的 Play 键，之后单击 Capture 面板内的红色 Record 键。
4. 当剪辑采集完成后，单击和按下 Capture 面板和摄像机上的 Stop 键。在 Project 面板中就可以看到采集的剪辑了。

3.7 采集 HDV 和 HD 视频

可以使用与采集 DV 视频相同的方法采集 HDV 视频：把 HDV 摄像机或者磁带机通过 IEEE 1394 连接到计算机。启动新的 HDV 项目时，请选择合适的 HDV 项目预设，像采集 DV 视频那样进行采集。

HD 视频采集需要计算机用 SDI 卡把 HD 摄像机通过同轴接口连接到计算机，提供 SDI 卡的厂家通常会在安装时把额外的 HD 预设安装到 Adobe Premiere Pro。

如果使用的是无磁带摄像机，如 Panasonic P2 或 Sony XDCAM，则可以完全省去采集过程。关于这种新的无磁带环境，请参阅下一章。

> Pr | **注意**：HDV 视频在采集时不能显示在 Capture 面板中。

复习

复习题

1. 切换镜头为什么这么有用?

2. 如果在 Capture 面板的顶部看到“Capture Device Offline”该检查什么?

3. Scene Detection 被启动之后有什么功能?

4. 和手工采集相比，批采集有什么优点?

5. 在采集过程中，怎样添加额外的帧，以确保有足够长度来添加切换特效?

6. 批量采集时实际媒体被采集到硬盘了吗?

复习题答案

1. 人群、面部或者风景的切换镜头常常用于覆盖差的画面，或者使得向另一个画面的切换显得更悦目。

2. 检查摄像机或者录像机是否连接到计算机，是否处于打开状态和 VCR 模式。

3. 启用 Scene Detection，剪辑在摄像机停止或者暂停的每个点处被自动登记。

4. 如果批采集所有剪辑，可能节省 Adobe Premiere Pro 项目文件（它相对较小），存储 DV 磁带，当需要重新编辑时能够很容易地重新采集项目。这是有效的备份方法。

5. 需要在 Logging 选项卡的 Capture 区域内的 Handle 选项中设置帧数。

6. 没有，只有关于剪辑的信息被采集，如磁带名称、入点和出点。剪辑在 Project 面板内显示为“Offline”。

第4课 选择设置、调整选项和管理素材

本课介绍的内容包括：

- 选择项目和序列设置；
- 设置暂存盘选项
- 调整用户首选项；
- 导入素材；
- 仔细检查图像；
- 管理文件夹内的素材；
- 用 Media Browser 查找素材。

学习本课大约需要 50 分钟。

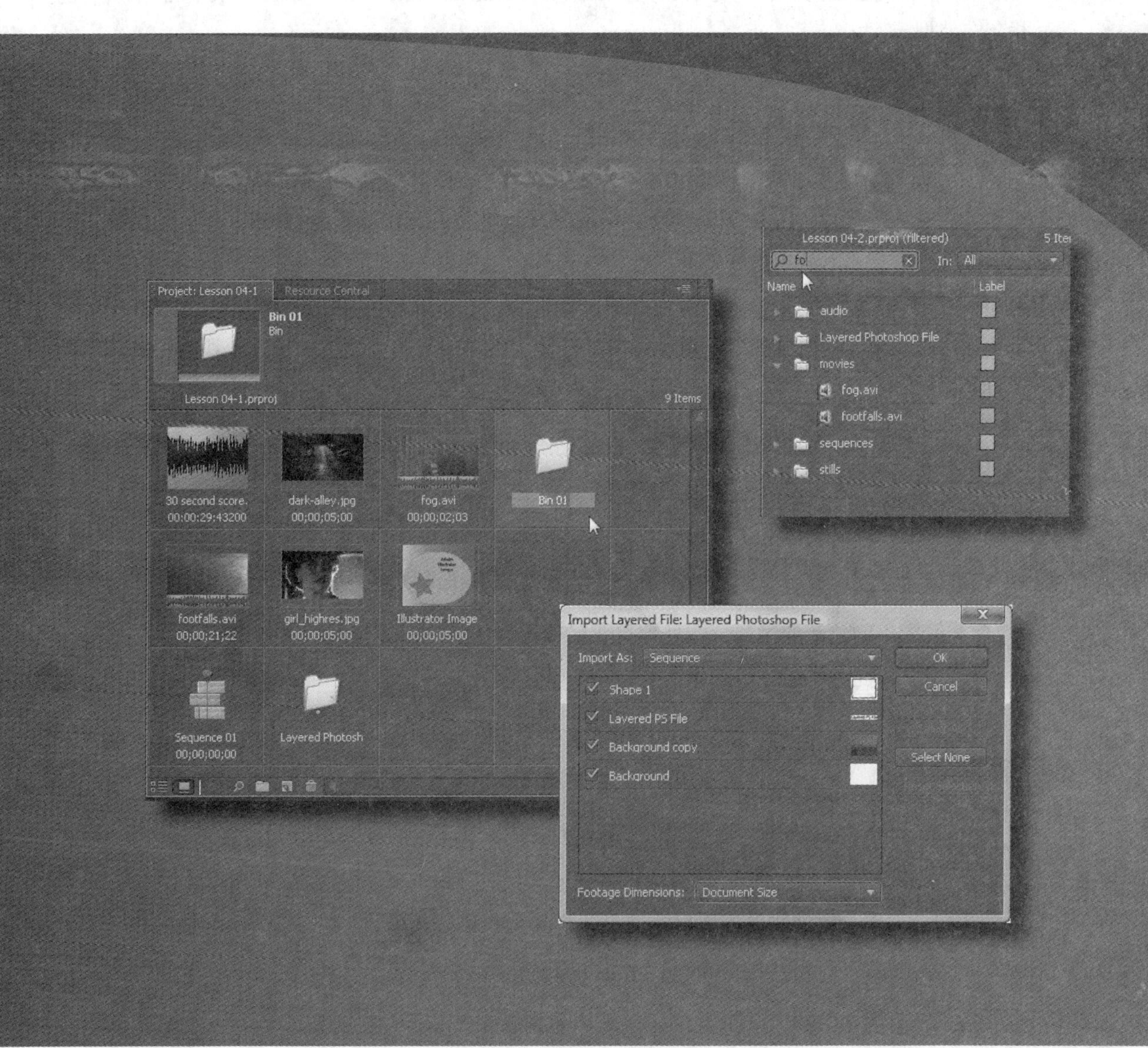

Premiere Pro CS4 具有很多定制功能，具有很高的适应性。而用户需要做的只是调整序列设置和首选项。

4.1 开始

在大多数 Adobe Premiere Pro CS4 项目中，我们并不需要过分关注项目设置和首选项。然而，最好了解这些可用选项。我们将学习怎样在 Project 面板中管理素材，并将深入学习 Adobe Bridge CS4，这是一个功能全面的素材浏览器，支持 Adobe Creative Suite 4 Production Premiun 中所有的产品和文件类型。

4.2 按序列选择项目设置

选择项目设置的基本原则是设置要与源素材相匹配，而不是与最终输出相匹配。维持源素材的原始质量意味着将来可以有更多的选择。即使最终目标是创建用于在 Interot 上播放的低分辨率视频，也要等到编辑完成后，再降低输出品质设置。

有时候在项目素材中可能会遇到源媒体素材的混合，如宽屏和标准屏幕素材、HDV 和 P2。使用 Premiere Pro CS4 可以创建多个序列，每一个都使用不同的媒体类型或帧尺寸，所有序列位于同一个项目内。

4.3 3 种设置

Premiere Pro CS4 具有以下 3 种设置。

- **项目设置**：这些设置应用到整个项目，并且一旦创建项目，大多数设置不能修改。
- **序列设置**：创建新的序列，在处理将要使用的媒体类型时设置这些项目。
- **首选项**：这些设置通常应用于所有项目，可以随时修改它们。

4.4 项目设置

要为 Premiere Pro CS4 项目指定设置，请执行以下操作。

1. 启动 Premiere Pro CS4。这将弹出启动界面，如图 4-1 所示。Recent Projects（最近项目）列表中会列出最近使用过的项目。这里我们要重新创建新项目。

2. 单击 New Project 按钮，打开 New Project 窗口。

这个对话框有两个选项卡：General（常规）和 Scratch Disks（暂存盘）。

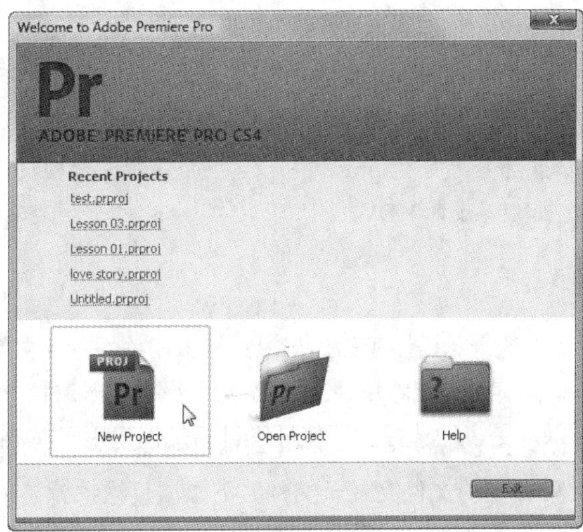

图4-1

4.4.1 General 选项卡

General 选项卡中包含以下这些部分。

- **Action and Title Safe Areas（动作和字幕安全区）：**建议使用这部分的默认值。它们根本不影响视频，只是决定参考线在 Program Monitor 和 Source Monitor 上的显示位置（用于帮助规划字幕位置），以及观看电视覆盖模型在视频边缘的隐藏位置，如图 4-2 所示。

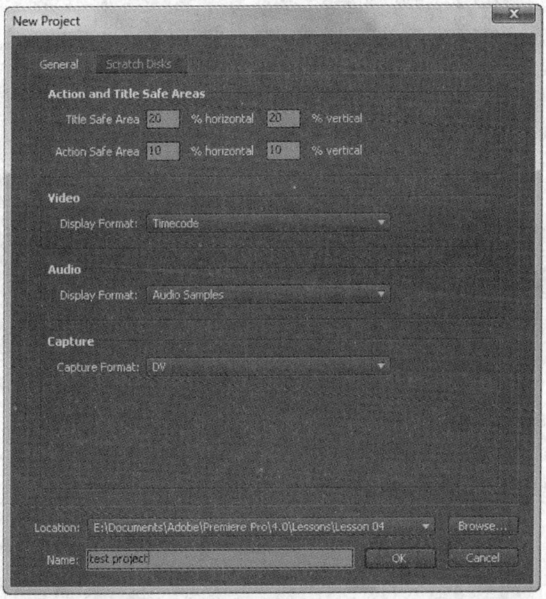

图4-2

- **Video and Audio（视频和音频）**：再次建议使用 Display Format（显示格式）的默认值，除非遇到以下情况：需要以英尺或者帧为单位，而不是以时码格式显示视频；或者需要以毫秒为单位而不是以取样速率为单位显示音频。
- **Capture（采集）**：这部分只有 Capture Format 一个设置，要根据你计划采集的媒体类型正确地设置。可以选择 DV 或者 HDV。

4.4.2 Scratch Disks 选项卡

Scratch Disks（暂存盘）这个术语用于描述与视频编辑相关的各种文件在计算机硬盘上的存储位置。暂存盘可以放置在相同的磁盘或者单独的磁盘上，这取决于硬件和工作流的需要。

每种文件类型的默认设置是 Same as Project（与项目相同位置），如图 4-3 所示，这意味着所有文件将存储在与项目文件相同的文件夹或子文件夹下。项目维护就是采用这种组织方式；当项目完成后，删除一个文件夹将清理整个项目。

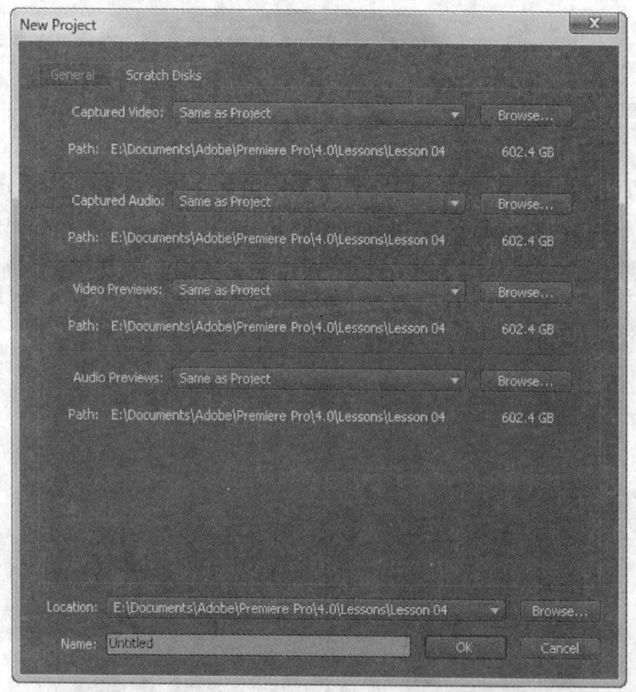

图4-3

在一些情况下，可能需要把不同的文件放置在不同的位置（暂存盘）。例如。在 RAID 0 配置中有一个快速硬盘。这是存储采集的视频文件的最佳位置，因为它们需要的系统输入 / 输出（I/O）最多。

建议把暂存盘设置为 Same as Project，在开始采集自己的视频剪辑时，要根据自己的环境自由指定暂存盘。

典型的硬盘设置

虽然所有文件可以存在于单个硬盘上，但典型的编辑系统有多个分区的硬盘：磁盘1专用于操作系统和程序，磁盘2（最快的硬盘）专用于保存采集的视频和视频预览，磁盘3专用于保存音频、各种静态图像和导出。

Pr **注意：**把单个硬盘进行分区对性能没有改善。

在 Scratch Disks 选项卡上，为新的项目指定位置和文件夹之后，单击 OK 按钮。

4.4.3 序列设置

每次创建新的序列时，Adobe Premiere Pro 都会提示选择序列设置。这是因为 Premiere Pro CS4 中的每个序列都具有不同的设置。因为 Adobe Premiere Pro 认为项目中至少需要一个序列，所以当启动新的项目时，它会发出提示，如图 4–4 所示。

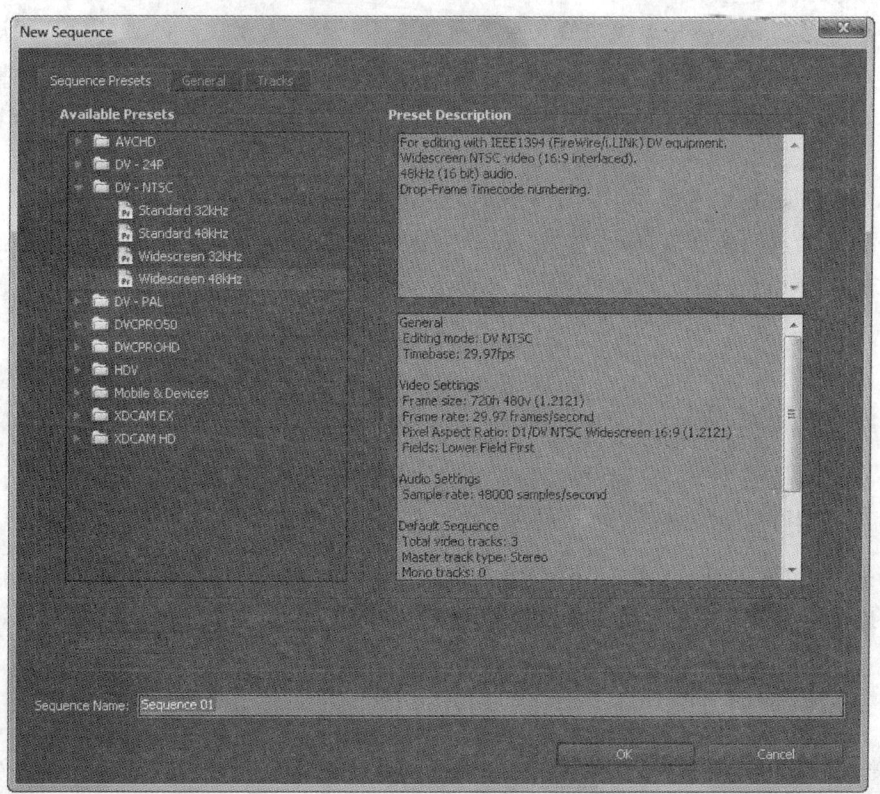

图4–4

New Sequence（新建序列）对话框包含以下 3 个选项卡。

- **Sequence Presets（序列预设）**：这个选项卡使用户能够从最常使用和支持的媒体类型中做出选择。这些课程中所使用的媒体是宽屏 NTSC DV 视频，因此请选择预设 DV – NTSC/Widescreen 48kHz。在采集自己的视频剪辑时，请选择与自己的媒体相匹配的预设。
- **General（常规）**：General 选项卡允许自定预设的各个设置。如果自己的媒体与其中的一个预设相匹配，则不必在 General 选项卡内做任何修改。事实上，建议不要自己修改。然而，如果需要创建自定预设，则请在 Sequence Presets 选项卡内选择一个最相配的预设，之后在 General 选项卡内做自定设置。单击 General 选项卡底部附近的 Save Preset（保存预设）按钮保存自定预设。
- **Tracks（轨道）**：在这个选项卡内指出在创建序列时将添加多少个视频和音频轨道。也可以以后再添加视频和音频轨道。

对于本课中的项目，请在 Sequence Presets 选项卡内给最初的序列一个名称，之后单击 OK 按钮。

为新项目自定预设

如果想在多个项目上使用修改后的项目设置，则可以创建新的自定项目预设，并保存它们供重复使用。要实现这一点，只需在4类预设中选择一个，然后单击General选项卡上的Save Preset（存储预设）按钮，在Sequence Presets选项卡上为自定项目设置预设命名，单击OK按钮即可。它就会显示在Available Presets（可用预设）下的Custom文件夹内。

如果编辑的是标准DV或者Native HDV，则不必使用自定预设。在这种情况下，可从Load Preset选项卡内选择一个标准预设。

4.4.4 调整用户首选项

Preferences（首选项）与序列设置的不同之处在于 Preferences 通常只需设置一次，而且应用到所有项目。我们可以随时改变 Preferences，并使它们立即生效。

Preferences 包括了如下设置：切换特效的默认长度、自动保存的间隔和次数、Project 面板中剪辑标签的颜色、采集视频的文件夹位置以及用户界面的亮度。

如果一直按照本课中的操作执行，现在应该处于 Adobe Premiere Pro 空白工作区中，则可以跳过第 1 步，如果需要重新开始，则请从零开始打开 Lesson 04 文件夹。

1. 启动 Adobe Premiere Pro，选择 Open Project（打开项目），导航到 Lesson 04 文件夹，选择 Lesson 04.prproj。

2. 选择 Edit > Preferences > General（Windows）或者 Premiere Pro > Preferences > General（Mac）命令。

Pr **注意：**与 Lesson 01.prproj 不同，该项目没有导入任何媒体文件，它是空的。这是因为在本课稍后将要把素材导入到该项目。

Pr **注意：**可以选择任何一个 Preferences 子菜单，选择任何选项都会打开 Preferences 对话框，并选择相应的类别。可以单击左侧列表中的类别名称，从一种首选项移动到另一种首选项。

默认缩放到帧尺寸

这里要理解的一个重要首选项是“Default scale to frame size”（默认缩放到帧尺寸）设置。如果选择这个选项，导入的任何媒体都会自动缩放到该序列的帧大小。在导入很多静态图像时可能希望这样。但如果打算执行很多缩放和摇移，则可能不想让它自动缩放。

首选项类别

在 Adobe Premiere Pro 初学阶段，很少用到各种首选项，大多数首选项的作用不言自明。下面对它们加以简要介绍。

- General（**常规**）：主要设置音频和视频切换特效的默认时间长度、静态图像的时长和采集过程中摄像机的预卷 / 过卷时间，以及文件夹的一些属性。
- Appearance（**外观**）：用于设置界面亮度。
- Audio（**音频**）：用 Audio Mixer（调音台）改变音量或摇移时相关的 Automation Keyframe Optimization（自动关键帧优化）。选择 Linear keyframe thinning（线性关键帧）和大于 30 毫秒的 Minimum time interval thinning（最小时间间隔）会使以后的编辑变得更容易。
- Audio Hardware（**音频硬件**）：设置默认的音频硬件设备。
- Audio Output Mapping（**音频输出映射**）：定义每个音频硬件设备通道对应的 Adobe Premiere Pro 音频输出通道，通常使用默认设置。
- Auto Save（**自动保存**）：设置 Auto Saves（自动保存）的频率和次数。要打开自动保存过的项目，请选择 File > Open，导航到 Premiere Pro 的 Auto Save 文件夹，双击相应的项目。
- Capture（**采集**）：设置 4 个基本的采集参数。
- Device Control（**设备控制**）：这里的选项包括 Preroll（预卷，可以在 General 首选项内设置）和 Timecode Offset（时码偏移，通常仅在模拟视频采集期间使用）。

- Label Colors（标签颜色）：允许改变 Project 面板中默认媒体链接标签的颜色。
- Label Defaults（标签默认颜色）：在这里为不同媒体类型指定具体的标签颜色。
- Media（媒体）：用于清空缓存文件夹；
- Player Settings（播放器设置）：通常设置为 Adobe Media Player（Adobe 媒体播放器）。然而，一些第三方的采集卡可能添加它们自己的视频播放器，可以从这里选择它。
- Titler（字幕组件）：用来定义 Adobe Titler 框架中字体和样式实例的属性。
- Trim（剪切）：指出在 Trim 框架中选择 Large Trim Offset（剪切大段视频的快捷方法）时调整的帧数和音频时间单位。

在 Preferences 中所做的任何修改都立即生效，并且在下次启动 Adobe Premiere Pro 时仍然有效。可以随时再次修改它们。

> Pr 注意：在查看过各种选项后，要放弃修改可单击 Cancel 按钮，如果要保存所做的修改，则单击 OK 按钮。

4.5 导入素材

在第 1 课中，项目启动时已经链接到在 Project 面板所放置的素材上。向 Project 面板添加这些链接。按照 Adobe Premiere Pro 的说法，称之为导入素材，这很容易。但还是要注意其中的几个问题。本节将介绍怎样导入素材，以及导入过程中可能遇到的一些常见问题。

在这节中，我们将导入全部 4 种标准媒体类型：视频、音频、图形和静态图像，介绍两种导入方法，并介绍音频和图形文件的属性。

可以从上一节结束处继续执行，也可以从 Lesson 04 文件夹中打开 Lesson 04.prproj 项目。

应该看到打开的标准 Adoeb Premiere Pro 工作区。除了位于 Project 面板和 Timeline 上的 Sequence 01 项之外，所有框架应该都是空的。

1. 选择 File>Import。
2. 导航到 Lesson 04 文件夹，选择音频剪辑、Illustrator 图像、两个 JPEG 图像和两段 AVI 视频，如图 4-5 所示，之后单击 Open（Windows）或 Import（Mac）按钮，这将把这些文件（从它们创建链接）导入到 Adobe Premiere Pro 的 Project 面板。

> Pr 注意：还有另一种不同的方法可以打开 Import 对话框（Windows）或 Choose Object（选择对象）对话框（Mac），这种方法更快捷，即使用键盘快捷键 Ctrl+I 键（Windows）或 Command-I 键（Mac）。

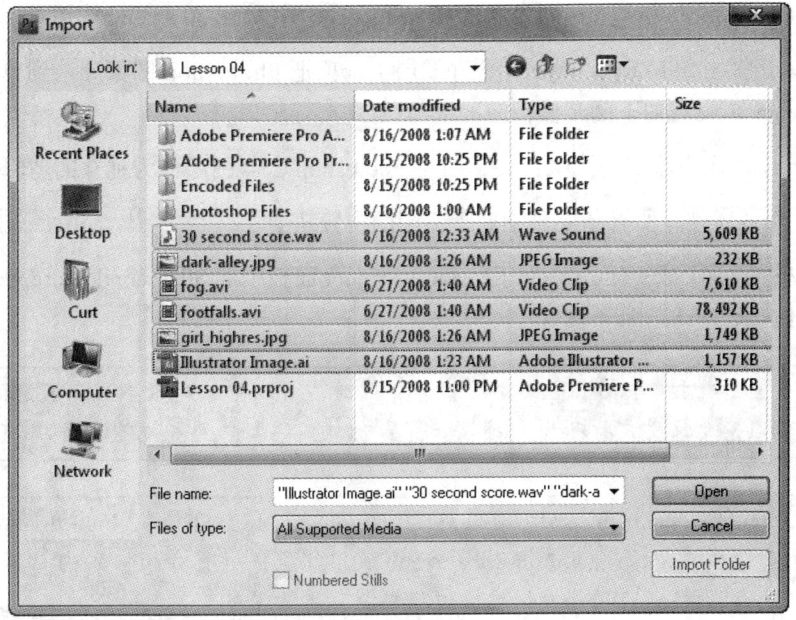

图4-5

3. 在 Project 面板中的新增剪辑下的空白区域内双击。

我们可以导入不同文件夹里的文件，而无需提前把所有素材放在同一个文件夹里。Project 面板只是列出到素材所在位置的链接。

4. 导航到 Lesson 04\Photoshop Images 文件夹，选择 Layered Photoshop File.psd，之后单击 Open 按钮（Windows）或 Import 按钮（Mac）。

对于 Photoshop CS4 文件，会弹出 Import Layered File（导入图层文件）的对话框，如图 4-6 所示。

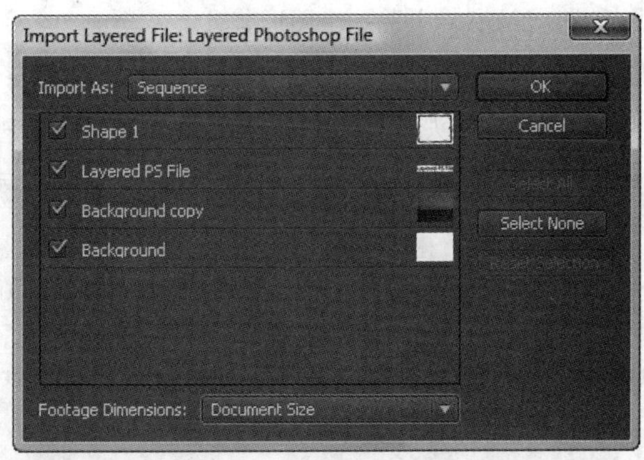

图4-6

5. 从 Import As（导入为）下拉列表内选择 Sequence（序列），单击 OK 按钮。

可以选择一种 Merge Layer（合并图层）选项把 Photoshop 图像导入到单个图层中。选择 Sequence 会完成如下两步操作。

- 向 Project 面板添加一个文件夹，所有 Photoshop CS4 图层作为独立的剪辑列出。
- 创建新的序列，所有图层分别处于不同的视频轨上。

6. 右击（Windows）或 Control- 单击（Mac）Project 面板中的 30 second score.wav 文件，从弹出菜单中选择 Properties（属性）。

Pr **注意：**当选择把 Photoshop 文件导入为序列时，请注意该对话框显示的 Photoshop 图像图层，允许用户打开和关闭各个图层。

Pr **注意：**Source Audio Format（源音频文件格式）是 48 000Hz-32 bit - floating-point stereo（32 位浮点立体声）。Adobe Premiere Pro 能将所有音频格式向上转换为项目设置要求的格式，因此确保编辑过程中没有质量损失。浮点数据的编辑更精确、更平滑。

7. 关闭 Properties 窗口。

8. 查看素材信息的另一种方法是使用 Info 面板。单击位于工作区左下角的 Info 面板后，再单击 Project 面板内的各个素材，可以在 Info 面板显示中观察其属性。

4.6 仔细检查图像

Adobe Premiere Pro 几乎能导入所有类型的图像和图形文件。前面已经看到它是如何处理 Photoshop CS4 图层文件的，它为我们提供不同的选择。可以把图层导入为序列中独立的图形，也可以导入为单个图层，或者将整个文件合并为一个图形剪辑。

接下来需要介绍的是如何使用 Adobe Premiere Pro 处理 Adobe Illustrator CS4 文件和 JPEG 图像文件。现在我们将接着上节的项目做。如果想从头开始，那就打开 Lesson 04 文件夹中的 Lesson 04-1.prproj。

注意：可能会弹出一个对话框询问某个文件的位置。当源文件保存在当前所用硬盘之外的硬盘时会出现这种情况。这时需要告诉 Adobe Premiere Pro 这个文件的位置。在这个例子中，请导航到 Lesson 04 文件夹，选择该对话框提示的那个文件的位置。

1. 右击（Windows）或 Control- 单击（Mac）Project 面板内的 Illustrator Image.ai，从弹出菜单中选择 Properties。

这种文件类型是 Adobe Illustrator Art 文件，Adobe Premiere Pro 对 Illustrator CS4 文件的处理方法如下所示。

- 像第 4 步中导入的 Photoshop CS4 文件一样，这也是一个图层图形文件。但是，Adobe Premiere Pro 没有提供将 Illustrator CS4 文件导入到独立的图层上这种选项，它直接合并它们。
- 它还执行栅格化处理，把矢量（基于路径的）Illustrator art 文件转换为 Adobe Premiere Pro 使用的基于像素的图像格式的文件。
- Premiere 自动消除锯齿，也就是对 Illustrator 作品的边缘进行平滑处理。
- Adobe Premiere Pro 将所有空区域转换为透明的 Alpha 通道，这样可以让 Timeline 上位于这些区域下方的剪辑可见。

2. 关闭 Properties 窗口。

在Illustrator中编辑Illustrator文件

如果再次右击（Windows）或Control-单击（Mac）llustratorImage.ai文件，会发现有个Edit Original（编辑原始图像）选项。如果计算机上安装了Adobe Illustrator，选择Edit Original会在Illustrator中打开这个文件以供编辑。因此，即使它的图层已经在Adobe Premicre Pro中被合并了，也仍然可以回到Adobe Illustrator编辑原来的图层文件并保存，所做的修改会立即在Adobe Premierc Pro中体现出来。

3. 请尽可能向右拖动其右边缘，以显示出更多栏，可以看到 Project 面板内的更多信息。

4. 再次单击一幅图像素材，之后按 Tab 键，在栏之间移动。注意：可以在可编辑字段内输入文本 spreadsheet style（电子表格样式）。这是查看素材属性的另一种方法。

自定Project面板栏

把Project面板拉宽之后，请试试来回拖动栏标题。可以左右移动栏，以适应自己的工作风格。

5. 将 Project 面板拖回到原来的尺寸。如果无法将工作区恢复为原来的样子，可以选择 Window>Workspace>Reset Current Workspace 命令。

6. 将两幅静止图像 dark-alley.jpg 和 girl_highres.jpg 拖到 Timeline 上的 Video 1 轨。

7. 按反斜杠键（\），这是扩展 Timeline 视图的键盘快捷键，可以使 Timeline 的长度与其中剪辑的长度相同。扩展后的 Timeline 如图 4-7 所示。

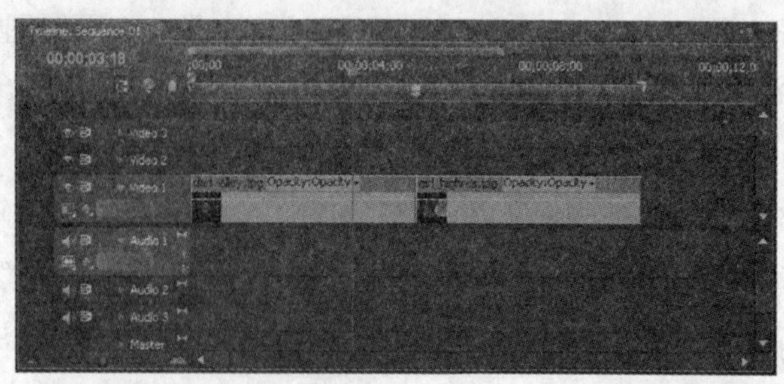

图4–7

8. 在两段剪辑之间拖拽当前时间指示器。

9. 在 Timeline 上第一段剪辑 dark-alley.jpg 上右击（Windows）或 Control- 单击（Mac），从弹出菜单中选择 Scale to Frame Size（按帧尺寸缩放）打开该功能，如图 4–8 所示。

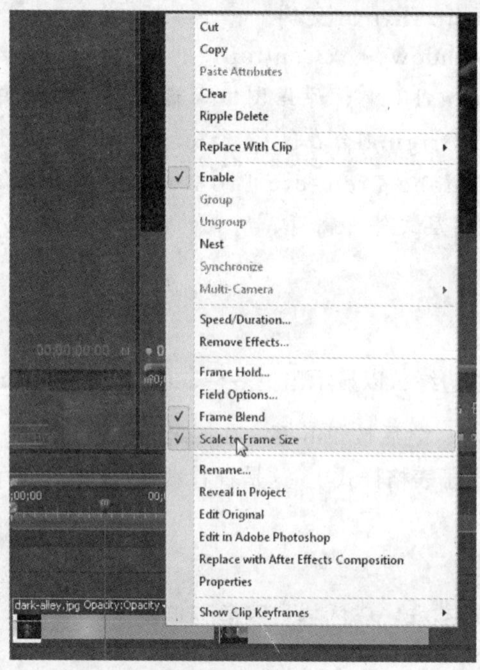

图4–8

现在可以看到整幅图像了。

> **Pr** **注意：**如果想使所有图像自动缩放到项目帧大小，则可以在 General 首选项类别中把它设置为首选项。该选项必需在导入图像前设置才能生效。

10. 也可以使用 Effect Controls 面板内的 Motion 工具从图像的全分辨率缩放图像。这种方法的优点是：它允许摇移或缩小全图像分辨率。请把当前时间指示器移动到 girl_highres.jpg 图像上，使它显示在 Program Monitor 内。请单击 girl_highres 图像以选中它。

11. 展开 Effect Controls 面板内的 Motion 特效，如图 4-9 所示。

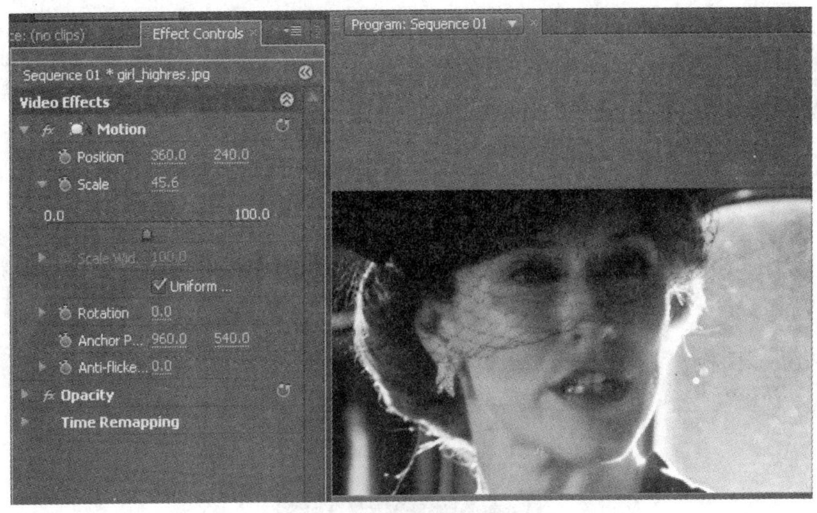

图4-9

12. 展开 Scale 参数，将其调大或调小，并监视它在图像上产生的效果。也可以把图像手工缩放到任意大小。

下面是一些有关导入图像的重要提示。

- 导入图像的最大尺寸可以是 1600 万像素（4096 × 4096）。
- 如果不准备缩放或摇移图像，则要尽量使所创建图像的帧尺寸不小于项目的帧尺寸，NTSC DV 是 720 × 534（请参考“正方形与矩形像素提示”）。否则必须按比例增加图像的尺寸，而这可能导致图像锐度下降。导入文件要占用大量内存，这会导致项目运行速度降低。
- 如果打算对图像缩放或摇移操作，创建图像时，要尽量使缩放或摇移区域的帧大小不小于项目的帧尺寸。

正方形与矩形像素提示

电视机显示的像素是矩形，NTSC制式下稍呈垂直矩形（长宽比是0.9），PAL制式下则呈水平矩形。计算机显示器则使用正方形像素。图形软件中创建的图像一般都是正方形。Adobe Premiere Pro通过压缩和插入正方形像素来保持图像原来的长宽比，使它们能在电视机上正确地显示，所以当创建正方形像素的图形或图像时，请记住用电视标准创建它们。NTSC为720 × 534（Adobe Premiere Pro把正方形像素压缩为矩形后，其分辨率变为720 × 480），PAL为768 × 576。

4.7 管理文件夹中的媒体素材

Project 面板用于访问和组织素材，如视频剪辑、音频文件、静态图像、图形和序列。每个列出的媒体素材都是一个链接，文件自身仍在它们各自的文件夹内，而素材存储在 bins（文件夹）内。Bins 就像文件夹一样，它在 Adobe Premiere Pro 内组织和分类素材。

在 Project 面板中导入和按逻辑顺序组织素材很简单。可以创建新的 bins，还可以在 bins 内创建 bins。

这一节将介绍 Project 面板中的一些选项，然后重新组织用过的剪辑。如果想重新开始，请打开 Project 04-1.prproj。

1. 单击 Project 面板左下角的 Icon View（图标视图）按钮，如图 4–10 所示。

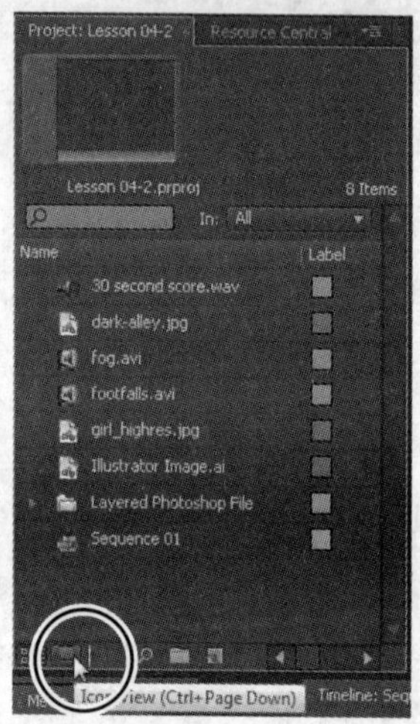

图4–10

这将把 Project 面板的显示从列表方式变成缩览图和图标方式。

2. 向右拖动 Project 面板右边缘，扩展其视图尺寸，显示出其中的所有项目。

3. 单击选中 30 second score.wav，之后单击缩览图上的 Play-Stop Toggle（播放 – 停止切换）按钮，如图 4–11 所示。

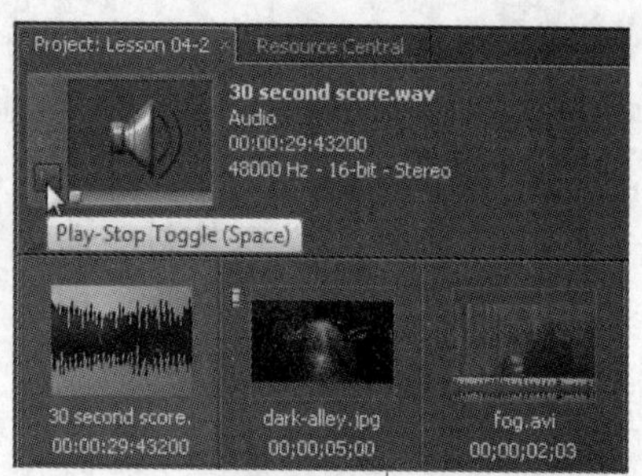

图4–11

可以播放其他任意素材。在遇到静态图像和图形时，Play-Stop Toggle按钮会变为不可用(灰色)。

4. 单击 footfalls.avi，将缩览图视图下方的滑块拖到该剪辑内几秒处。

5. 单击紧邻 Preview 窗口的 Poster Frame（贴帧）按钮，为该剪辑创建新的缩览图图像，如图 4–12 所示。

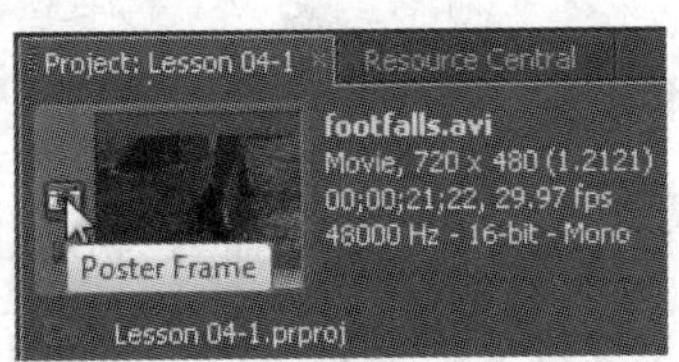

图4–12

> **注意：**新的缩览图会立即显示在 Project 面板中。这个缩览图图像中有一个音频标记，表示这是一个带有音频的视频剪辑。

6. 单击 New Bin 按钮，创建新的文件夹。新创建的文件夹显示在 Project 面板中，其默认名称是 Bin 01，如图 4–13 所示。

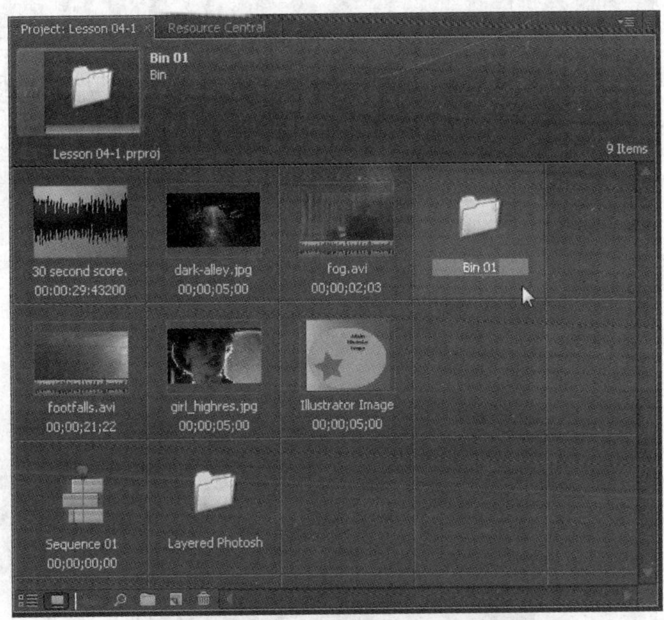

图4–13

7. 将其名称从 Bin 01 修改为 Audio，按回车键确认。

8. 再创建一个文件夹，将它命名为 Stills。

9. 将音频剪辑拖放到 Audio 文件夹缩览图上。

10. 将两个 JPEG 静态图像和 Illustrator 文件拖放到新的文件夹 Stills 内。

11. 回到列表视图（单击 Icon View 按钮左边的 List View 按钮）。

12. 在 Project 面板内取消选取可能选中的所有文件夹。

> Pr | **注意：**这里必须这么做，以免使我们将要添加的文件夹变成另一个文件夹的子目录。有时可能需要用文件夹来帮助组织 Project 面板，但这不是我们现在所需要的。

13. 单击 New Bin 按钮，创建新的文件夹，将它命名为 Sequences。

14. 打开 Layered Photoshop File 文件夹，把 Layered Photoshop File 序列拖放到 Sequences 文件夹内。

15. 再创建一个名称为 Movies 的文件夹，把电影文件拖放到该文件夹内。

16. 在 Project 面板内取消选取可能选中的所有文件夹。

17. 把 Sequences 01 也拖放到 Movies 文件夹内。

> Pr | **注意**：这便于在这种文件夹结构中组织项目素材。可以提出自己的素材组织方法，但像这里所示的那样按素材类型组织是一个好的起点。

18. 在 Project 面板内文件链接列表顶部的 Name 上单击两次，使所有素材链接和文件夹按字母顺序排列。重新排列后的 Project 面板如图 4–14 所示。

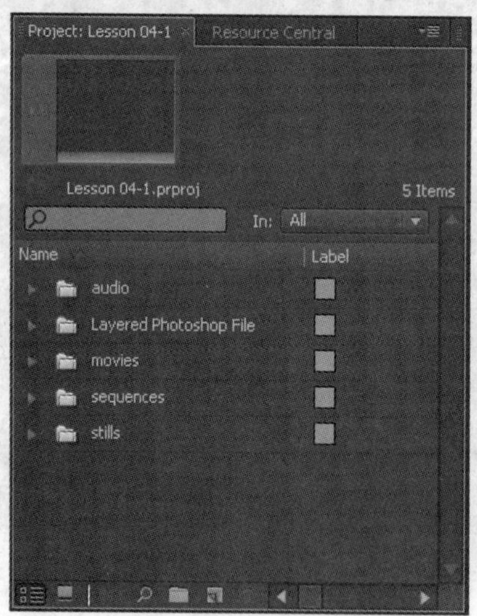

图4–14

4.8 研究文件夹的其他功能

Premiere Pro CS4 中的文件夹功能在面对大量素材时很有用。文件夹内可能有数千个素材（电影剪辑、图像剪辑和音频剪辑等），文件夹功能有助于查找、移动和组织素材。

4.8.1 一次打开多个文件夹

在 Premiere Pro CS4 中可以一次把多个文件夹在它们的窗口内打开，或者定位于面板内。这使在两个文件夹之间拖动素材变得很方便。现在可以接着上一部分的项目继续执行，或者从 Lesson 04 文件夹中载入 Lesson 04-2.prproj。

1. 双击刚创建的 Stills 文件夹，注意它在其自己的窗口内打开。

2. 练习在这个新窗口和其他文件夹之间来回拖动剪辑的操作。

3. 把新的 Stills 文件夹定位到另一个面板内，试试不同的文件夹组织方法。

4. 单击 Stills 选项卡上的“×”关闭该文件夹，Stills 文件夹仍然位于主 Project 面板内。

4.8.2 查找素材

Premiere Pro CS4 凭借 Project 面板内的搜索功能得到显著改善。Find 工具位于靠近 Project 面板顶部的位置。

1. 如果工作区变得凌乱不堪，请打开 Lesson 04-2.prproj 项目。

2. 在 Search 框内输入文字 fo，Movies 文件夹会自动展开，显示出其中有文字 fo 的电影剪辑，如图 4–15 所示。

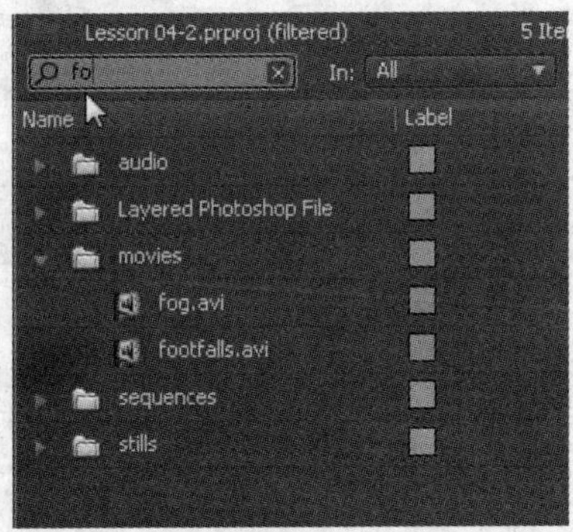

图4–15

这项新功能很简单，但在快速查找正确的剪辑时很有用。

3. 完成之后，清除 Search 框内的所有文字，所有文件又显示出来。

4. 单击位于 Project 面板底部的 Find 图标，试试更详细，更具体的搜索工具。该工具在具有大量素材，search 工具不够用时很有用处。

4.9 用 Media Browser 查找素材

Bridge CS4 中的 Media Browser 功能可以很容易地浏览计算机上的文件。与本课前面使用的 Import 对话框不同，Media Browser 可以一直保持打开着，并把它定位到任意位置。在第 5 课中，将介绍 Media Browser 在查找和导入基于文件的媒体（如 P2 或 XDCAM 素材）时是多么的有用。

Media Browser 的使用非常简单，不用太多解释。这里将用它导入与前面使用 Import 对话框导入相同的素材来学习使用它。

1. 打开 Lesson 04 文件夹内的 Lesson 04.prproj，该项目应该还没有导入任何素材。

2. 向右拖动 Media Browser 右边缘以展开它。

3. 使用 Media Browser 导航到 Lesson 04 文件夹，如图 4–16 所示。

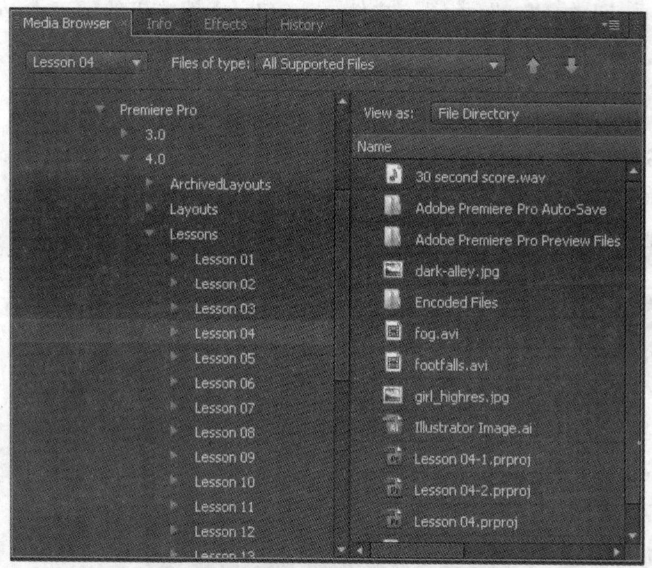

图4–16

4. 从 Lesson 04 文件夹中选择与前面相同的素材，把它们拖放到 Project 面板。

筛选所查找的素材

使用Media Browser中的Files of Type（文件类型）下拉列表可以筛选出所要查找的素材。

复习

复习题

1. New Sequence 对话框内 General 选项卡有什么作用？
2. 怎样让 Adobe Premiere Pro 导入所有 JPEG，使它们的尺寸缩放到与当前序列相同？
3. 请说出两种导入素材的方法。
4. Adobe Premiere Pro 在处理 Photoshop CS4 和 Illustrator CS4 图层图形文件时采用的方法不同，请说明其不同之处。
5. 导入高分辨率照片的有什么优点？
6. 默认状态下，在双击文件夹时会发生什么现象？

复习题答案

1. General 选项卡用于自定现有预设或者创建新的自定预设。如果使用的是标准媒体类型，需要选择 Sequence Preset 选项。
2. 在 Preferences 的 General 类别中，在导入 JPEG 之前选取 Default scale to frame size 复选框。
3. 选择 File>Import 命令，或在 Project 面板内的空白处双击，或者把素材从 Media Browser 拖放到 Project 面板。
4. Adobe Premiere Pro 允许以 3 种方法导入 Photoshop CS4 文件：作为一个序列，各个图层位于独立的视频轨上；以各个图层为基础；作为合并的文件。Adobe Premiere Pro 在导入 Illustrator CS4 图层图形文件时只能导入为合并的文件。它会对 Illustrator 的矢量文件进行栅格化和消除锯齿处理。
5. 可以摇移和缩放图片，并保持清晰的图像效果。要以全分辨率查看图片，需要在 Timeline 上右击（Windows）或者 Control- 单击（Mac）它们，取消选择 Scale To Frame Size 复选框。
6. 文件夹将打开在其自己的窗口内。

第5课 导入无磁带媒体

本课涉及的主题包括：

- 使用无磁带工作流；
- 使用 Media Browser；
- 导入 P2、XDCAM 和 AVCHD 媒体；
- 混合媒体格式。

学习本课大约需要 30 分钟。

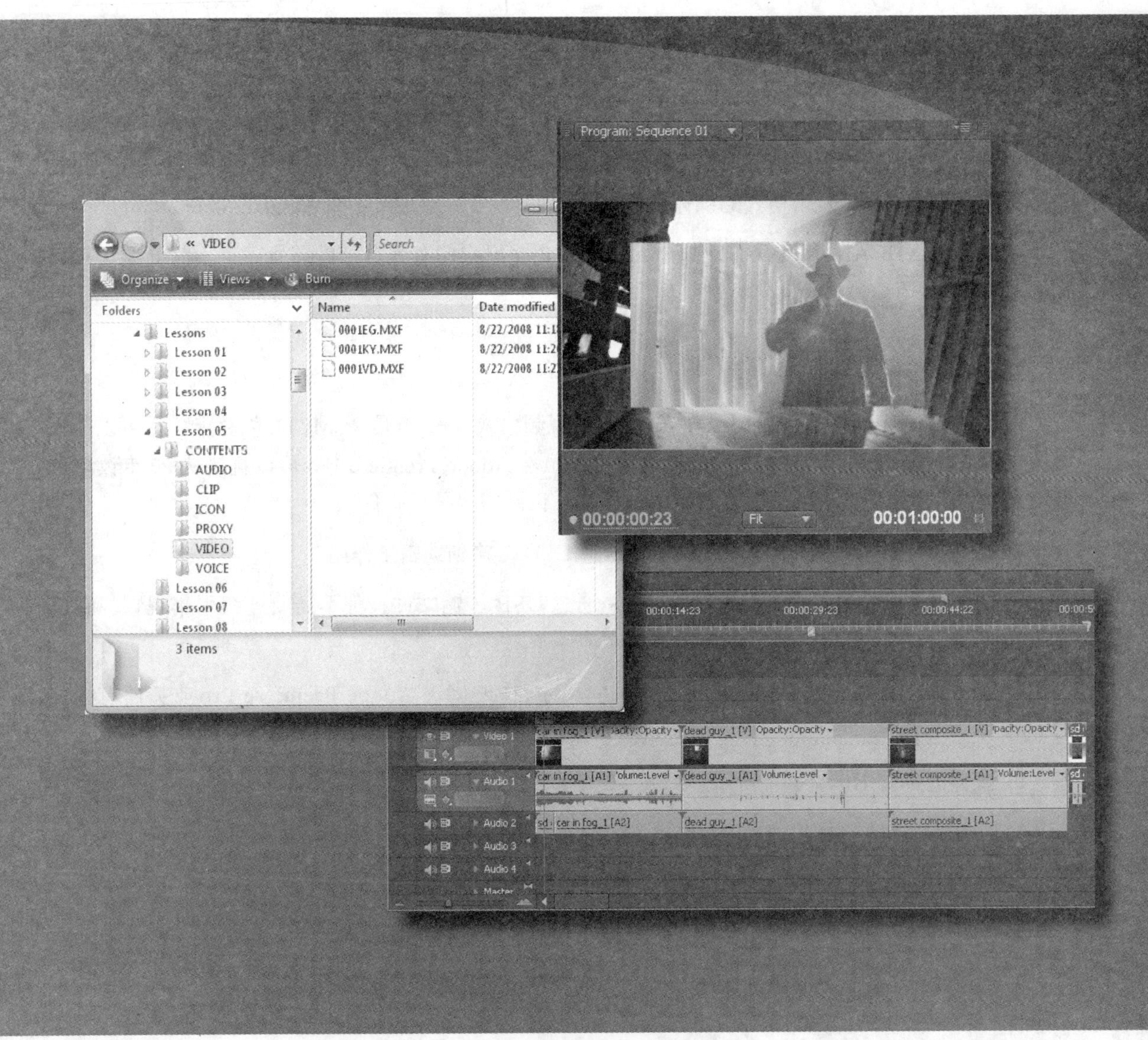

摄像机将很多流行的视频记录到磁盘或者闪存中，而不是记录到磁带。这种“无磁带”工作流具有更加可靠的速度和更加灵活的帧速率。Premiere Pro CS4 允许用户本地编辑这些新的格式，而不用耗费时间进行转换。

5.1 开始

本书除第 1 课之外，其他所有课程的文件夹内都有使用标清（SD）宽屏剪辑的例子。本课使用 Panasonic P2 摄像机拍摄的高清（HD）视频剪辑，这将使用户能够在 Adobe Premiere Pro 中尝试本地编辑 P2 视频的简单性，即使没有 P2 摄像机也可以这样做。

5.2 使用无磁带工作流

无磁带工作流（也称作基于文件的工作流）只是把视频从无磁带摄像机导入、编辑、再导出。Premiere Pro CS4 使该操作变得非常简单，因为与很多非线性编辑系统竞争产品不同，Premiere Pro CS4 不需要转换这些无磁带格式的媒体就能够本地编辑 P2、XDCAM 和 AVCHD 素材。

虽然 P2、XDCAM 和 AVCHD 都是无磁带格式，但它们有其自己的差别。下面将介绍每种格式的基本知识。

5.2.1 Panasonic P2

P2 是 Panasonic P2 摄像机记录在 P2 卡上的视频格式，P2 卡是 PCMCIA 闪存卡，它可以插入摄像机内或者插入到工作站的 PCMCIA 插槽中。虽然 Adobe Premiere Pro 可以直接从 P2 卡读取和编辑素材，但建议把该卡的内容复制到本地硬盘，以获得最佳的性能。

P2 摄像机还具有 USB 端口，允许视频通过 USB 传输到编辑工作站。

请注意，无论是通过 P2 移动文件，还是通过 USB 传输文件，都不需要连续采集视频。它以传输 I/O 所允许的速度传输到编辑工作站。

P2 格式存在一些变体，它们指定不同的帧尺寸和帧速率。Adobe Premiere Pro 支持所有标准 P2 的变体。

P2 媒体的典型工作流如下所示。

1. 把视频拍摄到摄像机内的 P2 卡上。

2. 把 P2 卡移动到工作站上，把文件复制到本地硬盘。

3. 在 Adobe Premiere Pro 本地编辑文件。

4. 把项目导出到蓝光光盘、DVD、Web，或者甚至导回 P2 本地格式。

5.2.2 Sony XDCAM

Sony XDCAM 指记录到光盘或者 SxS 闪存卡的一系列摄像机。大多数 XDCAM 和 XDCAM HD 摄像机记录到光盘，XDCAM EX1 和 EX3 型号记录到 SxS 闪存卡。

可以从摄像机中移走光盘，把它插入到与工作站相连接的光驱中。也可以把 SxS 闪存卡插入到工作站的 PCI Express 卡插槽中，把它作为闪存盘使用。在这两种情况下，建议先把文件从光盘或者 SxS 闪存卡上的文件复制到本地硬盘，以获得最佳性能，而不要尝试直接编辑源媒体。

Adobe Premiere Pro 对记录为标清的 DVCAM 光盘内容以及以 18 Mbit/s、25 Mbit/s 及 35 Mbit/s 记录的所有高清 XDCAM HD 格式提供本地支持。Adobe Premiere Pro 目前不支持标清 IMX 和新的高清 MPEG HD422 50 Mbit/s 编码。然而，可以在具有 SDI 或 HD-SDI I/O 的 XDCAM 或 XDCAM HD 播放器中播放这些格式中的内容，并通过兼容的第三方采集卡把它们读取到 Adobe Premiere Pro。

Adobe Premiere Pro 支持具有 3:2 pulldown 的 1440x1080/23.98p SP 模式之外的每种 XDCAM EX 格式变体。此外，Adobe Premiere Pro 为 1920x1080/23.98 HQ 提供本地支持。

针对 XDCAM EX 媒体的典型工作流如下所示。

1. 拍摄到摄像机内的 SxS 卡。

2. 把 SxS 卡移到工作站，把文件复制到本地硬盘。

3. 在 Adobe Premiere Pro 本地编辑文件。

4. 把项目导出到蓝光光盘、DVD 或者 Web。

5.2.3 AVCHD

AVCHD 这种录制格式通常在消费级摄像机中，用于把高清视频录制为无磁带格式。AVCHD 不局限于单个厂家的摄像机或者一系列摄像机，它用在大量的消费级高清摄像机中，包括 Sony 和 Panasonic 的各种型号。

HDV 摄像机基于 MPEG-2 编解码，与它相比，AVCHD 使用 H.264 编解码实现更高的数据压缩和更低的数据速率。

使用 AVCHD 的摄像机记录到以下 3 种媒体之一。

- **DVD**：摄像机在记录时用 AVCHD 记录格式把视频直接刻录到摄像机内的 DVD。
- **硬盘**：摄像机用 AVCHD 记录格式把视频直接记录到硬盘。
- **闪存**：摄像机用 AVCHD 格式把视频直接记录到摄像机内的闪存卡。

AVCHD 格式适用于记录和查看视频，但由于其高压缩特点，所以不适用于编辑。Premiere Pro CS4 能够以其本地格式编辑 AVCHD 视频，而不用把它转换为中间编码或者其他可用的编码，但 AVCHD 编辑过程是否能够顺利进行很大程度上则将依赖于所使用的编辑系统的功能。

AVCHD 媒体的典型工作流如下所示。

1. 把 AVCHD 视频拍摄到 DVD、闪存媒体或者硬盘。具体拍摄到哪种媒体主要取决于所使用的 AVCHD 摄像机的类型。
2. 把 AVCHD 视频剪辑复制到工作站：把采集盘放置到 DVD 光驱内，移动闪存卡，或者通过 USB 从摄像机复制到工作站。
3. 在 Adobe Premiere Pro 内本地编辑文件。
4. 把项目导出到蓝光光盘 DVD 或者 Web。

5.3 使用 Media Browser

经验丰富的 Adobe Premiere Pro 用户则可能倾向于使用传统的、通过 Project 面板导入素材的方法。在第 4 课中介绍过 Media Browser，在本课中将使用它查找和导入 P2 剪辑例子。虽然使用 Project 面板内的 Import 菜单可以导入所有素材，但使用 Media Browser 具有一些优点，特别是在导入 P2 媒体的时候，本课将介绍这些优点。

5.4 导入 P2 和 XDCAM 媒体

如果使用 Panasonic P2 摄像机拍摄 P2 视频，则请从摄像机内取出 P2 卡，把 P2 读卡器连接到编辑工作站，把视频剪辑复制到本地硬盘。也许本书的很多读者没有 P2 高清摄像机，所以本书提供了 P2 文件，并把 P2 文件放置在 Lesson 05 文件夹下。

5.4.1 P2 文件夹结构

典型的 Panasonic P2 文件结构包含 CONTENTS 文件夹，如图 5–1 所示。该文件夹内的子文件夹包含实际内容（实际的视频和音频媒体）和元数据。实际内容被拆分为不同的成分，放置到相应的子文件夹内，这些子文件夹如下所示。

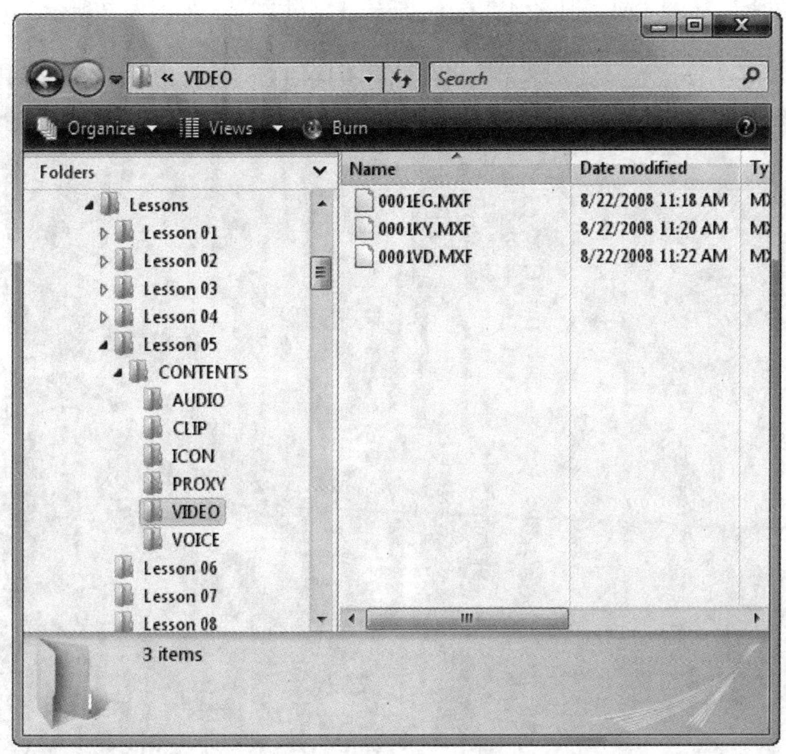

图5–1

- **AUDIO 文件夹：**对于每个剪辑，这个文件夹包括多达 16 个独立的单声道音频 MXF 文件，这些文件使用视频剪辑的文件名，其后添加了声道号。
- **CLIP 剪辑：**这个文件夹包含剪辑元数据，存储格式为 .xml。
- **ICON 文件夹：**这个文件夹包含缩览图图标或者贴帧，存储为 .dmp 文件。
- **PROXY 文件夹：**这个文件夹包含代理文件，它存储为 .mp4 文件，包含 1/4 分辨率的 200 kbit/s 左右的 MPEG-4 视频和一个单声道 AAC 音频轨道，以及 BIN 文件。Adobe Premiere Pro 不支持这些代理。
- **VIDEO 文件夹：**这个文件夹包含视频 .mxf 文件。
- **VOICE 文件夹：**这个文件夹包含采集后添加的 .wav 格式的语音注释。

这种文件夹结构看似复杂，因为视频、音频、元数据和缩览图都位于独立的文件夹内，长剪辑常常被拆分为多个文件。Adobe Premiere Pro 能够很好地处理这种复杂的结构。使用 Media Browser 更容易浏览和选择媒体。

1. 启动 Adobe Premiere Pro 之后，请单击 New Project 按钮。

2. 把新项目命名为 P2 Test，把它保存在 Lesson 05 文件夹内，如图 5–2 所示。

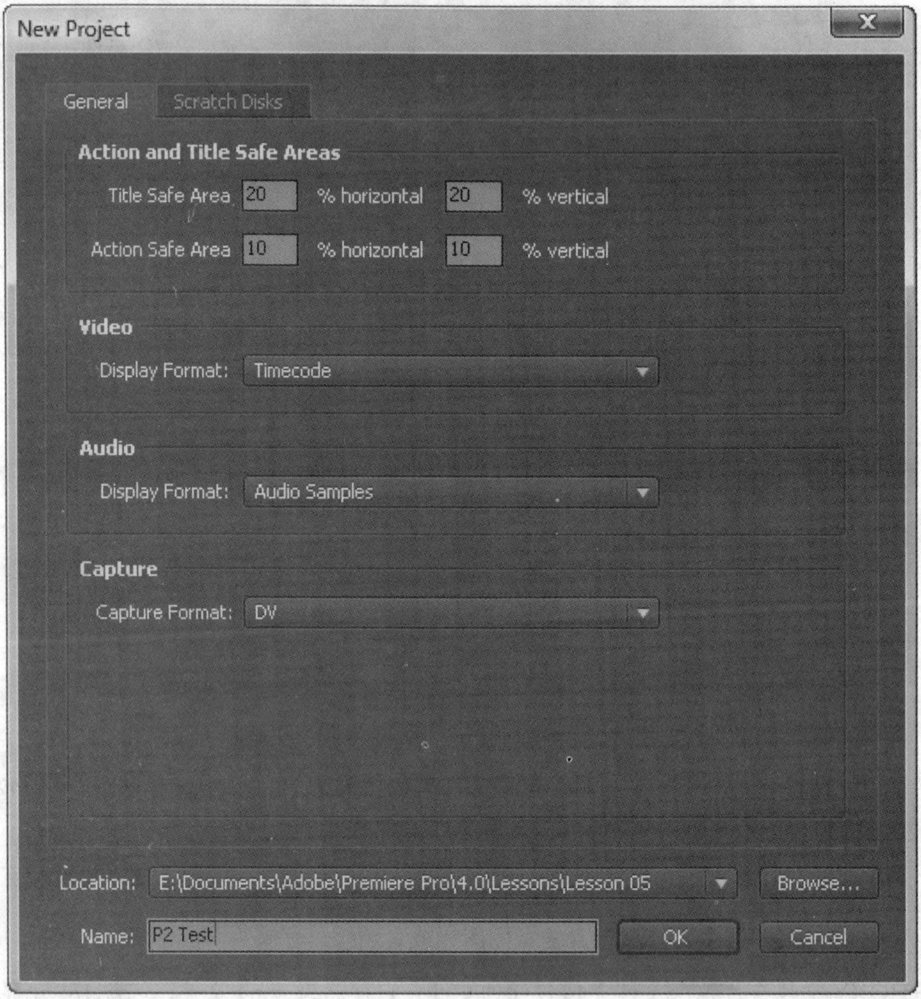

图5–2

3. 因为将导入 P2 媒体，所以需要在 New Sequence 对话框内选择正确的预设。在这个例子中，视频拍摄为 24p 的 960x720 1.33 PAR，因此请选择 DVCPROHD 720p 24p 预设，请单击 OK 按钮，如图 5–3 所示。

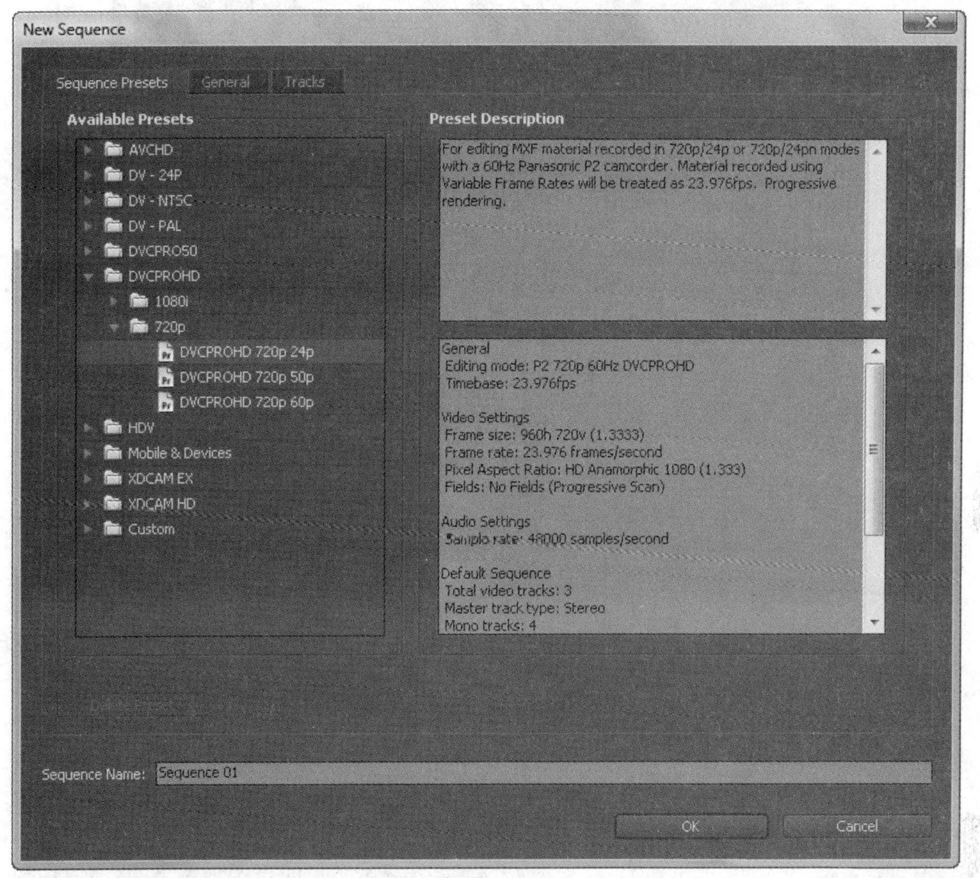

图5–3

> **注意**：如果在创建项目时遇到问题，则可以打开 Lesson 05 文件夹下的 Lesson 05.prproj。

4. 如果还没有选择 Media Browser 选项卡，请单击它。可能还需要使 Media Browser 窗口更宽一点，这时请向右拖动该面板的右边缘。

5. 使用 Media Browser 导航到 Lesson 05 文件夹，如图 5-4 所示。

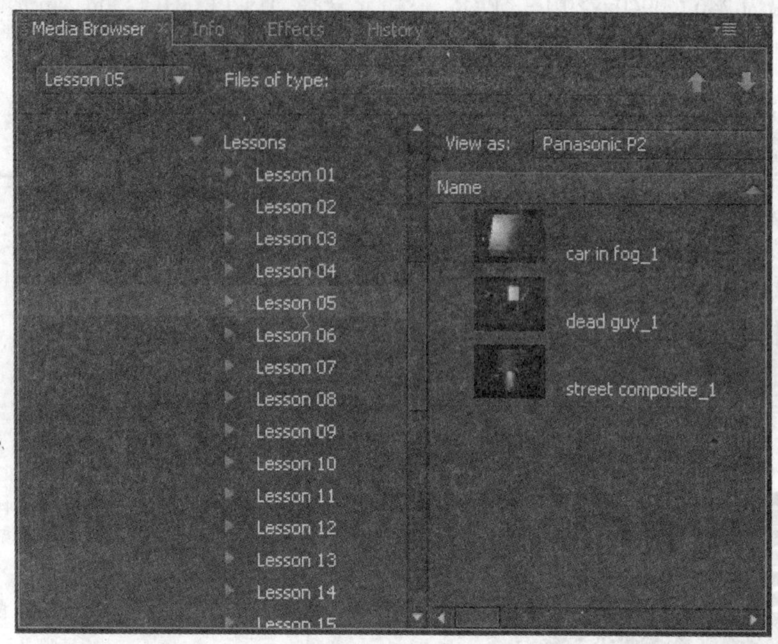

图5-4

请注意，Media Browser 已经检测到 P2 文件夹结构，它以一种更为友好的方式显示 P2 剪辑。它已经检索到来自 4 个不同文件夹内的视频、音频、元数据和缩览图，并把它们显示为 3 个简单的视频剪辑。它显示出剪辑的名称，而不是 P2 文件名。

6. 双击 car in fog_1 剪辑，它在 Source Monitor 内打开并播放，但不会被导入到 Project 面板。这一功能使用户能够在导入之前很容易地预览文件。

7. 右击 car in fog_1 剪辑，选择 Import。现在导入该剪辑，并把它添加到 Project 面板。

8. 请 Shift- 单击其他两个剪辑选择它们；之后右击，选择 Import 选项，把它们二者都添加到 Project 面板。

9. 把 3 个剪辑拖放到 Timeline，注意没有显示出红色的渲染线。这些剪辑将不警告渲染或转换而实时播放和预览。

关于P2音频

根据摄像机内的配置和首选项，P2格式允许每段视频剪辑有多达16个独立的单声道音频文件。Premiere Pro CS4记录视频剪辑所具有的音频，并在Timeline上把它们集合到一起。本课中所使用的P2视频剪辑例子包含两个音频通道。

5.4.2 XDCAM 和 AVCHD 媒体

在刚完成的例子中，我们使用了实际的 P2 媒体。XDCAM 或 AVCHD 媒体的导入和使用方法与此类似，其差别是在启动新的序列时要选择正确的预设。XDCAM 文件夹结构与 P2 文件夹结构不同，但是，如果你像我们这里推荐的那样使用 Media Browser，工作流将完全相同。

AVCHD媒体性能

AVCHD媒体是一种高度压缩的格式，在执行精确到帧的非线性编辑时会遇到问题。Premiere Pro CS4能够处理本地AVCHD媒体，但需要快速的处理器和大量的内存才能有效地处理它。如果处理高清视频，包括AVCHD，则建议把硬件配置到Adobe建议的高端硬件配置。

5.5 混合媒体格式

在处理项目时，最终所使用的视频剪辑经常是来自不同摄像机以不同分辨率拍摄的。这对于 Adobe Premiere Pro 来说不成问题，因为在同一个 Timeline 上能够混合不同分辨率的剪辑。下面将向 Timeline 添加标清视频剪辑，以及其他 P2 高清剪辑。

1. 从我们刚结束的地方接着执行，或者打开 Lesson 05 文件夹下的 Lesson 05-1.prproj。

2. 使用 Media Browser 导航到 Lesson 05 文件夹。

Lesson 05 文件夹下有一 SD 剪辑，但 Media Browser 没有显示出它。Media Browser 已经检测到该文件夹包含 P2 文件夹结构，因此它只显示 P2 媒体。请注意，“View as”字段已经把自己自动设置为 Panasonic P2。可以手工改变它，使它看到所有文件。

3. 把 Media Browser 内的“View As”字段从 Panasonic P2 修改为 File Directory（文件目录）。现在所有文件都将显示出来，而不只是 P2 文件。

4. 右击名为 sd clip_pursuit.avi 的文件，选择 Import 选项。

5. 把 sd clip_pursuit.avi 文件拖放到 Timeline 的结尾处，转换播放 Timeline。

注意，该 SD 剪辑比 P2 剪辑小很多，这是因为 SD 剪辑的分辨率比 P2 剪辑低。这可以用两种方法处理。一种是扩大 SD 剪辑，这将使它稍微变柔和或者模糊。另一种解决方案是在 P2 上把 SD 剪辑用作画中画（PIP）。

在下面的步骤中将尝试这两种方法。

6. 在 Timeline 上单击 sd clip_pursuit.avi 剪辑以选中它。如果它太细难以单击，则请按键盘上的 = 键放大 Timeline。

7. 把当前时间指示器拖放到该剪辑上，使它显示在 Program Monitor 内。

8. 右击 sd clip_pursuit.avi，并选择 Scale to Frame Size。播放 Timeline 以观察 SD 剪辑扩展为整个帧尺寸时的效果。

9. 把 sd clip_pursuit.avi 的另一个副本从 Project 面板拖放到第一个 P2 剪辑上方，使它位于 Video 2 轨道。播放 Timeline，请注意 SD 剪辑由于分辨率低现在已经成为画中画，如图 5-5 和图 5-6 所示。

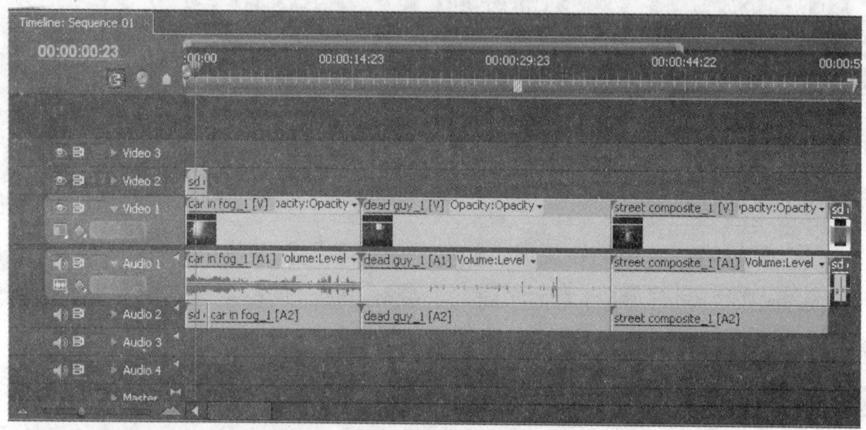

图5-5

图5-6

> **注意：**在 Timeline 上，SD 剪辑上已经出现红色线，这意味着它们必须渲染才能导出。它们仍可以实时预览。出现红色线的原因是它们与该序列的帧尺寸和帧速率设置不匹配。该序列针对 P2 媒体被优化。这不成问题，它只是意味着在导出时将进行渲染。因此，请选择与大多数源剪辑相匹配的序列设置。

复习

复习题

1. 在导入 P2、XDCAM 或者 AVCHD 素材时 Adobe Premiere Pro CS4 需要转换它们吗？

2. 无磁带工作流或者基于文件的工作流有哪两个优点？

3. 与使用 File > Import 方法导入无磁带媒体相比，使用 Media Browser 导入有什么优点？

4. 不同的媒体类型可以添加到同一个序列，还是必须常见单独的序列？

5. 请指出消费级 AVCHD 摄像机所记录的 3 种媒体类型中的两种。

复习题答案

1. 不需要，Premiere Pro CS4 可以本地编辑 P2、XDCAM 和 AVCHD。

2. 速度（不用连续采集）、可靠性（存储视频移动的部分较少）和灵活性（不必连续采集剪辑或搜索）是无磁带工作流的优点。

3. Media Browser 能够识别 P2 和 XDCAM 文件夹结构，以一种易读的方式显示剪辑。

4. 不同媒体类型可以添加到同一个序列。

5. 消费级 AVCHD 摄像机记录到 DVD、硬盘和闪存卡。

第6课 创建仅有硬切的视频

本课涉及的主题包括：

- 用 Storyboard 创建粗切效果；
- 在 Timeline 上编辑剪辑；
- 在 Timeline 上移入、移出和移动剪辑；
- Source Monitor 编辑工具；
- 在 Trim 面板中调整剪辑；
- 其他编辑工具。

学习本课大约需要 80 分钟。

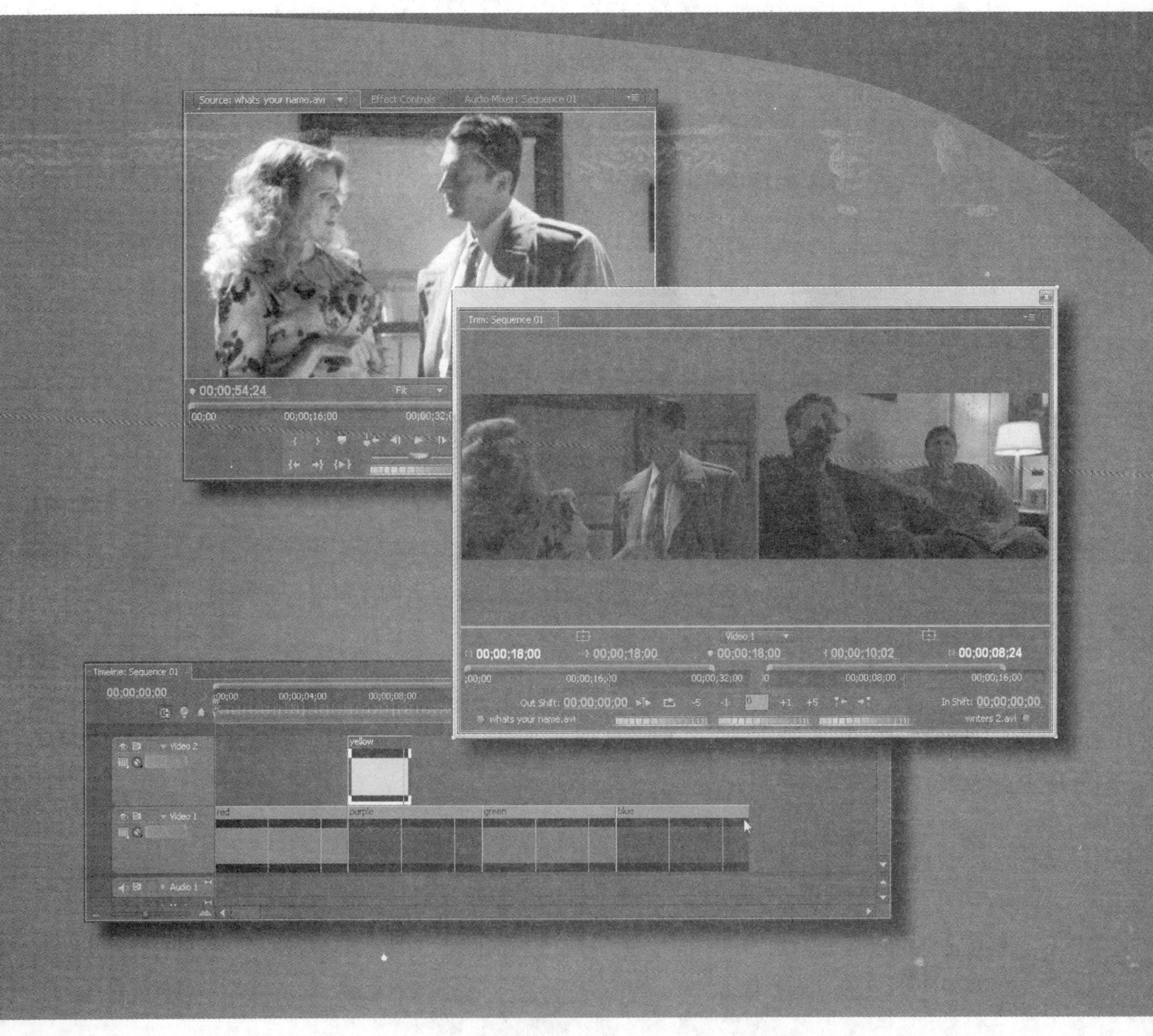

观看任何新闻节目的每个编辑实际上大多数都是硬切，没有任何过渡。这章将介绍如何创建仅有硬切的视频，Premiere Pro CS4 为用户提供完整的硬切工具和方法。

6.1 开始

创建视频时首先要做的是制做仅有硬切效果的版本，以后可以应用切换特效、视频特效、字幕、运动特效以及使用合成功能。不管是否使用这些额外的特效，但有一种很好的方法可用于创建仅有硬切效果的视频。要想为剪辑创建逻辑流程，就要制作出匹配的编辑，并且避免跳跃切换。

Adobe Premiere Pro 提供了多种实现方式。根据环境不同，可能在 Trim 面板中操作、使用 Ripple Edit（波纹编辑）工具，或者用键盘修饰键或 Source Monitor 在 Timeline 上移动剪辑。这几种方法都会在本课中进行介绍。

6.2 用 Storyboard 创建粗切效果

电影导演和动画设计人员经常用许多照片和素描来形象地说明故事流程和摄像机角度。它们被称为故事板（Storyboard）。它们在规划项目时很有用，可以确保用户得到所需的画面和材料。

故事板在拍摄结束后也有用。在 Adobe Premiere Pro 里，可以通过在 Project 面板里组织剪辑缩览图来获得对最终作品效果的初步感受。然后，可以把所有这些剪辑移动到 Timeline 上进行更精确的编辑。

在找出故事中的缺陷，也就是那些需要充实更多视频或图形的地方时，这种方法就很有用。这种方法还可以发现冗余内容，快速在序列上放置整个排好序的大量剪辑。当面对载入了剪辑的 Project 面板时，故事板有助于了解作品的全局情况。

创建 Storyboard 后，可以一次将多个剪辑放置到 Timeline 上的序列内。首先，请执行以下操作。

1. 启动 Adobe Premiere Pro。

2. 单击 Open Project，导航到 Lesson 06 文件夹，双击 Lesson 06-1.prproj。

3. 使用 Media Browser，导航到 Lesson 06 文件夹，把 5 个 .avi 文件拖放到 Project 面板以导入它们。

> Pr | **注意**：这是一个 DV-NTSC wide 48 kHz 项目。

4. 单击 Project 面板内的 New Bin 按钮，把新的文件夹命名为 Storyboard，如图 6-1 所示。

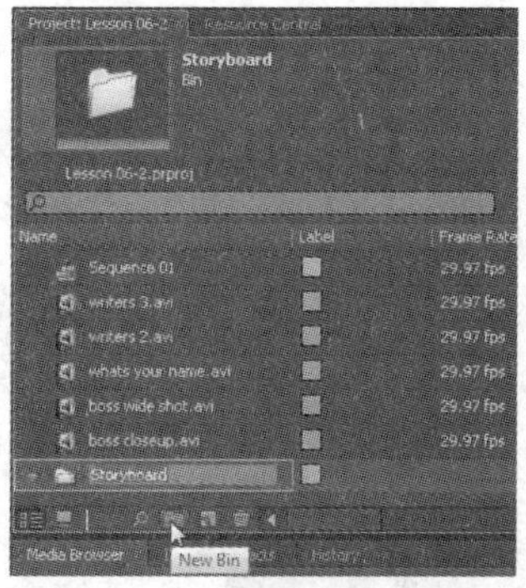

图6-1

5. 双击新建的 Storyboard 文件夹图标，在其自己的窗口内打开它。这样便于把剪辑移动到这个文件夹。

6. 在主文件夹内，选择 5 个 .avi 电影剪辑（不要选择 Sequence 01）。

7. 右击（Windows）或 Control- 单击（Mac）一段被选择的剪辑，从弹出菜单中选择 Copy 命令。注意，需要在剪辑名称上单击，否则会取消选择所有剪辑。

> **注意：**当多个剪辑处于突出显示时选择 Copy 会复制剪辑的整个集合。

8. 选择 Storyboard 文件夹，使它成为当前窗口，选择 Edit>Paste（粘贴）命令。

所有 5 个视频文件现在都显示在 Storyboard 文件夹下，它们同时仍保留在主 Project 面板中。因为我们是复制它们，而不是移动。

> **注意：**之所以把视频文件通过 Copy/Paste 操作粘贴到独立的 Storyboard 文件夹里，这是因为本课后面会删除其中的一些文件。这样就可以把它们从 Storyboard 文件夹内删除，而不会从 Project 面板中删除。

9. 单击 Storyboard 文件夹内的 Icon View 图标，切换到图标视图，如图 6-2 所示。

图6-2

10. 单击面板菜单图标，之后选取 Thunbnails(缩览图)>Large(大缩览图) 命令，如图 6-3 所示。

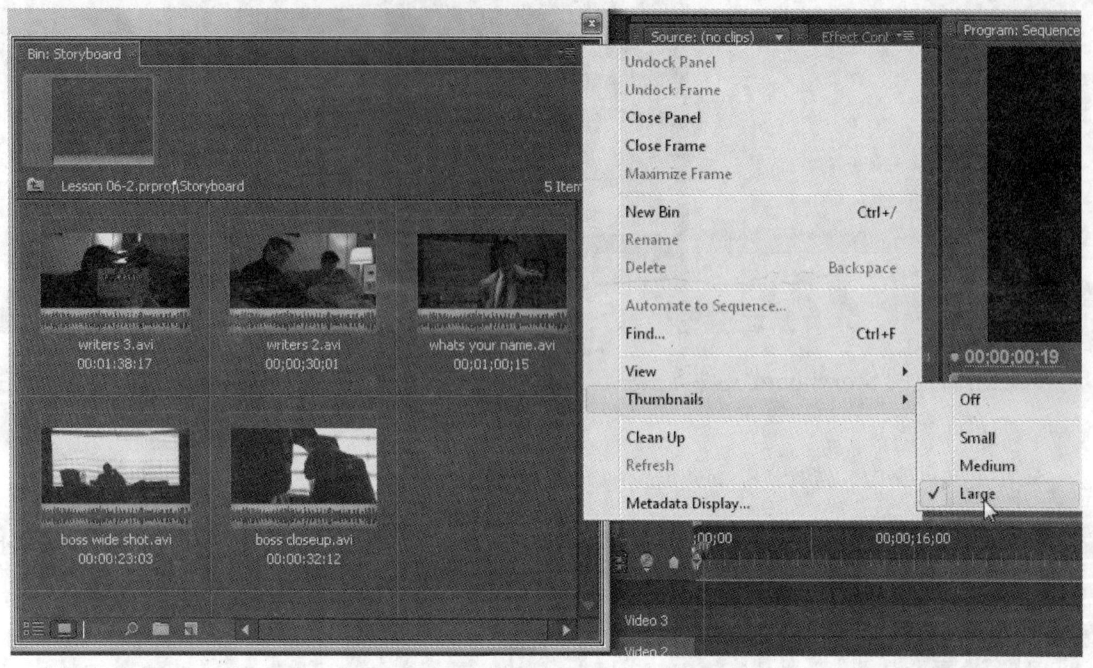

图6-3

11. 调整 Storyboard 文件夹的大小，以便可以看到所有缩览图。

缩览图整理

当文件夹窗口以图标视图方式显示时，如果调整其大小，缩览图不会随着窗口大小的调整而换行或流动。要纠正这一点，请单击面板菜单图标，从该菜单中选择 Clean Up（整理）命令来整理缩览图。

6.2.1 组织故事板

在这一部分，我们将学习怎样按逻辑顺序组织缩览图。请记住，稍后要剪接一些剪辑，使编辑作品更流畅。

请依次选择每段剪辑，再单击 Preview Monitor 内的 Play 按钮，在 Preview 窗口中观看它们。

预览剪辑之后，请确定它们在项目中的顺序。

Pr **注意**：某些视频的亮度偏暗，可能难以在 Project 面板的 Preview Monitor 中清楚地预览。在这些情况下，请双击剪辑，在 Source Monitor 中预览。

以下是确定剪辑顺序后创建序列的方法。

1. 继续使用前一部分处理的项目，或者从 Lesson 06 文件夹中载入 Lesson 06-2.prproj。

2. 拖动文件夹内的缩览图，按照想要的播放顺序定位它们。要移动剪辑，只要把它拖到新的位置即可。光标会改变，黑色垂直线指出它被放置的新位置。

> Pr | **注意**：拖动剪辑时会留下间隙。可以用 Clean Up 消除这些间隙。如果需要，请拉伸 Bin 面板的大小，以便同时看到所有剪辑。

6.2.2 将 Storyboard 自动转换为序列

现在要将 Storyboard 中的剪辑移动到 Timeline 上了，把它们按顺序连续地放在那里，Adobe Premiere Pro 将这一过程称作 Automate to Sequence（自动创建序列）。具体操作步骤如下所示。

1. 确保当前时间指示器位于 Timeline 的起点。Automate to Sequence 从当前时间指示器位置处开始放置剪辑。

2. 当 Storyboard 文件夹为当前窗口时，选择 Edit>Select All（全选）命令，使所有剪辑突出显示（也可以用框选或 Shift- 单击的方法）。

3. 单击 Project 面板左下角的 Automate to Sequence 按钮，如图 6–4 所示。

> Pr | **注意**：也可以从面板菜单中选择 Automate to Sequence。

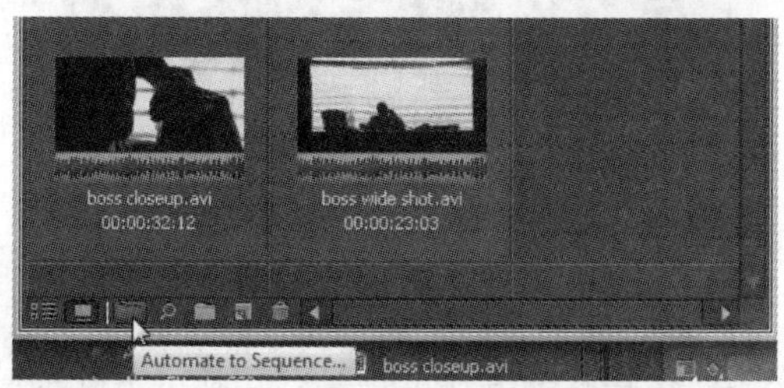

图6–4

4. 在新打开的 Automate to Sequence 对话框中有如下多个选项，请按图 6–5 所示的选择设置。

- **Ordering（排序）**：Sort Order 按照我们在 Storyboard 内确定的顺序把剪辑放置到序列上。如果 Ctrl- 单击（Windows）或 Command- 单击（Mac）各个剪辑，Selection Order 则按照它们的选择顺序放置它们。

- **Placement（位置）**：将剪辑顺序放置到 Timeline 上。

- **Method（方法）:** 这里有两种选择，即 Insert Edit（插入编辑）或 Overlay Edit（覆盖编辑）。本节稍后将介绍这两种方法。由于这个练习是把剪辑放置在空序列上，所以这两种方法的效果相同。
- **Clip Overlap（剪辑交迭）:** 剪辑交迭是在所有剪辑之间放置像交叉溶解这样的切换特效。本节的目的是创建仅有硬切效果的视频，也就是没有切换特效的视频，所以要将 Clip Overlap 设置为 0。
- **Transitions（切换）:** 由于我们将不选择任何切换特效，所以一定要取消选取 Apply Default Audio（应用默认音频切换）和 Apply Video Transition（应用默认视频切换）这两个选项。
- **Ignore Options（忽略选项）:** 选择 Ignore Audio（忽略音频）将把所选剪辑的音频部分排除在外。

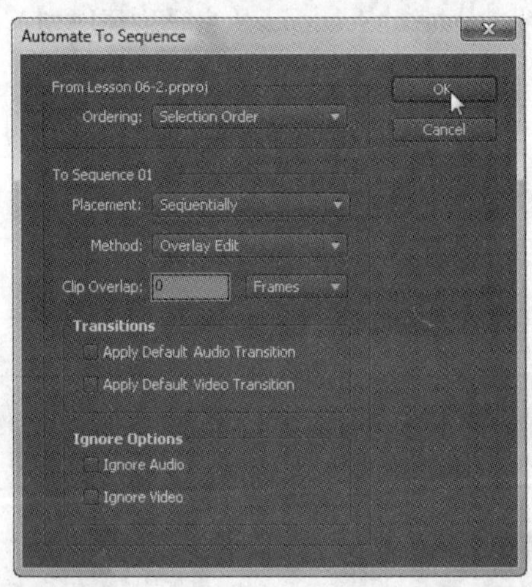

图6–5

5. 单击 OK 按钮，这将把剪辑按选择的顺序放置到 Sequence 01 上。

6. 把 Project 面板拖到一个不妨碍操作的地方，单击激活 Timeline，按空格键播放该序列。

一定要仔细地查看这个序列。好几个编辑点是跳跃切换，或让人感觉很生硬，或感觉剪辑太长了。接下来的任务是纠正这些问题。

6.3 在 Timeline 上编辑剪辑

我们将使用下面所列的多种编辑工具来改进这个故事板的粗切效果。

- 拖放剪辑的尾部 Trim（剪切）它。
- 用 Ripple Delete（波纹删除）命令消除剪辑之间的间隙。
- 用 Ripple Edit（波纹编辑）工具省去延长或缩短剪辑这一操作步骤。

6.3.1 剪切剪辑

要剪切剪辑，请按照以下步骤执行。

1. 从 Lesson 06 文件夹中打开 Lesson 6–2.prproj 文件重新开始。该项目内剪辑的顺序可能与选择的不同，这没问题，因为我们将把剪辑编辑为具有某种情节的短电影。

2. Timeline 现在有两个序列：Sequence 01 和 Complete。项目中可以有任意多个序列。请单击 Complete 序列选项卡，并播放完成的项目。Complete 序列内的视频是只有硬切的最终视频，将使用 Adobe Premiere Pro 内的编辑工具创建它。令人惊讶的是，良好的剪切可以把素材从杂乱的剪辑变换为一个具有一定情节的短电影。

3. 请练习 Timeline 的放大和缩小操作，按等号（=）放大，按减号（–）缩小。按反斜杠键（\）将使整个序列缩放到屏幕尺寸。

4. 单击 Sequence 01 选项卡切换到 Sequence 01。我们将开始编辑这个粗略的序列，使它达到 Complete 序列的效果。

5. 将鼠标悬停在第 1 段剪辑（whats your name.avi）的右边缘，直至出现向左的 Trim 括号为止，如图 6–6 所示。

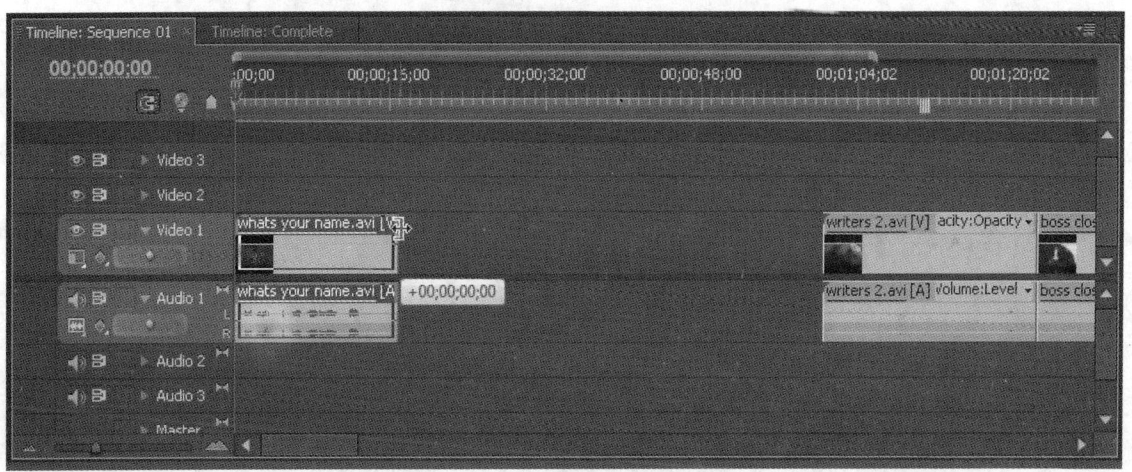

图6–6

> **注意：** 来回移动鼠标时，你可能发现它变成 Pen Keyframe（钢笔关键帧）工具。当把鼠标悬停在细细的黄色 Opacity（不透明度）线上时，就会出现这种情况。在接下来的有关合成章节中，我们会用到 Opacity 特效。

6. 将该括号向左拖，拖放到演员刚好说过“What’s your name?”之后的位置，如图 6–7 所示。请使用 Program Monitor 内的显示作参考，编辑点位于 00;00;16;25。

图6–7

> **注意：** 在 Timeline 上编辑这段剪辑的长度不会删除该位置上的视频。它仍在那里，只是从 Timeline 上编辑。这种剪切编辑会在 Timeline 上的两段剪辑之间留下间隙。稍后要删除该间隙。

7. 释放鼠标按钮，这将释放演员说“What’s your name?”之后的多余时间。

8. 第 2 段剪辑 writers 2.avi 需要裁剪开始和尾部，并向左移动，以便在第 1 段剪辑之后开始播放。要实现这一点，请把光标悬停在该剪辑的左边缘，直到显示出 Trim 括号为止，把它向右拖，使 Program Monitor 内的时码读数达到 00;00;10;00。把该剪辑的右边缘向左拖，使 Program Monitor 内的时码读数为 00;00;18;24。请使用 - 和 = 键根据需要调整显示区域。

用History（历史记录）回退操作

在Adobe Premiere Pro内处理大多数编辑项目时，会执行多种编辑，这不可避免地会出现错误。按Ctrl+Z (Windows)或Command+Z (Mac)组合键，或者选择Edit > Undo命令可以一次回退一步。也可以使用History面板一次回退多步操作。

用对齐功能执行精确到帧的编辑

Adobe Premiere Pro有一个非常有用的功能：Snap（对齐）。这是一项默认设置，我们很少需要关闭它。Snap功能打开时，当把一段剪辑朝另一段剪辑拖动时，它会跳到相邻剪辑的边缘，创建出整齐、连续的编辑点。Snap功能关闭时，就必须非常仔细地把新的剪辑朝其他剪辑移动，以确保它们之间不会出现间隙。

进行精确编辑时，Snap也非常有用，用Selection工具剪切剪辑难以操作。Snap功能使我们能够很容易地剪切到当前时间指示器。

首先定位要剪切的帧：将当前时间指示器移动到序列内该帧所在位置（使用左、右箭头键移动到指定帧上），用Selection工具把该剪辑的边缘拖向当前时间指示器线。当它靠近该线时，它会自动与当前时间指示器对齐，这样就实现了精确到帧的编辑。在任何情况下都可以使用这种方法。

如果要切换Snap功能的开、关状态。请单击Timeline左上角的Snap按钮，如图6-8所示。

图6-8

6.3.2 用 Ripple Delete 消除间隙

剪切两段剪辑会在序列上留下间隙。下面将用 Ripple Delete 命令消除这些间隙。

1. 在第 1 段剪辑和第 2 段剪辑之间的间隙上右击（Widnows）或 Control- 单击（Mac）。

2. 选择 Ripple Delete（波纹删除），如图 6-9 所示。

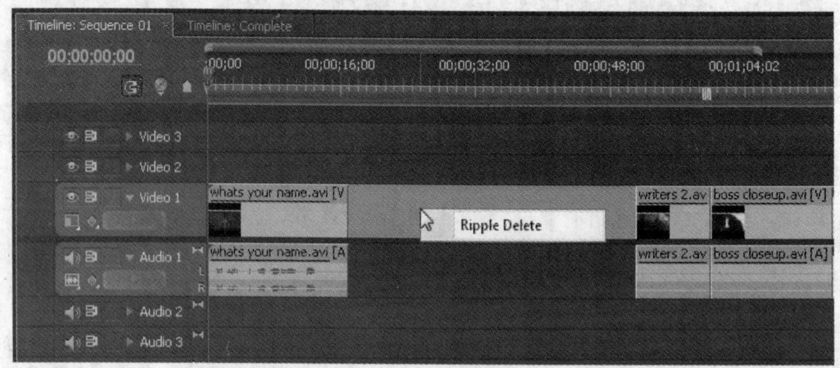

图6-9

Ripple Delete 命令通过将间隙后面的所有素材左移来消除间隙。

6.3.3 Ripple Edit Tool

避免产生间隙的一种方法是使用 Ripple Edit Tool，它是 Tools 面板内众多工具中的一个。

用 Ripple Edit Tool 剪切剪辑的方法与在 Trim 模式下使用 Selection Trim 工具一样。二者之间的区别是：Ripple Edit Tool 不会在序列上留下间隙，Program Monitor 中的显示会更清晰地表达出编辑的效果。

使用 Ripple Edit Tool 延长或缩短剪辑的操作会在整个序列中产生波纹。也就是说，编辑点后的所有剪辑都会往左移动填补间隙，或往右移动形成更长的剪辑。

你将要对第 1 段剪辑执行的编辑与前面使用 Selection 工具所执行的编辑相同，但这次使用 Ripple Edit Tool，不会留下任何间隙。

1. 按 Ctrl+Z 键 (Windows) 或者 Command+Z 键 (Mac) 使编辑历史回到你编辑第 1 段剪辑之前的状态。也可以重新打开 Lesson 06-3.prproj。

2. 单击 Ripple Edit Tool 按钮（或按键盘上的 B），如图 6-10 所示。

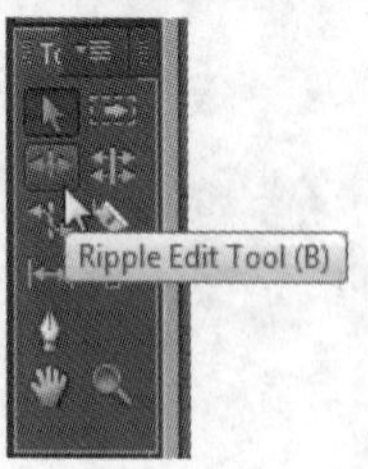

图6-10

3. 将光标悬停在第一段剪辑的右边缘上，直至它变成一个向左的大方括号为止。

> Pr **注意：** Ripple Edit 的光标比 Selection 工具的 Trim 光标大。

4. 向左拖动到演员说“What's your name?”之后的位置，请使用 Program Monitor 内显示的时码作参考。该编辑点位于 00;00;16;25。

使用 Ripple Edit 工具时，Program Monitor 左边显示第 1 个剪辑的最后一帧，右边显示第 2 个剪辑的最后一帧。请观察 Program Monitor 左半部分上移动的编辑位置。我们的目标是移动该剪辑，使时码达到 00;00;16;25。

5. 释放鼠标按钮，完成编辑。该剪辑剩余部分往左移动填满间隙，其右边的剪辑随其移动。请播放这部分序列，查看编辑效果是否平滑。

6. 请把第 2 段剪辑裁剪到与前面使用 Ripple Edit 工具相同的点。

序列中的其余部分还需要执行一些编辑，这里将先介绍一些编辑术语。

6.4 在 Timeline 上移入、移出和移动剪辑

Adobe Premiere Pro 的优点之一是可以很容易地在项目中的任意位置上添加，移动或完全删除剪辑，如图 6-11 所示。

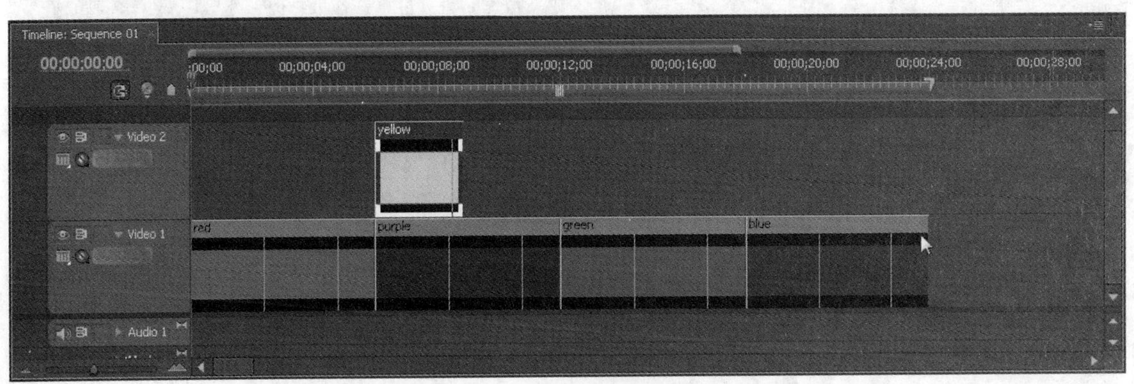

图6-11

有两种方法可以在 Timeline 上放置剪辑（无论是从 Project 面板还是从 Timeline 上的其他位置拖动剪辑）。在下一部分的练习中，将用两种不同的方法把黄色剪辑移动到 Video 1 轨道：

- **Overlay（覆盖）**：新放置的剪辑及其音频替换 Timeline 上该剪辑原来所在位置处序列上的内容，如图 6–12 所示。

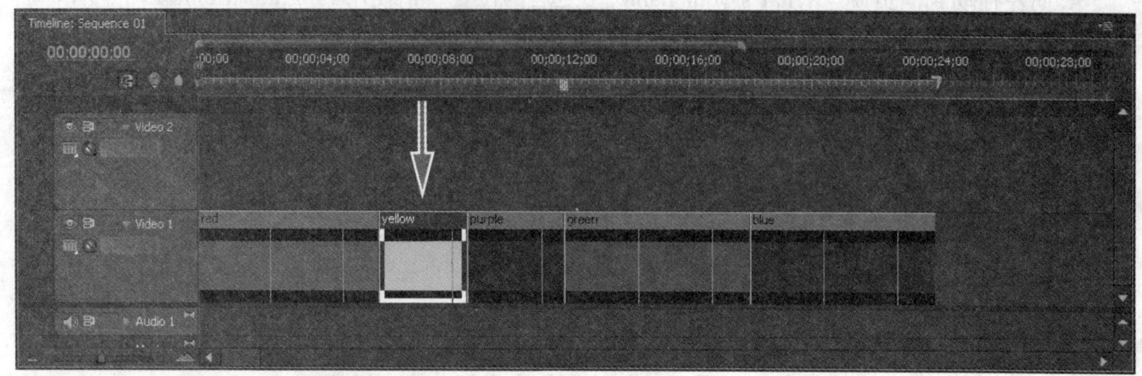

图6–12

- **Insert（插入）**：新放置剪辑的首帧会切入到当前剪辑中，但不会覆盖任何内容，切入段及其后面的所有剪辑都向右移动，如图 6–13 所示。这个操作需要用键盘修饰键。在这种情况下，要按住 Ctrl 键（Windows）或 Command 键（Mac）。

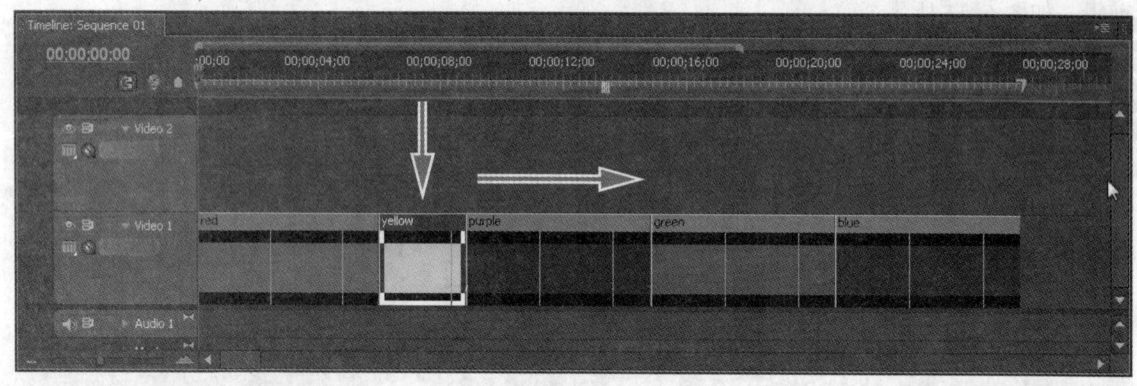

图6–13

下面两种方法可以把 Timeline 上的剪辑移位。

- **Lift（提升）**：这种方法会在剪辑原来所在位置留下间隙，如图 6–14 所示。

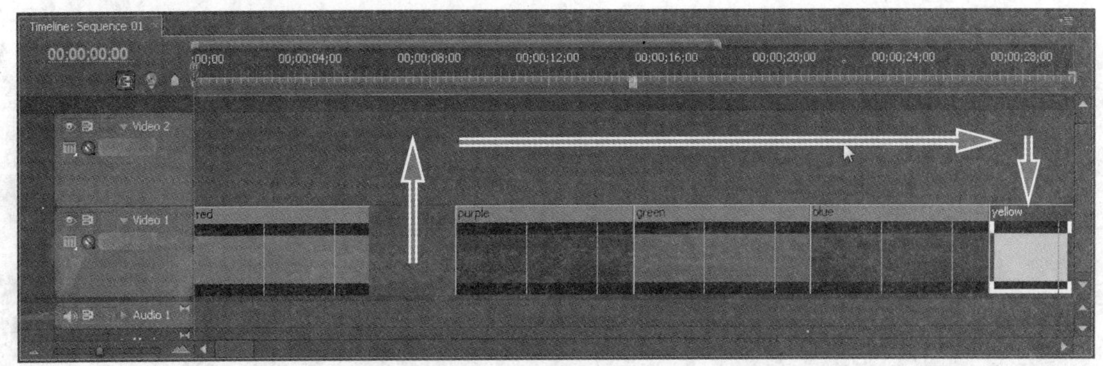

图6–14

- **Extract（抽取）**：这种方法与 Ripple Edit 类似，其他剪辑移动填补间隙，如图 6–15 所示。这种操作也需要用键盘修饰键，在单击要移动的剪辑前先按住 Ctrl 键（Windows）或 Command 键（Mac）。

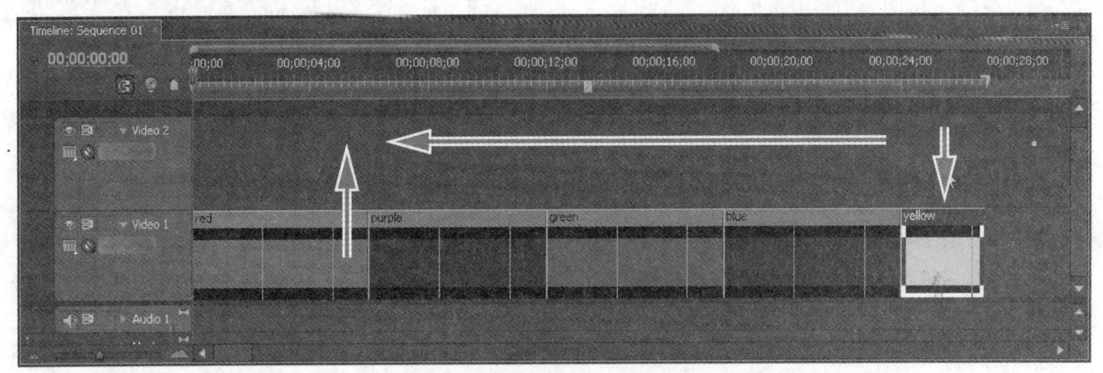

图6–15

在 Timeline 上添加、移动剪辑

现在已经编辑了前两段剪辑，接下来需要编辑序列中的其他剪辑，使它看起来和听起来像 Complete 序列一样。

让我们先使用覆盖编辑。在 Complete 序列中，同样的剪辑被使用多次，但剪辑的不同部分播放。这里也要这样做。

1. 首先打开 Lesson 06-4.prproj，确保本课中这一部分是从相同的起点开始编辑。

2. 把 whats your name.avi 电影剪辑从 Project 面板拖放到 Timeline，但暂不要释放它，而是让

它悬停在 Video 2 轨道上方。请把它定位到第 3 段剪辑开始的位置，如图 6-16 所示。这段剪辑不再是 Video 2 轨道上的最后 3 个剪辑。暂时不要释放鼠标按钮，因为不打算把该剪辑留在轨道 2 上。

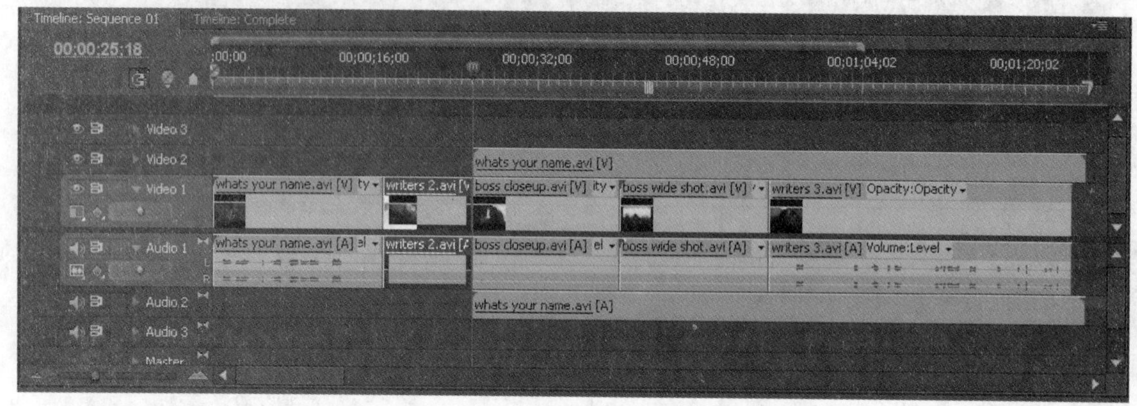

图6-16

3. 需要把最后 3 个剪辑放置到 Video 1 轨道上，因此将覆盖它们上方 Video 2 轨道内的剪辑。请把 whats your name.avi 剪辑拖动到 Video 1 轨道内最后 3 段剪辑上方并释放。刚完成的覆盖编辑覆盖原来位置的视频和音频。它不会改变序列的长度。

4. 使用 Ripple Edit 工具把第 3 段剪辑的左边缘向右拖动到时码 00;00;18;03 处，也就是“Dixie”之前的位置。

5. 现在让我们做另一个插入编辑。首先用当前时间指示器标记下一段剪辑的插入点。

6. 用当前时间指示器在第 3 段剪辑上刮擦，找出演员接吻点。把当前时间指示器保留在剪辑内的这一点。当把新的剪辑拖动到序列中插入时，当前时间指示器将起到指示新剪辑插入位置的作用。

7. 把 writers 2.avi 剪辑拖放到 Timeline，用当前时间指示器作该剪辑左边缘的参考线。按住 Ctrl 键 (Windows) 或者 Command 键 (Mac) 执行插入编辑而不是覆盖编辑。新剪辑将被插入，现有剪辑向右移动，序列现在变长。如图 6–17 所示。

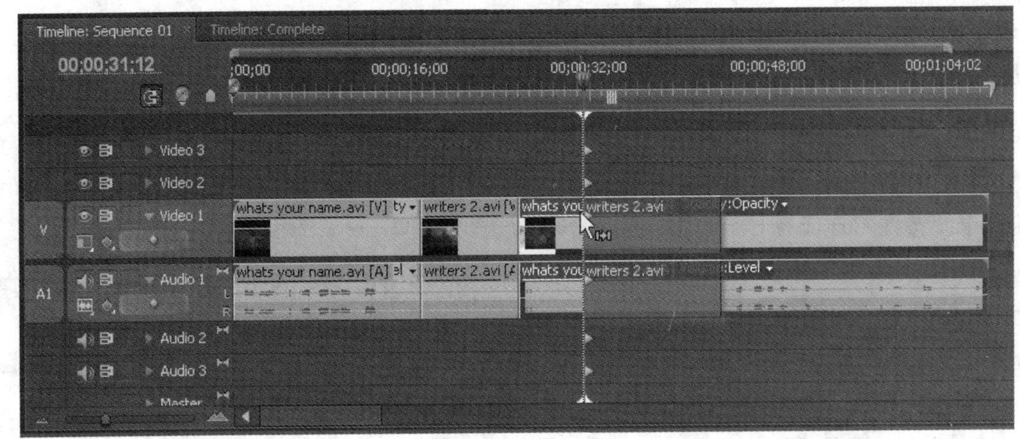

图6–17

8. 在第 4 段剪辑 (writers.avi) 上使用 Ripple Edit Tool，使它从时码 00;0018;25 开始，到时码 00;00;22;22 结束，显示出作家对 Dixie 名字的反应。在该序列上不需要执行提升编辑或者抽取编辑，但可以随意练习。

9. 按反斜杠键（\），之后按减号键（–），留下一点空间，以便在 Timeline 上四处拖动。

10. 把第 2 段剪辑从其当前位置拖动到序列的结尾处。现在第 2 段剪辑原来所在位置处出现间隙，序列的结尾扩展出其原来的长度。

接下来，让我们试试抽取编辑，它不同于提升编辑，不会留下间隙。

11. 按 Ctrl+Z 键 (Windows) 或者 Command+Z 键 (Mac) 回到原来的位置。

12. 按 Ctrl 键 (Windows) 或者 Command 键 (Mac)，之后把第 2 段剪辑拖动到序列结尾处。

因为在从原来位置移动剪辑时按住了 Ctrl 键（Windows）或者 Command 键（Mac），所以产生的效果相当于 Ripple Delete。序列的长度不会改变。

接下来让我们执行抽取、覆盖编辑。剪辑滑动，以覆盖被删除的剪辑所留下的间隙（键盘修饰键把提升编辑转换为抽取编辑）。序列长度变短。

> Pr | **注意：**把剪辑放置到序列结尾时不需要键盘修饰键，因为在其后没用任何剪辑。

13. 按 Ctrl+Z 键 (Windows) 或者 Command+Z 键 (Mac) 返回到原来的位置。

14. 按 Ctrl 键 (Windows) 或者 Command 键 (Mac)，把第一段剪辑拖到第 3 段剪辑开始处，松开 Ctrl 或 Command 键，最终把该剪辑拖放到这里。

现在我们将执行抽取 - 插入编辑。剪辑滑动过去填充删除的第一段剪辑留下的剪辑，插入编辑点之后的剪辑向右滑动。序列长度保持不变。

15. 按 Ctrl+Z 键 (Windows) 或者 Command+Z 键 (Mac) 返回到原来的位置。

16. 按 Ctrl 键 (Windows) 或者 Command 键 (Mac)，把第 1 段剪辑拖到第 3 段剪辑开始的位置。继续按住 Ctrl 或者 Command 键，把剪辑放置到这里。

> Pr **注意**：在从原来位置移动剪辑时，如果没有在使用键盘修饰键，会在那里留下剪辑——提升、覆盖编辑。

修饰键反馈信息

当把剪辑从Project面板中拖到序列上，或从序列轨道上的一个位置拖到另一个位置时，Adobe Premiere Pro会在用户界面底部显示文字信息，提醒用户修饰键选项。

6.5 Source Monitor 编辑工具

在本课一开始，我们创建了 Storyboard，之后自动把 Storyboard 内容转换到 Timeline 上，从而把剪辑聚集到 Timeline 上。我们还练习了直接从文件夹把剪辑拖放到 Timeline 上。这两种方法（或工作流）都有效。现在我们介绍把剪辑堆积到 Timeline 上最常用的工作流之一。初看起来它可能难以使用，但如果熟练使用这种方法之后，就会发现它是最快捷、最有效的编辑方法。在把剪辑从 Project 面板移动到 Timeline 之前剪切它们很有益处。其剪切方法是：双击文件名内的剪辑，在 Source Monitor 内打开它，在那里对它进行剪切。

1. 打开 Lesson 06-5.prproj，确保从相同的点开始。

需要编辑 Timeline 上的是第 5 段剪辑（whats your name.avi），但不像我们前面所做的那样在 Timeline 上编辑它，而是将在 Source Monitor 内编辑它。

2. 选择 Timeline 上的第 5 段剪辑，按 Delete 键把它从 Timeline 删除。

3. 按 End 键使当前时间指示器移动到最后一段剪辑的右边缘。

4. 要编辑 Source Monitor 内的 whats your name.avi，请在 Project 面板内双击它。

5. 单击 Play 按钮（或者当 Source Monitor 激活时使用空格键）在 Source Monitor 内播放该剪辑，如图 6–18 所示。在 Dixie 说“You gonna answer that? ”前 1 秒时停止播放。

图6–18

> Pr **注意**：也可以从 Project 面板拖动剪辑，把它放在 Source Monitor 上。

6. 单击 Set In Point（设置入点）按钮。

7. 还需要剪切这幅剪辑尾部一系列多余镜头。请把 Source Monitor 的播放头刚好移动到 Dixie 说“You gonna answer that?”之后的位置。

8. 单击 Set Out Point 按钮。

9. 单击 Go to In Point（或按键盘快捷键 Q）和 Go to Out Point（或按 W），在入点和出点之间来回导航。单击 Play In to Out（从入点播放到出点）按钮播放这一整段内容。注意我们想保留的剪辑部分在 Source Monitor 下方用蓝色标识。

单击 Source Monitor 上的 Insert 按钮将把选择的剪辑部分插入（入点和出点之间）到主 Timeline 上的当前时间指示器位置处。这就是为什么第 3 步中把当前时间指示器移动到最后一点剪辑尾部的原因。

10. 查看 Video 1 和 Audio 1 轨道标题（如图 6-19 所示）是否被选中（按照 Adobe Premiere Pro 的叫法，就是它们是否成为目标轨道）。如果没有，请单击其中一个或两个突出显示它们（它们的角也会变为圆形）。

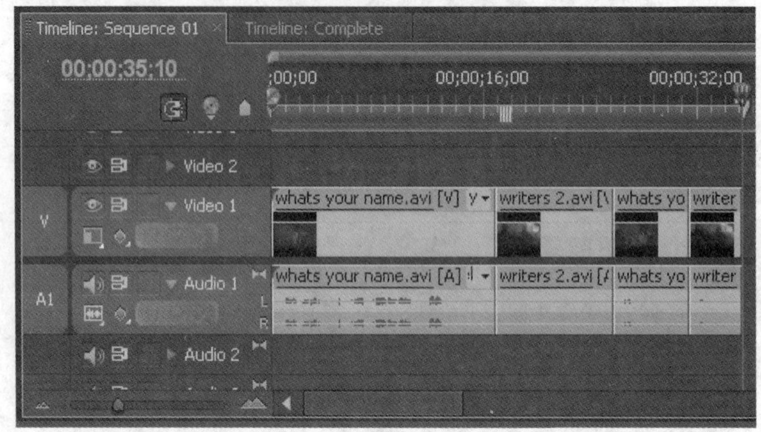

图6-19

11. 单击 Source Monitor 的 Insert 按钮，把这段剪辑放置在 Sequence 01 内的当前时间指示器处。最终在完成该序列时将使用插入编辑方法插入剪辑。

12. 设计 Project 面板内的剪辑 writers 3.avi，在 Source Monitor 内打开该剪辑。

13. 单击 Source Monitor 下拉列表，显示当前打开的剪辑列表。在 Source Monitor 中看到的所有剪辑都显示在这个列表内。我们可以从这里访问它们，或者选择 Close All 或 Close 可以一次将它们全部删除，或删除其中的一个。

14. 在 Source Monitor 中播放 writers 3.avi 剪辑，查找编辑点。请单击 Complete 序列，以帮助查看编辑点应该位于哪里。该剪辑应该在他刚接电话之前开始，到他刚说“Hello”之后结束。

15. 现在 Timeline 的当前时间指示器位于最后一段剪辑的尾部（在 Overlay 编辑或 Insert 编辑之后，它会自动移到这里），单击 Source Monitor 内的 Insert 按钮，把该剪辑发送到 Timeline。该插入操作的键盘快捷键是逗号键。

16. 用 Source Monitor 为本该剪辑的其余部分创建入点和出点，创建过程中请使用 Complete 序列作参考。完成之后，请播放 Sequence 01。如果需要做进一步调整，请放大 Timeline，用 Ripple Edit Tool 调整编辑点。

这种方法练习越多，效果就会越自然。设置入点和出点，以及将它们发送到 Timeline（插入或覆盖）时请练习使用键盘快捷键，这样编辑操作就会越来越快。很多专业编辑人员喜欢使用这种工作流。

> Pr **注意**：单击 Insert 或 Overlay 按钮都可以把剪辑放置在 Timeline 的当前时间指示器处。请注意，剪辑被发送到 Timeline 时，其开始或结尾被裁剪，这是因为我们在 Source Monitor 内为该剪辑设置了入点和出点。此外序列的当前时间指示器自动移动到 Timeline 上剪辑的尾部。这样，当从 Source Monitor 发送下一段剪辑时，它会自动放置到第 1 段剪辑之后。
> 可以使用 Source Monitor 只把视频或者只把音频拖放到 Timeline。请使用 Source Monitor 右下角的 Audio Drag 和 Video Drag 图标来进行操作。

6.6 在 Trim 面板中调整剪辑

Trim 面板是一个非常有用的工具，它的价值在于其大预览窗口、精确的控制以及具有丰富信息的时码显示。

Rolling Edit与Ripple Edit编辑操作

Ripple Edit只应用于一段剪辑，它改变项目的长度时，项目中的其他剪辑相应滑动，以适应这些变化。Rolling Edit不会改变项目的长度，它通常发生在两段剪辑之间的编辑点上，使一段剪辑缩短，另一段剪辑变长。

1. 继续处理 Lesson 06-5.prproj 项目。

2. 把当前时间指示器放置到 Sequence 01 内前两段剪辑之间的位置。

3. 单击 Program Monitor 右下角的 Trim Monitor 按钮（其快捷键是 T），如图 6–20 所示。

图6–20

这将打开 Trim Monitor。

4. 将光标悬停在左边的预览窗口上，直至它变为向左的 Ripple Edit 光标为止，如图 6-21 所示。

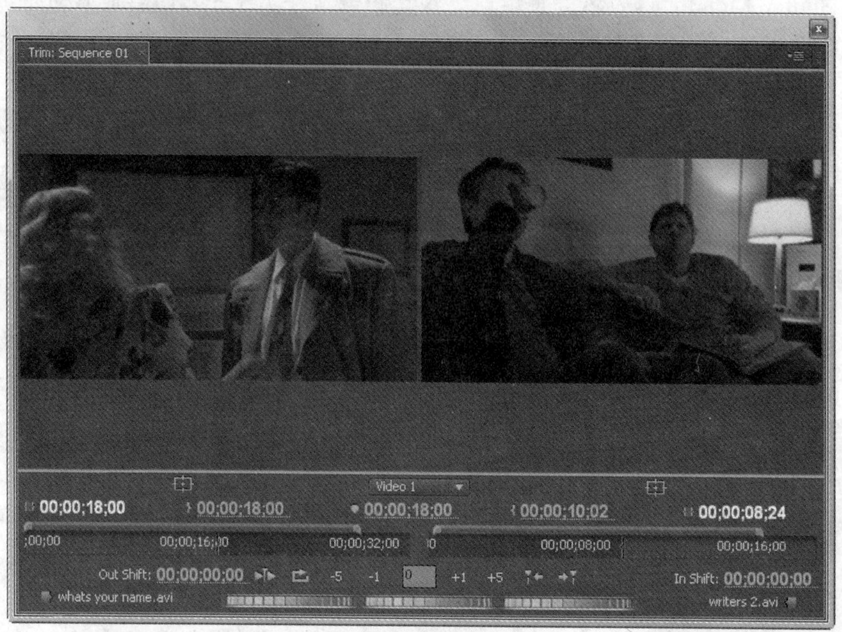

图6-21

5. 将剪辑的右边缘（出点）向左拖一秒左右，剪切它（参考左预览屏幕中央下方的 Out Shift 时码）。

6. 用相同的方法将右边剪辑的入点向右剪切 1 秒左右（参考预览屏幕中央下方的 In Shift 时码）。

7. 单击精确剪切工具，–1 和 +1 数字，将剪辑一次剪切或拉长一帧，直至达到我们想要的编辑点为止。

Trim Monitor编辑工具

单击左边或右边预览窗口激活它，这样才能向它应用精确剪切工具。可以从其下方那条细细的蓝色线分辨出哪个预览窗口是激活的。

8. 单击 Trim Monitor 面板内的 Play Edit 按钮，预览作品。

9. 将光标悬停在两个预览窗口之间，光标会变成 Rolling Edit 工具，如图 6-22 所示。

10. 左右拖动 Rolling Edit 工具分别改变左、右剪辑的出点和入点。请注意两段剪辑的移动方式，并且剪辑是同步的。

11. 单击 Trim 面板右上角的 Close 按钮，关闭该面板。

6.7 其他编辑工具

默认时，Tools 面板显示在 Adobe Premiere Pro 工作区的右下角，如图 6-22 所示。像所有其他面板一样，你可以定位它，也可以让它显示在自己的浮动窗口内。一般来说，编辑人员喜欢把工具放在 Timeline 附近，因为这是他们最常使用的区域。

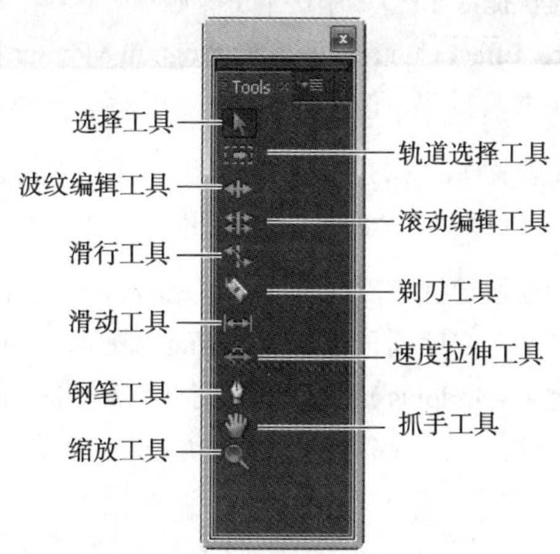

图6-22　Tools面板的编辑工具

下面简要介绍这些个工具（键盘快捷键字母显示在括号内）。

- **Selection（选择工具，键盘快捷键：V）**：一个多种用途、功能全面的工具。常用它拖放、选择和剪切剪辑。
- **Track Select（轨道选择工具，键盘快捷键：M）**：不要把它和 Selection 工具混淆了。Track Select 工具能选择视频轨或音频轨上当前位置右边的全部剪辑。可以用 Shift- 单击方法选择其他轨道。选择完毕后，可以对它们进行移动、删除、剪切、拷贝和粘贴等操作。
- **Ripple Edit（波纹编辑工具，键盘快捷键：B）**：我们已经多次使用这个工具了。Ripple Edit 会剪切剪辑，移动轨道上的剩余剪辑，这些剪辑的移动量等于剪切量。
- **Rolling Edit（滚动编辑工具，键盘快捷键：N）**：Rolling Edit 同时对相邻出点和入点剪切相同的帧数。这能有效地移动剪辑之间的编辑点，在 Timeline 上为其他剪辑保留位置，并保持序列的总长度不变。我们刚在 Trim 面板中执行了这样的操作。
- **Rate Stretch（速度拉伸工具，键盘快捷键：X）**：它可以拉伸或缩短剪辑，使它变为慢动作或快动作。

- **Razor（剃刀工具，键盘快捷键：C）：**Razor 工具可以把一段或多段剪辑分割成两半。当无法把两种不同特效应用到一个剪辑时，这个工具就非常有用了。
- **Slip（滑行工具，键盘快捷键：V）：**用 Slip 工具可以改变剪辑的起始帧和结束帧，而不会改变它的长度或影响邻近的剪辑。
- **Slide（滑动工具，键盘快捷键：Y）：**Slide 编辑沿着 Timeline 移动剪辑，同时对邻近的剪辑进行剪切，以补偿被移动的剪辑长度。用 Slide 工具左右拖动剪辑时，前面剪辑的出点和后面剪辑的入点被剪切，剪切的帧数与剪辑移动的帧数相同。移动剪辑的入点和出点保持不变，因此其长度也保持不变。
- **Pen（钢笔工具，键盘快捷键：P）：**用这个工具添加、选择、移动、删除或调整序列上的关键帧，也可以在 Titler、Effect Controls 面板和 Program Monitor 中创建和调整曲线。可以用关键帧来改变音频音量和摇移效果，改变剪辑的不透明度，随时间改变视 / 音频效果。
- **Hand（抓手工具，键盘快捷键：H）：**用 Hand 工具抓住剪辑，将它及序列上的其他剪辑向一侧移动滑动，这样可以移动整个序列。其作用与移动 Timeline 底部的滚动条效果相同。
- **Zoom（缩放工具，键盘快捷键：Z）：**这个工具和 Timeline 左下角的 Zoom In 和 Zoom Out 按钮，以及 Time Ruler 上方序列顶部的 Viewing Area Bar 工具的功能一样。默认设置是 Zoom In，按住 Alt 键（Windows）或 Option 键（Mac）时切换到 Zoom Out。当想扩展序列中一组剪辑视图时，可以在这些剪辑周围拖动 Zoom 工具。

复习

复习题

1. 怎样用 Storyboard 帮助创建项目？
2. Trim 和 Ripple Edit 方法之间有什么区别？
3. 把剪辑拖动到编辑点时按住 Ctrl 键 (Windows) 或者 Command 键 (Mac) 有什么影响？
4. 怎样把序列上的一段剪辑从一个位置移动到另一个位置，而又不覆盖其他剪辑，并且同时自动填充被移动剪辑所留下的间隙？
5. 在 Source Monitor 内设置剪辑入点和出点的键盘快捷键是什么？
6. 用 Trim 面板的 Rolling Edit 工具可以实现什么操作？

复习题答案

1. Storyboard 可以让你对项目流程有一个总体了解，显示出间隙，帮助消除无用的画面，避免多余的内容。
2. Trim 操作会在被剪切剪辑的原来位置上留下间隙（如果用 Trim 工具延长剪辑，它们会覆盖下段剪辑的一部分）。Ripple Edit 会向左滑动编辑点之后的剪辑，自动填补间隙（或向右滑动它们，补偿被延长的剪辑）。
3. 把编辑从覆盖编辑改变为插入编辑。
4. 在提取剪辑时按住 Ctrl 键（Windows）或 Command 键（Mac），在把剪辑放到新位置时也按住 Ctrl 键（Windows）或 Command 键（Mac）。
5. 入点的快捷键是 I，出点的快捷键是 O。
6. 一旦在两个剪辑之间找到匹配的编辑，可以用 Rolling Edit 工具对这个编辑进行微调。这个工具有助于发现合适的位置做无缝编辑。

第7课 添加视频切换特效

本课涉及的主题包括：

- 谨慎地使用切换特效；
- 尝试一些切换特效；
- 在 Effect Controls 面板中改变参数；
- 细调切换特效；
- 同时对多段剪辑应用切换
- 用音频切换。

学习本课大约需要 60 分钟。

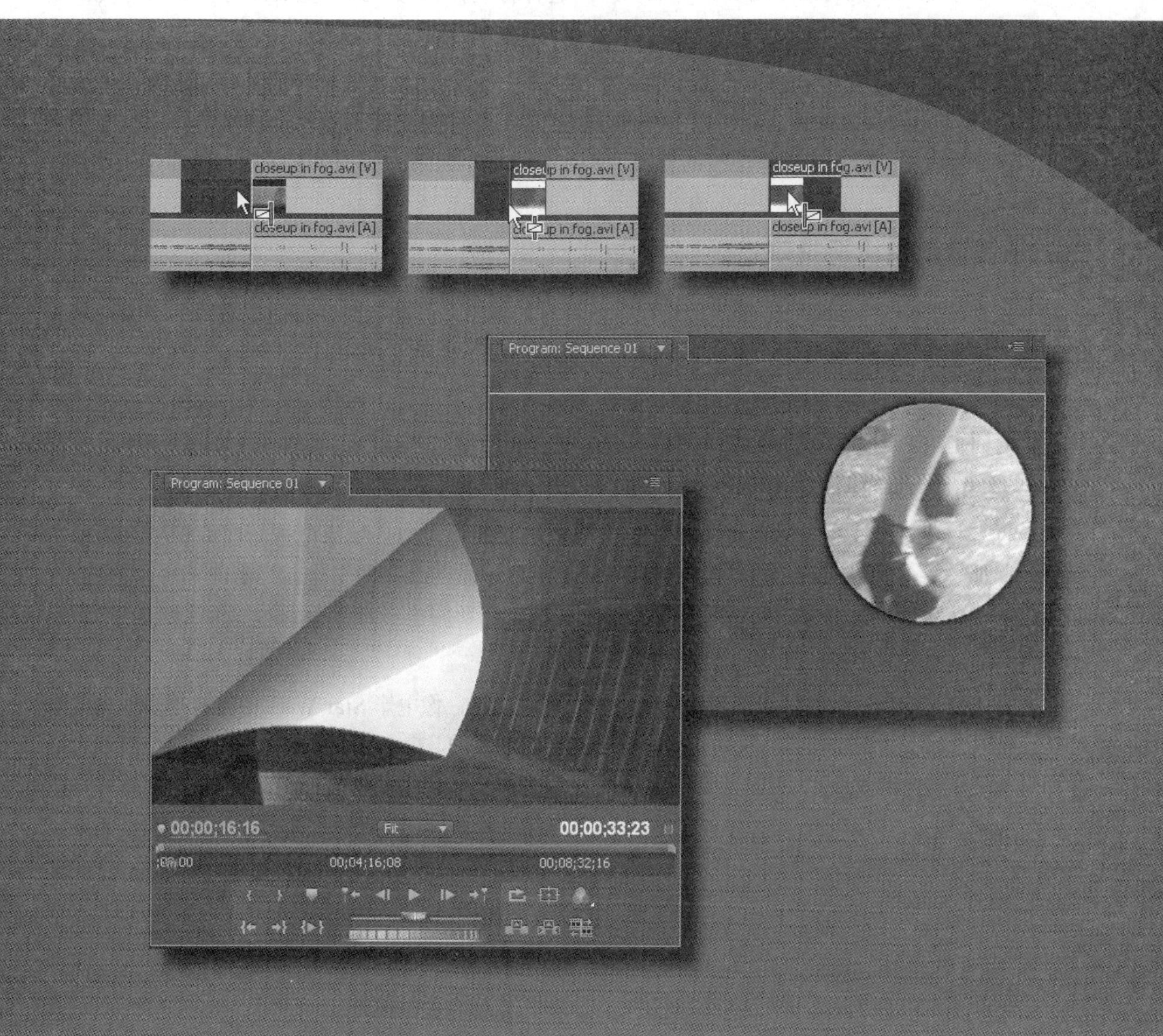

切换特效可以让视频作品的效果更加流畅，更能吸引观众的注意力。Premiere Pro CS4 具有近 80 种切换特效，这些特效很容易使用，并且可以定制。这听起来令人兴奋，不过我建议还是要谨慎使用。

7.1 开始

在剪辑间应用溶解、卷页和旋转屏幕等切换特效是一种在场景转换时可以让观众感到自然，这是抓住观众注意力的好办法。

在项目中加入切换特效是需要技巧的。应用这种特效很容易，只要拖放即可。加入切换特效的技巧包括加入、长度、参数，如色框、动作以及特效的开始和结束位置。

大多数切换特效在 Effect Controls 面板中实现。除了每种切换特效独特的各种选项外，该面板还显示 A /B Timeline。这种功能使以下操作变得更容易：相对于编辑点移动切换特效、改变切换长度和将特效应用到没有足够头尾帧的剪辑。使用 Adobe Premiere Pro 还可以向一组剪辑应用切换。

7.2 谨慎地使用切换特效

当发现 Adobe Premiere Pro 提供的切换特效具有如此之多的功能时，可能想对每一个编辑都应用特效，这可能是一件很有趣的事。尽管这样，强烈建议不要随意使用。

在电视新闻节目中，大多数只用硬切编辑。如果出现了任何切换特效，我会感到很惊讶。为什么？时间是一个因素。但是现在越来越多的电视台开始使用非线性编辑软件（NLE），如 Adobe Premiere Pro，而用 NLE 添加切换特效基本上不花什么时间。

新闻节目中缺少切换特效的原因是它们会分散观众的注意力。如果电视新闻编辑用了某种切换特效，那一定是有特定的目的。编辑在新闻编辑机房中做的最多的工作就是消除不协调的地方，如严重的跳跃切换，并且使这些切换过程变得更平滑。在新闻机房常常听到的一条法则是："如果无法解决它，就让它溶解。"

这并不是说切换特效在仔细策划的故事中就没有用处了，像电影 Star Wars 中就有很多独具风格的切换特效，如明显的慢划像。这些特效每个都有它们的目的。George Lucas 有意识地创作出对老电影和电视节目的怀旧效果。尤其是他们给观众发送了一个明确的信息："请注意！我们正在穿越时空。"

7.2.1 加入奇想

切换特效可以为故事增加亮点，下面是一些这方面的例子。

- 从正在洗扑克牌的人手近景画面开始，制作 Swap（交换）特效。一幅图像滑动到一边，另一幅图像滑到其上，然后切换到另一个和扑克牌有关的画面。
- 先是时钟（模拟的，而不是数字的那种）的特写画面，使用 Clock Wipe（时钟划像）特效。一端位于屏幕中央的直线扫过屏幕，显示出另一幅图像，然后移到另一个背景和时间；
- 用 Iris Round 切换特效获得 James Bond 那样血红的眼睛效果；
- 以中景拍摄车库门，使用 Push 特效——一幅图像从顶部移去，另一幅图像从下方移进，替换前一幅图像，再切换到车库内部的下一个画面；

- 通过一些策划和试验，可以拍摄某人在努力地推一堵墙，同样使用 Push 特效（在水平方向应用一次后）使这个人把旧的场景“滑”出屏幕。

7.2.2 提高视觉兴趣

切换特效会令视频作品充满激情。

- 拍摄一辆行驶中的汽车，在它驶过屏幕画面时使用划像移到下一场景，划像要与汽车的速度同步。
- 用 Slash Slide（斜线滑动）切换特效从大雨或瀑布镜头切换，其中高速运动的物体（如大雨）划过图像，逐渐露出其后的另一幅图像。
- Venetian Blinds（百叶窗）切换特效可以很好地将室内画面切换为室外图像。
- Page Peel（卷页）特效能很好地与一张羊皮纸配合使用。

在本课中，鼓励尝试 Adobe Premiere Pro 提供的所有特效。

7.3 尝试一些切换特效

Adobe Premiere Pro 提供了近 80 种视频切换特效。有一些是非常微妙的，另一些则是显而易见的。练习得越多，掌握得就会越好。

在两个剪辑间应用切换特效很简单，只要拖放就可以了。对于许多特效来说，这样做就足够了，但 Adobe Premiere Pro 提供了许多选项，供用户进一步调整这些特效。一些特效有 Custom（定制）按钮，单击它会打开一个独立的对话框，显示这种切换特有的选项。其中大多数切换提供的工具可以对它们精确定位。

本节首先介绍一些 Adobe Premiere Pro 切换特效。接下来介绍一些提供额外选项的其他特效。

1. 启动 Adobe Premiere Pro，打开 Lesson 07-1.prproj 项目。

2. 选择 Windows>Workspace>Effects 命令。

以上操作将工作区设置为 Adobe Premiere Pro 开发小组创建的预设，它使我们能更方便地处理切换和特效。

3. 把 3 个 .avi 视频剪辑从 Project 面板拖放到 Video 1 轨上，按反斜杠键扩展视图。

> Pr **注意：**剪辑的右上角和左上角出现小三角形（如图 7-1 所示）。这表示剪辑处于其原来完整的长度。为了让切换特效更平滑，我们需要进行处理，让一些没有用处的头尾帧在两个剪辑之间重叠。剪切这两个剪辑就能实现这样的处理。

图7–1

4. 选择 Ripple Edit Tool（或按键盘上的 B），将第 1 段剪辑的末尾往左拖动，使其缩短约 4 秒（请注意弹出显示的时间）。

5. 用 Ripple Edit Tool 把第 2 段剪辑的起始点往右拖入该剪辑大约 4 秒。

6. 按反斜杠键（\），扩展 Timeline 视图。

> Pr 注意：由于使用的是 Ripple Edit 工具，所以这两次剪切应该都不会出现间隙。如果出现间隙，请右击（Windows）或 Control- 单击（Mac）它，选择 Ripple Delete。

7. 以同样的方式处理第 2 段剪辑的尾部和第 3 段剪辑的开始。用 Ripple Edit Tool 把第 2 段剪辑的尾部往左拖动大约 4 秒，把第 3 段剪辑的起始点往右拖动大约 4 秒。

8. Effects 面板应该定位于 Project 面板内，请单击 Effects 面板选中它，之后打开 Video Transitions>Dissolve 文件夹。

9. 把 Cross Dissolve 特效拖到序列上前两段剪辑之间的编辑点上，但先不要释放鼠标。

> Pr 注意：Cross Dissolve 周围会出现一个红色框，表明它是默认切换特效。

10. 在鼠标按钮仍按下期间，左右移动光标，注意剪辑上的光标和突出显示的矩形框是如何变化的（如图 7–2 所示）。可以让特效在编辑点处结束，也可以让它定位在编辑点的中央或者从这个点开始。

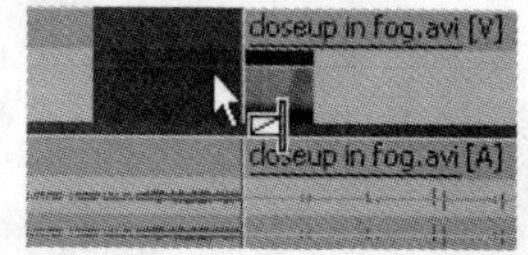

图7–2

11. 将该特效放置在编辑点的中间，在这里应用特效。

12. 将当前时间指示器移动到该特效前，按空格键播放它。

默认时该切换特效的时长是 1 秒钟。

改变默认切换特效及时长

默认切换特效有两种基本用途：把一个Storyboard自动应用到序列上，或作为一种用键盘快捷键Ctrl+D键（Windows）或Command+D键（Mac）快速添加切换特效的方法。要设置不同的默认切换特效，请选择想使用的切换特效，打开Effects面板菜单，选择Set Default Transition（设置默认切换特效）命令。该切换特效周围会显式一个红色框。选择Default Transition Duration（默认切换时长）命令，会弹出Preferences对话框，在这里可以修改默认时长。

13. 打开视频切换下的 3D Motion 文件夹，把 Flip Over 拖放到第 1 段剪辑的起始处。注意仅有的一个位置选项，它使切换特效从编辑点开始。Adobe Premiere Pro 中切换特效有一个非常独特的特点，即可以把它们应用到剪辑的起始点或结束点。这称为单边切换（双边切换位于两段剪辑之间）。
14. 按下 Home 键，把当前时间指示器移动到 Timeline 的起始处，播放该切换。这是一个非常漂亮的视频开端。

在任意轨道上应用切换

Adobe Premiere Pro允许在序列内任意轨道上的两段剪辑之间（或者在剪辑的起始处或末尾处）应用切换特效。单边切换特效有一个非常独特的用处，就是把它们放置到更高轨道上的剪辑内时，它们会逐渐显示或覆盖在Timeline内处于它们下方的剪辑。在这些章节里，为了简化操作，示例只用单个轨道，因为在Video 1轨上的切换特效应用过程与其他所有轨道上的应用过程是一样的。

15. 将 Flip Over 切换特效拖到第 3 段剪辑的末尾处。
16. 如果 Effect Controls 面板还没打开，请单击 Effect Controls 选项卡，打开 Effect Controls 面板。
17. 单击 Timeline 上该剪辑末尾处的 Flip Over 切换特效矩形，使该特效的参数显示在 Effect Control 面板中。
18. 单击 Reverse 复选框（图 7–3 中的突出显示部分所示），使 Flip Over 在该剪辑末尾处沿相反的方向翻转。

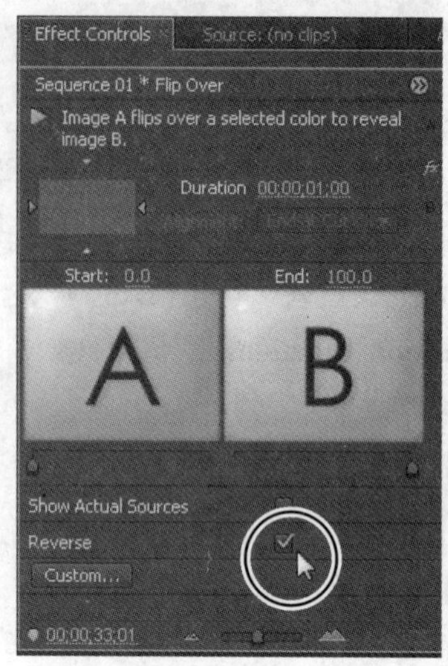

图7-3

19. 打开 Page Peel 文件夹，将 Page Peel 切换拖动到第 1 段和第 2 段剪辑间的 Cross Dissolve 切换特效上，这将用 Page Peel 替换 Cross Dissolve 特效。请播放新的切换特效，如图 7–4 所示。

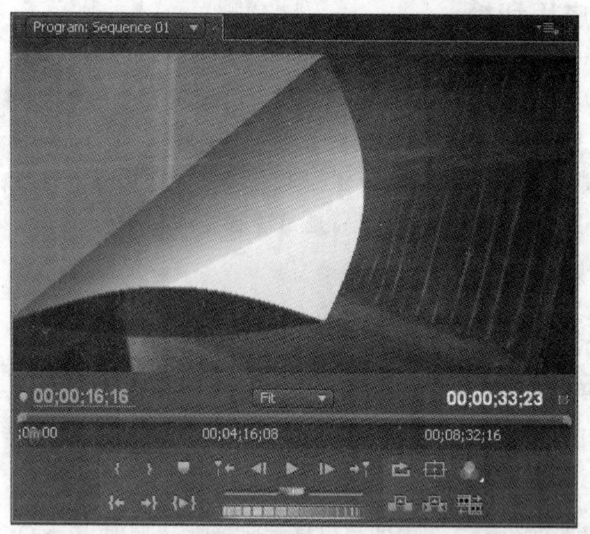

图7-4

> **注意：** 下一步需要用到 GPU（图形处理单元）。如果计算机没有 GPU，无法支持 Adobe Premiere Pro 中的 GPU 效果，这些特效就不会显示在 Effects 面板中。如果是这样的话，请跳过下一步。注意，GPU 切换目前在 Mac 上不可用。

20. 如果运行的是 Premiere Pro CS4 的 Windows 版本，请打开 GPU Transitions 文件夹，将 Center Peel 切换拖到 Timeline 上 Page Peel 切换的顶部。播放该切换特效。

> Pr | **注意：**Windows 版本内的 Page Peel 文件夹下也有 Center Peel 切换，但它们的特性完全不同。

21. 请试一下其他切换特效，至少试用每个文件夹下的一个切换。

> Pr | **注意：**有大量的切换可供选择。如果知道切换的名称，则可以在 Effects 面板的搜索字段内输入其名称的开始字符，以快速查找单个切换。

改变序列的显示

向序列添加切换特效时，一条红色水平短线会显示在该切换特效的上方（如图 7–5 所示）。红色线指出序列的这部分必须经过渲染，才能将它输出到磁带或创建最终的项目文件。

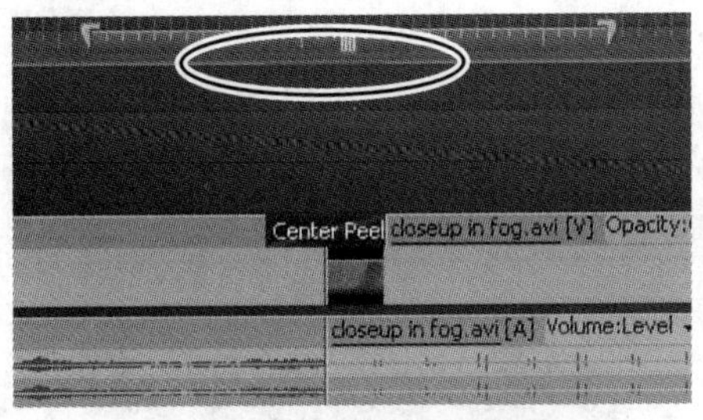

图7–5

渲染是在导出项目过程中自动进行的，但我们可以只渲染序列中被选中一部分，使这部分序列在速度较慢的计算机上能比较流畅地显示。要实现该操作，首先把 Viewing Area Bar 手柄（如图 7–6 所示）拖动到红色渲染线的末端（它们会自动与这些点对齐），按下回车键。Adobe Premiere Pro 会为这段创建视频剪辑（它会在 Preview Files 文件夹里生成一个名称难以辨认的文件），并将红色渲染线变为绿色。

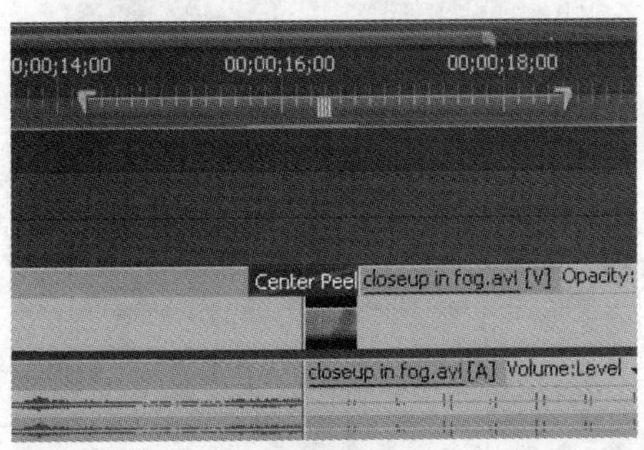

图7–6

> **注意**：默认时 Viewing Area Bar 可能覆盖 Timeline 上的所有剪辑。按回车键将渲染 Viewing Area Bar 的入点和出点内需要渲染的所有区域。通过调整 Viewing Area Bar 的长度，可以控制渲染项目的那些区域。

7.4 在 Effect Controls 面板内改变参数

至此，已经试验了每个切换特效的默认效果。这还只是它们的表面内容而已。在 Effect Controls 面板中还隐藏有很多参数，每个切换特效都有其独特的参数。

我们先从 Cross Dissolve 特效开始，然后逐步使用本课前面用到的其他大多数切换特效。下面介绍怎样调整切换特效的特性。

1. 可以选择继续处理前一个项目，或打开 Lesson 07-2.prproj.。
2. 把 Cross Dissolve 切换特效从 Effects>Video Transitions>Dissolve 文件夹中拖放到第 1 段剪辑的起始处。
3. 单击序列中该剪辑左上角的切换特效矩形，使其参数显示在 Effect Controls 面板中。
4. 选择 Show Actual Sources 复选框（如图 7–7 所示），拖动 Start 和 End 预监窗口下方的滑块。

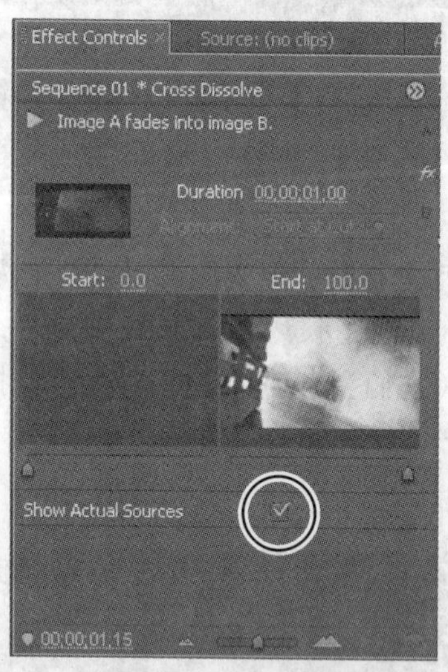

图7–7

可以用这些滑块使切换特效开始部分渐强，然后逐渐完全显现。

5. 在 Effects Controls 面板中，将特效时长修改为 2 秒，在 Timeline 上播放该特效。

> **注意**：另一种修改切换时长的方法是拖动 Timeline 上切换的边缘。用标准 Selection 工具左、右拖动切换的右边缘调整其长度。

6. 以不同的长度播放该切换，观看其效果。

7. 把 Push 切换从 Slide Transitions 文件夹拖放到第 1、2 段剪辑之间的编辑点上。在 Timeline 上播放它，注意它推进的方向。

8. 单击切换特效选择它，之后单击 Effect Controls 面板内从北到南的三角形（如图 7–8 所示），把其方向修改为从顶部到底部。

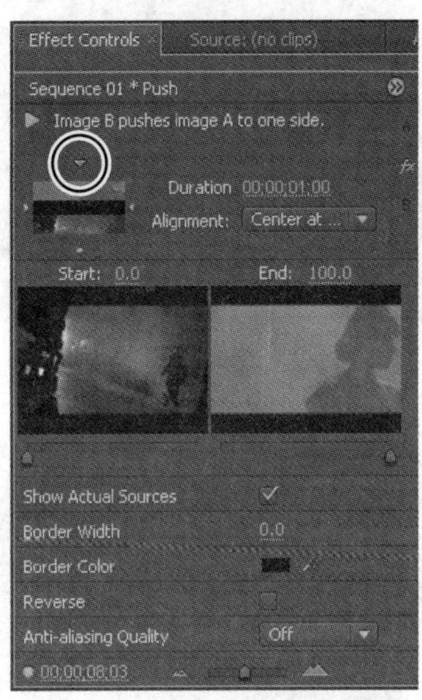

图7–8

9. 在第 2 和第 3 段剪辑间应用 Wipe 特效（Wipe 文件夹）。

注意，它有 3 个新的选项：Border Width（边框宽度）、Border Color（边框颜色）和 Anti-aliasing Quality（消除锯齿品质）。

10. 将 Border Width 修改为 20。

11. 单击左上角的方向三角形，把方向改变为西北到东南。

12. 单击 Border Color 色板旁边的 Eyedropper（吸管）工具，在天空中的云朵上单击，选择浅灰色。

13. 把 Anti-aliasing Quality 设置为 High。Anti-aliasing Quality 调整该切换边缘的平滑度。

14. 在最后一段剪辑间的尾部应用 Iris Round 切换（在 Iris 文件夹里）。注意，当把新的切换放置到旧切换上，它将替换旧切换。这种切换有新的选项：一个小定位圆圈。

15. 选择 Reverse 选项，使 Iris 关闭而不是打开。

16. 在 End Preview 窗口上，向左移动 End 滑块后，可以看到该切换结束时的效果。

17. 移动 Start 窗口内的定位圆圈，使切换在那位女士脚位置处结束（请观察 End 窗口内切换位置的变化情况），如图 7–9 所示。

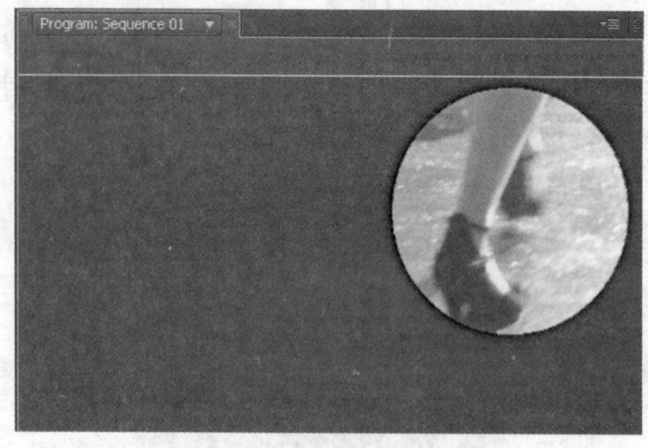

图7–9

> **注意**：也可以在 Program Monitor 内观察结束位置，这需要把 Timeline 当前时间指示器拖过切换，来观察它。

18. 确定位置之后，把 End 滑块拖回到最右端，播放该切换。

7.5 使用 A/B 模式细调切换特效

因为 Adobe Premiere Pro 开发人员最初是从零开始创建该软件，所以他们有机会做一些对今后有重大影响的决定。其中的一个决定就是不再在 Timeline 内包含 A/B 编辑模式。

A/B 编辑模式是一种老套的、电影风格的线性编辑手法。电影编辑人士经常使用两卷拷贝：A 卷和 B 卷，它们通常是从同样的母带复制出来的。两卷方法可以从 A 轨交叉溶解到 B 轨。

与单轨 NLE 相比，Premiere 早期版本中 A/B 编辑模式的优点在于修改切换特效的位置、起点和终点更容易。

对 A/B 模式和单轨编辑来说的一个好消息是，Adobe Premiere Pro 的 Effect Controls 面板已经包含了它们的所有功能。

7.5.1 使用 Effect Controls 面板的 A/B 功能

Effect Controls 面板的 A/B 编辑模式将单个视频轨道分割成两个子轨道。通常在单轨上是两个连续相邻的剪辑现在显示为独立子轨道上的单独剪辑，让我们可以选择在它们之间应用切换特效，处理它们的头、尾帧，以及修改其他切换特效元素。

1. 请继续处理前个练习中留下的项目，或者打开 Lesson 07-3.prproj。

2. 单击应用在第 1 段剪辑和第 2 段剪辑之间的 Push 切换，在 Effect Controls 面板内显示出其参数。

3. 在 Effect Controls 面板中单击右上角的 Show/Hide Timeline View（显示 / 隐藏 Timeline 视图）按钮，打开 A/B Timeline。

> Pr | **注意**：可能需要扩展 Effect Controls 面板的宽度，才能使用 Show/Hide Timeline View 按钮。此外，Effect Controls Timeline 可能已经显示出来，这时单击 Effect Controls 面板内的 Show/Hide Timeline View 按钮就会切换其开关状态。

4. 拖动 A/B Timeline 和切换特效参数区之间的边框（如图 7-10 所示），扩展 Timeline 视图。

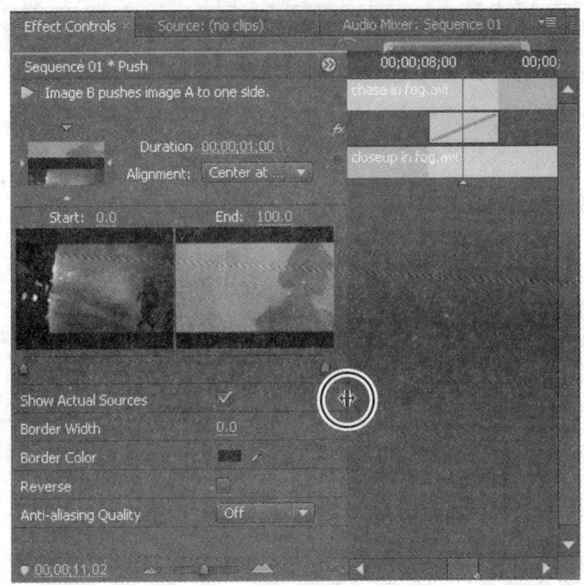

图7-10

5. 将光标悬停在该切换特效矩形框中心的编辑线上，如图 7-11 所示。

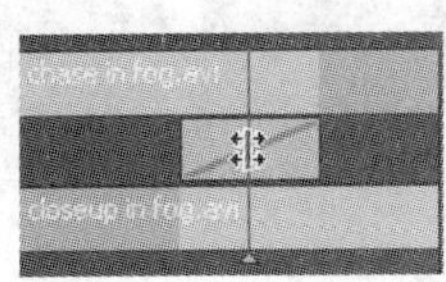

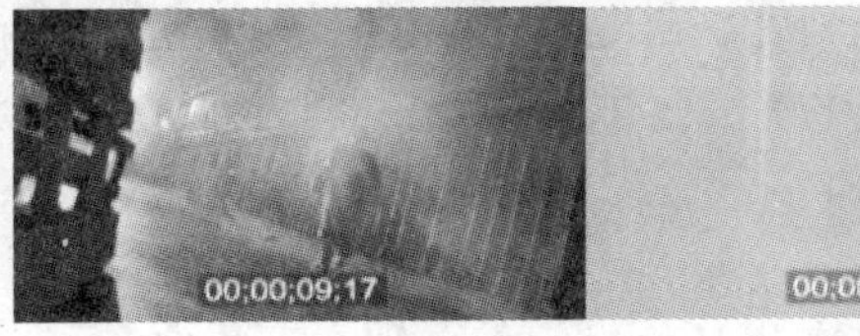

图7-11

这是两段剪辑之间的编辑点，显示在这里的光标是 Rolling Edit 工具，与第 6 课中 Trim 面板中的 Rolling Edit 工具相同。

6. 左右移动 Rolling Edit 光标，请注意 Program Monitor 中显示的左边剪辑的出点和右边剪辑的入点是如何变化的。

> **注意**：像前面在 Trim 面板中使用 Rolling Edit 工具一样，左右移动该工具不会改变序列的整体长度。

7. 把光标稍微移动到编辑线的左边或者右边，它会变为 Slide 工具，如图 7–12 所示。

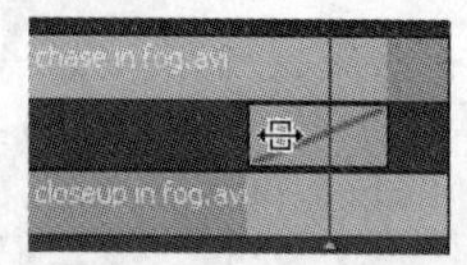

图7–12

8. 使用 Slide 工具左右拖动切换特效矩形。

> **注意**：使用 Slide 工具改变切换特效的起始点和结束点，但不改变它的总长度（默认长度是 1 秒）。新的起始点和结束点显示在 Program Monitor 中。但与使用 Rolling Edit 工具不同，使用 Slide 工具移动该切换特效矩形不会改变两段剪辑间的编辑点。

9. 单击 Alignment 下拉列表，依次单击 3 个可用选项：Center at Cut，Start at Cut 和 End at Cut。

每次修改时，切换矩形都会移动到一个新的位置。这 3 个位置模拟把切换特效拖到 Timeline 时的选项。另外，如果手动改变切换的位置，Custom Start 对齐选项会被激活。

10. 将 Viewing Area Bar 的末端（不论哪个末端）拖放到 A/B Timeline 的边缘。以上操作会扩展两个相邻剪辑的视图，使我们能够看到左边剪辑的起始点和右边剪辑的结束点。

11. 拖动切换特效的左、右边缘，使它变长。

> **改变切换特效长度的另外两种方法**
>
> 可以通过下面两种方法改变时长值，输入新的时间，或单击时长时间，并左右拖动来减少或增加其值。
>
> 当加长切换特效时，Viewing Area Bar（可视区域栏）会收缩，因此允许再次拖动其末端，扩大A/B Timeline内的可视区域。

7.5.2 头尾帧不足（或缺少）情况的处理

用户会碰到想在编辑点上放置切换特效时头帧或尾帧不足的情况。这种情况可能是因为暂停摄像机速度太快，或者是没有尽快启动摄像机造成的。也许想要用切换特效来改善生硬的硬切点，Adobe Premiere Pro 能很好地解决这个问题。

1. 打开 Lesson 07-4.prproj，注意 Timeline 上的两段剪辑没有头帧或尾帧。这从剪辑角上的小三角形可以看出，三角形指出的正是剪辑的尾部。

2. 使用标准 Selection 工具向左拖动最后一段剪辑的右边缘，然后释放鼠标。注意，该剪辑尾部的小三角形不再可见。请把该剪辑拉伸到其完整的长度。

3. 将 Dissolve 切换拖到这两段剪辑之间的编辑点上，这时会显示出“Insufficient Media”（媒体素材不足）警告，请单击 OK 按钮。

4. 单击该切换，在 Effect Controls 面板中显示它，注意，该切换特效内有平行的对角线穿过，这表示缺少头帧或尾帧。

5. 拖动该切换矩形的左右边缘，把它加长约 3 秒。可能需要按等号（=）放大 Timeline 才能抓住剪辑的边缘。

6. 慢慢地将当前时间指示器拖过整个切换，并观察其效果。

- 对于该切换特效的前半部分（到编辑点为止），B 剪辑是静帧，A 剪辑一直处于播放状态。
- 在编辑点上，A 剪辑变为静帧，B 剪辑开始播放。
- 以正常速度播放时（在默认的 1 秒时长处），很少人能看出静帧的存在。

> Pr 注意：在本课的例子中，A 和 B 剪辑都没有头或尾处理帧。常常只有一段没有头帧或尾帧的剪辑。在这些情况下，Adobe Premiere Pro 强制使切换特效的位置从编辑点开始或结束，这取决于哪段剪辑缺少额外的帧进行交叠。

7.6 同时向多段剪辑应用切换特效

目前为止，我们向视频剪辑应用了切换特效。另外，也可以向静态图像、图形、彩色蒙版以及甚至音频应用切换特效，在这一节以及下一节中我们将介绍这方面的内容。

编辑人员经常遇到的项目是照片合成。在两幅照片之间应用切换特效常常使这些照片合成效果看起来更好。向 100 幅图像一次应用一个切换不是一件轻松的工作，Adobe Premiere Pro 允许将默认切换（自定义）添加到一组连续或者不连续的剪辑，从而简化该操作。

1. 打开 Lesson 07-5.prproj。注意，已经把 40 幅 JPEG 图像导入到 Project 面板。

2. 选择 Project 面板内的全部 40 幅 JPEG 图像，把它们拖放到 Sequence 01。

3. 按空格键播放 Timeline。这些 JPEG 剪辑都是 5 秒长。

4. 按反斜杠键缩小 Timeline，以显示出整个序列。

5. 用 Selection 工具在所有剪辑周围绘制矩形框，以选中它们。

6. 单击 Sequence 下拉列表，选择 Apply Default Transition To Selection（向选区应用默认切换特效）选项。这将把默认切换特效应用到目前选中的任意两段剪辑之间。

7. 播放 Timeline，注意 Cross Dissolve 切换产生的差别。

> Pr **注意**：剪辑的选择不一定是连续的。可以 Shift- 单击剪辑，选择 Timeline 上的一部分剪辑。

多种方法批处理切换特效

这个练习中所描述的方法是向多个剪辑添加默认切换中最灵活的一种方法。然而，Adobe Premiere Pro通过Storyboard功能提供另一种方法：Automate To Timeline。在第6课介绍过这项功能，但没有应用切换特效。请重复那个练习，这次在对Timeline进行自动处理时把默认切换特效应用到所有剪辑。

7.7 音频切换

切换不只适合于视频。向音频剪辑的尾部添加交叉消隐过场切换是一种向音频剪辑添加淡入或淡出效果的快速方法。

1. 打开 Lesson 07-6.prproj，播放 Timeline，注意声音轨道开始和结束处音量的突然变化。

2. 单击 Effects 面板内 Audio Transition（音频切换）文件夹下的 Crossfade（交叉消隐过场）文件夹。

3. 把 Constant Power 切换拖动到 Audio 1 轨道内的音频剪辑的开始处，播放 Timeline，注意该切换在汽车声音内创建的消隐。

4. 把 Timeline 上的当前时间指示器定位到两段剪辑之间的编辑点，在 Windows 系统内按 Shift+Ctrl+D 键，或者在 Mac 系统内按 Shift+Command+D 键。这是在当前时间指示器附近的编辑点添加默认音频切换的快捷键，是一种向音频轨道添加淡入和淡出效果的快速方法。Constant Power 切换特效放置在两段音频剪辑之间将使两段完全不同的音频剪辑混合到一起，使音频过渡不会显得那么生硬。

5. 把音频切换的长度拖动到更长或更短。并播放 Timeline，听其效果。

6. 为了进一步美化这个项目，请用以下方法在序列的开始和结尾处添加 Cross Dissolve 切换特效。把当前时间指示器移动到该序列的开始处附近，按 Ctrl+D 键（Windows）或 Command+D 键（Mac）添加默认视频切换特效。对该剪辑的结尾处重复这一处理。这将在开始处创建从黑场开始的渐隐，在结尾处添加到黑场的渐隐。

向项目添加切换特效很有趣。然而，过度使用切换说明视频制作还处于业余水平。在选择切换时，要确保它能够增加项目的内涵，而不是炫耀编辑技巧。请观察电影或电视节目，了解专业人士是怎样使用切换的。

复习

复习题

1. 请描述两种向多段剪辑应用默认切换特效的方法。
2. 怎样按名称来查找切换特效?
3. 怎样用一个切换特效取代另一个切换特效?
4. 一些切换特效开始为小正方形、圆形或其他几何形状，之后逐渐变大，显示出下一段剪辑。怎样使它们以大几何形状开始，然后收缩，显示出下一段剪辑?
5. 请解释改变切换特效时长的 3 种方法。
6. 哪种简单的方法可以在剪辑的开始或结束使音频消隐?

复习题答案

1. 使用 Automate To Sequence 功能，或者选择 Timeline 上的剪辑，选择 Sequence > Apply Default Transition To Selection 剪辑。
2. 首先在 Effects 面板的 Contains 文本框中输入切换特效的名称。输入后，Adobe Premiere Pro 会显示所有名称中包含所输入字母组合的特效和切换（音频和视频）。输入字符越多，搜索的范围就越小。
3. 将替换切换特效拖放到要被替换的特效上，新的特效将会自动替换旧特效。
4. 选取 Effect Controls 面板中的 Reverse 复选框，这就会使特效变化过程从小形状开始和全屏结束切换为从全屏开始，小形状结束。
5. 拖动 Timeline 中切换特效矩形的边缘，在 Effect Controls 面板 A/B Timeline 上进行同样操作，或在 Effect Controls 面板改变 Duration 的值。
6. 使音频淡入或淡出的一种简单方法是在剪辑的开始或结束处应用音频交叉消隐切换特效。

第8课 创建动态字幕

本课涉及的主题包括：

- 通过字幕来加强项目；
- 改变字幕参数；
- 从零开始创建字幕；
- 将字幕放置到路径上；
- 创建形状；
- 创建滚动字幕和游动字幕；
- 应用文字特效：光泽、描边、阴影和填充
- 把字幕复制到其他 Adobe 应用程序。

学习本课大约需要 90 分钟。

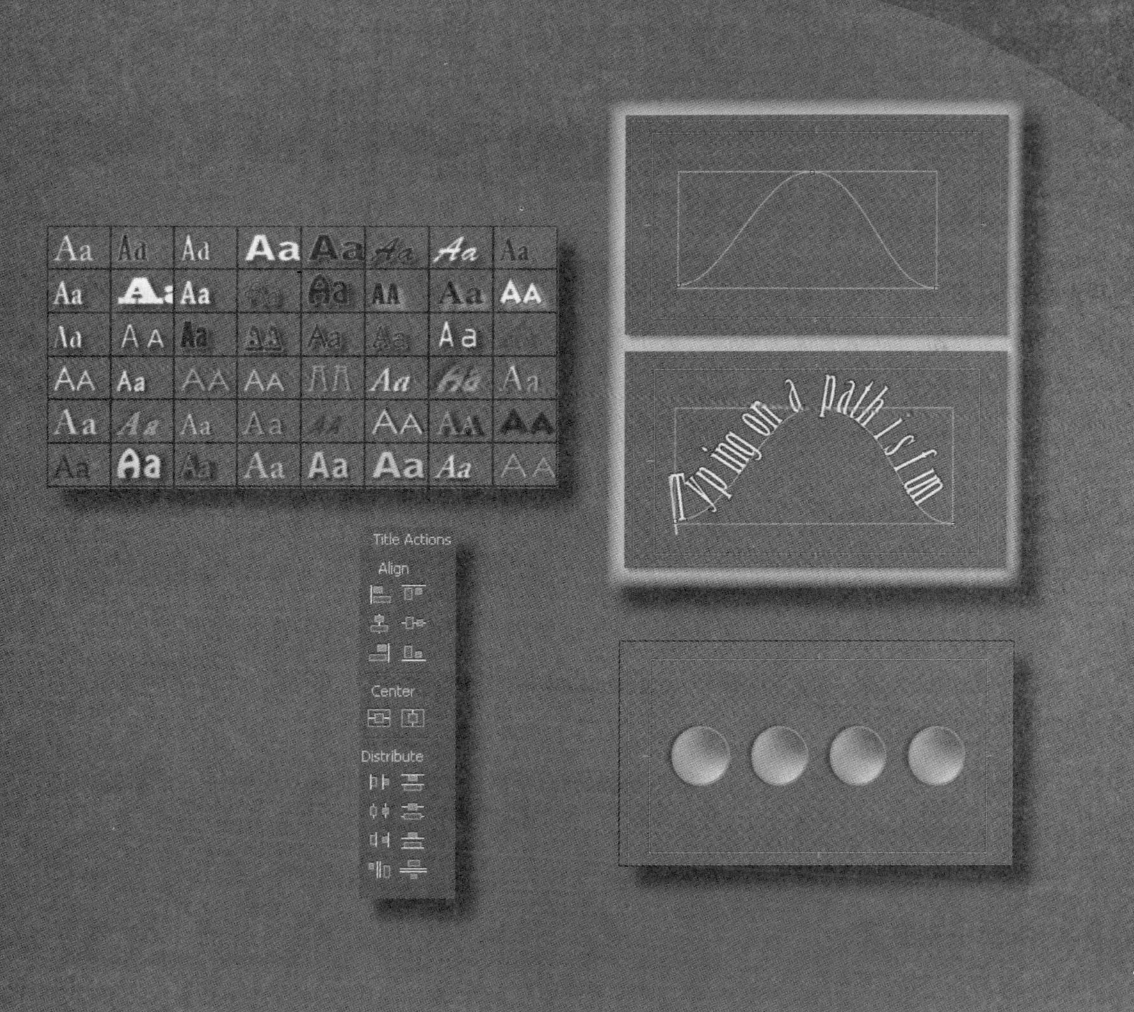

Premiere Pro CS4 的 Titler（字幕）组件是一个功能全面丰富的文字与形状创建工具。用 Titler 设计的字幕和对象可以作为静态标题、滚动字幕或者作为单独的剪辑添加到视频中。

8.1 开始

屏幕上的字幕有助于表达故事情节。信息可以通过字幕得到加强，比如给出有关地点或被采访人的名字和头衔、列出要点、开场字幕和片尾字幕。

与单纯的叙述相比，字幕可以更简要、清晰地表达信息。同时，它也可以提醒观众注意节目中所要表达的人和信息，从而增强叙述和视觉效果。

Premiere Pro CS4 的 Titler 提供了一整套的字幕和形状创建选项。我们可以使用计算机上的任意字体。字幕和对象可以是任意颜色（或多种颜色）、任意透明度、多种形状。用路径工具可以把文字放置到能想像得到的大多数复杂曲线上。Titler 是一个功能强大的工具。

它强大的定制功能使用户可以为自己的作品创建出独特的外观效果。

8.2 用字幕增强项目

来看下面这样一个开场序列：一个焦黄的沙漠远景，地面热气升腾，扭曲了远方的景象。干燥、枯死的山艾树。一只蜥蜴慢慢地在一块小石头下寻找阴凉。远处有一片沾满尘土的羽毛。这样的场景能够强烈地吸引人的注意力。

现在，现场声音响起："夏日的酷热降临在 Bonneville Salt Flats。"这是一个令人印象深刻的场景。但更好的表现手法是使用字幕：Bonneville Salt Flats。然后，当沾满尘土的羽毛移向摄像机时出现另一个字幕：速度试验——2005 年 夏。然后一辆火箭形状的汽车飞驰而过。

不要用人的配音来打断已经建立起的悬念，先不要让它出场。只是用字幕来构建故事情节。

下面是其他一些例子，与用配音相比，在这些例子中用字幕的表现效果更好。

- 不是用配音说"Sue Smith，Acme Industries 公司副总裁"，更好的方法是把这句话的字幕放在屏幕的底部。
- 不用解说一些统计数字，更好的方法是在屏幕上弹出一个列表，说明每一个新的项目。

字幕能增强作品的表现力。

8.3 改变字幕参数

本课先从一些格式化的字幕开始，然后改变它们的参数。使用这种方法可以快速了解 Premiere Pro CS4 Titler 的强大功能，本课稍后将从零开始构建基本的字幕。

1. 启动 Premier Pro CS4，打开 Lesson 08-1.prproj。

2. 在 Project 面板中双击 Start Text 按钮。这将打开 Titler，同时载入视频帧上的字幕，如图 8-1 所示。Titler 面板中包含了以下内容。

- Title Tools panel（**字幕工具面板**）：定义字幕边界、设置字幕路径和选择几何形状。
- Title main panel（**Title 主面板**）：在其中创建和查看文本和图形。
- Title Properties panel（**字幕属性面板**）：字幕和图形选项。如字体属性和效果。
- Title Actions panel（**字幕动作面板**）：用于对齐、居中或分散字幕或对象组。
- Title Styles panel（**字幕样式面板**）：预设字幕样式。可以从几个样式库中进行选择。

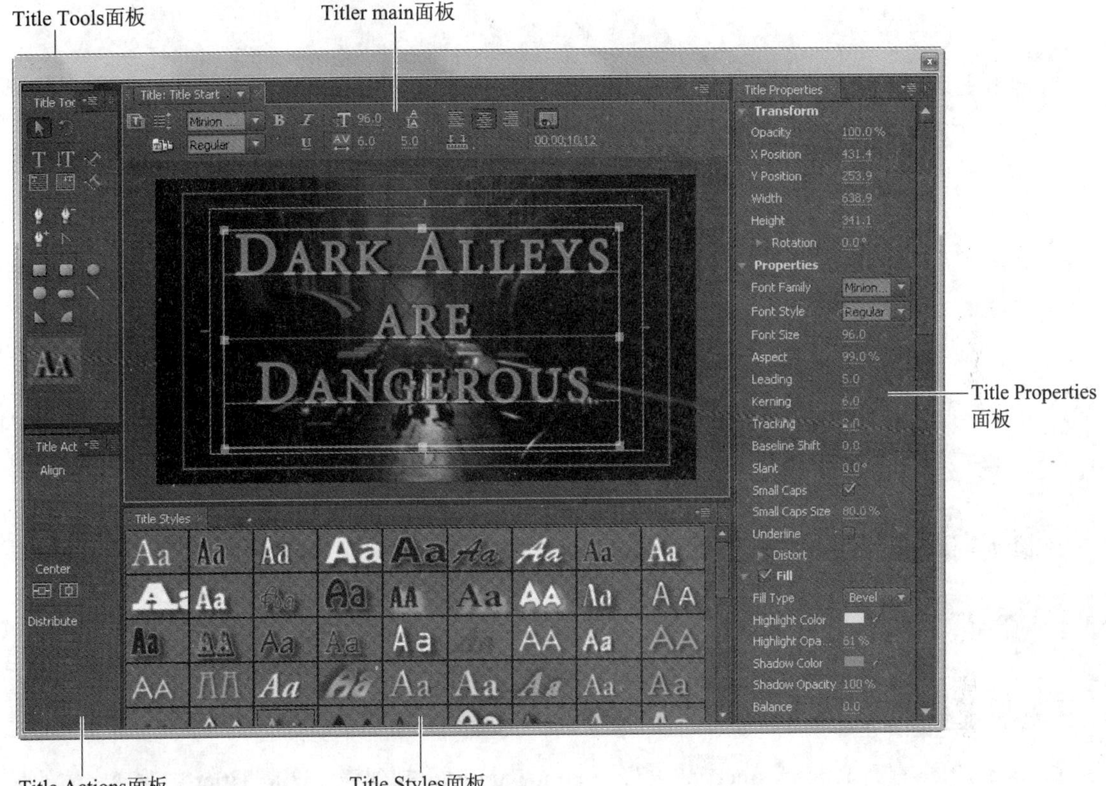

图8–1

3. 请单击 Titler Styles 面板内几种不同的缩览图，以熟悉这些可用的样式。

每次单击新的样式时，Adobe Premiere Pro 会立即将活动字幕或者被选择的字幕更改为新的样式。尝试一些样式后，请选择样式 EccentricStd Gold 45（如图 8–2 所示），这种样式与视频中的场景气氛更匹配。

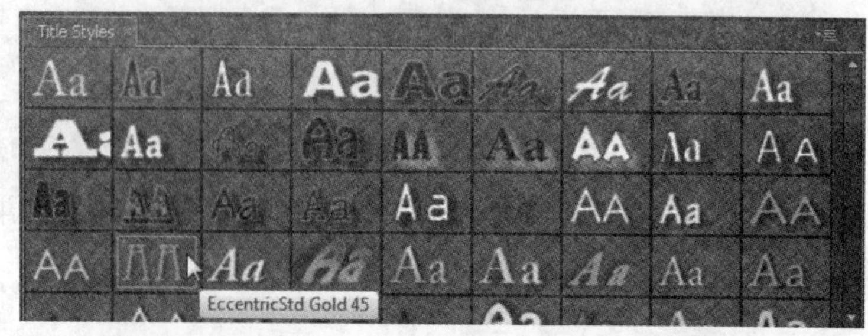

图8-2

4. 单击 Titler 内的 Font Browser（字体浏览）按钮（如图 8-3 所示）。注意，当前字体是 EccentricStd。

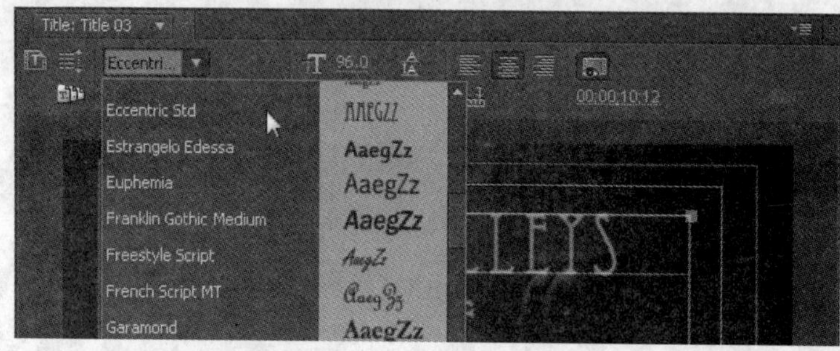

图8-3

5. 滚动字体列表，注意当单击新的字体时，可以立即看到它对应的字幕效果。

> **注意：**在单击和测试过程中，可能会取消选择了文字。如果文字周围没有带手柄的边界框，请单击 Selection 工具（Titler 面板的左上角），在文字内任意位置单击，选择文字。

6. 单击 Titler 右侧 Titler Properties 面板内 Font Family 下拉列表。这是 Titler 内改变字体的另一种方法，请尝试通过该面板改变字体。

7. 尝试之后请改回到 EccentricStd Gold 45 样式，这一修改会立即显示在 Tilter 窗口内。

8. 在 Size（字体大小）数值上拖动鼠标，使其读数显示为 110 为止，或者输入新的数值，将字体大小改为 110。

9. 取消选择 Small Caps（小型大写字母，如果它被选中的话）。

> **注意：**Small Caps 将所有被选择对象改为大写字母。将大小修改为小于 100% 的值时，会缩小每个单词首字符之外的所有字符。

10. 将 Leading（行距）修改为 5，Leading 改变文字行之间的垂直距离。

11. 把 Kerning（字符间距）修改为 5。Kerning 改变字符间的水平间距。

12. 把 Slant（倾斜）修改为 13。

13. 把 Shadow Distance（阴影距离）修改为 10、Shadow Size（阴影大小）修改为 25、Shadow Spread（阴影扩展）修改为 25。

14. 单击 Title Actions 面板内的 Horizontal Center（水平居中）和 Vertical Center（垂直居中）按钮，如图 8–4 所示。

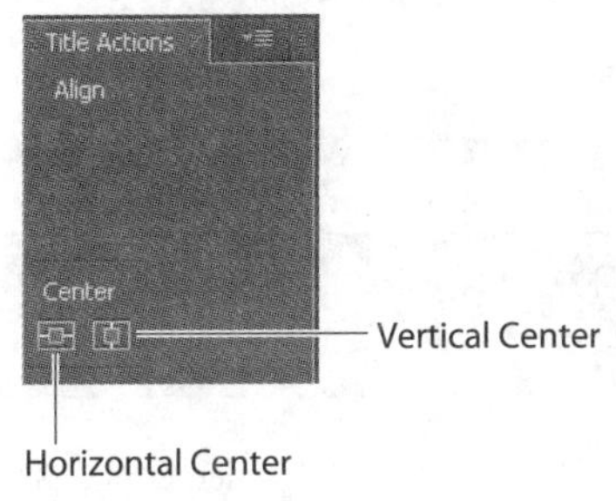

图8–4

屏幕效果如图 8–5 所示。

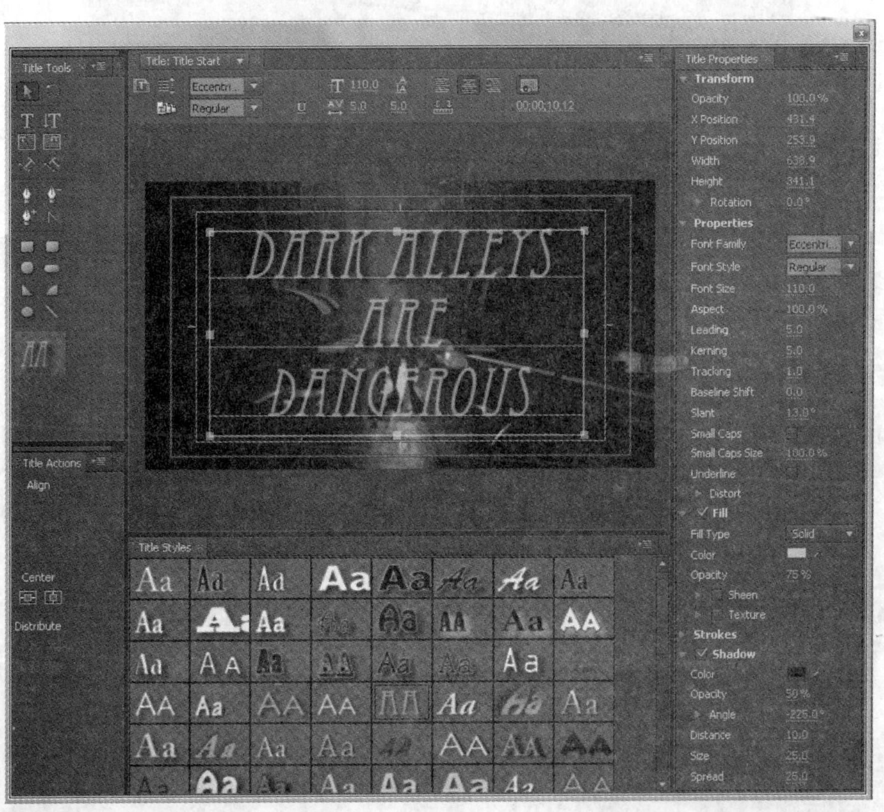

图8–5

> **注意：**NTSC 电视会切除视频信号的边缘，所以将字幕保持在 Safe Title Margin（也被称作 Title Safe Zone，字幕安全区，如图 8–5 中字幕显示区域内的举行字段所示）内，可以确保观众能够看到完整的字幕。

15. 向右拖动 Titler 浮动窗口，直到能看到 Project 面板为止。

16. 在 Project 面板内，双击 Title Finished，把它载入到 Titler 中。

17. 使用 Titler 主面板内的面板菜单在两个字幕间切换，现在字幕看起来应该与 Lesson 7-1 Finish Text 类似。

18. 单击 Titler 面板右上角的小“x”按钮（Windows）或 close 按钮（Mac），关闭它。

> **注意：**Premiere Pro CS4 自动将更改过的字幕保存在项目文件中，但在硬盘上它并不显示为一个单独的文件。

19. 将 Title Start 从 Project 面板拖到 Timeline 上的 Video 2 轨，对其进行剪切，使其与视频剪辑上方的长度相符。把当前时间指示器从其上拖过，观看字幕在视频剪辑上的效果，如图 8–6 所示。

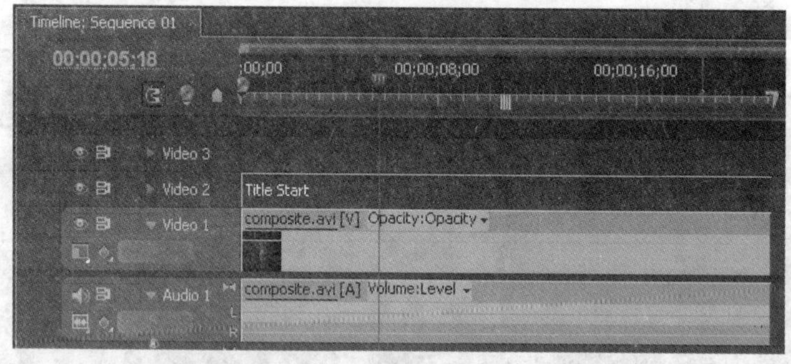

图8–6

20. 从 Timeline 上删除 Title Start 字幕。

> **注意：**可以把切换特效应用到字幕中，使之淡入屏幕、移入或移出屏幕。

在其他项目中使用字幕

用户可能想为位置名和采访字幕创建字幕模板，以便将它们应用到多个项目。然而，Adobe Premiere Pro不会自动将字幕存储在独立的文件中。要使字幕可用在其他项目中，首先要选择Project面板中的字幕，再选择File>Export>Title命令，为字幕命名，选取位置，再单击Save按钮。以后就可以像导入其他素材文件一样导入字幕文件了。

8.4 从零开始创建字幕

Titler 提供 3 种字幕创建方法，每种都提供水平和垂直字幕方向选择，如图 8–7 所示。

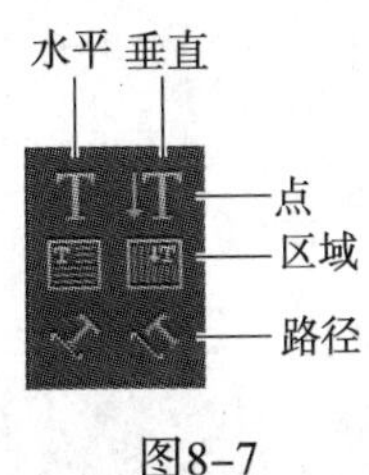

图8–7

- **Point Text（点文字）：**这种方法在输入时建立文字范围框。文字会排在一行，直到按下回车键，或从 Title 菜单中选择 Word Wrap（换行）为止。改变文字框的形状和大小会相应改变文字的形状和大小。
- **Paragraph（Area）Text（段落（区域）文字）：**在输入文字前先设置文字框的大小和形状。以后改变文字框的大小可以显示更多或更少的文字，但不会改变文字的形状和大小。
- **Text on a Path（路径上的文字）：**在文字窗口中单击一些点，创建曲线，再调整这些曲线的形状和方向，为字幕创建一条跟随路径。

从左侧还是从右侧选择工具将决定文字是水平还是垂直排列的。

由于 Premiere Pro CS4 自动将字幕保存到项目文件中，所以随时可以切换到新的或不同字幕，而不会丢掉当前字幕中所创建的内容。这就是我们下面将要执行的操作。

1. 如果 Titler 是打开的，请将 Titler 浮动窗口移开，以便能看到主菜单。

2. 选择 File>New>Title 命令，打开 New Titler（新建字幕）对话框（其在 Windows 系统上的快捷键是 Ctrl+T，在 Mac 系统上的快捷键是 Command+T）。

Premiere Pro CS4 允许序列具有不同的视频属性，因此 New Title 对话框允许创建具有不同帧尺寸和长宽比的字幕。它默认设置为活动序列的设置。因为用户想要为字幕使用的设置与活动序列的相同，所以请保留这些设置为默认设置。

3. 在 Name（名称）框内输入 Dark Alley，单击 OK 按钮，如图 8–8 所示。

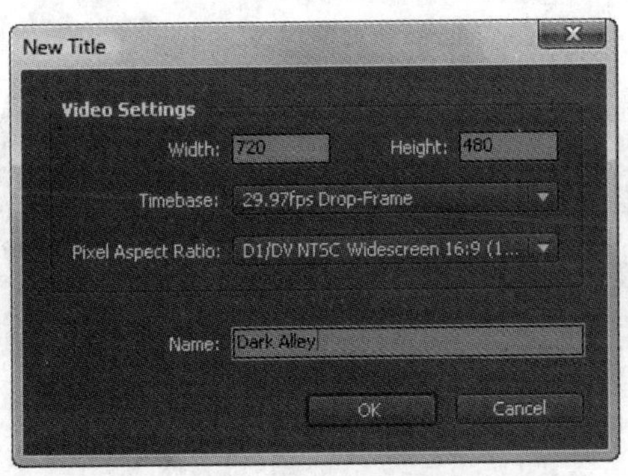

图8–8

4. 拖动 Time Code（在 Show Video 按钮的正下方），改变字幕窗口中显示的视频帧，如图 8–9 所示。

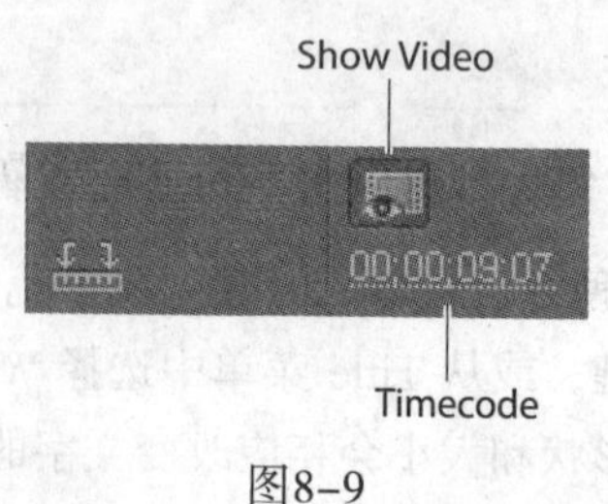

图8-9

> **提示：** 如果想将字幕定位到与视频内容相关的位置，或者检查字幕在视频上的显示效果，则可以通过拖动时码与显示的字幕屏幕这种简便的方法来实现。

5. 单击 Show Background Video（显示背景视频）按钮，隐藏视频剪辑。

> **注意：** 显示在字幕之后的视频帧没有随字幕一起保存，它在那里只是为定位和风格化字幕作参考。

棋盘格图案表示透明度

现在，背景是由灰度棋盘格组成，这表示是透明的。也就是说，如果将在Titler中创建的字幕放置在其他视频剪辑上方的视频轨上，在棋盘格出现的任何地方，下方轨道上的视频都是可见的。也可以创建具有部分透明度的文字或几何对象。在这种情况下，我们会透过棋盘格看到对象，这就是说视频会透显出来，但看起来就像是被烟色玻璃或彩色玻璃所覆盖一样。

6. 单击 Birch White 80 style（该样式组中的第 3 种样式），如图 8-10 所示。

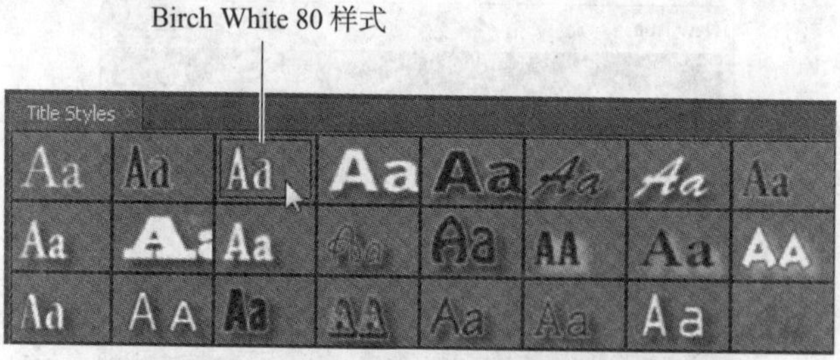

Birch White 80 样式

Title Styles

图8-10

7. 单击 Type 工具，其快捷键为 T，在 Titler 窗口内的任意位置单击。这样就使用 Type 工具创建了 Point Text。

8. 输入 Dark Alley，如图 8-11 所示。

图8–11

> **注意：** 如果继续输入，注意到 Point Text 没有换行，输入的文字会向右超出屏幕。为了使它到达 Safe Title Margin 时换行，请选择 Title>Word Wrap 命令。按下回车键则开始新的一行。

9. 单击 Selection 工具（Titler Tools 面板左上角的黑色箭头），这会在字幕边界框上放置手柄。

> **注意：** 在这种情况下，Selection 工具的键盘快捷键 V 不起作用，因为我们正在文字框中输入字符。

10. 拖动文字边界框的角和边缘，字幕的大小和形状也相应地发生改变。

11. 将光标刚好悬停在文字边界框角的外部，直到显示出曲线光标为止，之后拖动，使边界框沿其水平方向旋转。

移动字幕框的多种方法

除了拖动边界框手柄外，还可以改变Transform（变换）设置（在Titler Properties面板中）中的数值。用键盘输入新的值，或把光标放在数值上左右拖动。这些修改会立即显示在边界框内。

12. Selection 工具激活后，在边界框内的任意处单击，将成一定角度的文字及其边界框在 Titler 窗口中拖动。

13. 在文字内任意处双击并输入，以编辑该文字。可以拖动选择想要移除或替换的文字。

14. 单击 Selection 工具，这将在文字边界框上放置手柄，表示整个帧被选中，按 Delete 键，删除所有字幕。

15. 单击 Area Type（区域文字）工具，将文字边界框拖到 Titler 窗口内，它几乎填满字幕安全区。Area Type 工具会创建段落文字。

关闭安全区显示

打开Title面板菜单（或选择Title>View），之后选择Safe Title Margin或Safe Action Margin，即可分别关闭字幕安全边界和动作安全边界。

16. 开始输入。这次要输入足够多的字符，使它超出边界框的结尾处。与 Point Text 不同，Area Text 会将字符限制在定义的边界框之内。它在边界框的边界处换行。

17. 按下回车键换到下一行，如图 8-12 所示。

图8-12

18. 单击 Selection 工具，改变边界框的尺寸和形状。文字大小不会改变，而是调整其在字幕框基准线上的位置。如果边界框太小，容纳不下所有文字，多余的文字会滚落到边界框底部边缘之下。在这种情况下，在边界框外右下角会显示出一个小加号（+）。

19. 在文字内双击，进行编辑。

20. 切换到 Selection 工具，在字幕边界框内任意处单击，按下 Delete 键删除字幕。

竖排文字

在测试字幕的时候，请试一下竖向的Vertical Type工具和Vertical Area Type工具，它们可以创建竖向字幕，一个字符在下一个字符的顶部。

8.5 将字幕放置到路径上

Path Text 具有一定的技巧性，它能建立简单或复杂、笔直或弯曲的路径，供字幕跟随。

如果使用过 Adobe Photoshop 或 Adobe Illustrator 中的 Pen 工具，就知道如何使用 Path Type 工具。采用以下操作定义路径：在 Titler 面板上创建一系列的点，然后拖动每个点上的手柄定义曲线。

下面介绍在 Adobe Premiere Pro 内怎样实现它。

1. 请继续处理前一个练习中打开的相同字幕，或者从一个新的字幕开始。选取 Path Type 工具。
2. 在 Titler 面板内的任意位置上单击并拖动出一个水平短路径。该操作创建出带手柄的锚点，我们将用这些手柄定义曲线特性。如果仅仅是单击而没有拖动光标就不会添加手柄。以后想添加手柄需要点技巧。
3. 单击并拖动水平短路径到另外两个地方，创建出 3 个点，它们在曲线中连接到一起。Titler 自动在 3 个锚点之间创建出曲线路径，如图 8–13 所示。

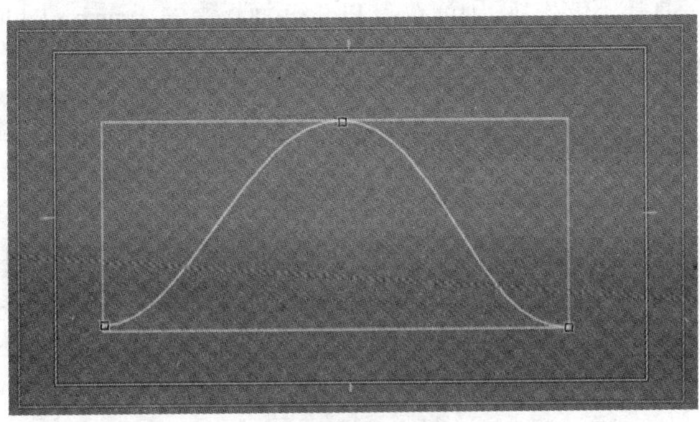

图8–13

4. 单击 Pen 工具，如图 8–14 所示。
5. 将光标悬停在手柄上（光标将变成一个黑色箭头），拖动手柄。

请把手柄变长、变短，或只是到处移动它们，观察它们的变化情况。

6. 拖动锚点，以加长或缩短路径。
7. 在新创建的边界框内的任意位置单击。这将在曲线的起始处放置一个闪烁的文字插入点。
8. 输入一些文字。

Titler 面板如图 8–15 所示。

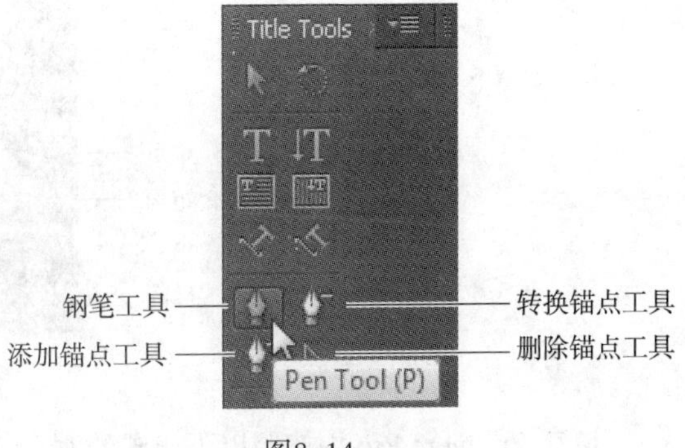

图8–14

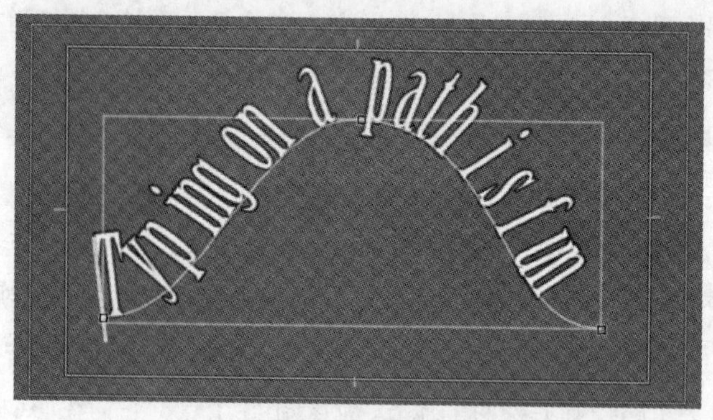

图8-15

如果对使用 Pen 工具还不够熟练，则请双击 Project 面板中的 Type on Path title 上输入进行练习。

如果想要熟练掌握这种技巧，就要多练习，但现在只要基本了解其工作方式就可以了。

8.6 创建形状

如果已经在图形编辑软件（如 Photoshop 或 Illustrator）中创建过形状，就会知道如何在 Adobe Premiere Pro 中创建几何对象。首先从 Title Tools 面板内的各种形状中选取一种，拖动和绘制出轮廓，然后释放鼠标即可，如图 8-16 所示。

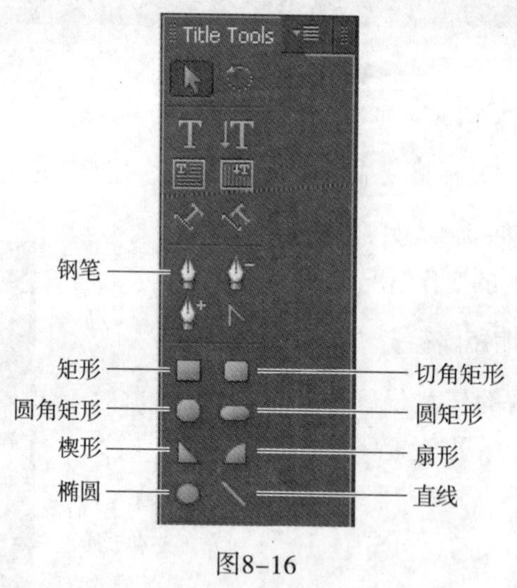

图8-16

请在 Premiere Pro 内按照以下步骤绘制形状。

1. 在 Windows 系统中按 Ctrl+T 键，或者在 Mac 系统中按 Command+T 键，打开 New Title 对话框，在该对话框的 Name 文本框内输入 Shapes，单击 OK 按钮。

2. 选择 Rectangle 工具（R），在 Titler 窗口中拖动光标，创建矩形。

> **Pr** **注意：**并不是所有形状工具都具有快捷键。

3. 在矩形仍处于选中状态时单击不同的字幕样式。注意，字幕样式也影响形状及文字。单击第一个样式（Caslon Pro 68），这是一个简单的样式，没有阴影、轮廓和投影。

4. 在另一个位置按住 Shift 键拖动光标，创建正方形，如图 8–17 所示。

> **Pr** **注意：**按下 Shift 键创建的形状具有对称属性：圆形、正方形、等边三角形。在调整形状大小时要保持已创建形状的长宽比，在调整前要按住 Shift 键。

图8–17

5. 单击 Selection 工具，在 Titler 窗口中拖动光标，框选这两个对象，按 Delete 键删除。

6. 选择 Rounded Corner Rectangle 工具，按住 Alt 键（Windows）或 Option 键（Mac）拖动，从中心绘制出该形状。该形状的中心保持在第一次单击鼠标时的那个位置，拖动光标时，形状和大小会围绕着这点改变。

7. 选取 Cropped Corner Rectangle 工具，按住 Shift+Alt 键（Windows）或 Shift+Option 键（Mac）并拖动，约束长宽比，并从中心开始绘制。

8. 选取 Arc 工具（A），绘制时拖动对角点，形状会沿对角线翻转。

9. 单击 Wedge 工具（W），绘制时沿对角、向上或向下拖动，这样可以使该形状水平或垂直翻转，如图 8–18 所示。

> **Pr** **注意：**如果要在形状绘制后翻转它，请使用 Selection 工具，沿着想要它翻转的方向拖动角点即可。

图8-18

10. 框选这 4 个对象，按 Delete 键删除它们。

11. 选取 Line 工具（L），创建一条直线。

12. 选择 Pen 工具，单击创建锚点（不要拖动创建手柄）。

13. 在 Titler 窗口中，我们想要该段直线结束的位置再次单击（或者 Shift+ 单击将该段的角度限制为 45 度）。这样就创建了另一个锚点。

14. 继续单击 Pen 工具，创建更多的直线线段。添加的最后一个锚点看起来像一个大正方形，这表示它被选中。

15. 用以下方法结束路径的绘制。

- 封闭路径，将 Pen 工具移动到第一个锚点上，当它位于第一个锚点正上方时，在钢笔指示器下方出现一个圆形（如图 8-19 所示）。单击建立连接。
- 如果要保持路径开放的，则请在所有对象外的任意地方按下 Ctrl- 单击（Windows）或者 Command- 单击（Mac），或选择 Tools 面板内的不同工具。

请尝试不同的形状选项。试着把它们交叠在一起或者使用不同的样式，这样有无数种可能的组合。

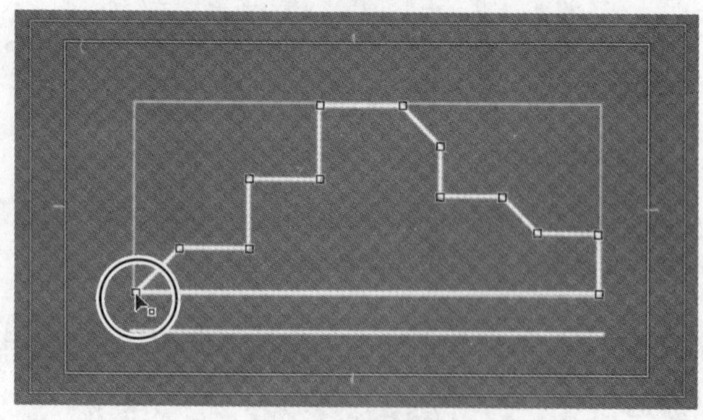

图8-19

对齐形状

有时可能需要创建多个形状或字幕，并在屏幕上对齐它们。Titler 具有如下几个对齐工具，使对齐操作变得很简单。

1. 删除测试形状，创建一个空白 Titler 面板，或者从一个新的字幕开始。

2. 用 Ellipse 工具绘制小圆。拖动形状时按住 Shift 键可以把形状约束为圆。

3. 单击 HoboStd Slant Gold 80，设置圆的样式，如图 8–20 所示。

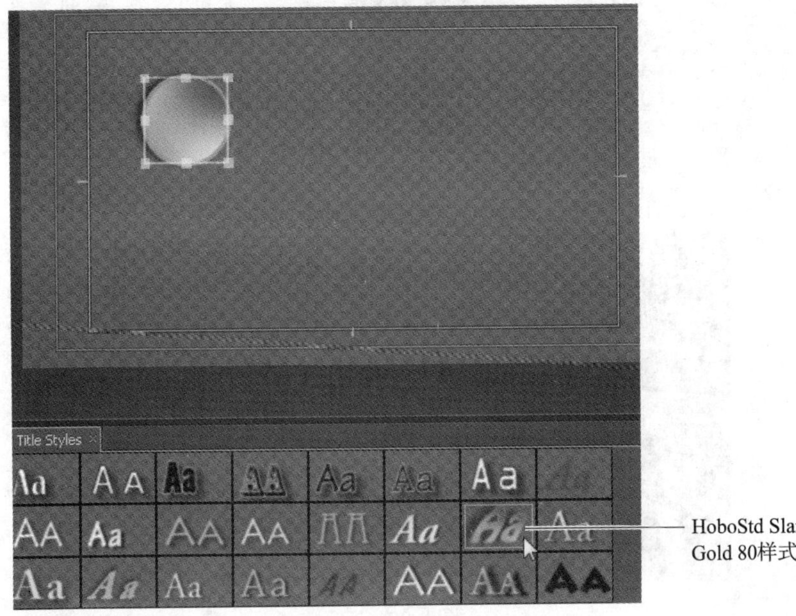

图8–20

4. Alt- 拖动圆到字幕安全区域的 3 个不同位置，创建 3 个完全相同的副本，并使它们大概位于水平线上。

5. Shift- 单击 4 个圆，全部选中它们。当选择多个对象时请注意，Align 工具被激活，如图 8–21 所示。

6. 单击 Vertical Center Align（垂直居中对齐）工具。

7. 单击 Horizontal Center Distribute（水平居中分布）工具。

8. 单击 Horizontal Center（水平居中）和 Vertical Center（垂直居中）工具。

4 个圆应该在字幕区域内居中对齐，如图 8–22 所示。

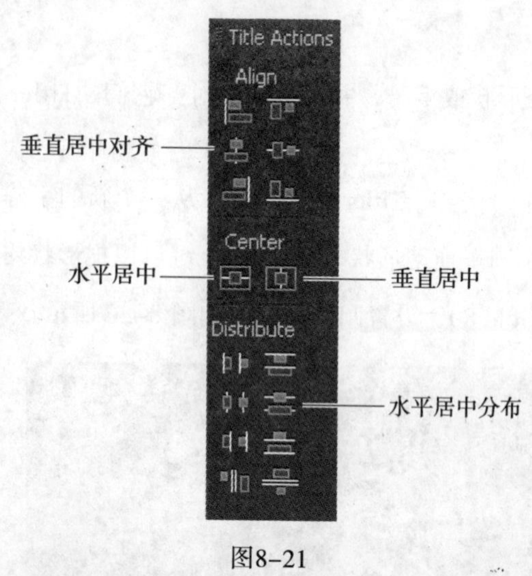

图8-21

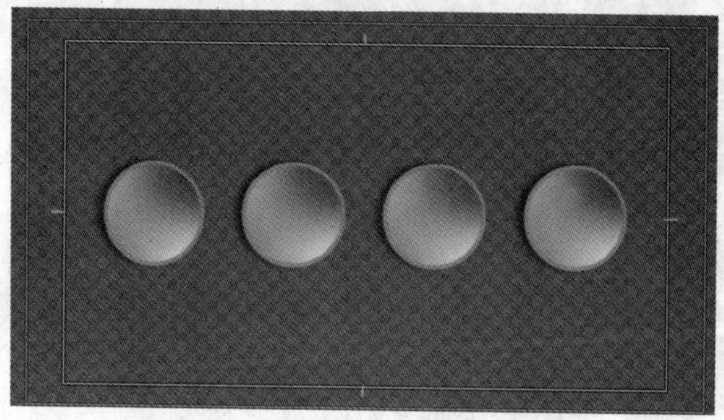

图8-22

8.7 创建滚动字幕和游动字幕

用 Titler 可以在片头和片尾创建演职员滚动字幕，也可以创建像标题新闻这样的游动字幕。

1. 选择 Title>New Title（新建字幕）>Default Roll（默认滚动字幕）命令。

2. 将其命名为 Rolling Credits，单击 OK 按钮。

3. 用 Orca White 80 样式输入一些文字。

请创建图 8-23 所示的占位字幕，在每行后按回车键。输入足够的文本，使其超出屏幕的高度。

> **注意：**选择 Rolling Text 后，Titler 自动沿着右侧添加滚动条，这样就可以看到超出屏幕底部的文本。如果选择 Crawl（游动）选项之一，滚动条则会显示在屏幕底部，这使我们能够看到超出屏幕左右边缘的文本。

Roll/Crawl Options

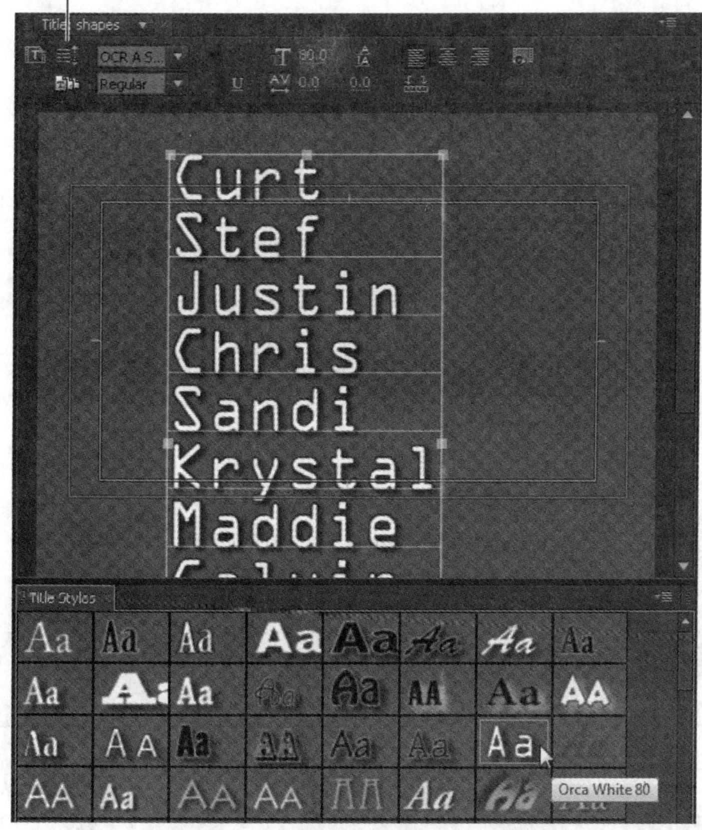

图8-23

4. 单击 Roll /Crawl Options（滚动 / 游动选项）按钮。它有以下几种选项。

- **Still**：把字幕修改为静态字幕。
- **Roll**：（垂直滚动文字）这个选项应该已经被选中，因为这个字幕是用滚动字幕创建的。
- **Crawl Left，Crawl Right**：指出游动的方向（滚动字幕始终向上滚动屏幕）。
- **Strat Off Screen**：控制字幕是完全从屏幕外开始滚入，还是让最上方的文字项从屏幕顶部或屏幕的一侧开始。
- **End Off Screen**：指出字幕是否完全滚动出屏幕。
- **PreRoll**：指出第一个字在屏幕上显示之前的帧数。
- **Ease-In**：指出开始逐渐把滚动或游动的速度从零开始增加到其最大速度的帧数。
- **Ease-Out**：末尾处放慢滚动或游动字幕速度的帧数。
- **Post-Roll**：滚动或游动字幕结束后播放的帧数。

5. 选取 Strat Off Screen 和 End Off Screen 复选框，在 Ease-In 和 Ease-Out 中都输入 5 帧，如图 8–24 所示。

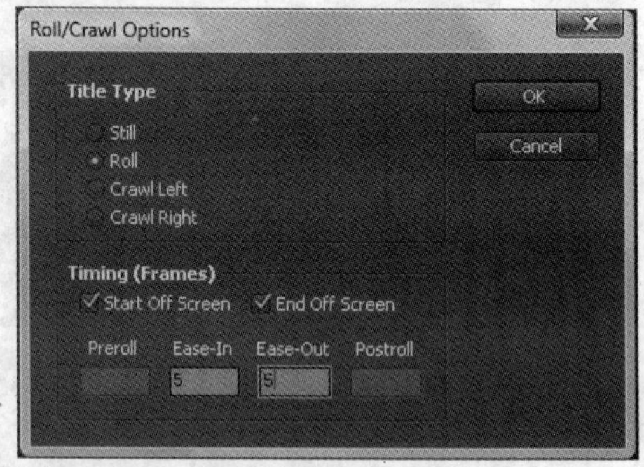

图8–24

6. 关闭 Titler。

7. 将新创建的 Rolling Credits 拖放到 Timeline 上视频剪辑上方的 Video 2 轨上（如果这里已经有字幕，那就把新的字幕直接拖放到原来字幕上方以覆盖它）。

> Pr | **注意：**滚动或游动字幕的默认长度是 5 秒。如果改变该字幕剪辑的长度，这会改变字幕的速度。剪辑长度较长时字幕滚动的速度会降低。

8. 在该序列被选中时按空格键，查看滚动字幕效果。

> Pr | **注意：**如果在创建滚动或游动字幕时遇到问题，请打开 Lesson 08-2.prproj，像这里描述的那样处理字幕。

8.8 添加文字特效：光泽、描边、阴影和填充

反向工程是一种很好的学习工具。在这一节中，我们将对 Adobe Premiere Pro 提供的众多内置模板之一进行解析，学习怎样使用 Titler 的特效。

与样式不同，模板是背景图片、几何形状和占位文字的组合。它们以多种方式组合，几乎适合于任何情况。

模板非常有用，可以使用它很容易地定制适合自己需要的图形主题，或者从零开始创建自己的模板，并保存它们供将来所用。创建步骤如下所示。

1. 请选择 Title>New Title>Based On Template（基于模板）命令。

> Pr | **注意：**也可以打开 Titler，选择 Title>Template 命令，这会打开同样的 Template 窗口。

2. 尽量多打开些模板文件夹，逐一单击各种模板查看效果。

3. 打开 Lower Thirds 文件夹，选取 Lower Third 1024，单击 OK 按钮，如图 8–25 所示。

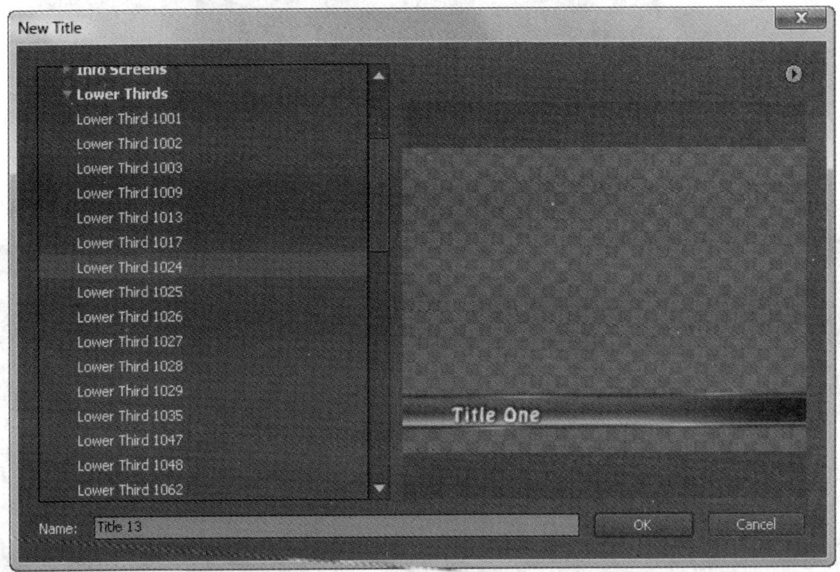

图8–25

> **注意：**这是一个很好的试验模板，因为它有一系列特效，包括 4 色渐变、降低了的不透明度（透明度）、光泽、描边和阴影。

4. 单击 Selection 工具（V），将光标移动到模板上。此时会出现边界框，显示出这个字幕的 3 个组件：Title One 文字、一个褐色和黄色矩形，以及添加在褐色和黄色矩形右侧上方的黑色矩形。

5. 依次将每个边界框向屏幕上方拖动，以便看到该模板的 3 个组件。拖动后的 Titler 如图 8–26 所示。

> **注意：**如果在选择组件时遇到困难，请双击 Project 面板中的 Lesson 7-4 项目，打开该的模板分解版本。

6. 拖动褐色和黄色矩形的顶边，展开它。这样将选中它，在 Titler Properties（字幕属性）面板中显示其属性。

7. 折叠该面板内的 Transform 和 Properties 区域，腾出一些空间。

8. 展开 Fill（填充）、Sheen（光泽、如图 8–27 所示）、Strokes（描边）和 Outer Strokes（外部描边，这个模板中没有使用 Inner Strokes（内部描边））。

图8–26

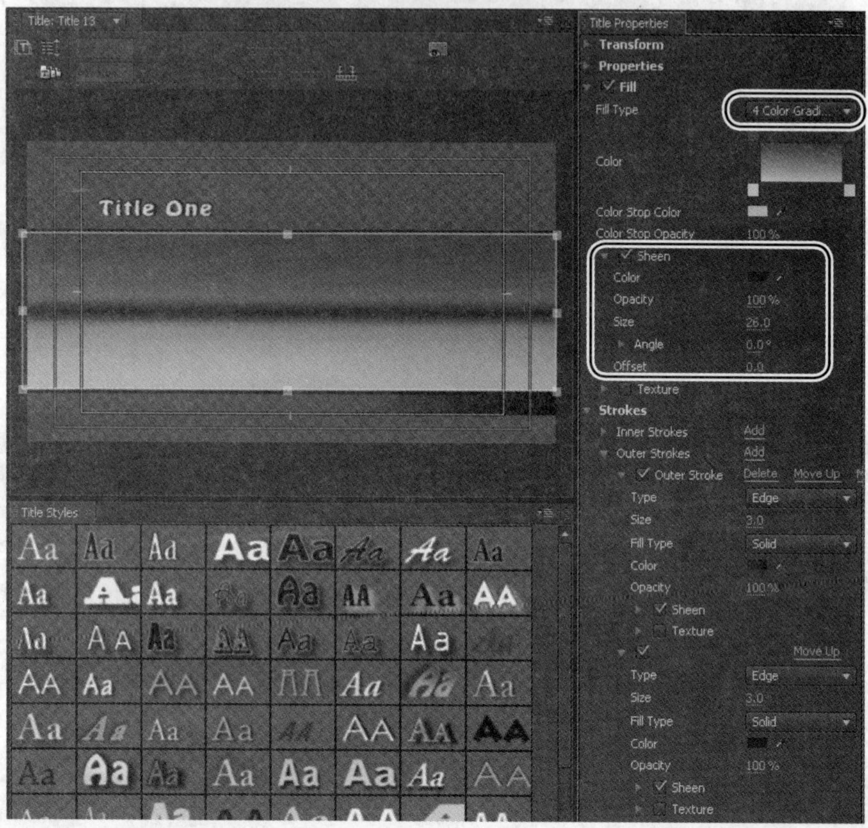

图8–27

9. 打开 Fill 的 Fill Type（填充类型）下拉列表，依次单击每个选项，比较各自的效果。完成后，回到 4 Color Gradient（4 色渐变）。

10. 双击 4 Color Gradient 周围 4 个色标框中的一个或两个，打开 Color Picker（拾色器）。选择新的颜色。

> **注意**：每种颜色都与其他 3 种颜色稍有差别，顶部的颜色比底部的颜色稍深一些。使整个矩形显得特别深。

从视频中提取一种颜色

不要用Color Picker窗口改变色标颜色，请用Eyedropper工具（位于色板内）从视频中选择一种颜色。单击Titler主面板顶部的Show Video（显示视频）按钮，左右拖动时码，移动到想使用的帧上，把Eyedropper工具移动到视频场景中，在符合需要的颜色上单击。

11. 单击每个 Color Stop（色标）框，改变不透明度设置，修改色标的不透明度。

> Pr **注意：**应用到任何对象或文字的所有颜色的不透明度（透明度）均可修改，不管它是填充、光泽还是描边。可以为几何形状或文字提供纯色描边边框，再将其填充色的不透明度转换为 0%，这样只显示出其边缘。

12. 在 Sheen 色框上单击，改变其 Color（颜色）、Opacity（不透明度）、Size（大小）、Angle（角度）和 Offset（偏移）。

> Pr **注意：**Sheen 是一种具有柔和边缘的颜色，一般水平地贯穿形状或字幕。本例中，它是一条贯穿整个矩形的褐色水平线。

13. 向下展开两个 Outer Stroke 三角形，展开其参数。Strokes 是在文字或图形对象上添加的内、外边框，它们具有与文字和其他 Titler 对象相同的可用属性集合。本例中，两种描边的宽度都是 3 点，它们相互紧挨在一起。

14. 将两个 Outer Strokes 的尺寸都修改为 25 点。如图 8-28 所示，这样更清晰地显示出应用到这些边框的光泽效果。

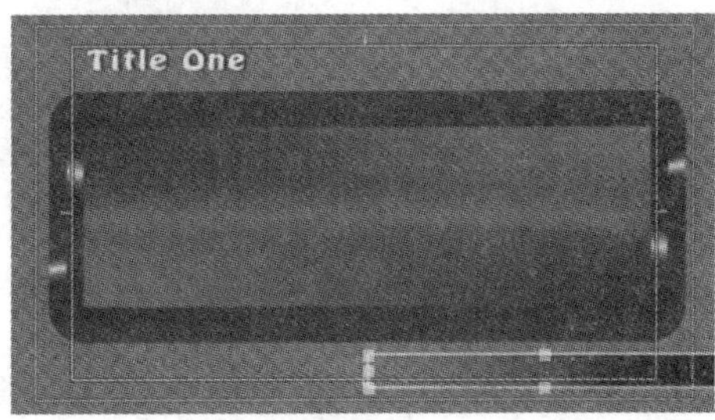

图8-28

Sheen的艺术效果

请观察一下两种Outer Strokes的Sheen属性，注意它们的角度分别是191° 和351°（270° 和90° 是水平的）。也就是说每种光泽效果一侧显示在中间线偏上一点的位置，另一侧显示在中间线偏下一点的位置。如果要将光泽效果应用到整个框，它们将形成一个X形。这样创建出很好的视觉艺术效果。在扩展矩形之前，光泽处于顶边和底边上。在这种较高的模式中，它们沿着侧边。为了清楚地看到它们的工作方式，请上下拖动该矩形边界框的顶边，观察沿着边缘的光泽移动情况。

15. 单击 Inner Strokes（内部描边）旁边的 Add 按钮（添加）。Inner Stroke 属性框将显示出来。

16. 选取 Inner Stroke 复选框，打开其参数，然后改变其 Size（大小）、Fill Type（填充类型）、Color（颜色）和 Opacity（不透明度），试用这种新的描边，如图 8-29 所示。

17. 单击 Title One 文字以选中它，之后打开其 Shadow 属性。Title One 没有明显的阴影，因为其阴影大小只有 2 点，所以它看起来更像 Outer Stroke。

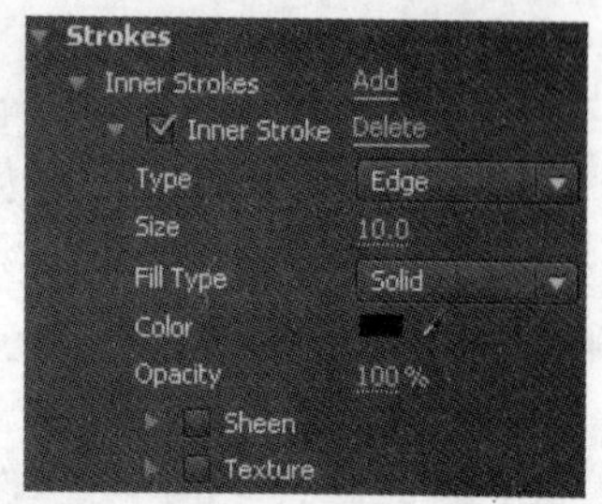

图8-29

> **注意**：向对象添加光泽或阴影都很简单。只要在 Title 窗口中选择对象，选取适当的属性框，调整参数即可。

18. 改变所有参数，以观察 Shadow 效果的变化。

> **注意**：除了 Spread 之外，其他 Shadow 设置不必解释都可以看明白。增大 Spread 值，会使阴影效果显得柔和。

试验各种特效

试验特效可以学到更多内容。请打开新的字幕，选择样式，绘制一个对象。应用几种截然不同的样式。然后打开 Fill、Strokes 和 Shadow 属性，对每个对象做大量修改。

创建新的 Outer Strokes 和 Inner Strokes，加入 Sheens，选取 Texture（纹理）复选框，添加任意图形图像或 Photoshop 文件，增添文字或对象的实际效果。

Titler 用得越多，就越能体会到它的奥妙所在和巨大的创造力。

把字幕复制到其他Adobe应用程序

Premiere Pro CS4允许将Titler复制到其他Adobe应用程序（如Adobe After Effects CS4、Adobe Photoshop CS4、Adobe Encore CS4和Adobe Illustrator CS4）复制和粘贴格式化的文本对象。只需从Titler复制文本对象，并把它粘贴到目标应用程序几科。

复习

复习题

1. Point Text 和 Area（或 Paragraph）Text 的区别是什么？

2. 为什么显示 Title Safe Margin？

3. 使用 Titler 时，Style 和 Template 的区别在哪里？

4. 为什么 Align 工具是灰色的？

5. 怎样使用 Ellipse 工具绘制出完美的圆形？

6. 怎样应用描边和光泽效果？

复习题答案

1. 用 Type 工具创建 Point Text。在输入时，其边界框会相应地扩展。改变该框的形状会相应地改变文字大小和形状。用 Area Text 工具定义边界框时，字符会保持在其范围内。改变框的形状会相应地显示更多或更少的字符。

2. NTSC 电视机会切除电视信号的边缘。切除量随电视机的不同而不同。将字幕保持在 Title Safe Margin 边框内，可以确保观众能够看到所有字幕。

3. Style 可以应用到在 Titler 中创建的字符和对象。Templates 为创建自己的全功能图形或文字背景提供一个起点。

4. 在 Titler 内选择一个以上对象时 Align 工具才激活，Distribute 工具在选择两个以上对象后才激活。

5. 用 Ellipse 工具绘图时按下 Shift 键，可以创建出完美的圆形。

6. 要应用描边或发光，请选择要编辑的字幕或对象，选取 Stroke（Outer 或 Inner）或 Sheen 复选框。然后开始调整参数，它们的效果会立即体现在对象上。

第9课 应用专用编辑工具

本课涉及的主题包括：

- 节省时间的编辑工具；
- 分割和移动剪辑；
- 替换剪辑和素材；
- 使用 Sync Lock 和 Lock Track；
- 创建序列的入点和出点；
- 使用 Source Monitor 或序列内的子剪辑；
- 多摄像机编辑。

学习本课大约需要 60 分钟。

单个主题的讨论暂且介绍到这里，现在该深入研究一些复杂的编辑工具和方法了。本课中将要试验的编辑工具会节省大量的工作时间。

9.1 开始

本课要学习 3 种专用编辑工具：Rolling Edit、Slip 和 Slide；两个 Program Monitor 按钮：Lift 和 Extract。所有这些工具都能简化某些工作。用 Track Select 工具可以很容易地移动整个或部分 Timeline。我们将学习需要使用的图形的切换方法。

我们还将研究在 Timeline 上移动和替换剪辑的其他方法，学习怎样从一个长剪辑创建子剪辑，以便于组织项目。

之后将深入研究多摄像机编辑功能。如果拍摄了多摄像机视频，这种功能会使用户在编辑期间，在两个摄像机角度之间切换时节省大量的时间。

9.2 节省时间的编辑工具

Rolling Edit、Slip 和 Slide 工具适用于多种情况，包括在编辑和裁剪节目时要保持节目总长不变的这种情况。使用这些工具可以很容易地实现精确的时间控制，如编辑一段 30 秒的广告。我们已经用过 Trim Monitor 中的 Rolling Edit 工具。

我们也已经以拖放操作方法使用过其余两种工具：Extra 和 Lift。本节将用 Program Monitor 中的 Extract 和 Lift 按钮移除选定的一组帧，即使它们扩展到一段或多段剪辑上也能删除。

在某些情况下，制作独立的剪辑，而不使用这些特殊的工具可能更容易，但对于所有视频编辑人员来说，熟悉所有这些工具的用法是有好处的。下面简要介绍它们的功能以及相互之间的差别。

- **Ripple 编辑**：波纹编辑裁剪剪辑，并按照裁剪数量移动轨道内的后续剪辑，如图 9-1 所示。

图9-1　Ripple编辑改变项目的总体长度

- **Rolling 编辑**：滚动编辑滚动两段相邻剪辑间的剪切点，缩短一段剪辑，加长另一段剪辑，因此项目的总长度保持不变，如图 9-2 所示。

- **Slide 编辑**：滑动编辑把整段剪辑滑动到两段相邻的剪辑上，缩短和加长这些相邻的剪辑，而不改变所选剪辑的长度或入点和出点，如图 9-3 所示。

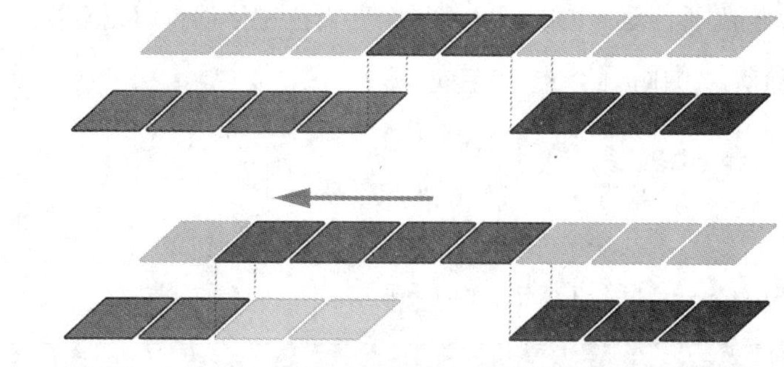

图9-2 Slide编辑保持项目的总体长度不变

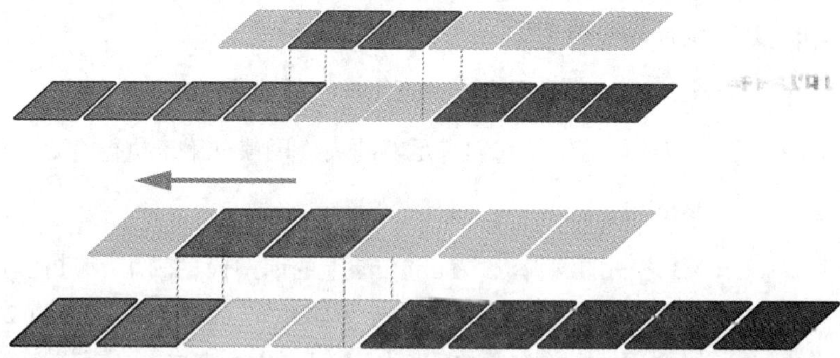

图9-3 Slide编辑改变相邻剪辑的入点和出点，而保持原来剪辑的编辑点

- **Slip 编辑**：滑行编辑在两段相邻的剪辑之下移动剪辑，这会改变剪辑的头帧和尾帧，但不改变其时间长度，也不影响相邻剪辑，如图 9-4 所示。

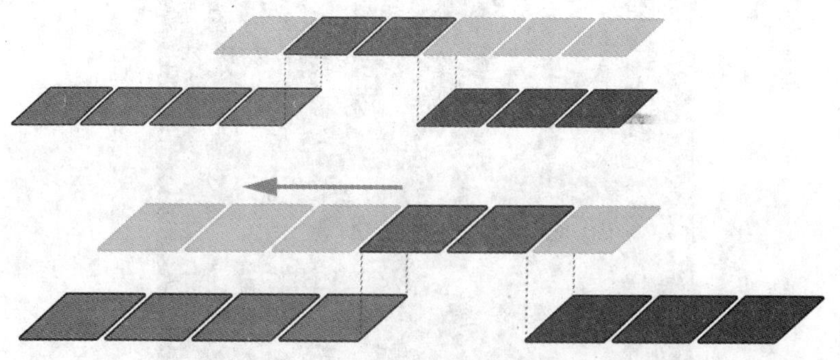

图9-4 Slip编辑改变所选剪辑的入点和出点，而不改变相邻剪辑的编辑点

> Pr **注意**：虽然 Slip 和 Slide 工具通常都用在 3 段相邻剪辑的中间剪辑上，但即使该剪辑与一侧剪辑相邻，而另一侧是空白，这两种工具也能正常发挥作用。对于 Rolling Edit、Slip 和 Slide 工具来说，它们需要有足够的未用头帧或尾帧才能进行编辑。

- **Extract 编辑**：删除所选范围内的帧，将后续剪辑往左移动，填充间隙。
- **Lift 编辑**：删除所选范围内的帧，留下间隙。

9.2.1 Rolling、Slip 和 Slide 编辑

让我们从滚动编辑开始，首先请执行以下操作。

1. 启动 Premiere Pro CS4，打开 Lesson 09-1.prproj。

> **注意**：本课使用 4:3 格式的 NTSC-DV 视频，而不是其他课程中使用的 16:9 格式。

2. 如果 Timeline 上的 Sequence 01 序列还未打开，请打开它。

3. 选择 Window > Workspace > Editing 命令，把工作区设置为 Editing。

Timeline 上已经有 3 段剪辑，它们有足够的头、尾帧可用于执行将要执行的编辑。

4. 选择 Tools 面板内的 Rolling Edit 工具（N）。

5. 拖动 Clip A 和 Clip B 之间的编辑点（Timeline 上的前两段剪辑），用 Program Monitor 的拆分窗口查找更好的匹配的编辑。请尝试把编辑点向右滚动到 00;20（20 帧）。可以用 Program Monitor 时码或 Timeline 内弹出的时码（如图 9–5 所示）来查找这个编辑点。

> **注意**：为了方便精确到帧的编辑，可以按等号键（=）扩展 Timeline 视图。

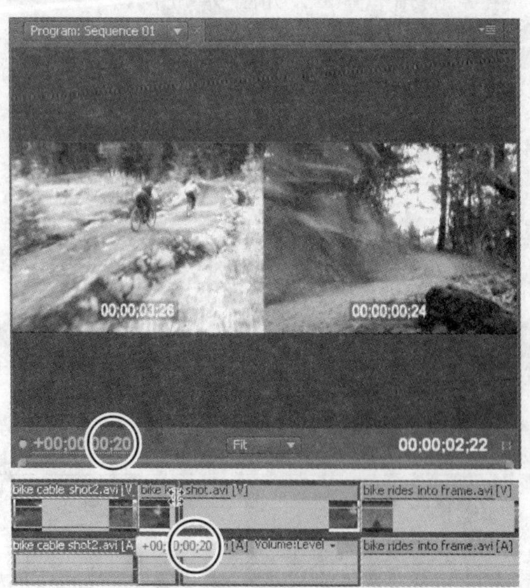

图9–5 Rolling Edit工具改变相邻剪辑的出点和入点

6. 选择 Slide Edit 工具（U），将它定位到中间剪辑上方。

7. 左右拖动第 2 段剪辑。

> Pr **注意**：这只是为了演示这种编辑，所以不需要查找具体的编辑点。

在执行 Slide 编辑时请注意观察 Program Monitor，如图 9-6 所示。顶部的两幅图像是 Clip B 的入点和出点。它们都没有改变。两幅较大的图像分别是相邻剪辑 Clip A 和 Clip C 的出点和入点。这些编辑点会随着在那些相邻剪辑上滑动被选中的剪辑而改变。

> Pr **注意**：在移动该剪辑时，头尾帧最终都会用完，Program Monitor 中的时码会停滞不变。

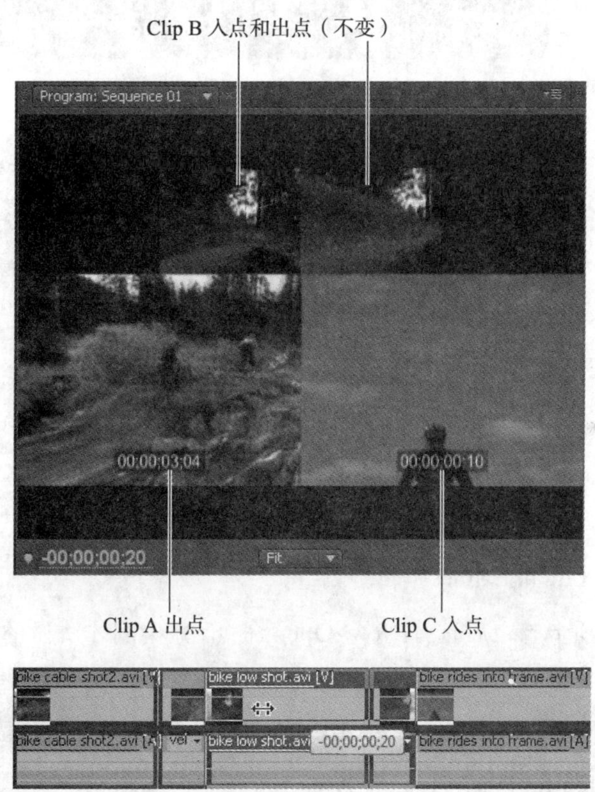

图9-6　Slide工具把剪辑移动到两段相邻剪辑上方

8. 选取 Slip 工具（键盘快捷键 Y），左右拖动 Clip B。

在进行 Slip 编辑时请注意观察 Program Monitor，如图 9-7 所示。顶部的两幅图像分别是 Clip A 和 Clip C 的出点和入点，它们没有改变。两幅较大的图像是 Clip B 的入点和出点。这些编辑点随着在 Clip A 和 Clip C 下方滑动 Clip B 而改变。

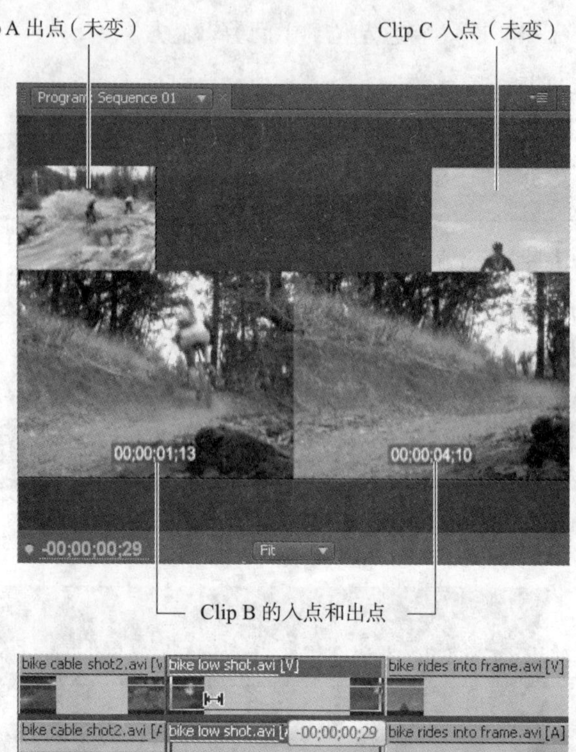

图9-7　Slip工具在两段相邻剪辑之下移动剪辑

> **注意**：请在 Clip A 和 C 上试试 Slide 和 Slip 工具。这两种编辑工具都能在序列中的第一段或最后一段剪辑上使用。

9.2.2 使用 Program Monitor 的 Lift 和 Extract 按钮

接下来我们将执行 Lift 和 Extract 编辑。

1. 单击 History 选项卡，之后选择 New>Open 命令，撤销刚才所做的所有 Rolling、Slide 和 Slip 编辑，如图 9-8 所示。

2. 将 Timeline 当前时间指示器移动到第 1 段剪辑的中间位置。

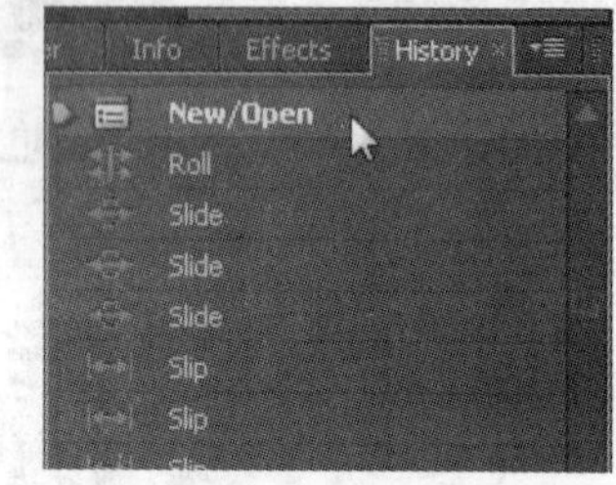

图9-8

3. 拖动 Program Monitor 中的 Viewing Area Bar 手柄（如图 9-9 所示），使当前时间指示器大致居中。这样便于设置入点和出点。

4. 用 Program Monitor 内的 Jog、Step Forward 及 Step Back 控件将当前时间指示器前移到自行车跳跃之后第 2 次着地位置，它应该是 00;00;02;00。

5. 单击 Program Monitor 内的 Set In Point 按钮（I）。

图9–9

6. 拖动第 2 段剪辑内的 Program Monitor 当前时间指示器，查找匹配的编辑点，大约在 00;00;04;25 处。

7. 按下 Set Out Point 按钮（O）。

如图 9–10 所示，Timeline 的入点和出点之间现在有一个浅蓝色的突出显示区域，Time Ruler 内出现一个灰色区域，其每端有入点和出点符号。

> **注意：**Lift 和 Extract 按钮看起来非常相似，只有仔细观察才能区分。如图 9–10 所示，Extract 按钮有一个小三角形，表示相邻剪辑会填补编辑操作留下的间隙。

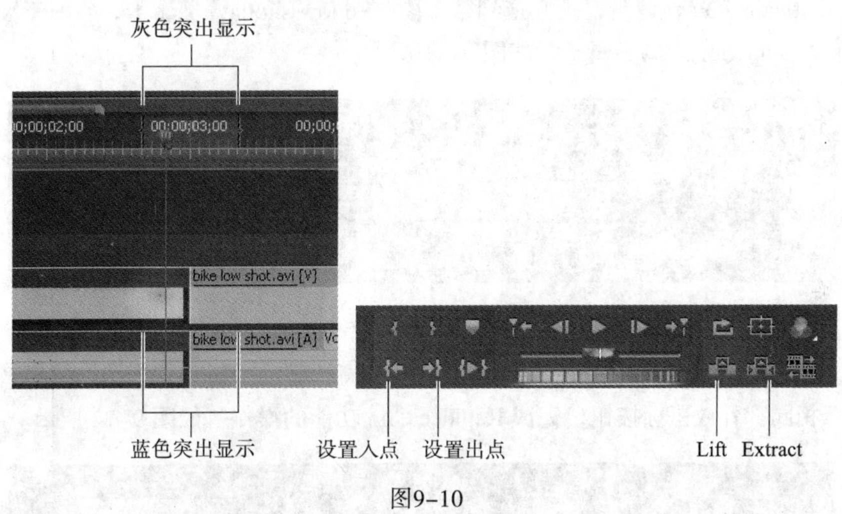

图9–10

8. 单击 Lift 按钮，该操作将删除那些被选择的帧，并留下间隙。

9. 按下 Ctrl+Z 键（Windows）或 Command+Z 键（Mac）撤销该编辑。

10. 单击 Extract 按钮，这相当于执行 Ripple 删除。单击播放按钮，看看只单击一个按钮，就编辑两段剪辑所产生的效果。

9.3 替换剪辑和替换素材

有时可能需要用一段剪辑替换另一段剪辑，让新的剪辑占据同样的位置，继承原来剪辑的所有特效。例如，可能为婚礼视频创建开始序列，供新的项目反复使用。用新的剪辑替换剪辑，不必从零开始重新构建开始序列，这样可以节省大量的时间。

Adobe Premiere Pro 提供两种实现方法：Replace Clip（替换剪辑）和 Replace Footage（替换素材）。

9.3.1 Replace Clip 功能

让我们先了解 Replace Clip 功能。

1. 打开 Lesson 09-2.prproj。
2. 播放 Timeline。注意，同样的剪辑作为画中画（PIP）被播放两次。该剪辑有一些运动特效，使它旋转到屏幕上之后旋转出去。你想用新的剪辑 multicam_03.avi 替换 Video 2 轨道上的第 1 段 PIP 剪辑（bike low shot.avi），但不想重新创建所有效果和时序。这种情况很适合使用 Replace Clip 功能。
3. 找到 multicam_03.avi 剪辑，把它拖到第 1 段 bike low shot.avi 剪辑上，暂时不要放下它。注意，它比 Timeline 上的剪辑长，如图 9-11 所示。

图9-11

4. 按 Alt 键（Windows）或 Option 键（Mac）。注意，替换剪辑现在变为与它要替换的剪辑长度完全相同。释放鼠标按钮，完成 Replace Clip 功能的操作，如图 9-12 所示。

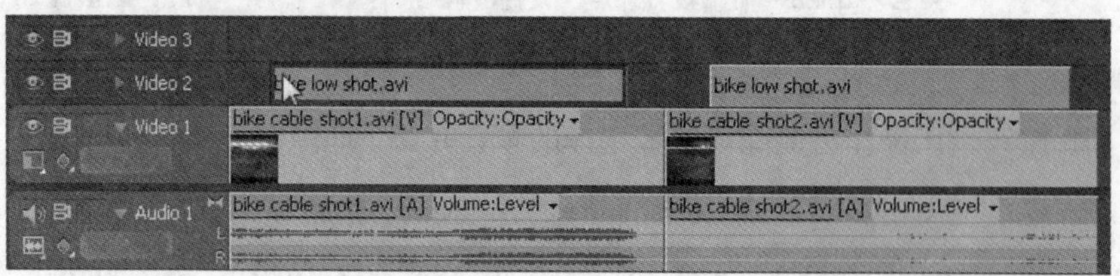

图9-12

5. 播放 Timeline。注意第 1 段 PIP 剪辑具有相同的效果，但是使用的是新的素材。第 2 段 PIP 剪辑保持不变。

9.3.2 Replace Footage 功能

Adobe Premiere Pro 的 Replace Footage 功能替换 Project 面板内的素材。这在需要替换一个或多个序列内多次反复出现的剪辑时非常有用。使用 Replace Footage 时，项目内所有序列中使用的原剪辑都被修改为替换的剪辑实例。

1. 按 Ctrl+Z 键（Windows）或者 Command+Z 键（Mac）撤销刚执行的 Replace Clip 功能。播放 Timeline，查看两个画中画实例中所使用的原来的 bike low shot.avi 剪辑。

2. 选择 Project 面板内的 bike low shot.avi 剪辑。

3. 右击 bike low shot.avi 剪辑，从弹出菜单中选择 Replace Footage，如图 9-13 所示。

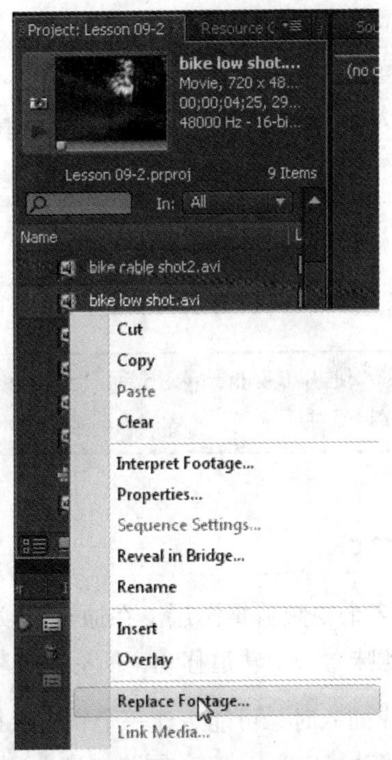

图9-13

4. 导航到 Lesson 09 文件夹，选择 bike rides into frame.avi 文件，单击 Select 按钮，如图 9-14 所示。

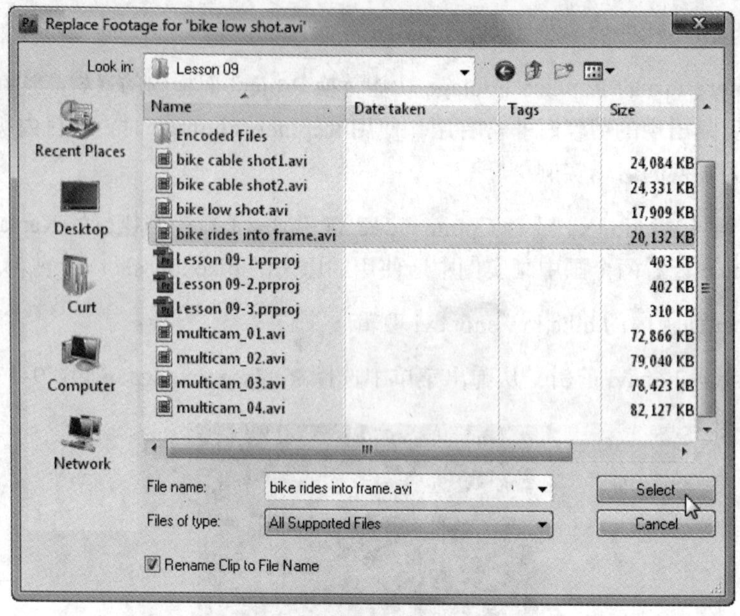

图9-14

5. 播放 Timeline，注意两个 PIP 剪辑被新的素材所替换，而它们仍保持它们的时序和效果。

注意：可以对不同的媒体使用 Replace Clip 和 Replace Footage 功能。例如，可以用静态图像替换视频剪辑。

9.4 Sync Lock 和 Lock Track

在典型的编辑项目内，会有多个视频剪辑图层。在通过波纹编辑或插入执行编辑时，用户会想让所有视频轨道保持同步。这意味着一个轨道移动，所有其他轨道都移动相同的量。

然而，有时在执行波纹编辑或插入时，可能想让一个轨道保持不动。Adobe Premiere Pro 提供两种方法，避免一个或多个轨道移动：Sync Lock（同步锁定）和 Lock Track（锁定轨道）。

9.4.1 Sync Lock

让我们先试试 Sync Lock 功能。

1. 打开 Lesson 09-3.prproj。注意这个序列有 4 个视频轨道，并且剪辑之间有间隙。

2. 右击 Video 1 轨道上剪辑之间的间隙，选择 Ripple Delete。右边的剪辑将向左移动，合拢间隙。

3. 按 Ctrl+Z 键（Windows）或者 Command+Z 键（Mac）撤销波纹删除的操作。

4. 关闭 Video 4 轨道上的 Sync Lock（▤）图标。注意，所有轨道都默认启用 Sync Lock，如图 9–15 所示。

图9–15

5. 右击 Vidco 1 轨道上剪辑之间的间隙，选择 Ripple Delete 选项。除 Video 4 轨道外，所有轨道保持同步。这是因为关闭了该轨道上的 Sync Lock。

6. 按 Ctrl+Z (Windows) 或者 Command+Z (Mac) 撤销波纹删除。

7. 选择 Ripple Edit 工具，抓住 Video 1 轨道上第 1 段剪辑的右边缘，向左拖动 1 英寸左右。除 Video 4 轨道外，所有轨道都产生波纹变化。

8. 抓住 Video 4 轨道上第 1 段剪辑的右边缘，向左拖动。注意，该轨道上的剪辑仍然是可编辑的。关闭的 Sync Lock 不妨碍该轨道上剪辑的编辑或删除。

9.4.2 Lock Track

现在让我们试试 Lock Track 功能。

1. 按 Ctrl+Z 键（Windows）或者 Command+Z 键（Mac）撤销之前的操作，直到该项目回到开始时的状态为止。

2. 确保所有轨道的 Sync Lock 都是打开的。

3. 单击 Video 4 轨道内的 Lock Track（▣）图标。轨道标题部分会显示出斜纹线，如图 9–16 所示。

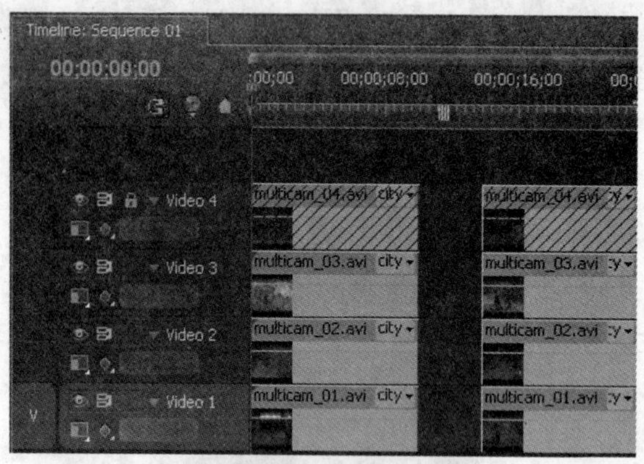

图9–16

4. 像前面一样试试波纹删除，注意锁定的轨道不受影响。

5. 请尝试编辑或移动 Video 4 轨道内的剪辑。注意，不能对 Video 4 轨道内的剪辑做任何编辑。

> **注意**：锁定的轨道不同于 Sync Lock 关闭的轨道，锁定的轨道不能修改。

9.5 编辑剪辑周围的入点和出点

在第 6 课中，我们在序列上设置入点和出点，执行 Lift 和 Extract 编辑。可以使用序列中同样的入点和出点标识插入源剪辑（也已经标识有入点和出点）的位置，这被称作四点编辑。

Adobe Premiere Pro 有叫做 In and Out Around Clip（剪辑周围的入点和出点）和 In and Out Around Selection（选区周围的入点和出点）的两种功能。在这个练习中，我们将使用 In and Out Around Clip 执行四点编辑。这可能是复杂的编辑，但是，一旦熟练掌握它，在某些情况下它能为用户节省大量的时间。当开始和结束帧点都很重要，而需要替换它们之间的帧时，这种方法特别有用，操作步骤如下所示。

1. 打开 Lesson 09-4.prproj。

2. 播放 Timeline，之后单击第 2 段剪辑，选择它。

将用不同角度摄像机拍摄的剪辑替换 Timeline 上的第 2 段剪辑。要删除第 2 段剪辑，用指定的新剪辑中入点和出点部分替换它。

3. 将当前时间指示器移动到第 2 段剪辑上，右击 Timeline 区域。

4. 选择 Set Sequence Marker（设置序列标记）> In and Out Around Clip 命令。第 2 段剪辑上方的 Timeline 现在变为阴影，如图 9–17 所示。

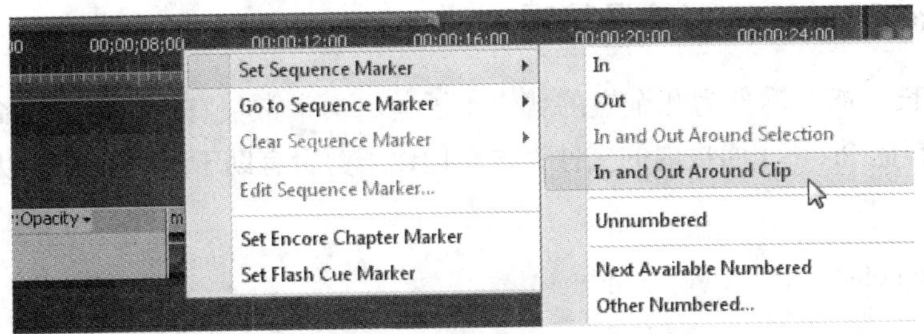

图9–17

5. 双击 Project 面板内的 multicam_02.avi 剪辑，在 Source Monitor 内打开它。

6. 把 Source Monitor 内的当前时间指示器拖动到 00;00;14;20，单击 Set In Point 括号 ({)，设置入点。

7. 把 Source Monitor 内的当前时间指示器拖动到 00;00;16;20，单击 Set Out Point 括号 (}) 设置出点，如图 9–18 所示。

图9–18

8. 单击 Source Monitor 内的 Overlay 图标（如图 9–18 所示），以覆盖在 Timeline 上剪辑上标记的源剪辑。弹出的对话框会警告标记的源剪辑比目标剪辑短。接受默认设置，让 Adobe Premiere Pro 调整源剪辑的速度，使其与目标剪辑的长度相匹配。

9. 播放 Timeline。

9.6 从 Source Monitor 创建子剪辑

如果剪辑很长，把它拆分为几个短的剪辑（子剪辑）常常很有用。可以重命名这些子剪辑，把它们存储在选择的 Project 面板内的文件夹内。创建子剪辑有助于组织项目，以便更容易查找所需的剪辑。

1. 打开 Lesson 09-5.prproj。

2. 双击 multicam_01.avi，在 Source Monitor 内打开它。

3. 在该剪辑的开始设置入点，在 08;00 附近设置出点。这标识该剪辑的比赛部分。

4. 按住 Ctrl 键（Windows）或者 Command 键（Mac），把标记的剪辑从 Source Monitor 拖回到 Project 面板。

5. 把该剪辑拖入 Project 面板后，会提示为它命名。请把该子剪辑命名为 Race。注意子剪辑具有与主剪辑不同的图标，如图 9–19 所示。现在将从 Timeline 创建子剪辑，而不是从 Source Monitor 创建。

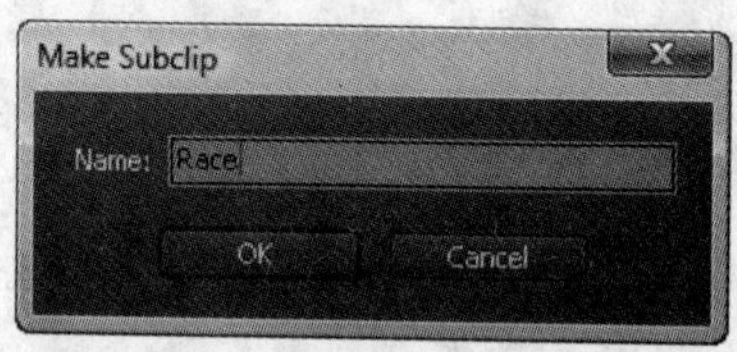

图9–19

6. 把主剪辑 multicam_01.avi 拖到 Video 1 轨道内的 Timeline。

7. 把 multicam_01.avi 剪辑的右边缘拖出到其完整的长度。

8. 使用 Selection 工具向右拖动该剪辑的左边缘，直到在 Program Monitor 内看到骑车人相互击掌祝贺为止。这就是该剪辑的 Hug 部分。

9. 按住 Ctrl (Windows) 或者 Command (Mac)，把缩短的剪辑从 Timeline 拖动到 Project 面板。

10. 把该剪辑放置到 Project 内时，会提示为它命名。请该子剪辑命名为 Hug。

9.7 多摄像机编辑

在编辑拍摄到的素材或者是用多台摄像机拍摄的活动时，Adobe Premiere Pro 多摄像机编辑功能可以节省大量的时间。下面介绍其实现方法。

9.7.1 创建最初的多摄像机序列

第一步是从拍摄到的素材创建多摄像机序列。

1. 打开 Lesson 09-6.prproj.。

2. 双击 multicam_01.mov，在 Source Monitor 内打开它。

3. 将 Source Monitor 当前时间指示器移动到比赛后车手击掌位置，也就是 00;0016;16。

   我们将把这用于拍板，在所有 4 段剪辑中设置同步点。

4. 在 Source Monitor 的时间标尺上右击（Windows）或 Control- 单击（Mac），选取 Set Clip Marker（设置剪辑标记）>Next Available Numbered（下一个可用编号）命令，如图 9–20 所示。

图9–20

上述操作将在 Source Monitor 当前时间指示器之后添加一个小的三角形标记（需要将当前时间指示器拖到旁边才能看到该标记）。

注意：可以在剪辑或序列上放置标记。标记可以在很多场合中使用，最常见是在序列中标记 DVD 的章节点。本例将让 Adobe Premiere Pro 移动 4 段剪辑，因此在它们的同步点上放置的标记会垂直对齐。

5. 确认 Video 1 轨标题被设置为目标轨道（突出显示）。如果不是，请根据需要设置目标轨道，将当前时间指示器移动到该序列的起始处。

使用目标轨道设置

Adobe添加了源轨道指示器，以增强Adobe Premiere Pro内的目标轨道设置功能。在把剪辑从Source Monitor拖放到Timeline时，把剪辑放置到它上面，就把轨道设置为目标轨道。如果使用Source Monitor的Insert或Overlay按钮向Timeline添加剪辑，则必须把所选择的轨道设置为目标轨道，或者告诉Adobe Premiere Pro要把剪辑放置到哪个或哪些轨道。

要把轨道设置为目标轨道，必须执行两项操作。突出显示（通过选择）要成为目标的轨道，之后把源轨道指示器拖放到想要的轨道，把该轨道设置为目标轨道。把单个视频或者音频轨道设置为目标轨道听起来好像是很复杂的操作，但工具的合理组合可以使用户轻松完成，如在剪辑具有多个相关的音频轨道时。

6. 单击 Source Monitor 中的 Overlay 按钮（这个例子中单击 Insert 也可以），将 multicam_01.mov 放置到该序列的 Video 1 上。

注意：所有4段多摄像机剪辑都是同时记录的，因此使用靠近该剪辑尾部的击掌的画面作为同步点是同步它们的好方法。因为它们位于4个不同角度，所以可能需要仔细观察一些剪辑，才能准确看到他们手掌接触的那一帧。

7. 重复同步点位置处理，包括为 multicam_02 添加剪辑标记。例子中选择 00;00;16;29 作为同步点，像在第1段剪辑上那样向该剪辑添加标记。

8. 单击 Video 2 标题，把该轨道作为目标轨道，把当前时间指示器移动到该序列的起始处，单击 Source Monitor 中的 Overlay 按钮。完成后序列如图 9–21 所示。请注意剪辑内的标记图标。下面几步要对齐这些标记。

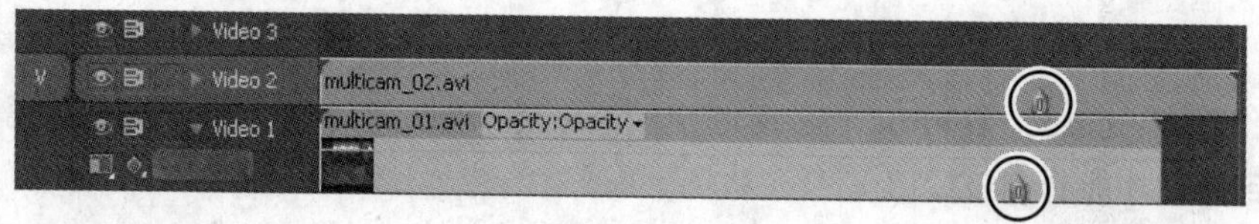

图9–21

9. 对 multicam_03.mov 重复以上操作，在 00;00;15;27 处进行标记，将 Video 3 设置为目标轨道，在单击 Overlay 按钮之前，请将 Timeline 当前时间指示器移动到起始处。

10. 对 multicam_04.mov 重复标记设置和 Overlay 处理，但 Timeline 上没有 Video 4 轨道，因此不能设置目标轨道把它覆盖到上面。不要用 Overlay 按钮移动该剪辑，我们可以把它拖动到 Timeline 上。请在 Source Monitor 内某个地方单击，拖动 Video 3 轨道上方的灰色空白空间，并放下它。Adobe Premiere Pro 会创建 Video 4 轨道。

序列现在看起来如图 9-22 所示。注意，标记没有对齐，我们接下来将处理它。如果在标记剪辑时遇到问题，这时请打开 Lesson 09-7.prproj。

图9–22

11. 框选 4 段剪辑。

12. 检查 Video 1 轨是否被设置为目标轨道（突出显示）。如果不是，请单击其标题，把它设置为目标轨道（在本例中，不需要把音频轨指定为目标轨道）。

13. 选择 Clip>Synchronize 命令，然后选择 Numbered Clip Marker（仅有 Marker 0 一种选择）命令，之后单击 OK 按钮，如图 9–23 所示。剪辑会与 Video 1 轨剪辑上的标记对齐。

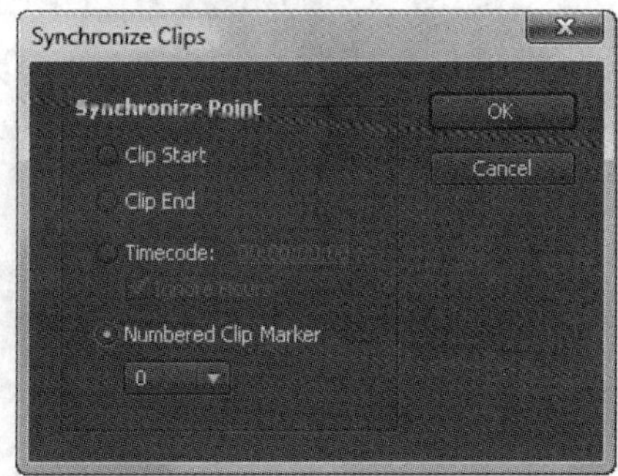

图9–23

所有标记都垂直对齐，如图 9–24 所示。Video 1 轨上方剪辑的起始处被剪切，因为它们在同步点前的视频比 Video 1 轨上的剪辑多。

图9–24

9.7.2 多摄像机切换

现在要将这个已经同步和剪切过的序列嵌套到另一个序列中，请打开 Multi-Camera 功能，编辑这 4 台摄像机拍摄的作品。

1. 选取 File>New>Sequence 命令，将其命名为 Multi-cam。选择与下面这个源媒体相匹配的预设 DV – NTSC Standard 48kHz。

2. 将 Sequence 01 从 Project 面板拖放到 Multi-cam 序列上的 Video 1 轨的开始处。这被称作在序列中嵌入序列。

3. 单击 Video 1 轨标题，将它设置为目标轨道，选中被嵌套的序列视频剪辑，之后选择 Clip>Multi-Camera>Enable 命令，如图 9–25 所示。

图9–25

Pr | **注意**：Multi-Camera>Enable 命令只有在选择了视频轨之后才可以使用。

4. 选择 Windows> Multi-Camera Monitor 命令。这将打开有 5 个窗格的 Multi-Camera Monitor，如图 9–26 所示。

图9–26

5. 单击 Play 按钮，观看这段视频的编辑效果。

> Pr **注意**：编辑之后，可以回到 Multi-Camera Monitor 或 Timeline 中修改它们。

6. 将当前时间指示器移回到 Timeline 的起始处，单击 Play 按钮，单击左侧 4 个窗格中的任意一个，在这些摄像机间进行切换。每次编辑时，都会在选定的摄像机周围显示一个红色框。

> Pr **注意**：也可以按数字键 1~4，在 4 台摄像机间切换。

7. 用重放控件回看编辑好的序列。注意在每一个编辑点处都有一个黄色框显示在摄像机素材上。

8. 关闭 Multi-Camera Monitor。随时都可以从 Program Monitor 面板菜单选择 Multi-Camera Monitor。

9. 现在请观察 Timeline 上的序列。

像图 9–27 所示的那样，该序列有多个硬切编辑。每段剪辑的标签以【MC#】开始。数字代表编辑所使用的视频轨道。

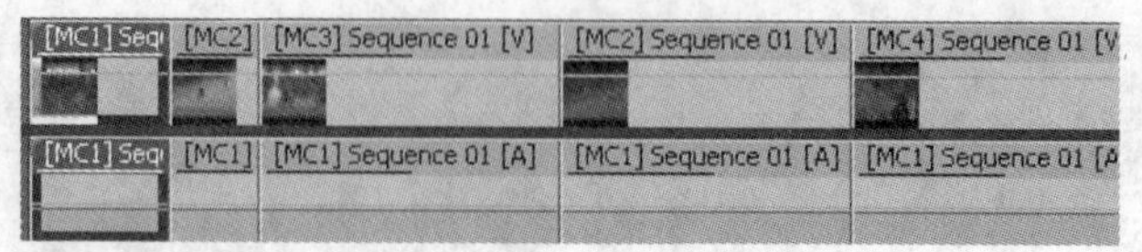

图9–27

9.7.3 完成多摄像机编辑

要在 Multi-Camera Monitor 中修改一个编辑，请执行以下操作。

1. 选择 Windows>Multi-Camera Monitor 命令，打开 Multi-Camera Monitor。

2. 单击 Go to Previous（或者 Next）Edit Point（转到前（后）一编辑点）按钮，或者使用 Page Up 或 Page Down 键移动到编辑点。

3. 单击不同的摄像机，修改剪辑。

9.7.4 在 Timeline 上修改剪辑

要在 Timeline 上修改多摄像机编辑，请执行以下操作。

1. 在想要修改的剪辑上右击 (Windows) 或 Control- 单击（Mac）。

2. 从弹出菜单中选择 Multi-Camera，之后单击该摄像机号。

> Pr | **注意**：如果想看到我们编辑的多摄像机序列效果，请打开 Lesson 09-8.prproj，播放 Timeline。

9.7.5 多摄像机提示

下面是几点在 Adobe Premiere Pro 内执行多摄像机编辑的有益提示。

- 可以使用任意一个 Timeline 编辑工具改变多摄像机序列的编辑点。
- 可以用 Multi-Camera Monitor 从任意一点回放多摄像机序列，以再次编辑项目。
- 可以切换回原来剪辑所在序列并应用特效或颜色校正，特效会波及嵌入的多摄像机序列。
- 如果视频没有好的视觉线索来同步多段剪辑，则请在音频轨道内查找掌声或大的杂音。在音频波形内查找创建的尖峰常常更容易同步视频。

> Pr | **注意**：这个多摄像机素材例子不包含任何音频。

复习

复习题

1. Slide 编辑和 Slip 编辑的基本区别在哪里？

2. 使用 Rolling Edit、Slip 或 Slide 工具时，如果剪辑中的帧在 Program Monitor 中停止移动，我们不能再移动编辑点时会发生什么？

3. Replace Clip 功能和 Replace Footage 功能有什么差别？

4. 如果从硬盘中删除主剪辑媒体，子剪辑会怎么样？

5. 请描述 4 种为多摄像机剪辑设置同步点的方法。

复习题答案

1. 将一段剪辑滑动（Slide）到相邻剪辑上，保持所选剪辑原来的入点和出点不变。而 Slip 方法则是把剪辑滑到相邻剪辑下方，改变所选剪辑的入点和出点。

2. 此时已经到达线的末端，即原来剪辑的起点或结尾处，没有其他头帧或尾帧可以用于进一步移动编辑。

3. Replace Clip 用 Project 面板内的新剪辑替换 Timeline 上的单个目标剪辑。Replace Footage 用新的源剪辑替换 Project 面板内的剪辑。Project 中所有序列内该剪辑的任何实例都被替换。在这两种情况下，被替换剪辑的效果都被保持。

4. 子剪辑将脱机。子剪辑不复制主剪辑的物理媒体，它们只是参照它。

5. 4 种方法分别是：剪辑开始、剪辑尾部、时间码和标记。

第10课 添加视频特效

本课涉及的主题包括：

- 举例说明一些基本的视频特效；
- 向多段剪辑应用特效；
- 使用关键帧特效；
- 增加关键帧插值和速度；
- 应用灯光效果；
- 创建自定预设。

学习本课大约需要 90 分钟。

Premiere Pro CS4 提供了 140 多种视频特效。大多数效果都带有一组参数，这些参数都可用精确的关键帧控制进行动画处理，使它们随时间而变化。

10.1 开始

视频特效可以在源素材中添加视觉效果或者纠正技术问题；视频特效可以改变视频素材的曝光度和颜色、扭曲图像或者添加艺术效果；也可以来对剪辑进行旋转和动画处理，或在帧内调整尺寸和位置。

添加视频特效很简单。将它拖放到剪辑上，或者选择一段剪辑，并将特效拖放到 Effect Controls 面板中。可以在一段剪辑中组合多种特效，这能创建出令人惊叹的效果；也可以使用嵌套序列来为一组剪辑添加相同的效果。

事实上，所有的视频特效参数都可以在 Effect Controls 面板中调整，从而可以方便地设置特效的属性和强度。可以单独地将关键帧应用到 Effect Controls 面板中列出的每一项属性，使这些属性随时间而改变；也可以使用 Bezier 曲线调整这些变化的速率和加速度。

要全面解释 Premiere Pro CS4 提供的 140 多种视频特效是不现实的。所以，我会举一些具有代表性的例子，来解释如何使用可能遇到的各种参数。要想全面了解这些特效，必须亲自动手实践。

10.2 一些基本的视频特效例子

本课将用到几种特效，每种特效在有关参数或设置方面都提供了新的内容。让我们先为最常使用的特效创建自定文件夹。

1. 启动 Adobe Premiere Pro，打开 Lesson 10-1.prproj，并选择 Window> Workspace>Effects 命令，切换到 Effects 工作区。

2. 如果需要，请单击 Project 面板旁边的 Effects 选项卡，使它显示出来。

3. 打开 Video Effects 文件夹，如图 10-1 所示。

> Pr | **注意**：Video Effects（视频特效）分为很多类，一些特效很难界定准确的分类，它们同时在多个类别中或自成一类。但这样的分类有助于使用它们。

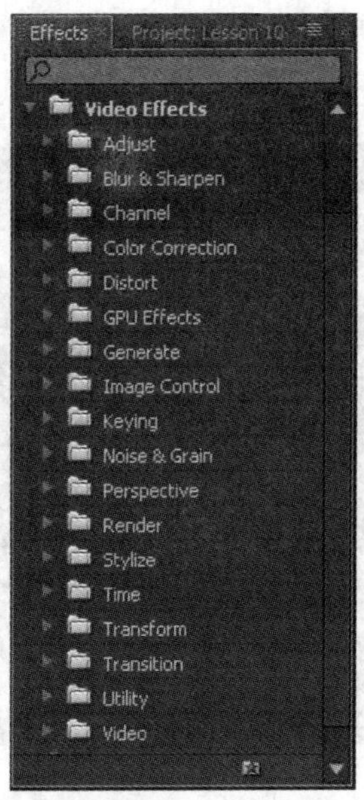

图10-1

4. 单击 Effects 面板菜单，选择 New Custom Bin（新建自定文件夹）。该文件夹显示在 Effects 面板中 Video Transitions 的下方。

5. 突出显示该文件夹，将其名字修改为 My Favorite Effects 之类，如图 10-2 所示。

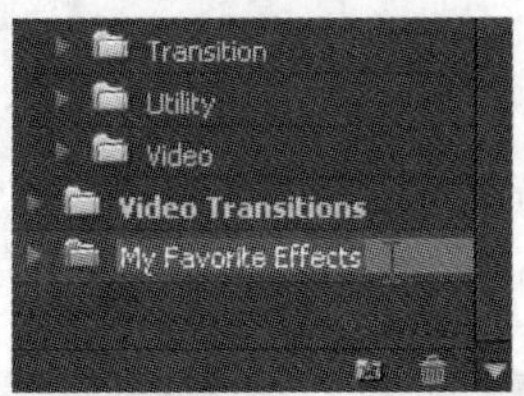

图10-2

6. 打开任意一个 Video Effects 文件夹，将几个特效拖放到自定文件夹中。

> Pr | **注意：**被拖动的特效仍然保留在它们原来的文件夹中，同时也出现在用户的文件夹内。可以用自定文件夹构建适合自己工作风格的特效目录。

7. 选择 Video Effects > Image Control > Black & White 命令，将 Black & White 视频特效拖放到 Timeline 中的 writers 1.avi 剪辑上，如图 10–3 所示。

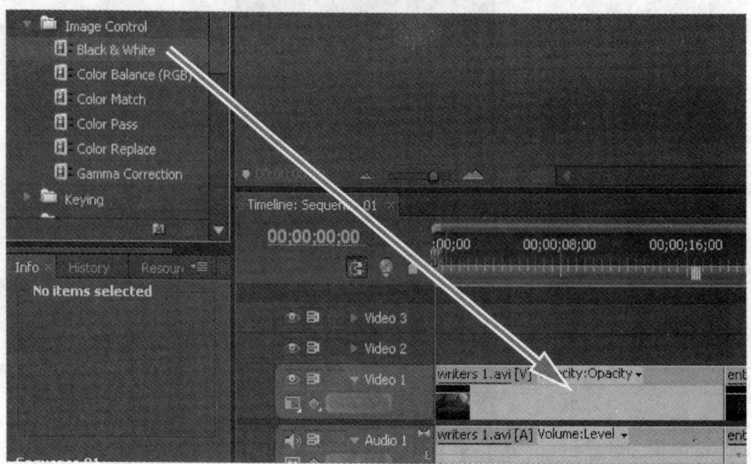

图10–3

这立即将原来的彩色视频素材转换为黑白视频，更准确地说，是转换为灰度。它同时把这种特效放在 Effect Controls 面板中。

> **注意：**Effect Controls 面板内还有其他 3 种特效：Motion、Opacity 和 Time Remapping（时间重映射）。它们属于固定特效，Adobe Premiere Pro 自动使它们可用于所有视频剪辑。如果剪辑带有音频，还会看到 Volume（音量）固定特效。

8. 如果需要，请单击 Effect Controls 选项卡打开它。使用 Effect Controls 面板中的按钮）切换 Black & White 的开关状态，如图 10–4 所示。

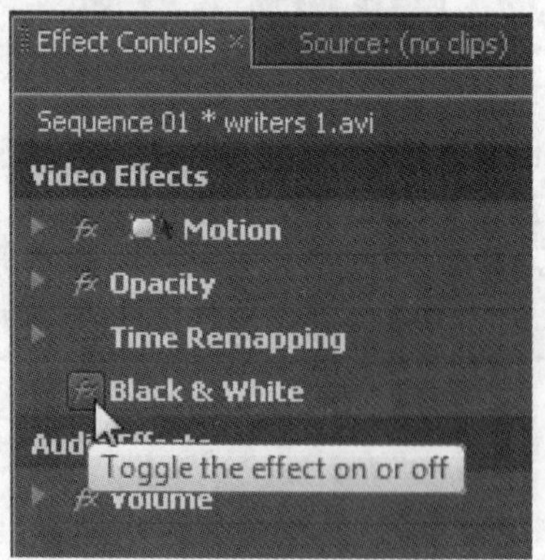

图10–4

切换视频特效的开关是观察不同特效共同作用效果的一种好方法。这个 Toggle（切换）开关是 Black & White 视频特效惟一可用的参数。它只有开、关两种状态。

使转换到灰度过程变得自然

如果彩色和黑白剪辑间转换的效果很不自然，可以用这样的方法解决：在剪辑间或灰度剪辑内使用Cross Dissolve特效。在本节中，为了将一个Cross Dissolve应用到剪辑中，先选择Razor Edit工具（C），在两个位置剪切该剪辑，再将Cross Dissolve切换特效拖动到这些编辑点，依次选择第1段和第3段剪辑片段，关闭这两段剪辑上的Black & White特效。现在序列逐渐从彩色转换到黑白，然后又从黑白转换为彩色。单击History选项卡，再单击Apply Filter，撤销这些编辑。

9. 确保该剪辑已被选中，使其参数显示在 Effect Controls 面板内，之后单击选择 Black & White，按 Delete 键删除。

10. 选择 Video Effects > Blur & Sharpen>Directional Blur 命令，把 Directional Blur（方向模糊）拖放到 Effect Controls 面板。

这是应用视频特效的另一种方法：在 Timeline 中选择剪辑，使其显示在 Effect Controls 面板中，再将视频特效拖放到 Effect Controls 面板。

查找特效

面对这么多视频特效文件夹，找到其中的一种特效需要一点技巧。如果已经知道特效的部分或全部名称，则可以先在Effects面板顶部的Contains文本框中输入它，Adobe Premiere Pro会立即显示出所有包含该字母的视频特效和切换的名称，这样可以缩小查找范围。

11. 在 Effect Controls 面板内，展开 Directional Blur 滤镜，注意，它有一些 Black & White 特效所没有的选项：Direction、Blur Length，每个选项旁边还有一个关键帧记录器图标（后者用于设置关键帧。

12. 把 Direction 设置为 90°，Blur Length 设置为 3，模拟用低快门速度所拍摄的场景效果。

Pr **注意**：每种特效可用的具体选项各不相同，然而，它们的操作方式基本类似。

13. 展开 blur Length 选项，移动 Effect Controls 面板中的滑块，如图 10-5 所示。

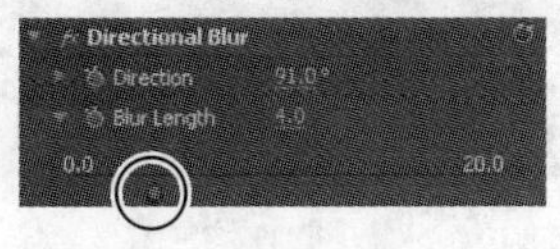

图10-5

改变该设置时，Program Monitor 实时显示其变化。

14. 打开 Effects 面板菜单，选取 Remove Effects（删除特效），在弹出的询问删除哪个特效对话框内单击 OK 按钮，这样可以全部删除它们。这是一种重新开始的简单方法。

15. 选择 Video Effects > Distort 命令，选择 Spherize（球面化）特效，把它拖到 Effect Controls 面板，向下展开其旁边的小三角形，显示出其参数。与 Effect Controls 面板里其上方的 Motion 固定特效类似，Spherize 也有一个 Transform 按钮，这个按钮可以直接控制它在 Program Monitor 中的位置。

16. 将 Radius（半径）滑块移动到 170 左右，以便可以在 Program Monitor 中看到该特效。

17. 单击位于 Effect Controls 面板内的文字 Spherize（该特效的名称），在 Program Monitor（如图 10-6 所示）中打开 Transform 控制的十字准线，将球状特效图标在该窗口内四处拖动。

图10-6

18. 删除 Spherize，选择 Video Effects > Distort > Wave Warp（波浪扭曲）命令，把 Wave Warp 特效拖到 Effect Controls 面板，展开其 6 个小三角形，显示出它的 8 个参数。

注意：Wave Warp 有 3 个下拉列表，这是一些具体的特效条件，它们没有相关的数值，但它们都可以作为关键帧。也就是说，可以在剪辑时长内的任意时刻从一种离散条件切换到另一种条件。

19. 从 3 个下拉列表中选择各种不同的选项，之后调整一些其他参数，如图 10-7 所示。

图10-7

20. 播放这段剪辑。

这是一种动画特效，Adobe Premiere Pro 中有这种特效。实际上，所有 Adobe Premiere Pro 视频特效都可以通过关键帧使它们随时间改变而产生动画效果。Wave Warp 以及其他一些特效具有内置的动画功能，它们的运行可以不依赖于关键帧。

21. 单击 Wave Warp 右上角的 Reset 按钮，把它复位到其开始状态。

10.3 向多个剪辑应用特效

在这个练习中，将把相同的特效同时应用到 Timeline 上的两段剪辑。虽然只使用两段剪辑，但可以使用这种方法把相同的一种或多种特效应用到可以选择的任意多段剪辑。

1. 删除 Timeline 上两段剪辑内的所有特效。

2. 按住 Shift 键，单击 Timeline 上的两段剪辑选择它们。选择剪辑的另一种方法是在它们周围拖动。

3. 选择 Video Effects > Generate 命令，把 Lens Flare（镜头眩光）特效拖放到任意一段剪辑上。该特效被应用到所选择的两段剪辑。

应用特效的其他方法

也可以从Effect Controls面板内选择特效，选择Edit > Copy命令，选择目标剪辑的Effects Controls面板，再选择Edit > Paste命令。

要复制一个剪辑上的所有特效，并把它们粘贴到另一个剪辑，请选择该剪辑，选择Edit > Copy命令，然后选择目标剪辑，再选择Edit > Paste Attributes命令。

10.4 应用关键帧特效

几乎所有视频特效的所有参数都可以设置关键帧。也就是说，我们可以用无数种方法使特效的动作随时间而改变。例如，可以让特效逐渐虚焦、改变颜色、变形为哈哈镜或者拉长其阴影。

1. 选择 Timeline 内的第 1 段剪辑。

2. 扩展 Effect Controls 面板的显示宽度，使其显示出 Show/Hide Timeline View（显示 / 隐藏 Timeline 视图）按钮，单击该按钮，打开该特效的 Timeline。

Pr **提示：**根据屏幕尺寸不同，可能需要将 Effect Controls 面板切放入浮动窗口内。

3. 删除该剪辑上的特效，之后选择 Presets > Solarizes > Solarize In 命令，预设 Solarize In。

4. 播放这段剪辑，查看这种预设的效果。该剪辑以最大 Solarize 阈值开始，在 1 秒处变为 0，如图 10-8 所示。

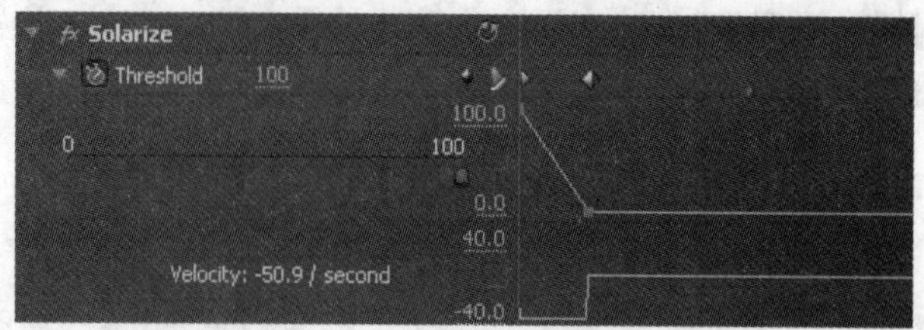

图10-8

5. 将该特效的第 2 个关键帧往右拖动，再次播放该剪辑，如图 10-9 所示。

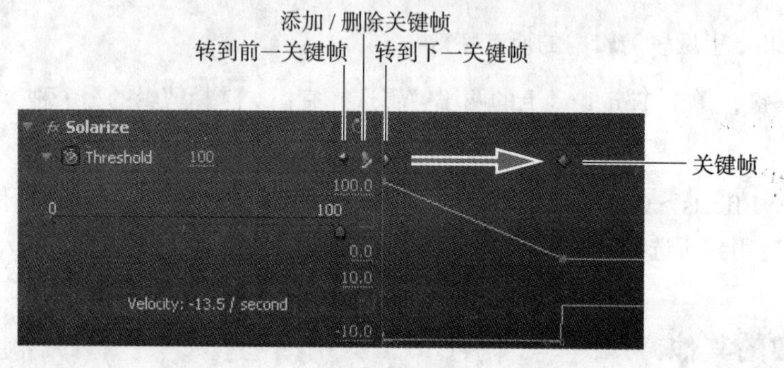

图10-9

Solarize 特效现在溶解正常图像要花更长时间。关键帧并不是永久不变的，我们可以在不改变其值的情况下改变它们的位置。

6. 删除 Solarize 特效，选择 Video Effects>Stylize 命令，选择 Replicate（复制）特效，把它拖到 Effect Controls 面板中，展开它旁边的小三角形，显示其参数。

7. 在 Effect Controls 面板激活时按 Home 键或 Page Up 键将当前时间指示器定位到剪辑的起始处。

8. 单击 Toggle Animation（切换动画）按钮，如图 10-10 所示。

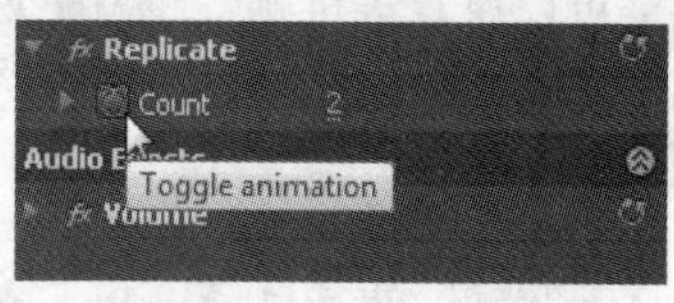

图10-10

单击该按钮执行以下 3 项操作。

- 激活 Replicate 特效的 Count 参数关键帧。
- 在当前时间指示器位置处添加关键帧，将 Replicate 默认初值 2（被复制剪辑的 2×2 网格）赋给它。

- 在 Effect Controls Timeline 内显示两条细细的黑线，即 Value Graph（数值图）和 Velocity Graph（速度图）。

9. 将当前时间指示器拖到大约 1 秒处。请在 Program Monitor 或 Timeline 的时间标尺内找到 1 秒这个时间点。在 Effect Controls Timeline 内通常不容易看到准确的时间，除非加宽其视图区域。

10. 将 Replicate 特效的 Count 参数修改为 4。

> Pr **注意：**改变该特效的 Count 参数值将自动在 Effect Controls Timeline 内当前时间指示器位置处添加另一个关键帧；当一个位置处没有关键帧时，改变该位置处的参数会自动添加新的关键帧。

11. 将当前时间指示器拖到大约 3 秒处。

12. 单击 Add/Remove Keyframe（添加 / 删除关键帧）按钮（位于两个关键帧导航按钮之间）。Adobe Premiere Pro 将添加一个关键帧，它具有与前一关键帧相同的值。通过这种方法，该特效在 1 秒至 3 秒之间不会发生变化。

13. 按 Page Down 键，再按左箭头键，定位到剪辑末端，显示出该剪辑的最后一帧。

> Pr **注意：**按下 Page Down 键可以直接到达所选剪辑最后一帧的下一帧。软件就是这样设计的。使用 Page Down 键到达下一段剪辑的起始处，而不是当前剪辑的尾帧。

14. 将 Count 值修改为 10。现在 Effect Controls 面板如图 10–11 所示。

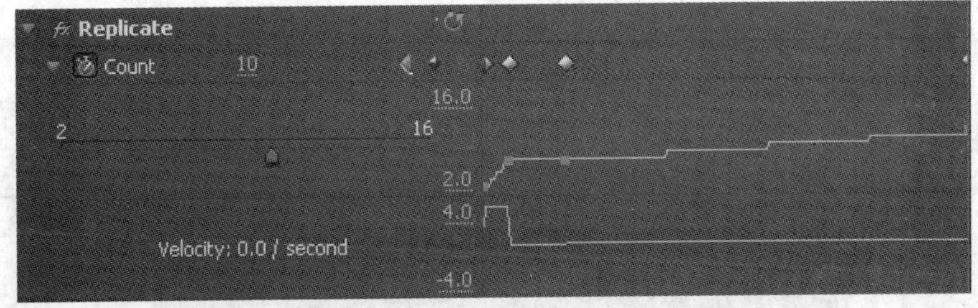

图10–11

15. 播放这段剪辑，注意该特效是怎样构成一个 6 × 6 的网格，保持两秒，最后变成 16 × 16 的网格。现在我们将使用两种方法改变两个关键帧的值。

16. 单击 Go to Previous Keyframe 按钮两次，移动到第 2 个关键帧。

17. 用滑块把 Count 的值修改为 2。这是一种改变关键帧值的简单方法。

18. 单击 Go to Next Keyframe 按钮，移动到 4 个关键帧中的第 3 个关键帧。

19. 将光标悬停在该关键帧相应的 Value Graph 上（如图 10-12 所示）。当光标变成一个小 Selection 工具时，把该关键帧拖到最高处，将其值修改为 16。

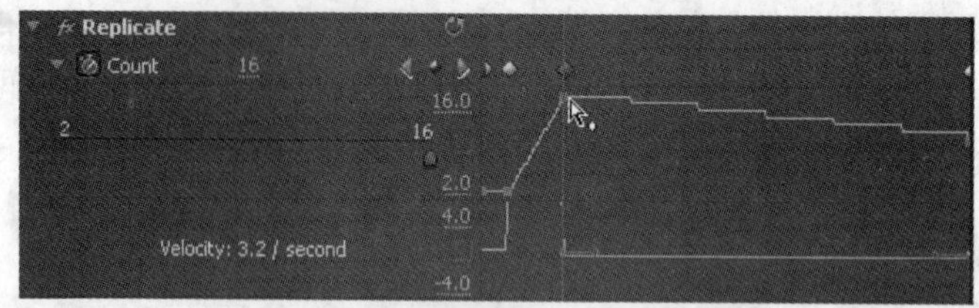

图10-12

这是另一种修改关键帧值的方法。

20. 将字幕 The Writers 从 Project 面板拖到第 1 段视频剪辑上方的轨道上，把字幕剪辑的长度拉伸到与其下方的视频剪辑相同。

21. 将当前时间指示器定位到 The Writers 剪辑上，选择它，以便在 Effect Controls 面板内显示出其参数。

> Pr **注意**：如果不把当前时间指示器移动到将要应用特效的剪辑上，就无法在 Program Monitor 中看到该剪辑或其特效。仅仅选择剪辑不会将当前时间指示器移动到该剪辑上。

22. 从 Video Effects > Distort 菜单中选择 Magnify 特效，把它拖到字幕剪辑或 Effect Controls 面板中。

23. 在该剪辑开始处设置关键帧，将 Center 值设置为 10，240。

24. 在该剪辑的中央附近设置关键帧，将 Center 值设置为 740，240，如图 10-13 所示。

> Pr **注意**：请单击 Toggle Animation 按钮，确保激活 Center 选项内的关键帧。

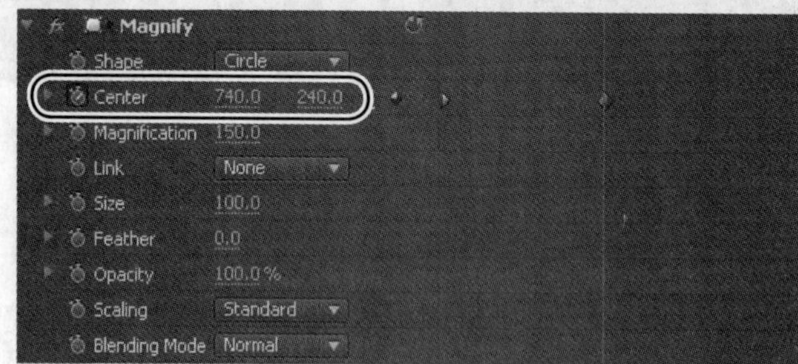

图10-13

25. 播放这段剪辑。

Pr | **注意：**特效是一种使图像或文字在视频剪辑上产生动画效果和移动的好办法。

额外练习：组合多种特效

请打开 Lesson 10–2.prproj，查看添加到 The Writers 字幕剪辑的多关键帧特效。Gaussian Blur、Lens Flare 和 Basic 3D 特效被应用到相同的字幕剪辑，因此可以分析这个文件。每个特效都随时间添加了关键帧。

- Gaussian Blur（高斯模糊）提供有趣的进入和退出字幕。
- Lens Flare（镜头眩光）在字母上移动，创建出灯光和移动假象。
- Basic 3D（基本 3D）为字母提供旋转运动，增强 Lens Flare 特效。

现在能否从零开始重新创建出这种效果。

创建特效预设

如果打算重复使用具有关键帧的特效，请将它存储为预设。具体做法是：设置关键帧、参数和插值控制（后面将介绍插值），在Effect Controls面板单击特效名称，打开面板菜单，选择Save Preset（存储预设），为它命名，请注意是将它缩放到剪辑长度，还是将它固定到剪辑的入点或出点，之后单击OK按钮。它就会显示在Presets文件夹中。

特效序号

基于剪辑（非固定）的视频特效按照在Effect Controls面板中从下到上的顺序发挥作用，新应用的特效显示在特效列表的底部。例如，如果先应用Tint特效，然后应用Black & White，剪辑会显示为灰度。Black & White特效盖过了Tint，因为在Effect Controls面板的特效列表中，它位于Tint的下方。如果先应用Black & White，再应用Tint，剪辑就会具有我们在Tint特效中选择的颜色。Opacity和Motion是固定特效，它们始终是最后应用的两种特效，即使像在这个例子中那样先应用Motion预设也是这样。如果想按不同的顺序应用Motion，然后使用基于剪辑的运动特效，如Basic 3D，则可以在Effect Controls面板中上下移动特效，更改它们的应用顺序。

10.5 添加关键帧插值和速度

当特效移近或移离关键帧时，关键帧插值会改变特效参数的变化方式。目前看到的默认变化方式都是线性的：两个关键帧间的速度是恒定的。通常较好的变化方式是凭自己的经验改变，或更夸大一点，即逐渐加速或减速，或快速变化。

Adobe Premiere Pro 提供两种变化控制方法：关键帧插值和 Velocity Graph（速度曲线）。关键帧插值最简单，只需单击两次，而调节 Velocity Graph 则更专业。掌握这种功能需要花时间做一些练习。

本课中用到的特效是固定 Motion（运动）特效，其 Position（位置）、Scale（缩放）和 Rotation（旋转）参数都可以进行快速修改。

1. 打开 Lesson 10-3.prproj。
2. 字幕 The Writers 位于 writers 1.avi 剪辑上方，单击字幕剪辑选择它。
3. 尽可能拉宽 Effect Controls 面板，使它不覆盖需要使用的其他工作区元素。如果将它放在浮动窗口内，要记得为 Program Monitor 留出空间。
4. 打开 Effect Controls 面板的 Timeline（单击 Show/Hide Timeline View 按钮）。你将要添加 4 个 Rotation（旋转）关键帧：首帧和尾帧，以及二者间的其他两个帧。
5. 将当前时间指示器定位在该剪辑的起始处，展开 Motion 特效，单击 Rotation 的 Toggle Animation 按钮，这在剪辑的起始处放置关键帧，参数使用默认值 0。
6. 将当前时间指示器拖到其他 3 个位置上，在各个点上单击 Add/Remove Keyframe（添加 / 删除关键帧）按钮。Effect Controls 面板如图 10-14 所示。

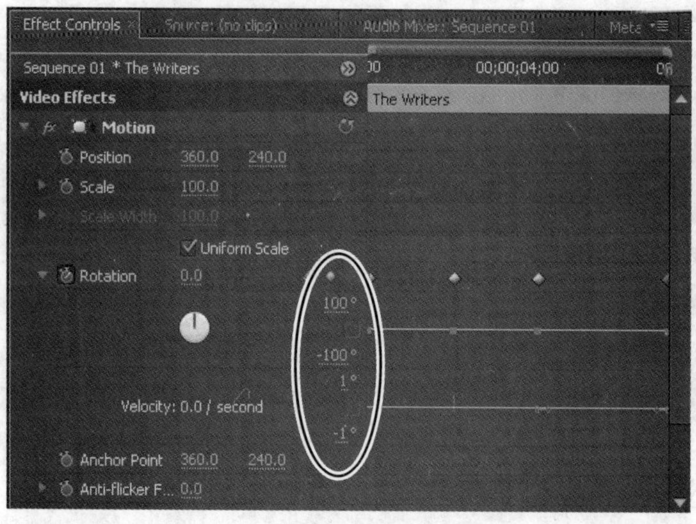

图10-14

7. 查看图 10–14 中突出显示的数字，如果没有看到，请展开 Rotation 参数。

100 和 –100 是 Rotation 参数设置的默认最大值和最小值。一旦改变了关键帧设置，它会自动改变，以适应 Rotation 的实际高、低值。

- 1 和 –1 是默认相对速度值。由于没有修改任何参数，所以速度就表示为一条数值为 0 的直线。

8. 分别用 3 种方法改变第 2、3 和 4 关键帧的 Rotation 值（使用 Go To Next /Previous Keyframe（转到下一个 / 上一个关键帧）按钮导航到关键帧）。

第 2 个关键帧：单击 Rotation 值，输入 2x（顺时针旋转两圈）。

第 3 个关键帧：将 Value Graph 上的关键帧拖到 –1x0.0 度。

第 4 个关键帧：将 Rotation 转轮往左拖，直到其值显示为 –2x0.0 度为止（一般很难精确达到该值，只要达到接近 –2x0.0 度这样的值就可以了）。

完成后，关键帧和曲线如图 10–15 所示。如果图形线被裁剪，请单击 Toggle automatic range rescaling（切换自动范围重新缩放）按钮。

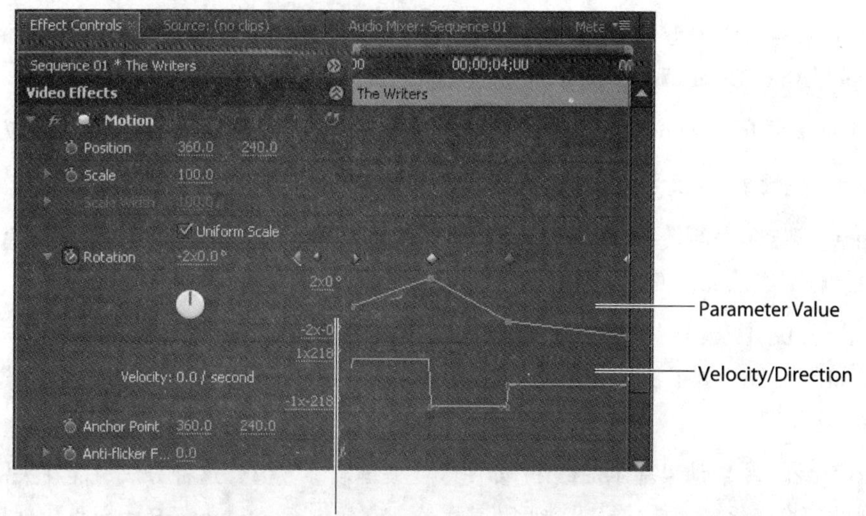

图10–15

9. 在剪辑内拖动当前时间指示器，观察 Value 和 Velocity Graph，以及曲线左边的数值（如图 10–15 所示）。应该可以看到以下内容。

- 顶部和底部的 Value 数已经被修改为 2x0 和 –2x0（在两个方向旋转两周），显示了参数的实际最大值和最小值。在移动当前时间指示器时，它们保持不变。
- Value Graph 显示在任意指定时间的参数值。
- 曲线左侧顶部和底部的 Velocity 值以度每秒为单位表示参数速率变化分布情况。

- Velocity 曲线显示两个关键帧间的速度。陡降或跳跃代表加速过程的突变，物理学的说法是跃变。Value Graph 中间区域上方曲线上的点代表正（顺时针）速度，下方曲线上的点代表负（逆时针）速度。点或线离中间越远，速度值就越大。

10. 按 Enter 键（Windows）或者 Return 键（Mac）渲染工作区域，并播放这段剪辑。

文字顺时针旋转两周，然后以更快的速度逆时针旋转 3 周，再以较慢的速度旋转一周。

11. 在第 1 个关键帧上右击（Windows）或 Control- 单击（Mac），之后选择 Ease Out（缓出命令）。

选择 Ease Out 意味着：

- 将关键帧图标改变为沙漏状；
- Value Graph 的关键帧上现在出现了 Pen Tool 手柄，曲线变得有些弯曲；
- Velocity Graph 的关键帧上现在有一个类似于 Pen Tool 的手柄，曲线变得更弯曲。这条曲线显示了速率随时间的变化情况，即它的加速度。

12. 播放这部分剪辑，其效果看起来更逼真，因为运动有“缓出”效果。

13. 在接下来的 3 个关键帧上右击（Windows）或 Control- 单击（Mac），按下面顺序应用 Bezier、Auto-Bezier 和 Ease In 插值方法。

下面简要介绍 Adobe Premiere Pro 的 Keyframe Interpolation（关键帧插值）方法。

Linear（线性）: 默认方法，它在关键帧之间创建一致的速率变化。

Bezier(贝塞尔曲线): 这种方法让用户手动调整关键帧任意一侧曲线的形状，它允许在进、出关键帧时突然加速变化。

- **Continuous Bezier（连续贝塞尔曲线）:** 创建通过关键帧的平滑速率变化。与 Bezier 不同，如果调节一侧手柄，关键帧另一侧的手柄会以相反的方式移动，确保通过关键帧时平滑过渡。

Auto Bezier（自动贝塞尔曲线）: 即使改变关键帧参数值，这种方法也能在关键帧中创建平滑的速率变化。如果选择手动调节其手柄，它变为 Continuous Bezier 点，保持通过关键帧的平滑过渡。

Hold（保持）: 这种方法改变属性值，而没有渐变过渡（效果突变）。Hold 插值关键帧后的曲线显示为水平直线。

Ease In（缓入）: 这种方法减缓进入关键帧的数值变化。

Ease Out（缓出）: 这种方法逐渐增加离开关键帧的数值变化。

Effect Controls 的 Timeline 现在如图 10-16 所示（由于 Effect Controls 面板大小不同，Value 和 Velocity 曲线的取值区间可能不一样）。

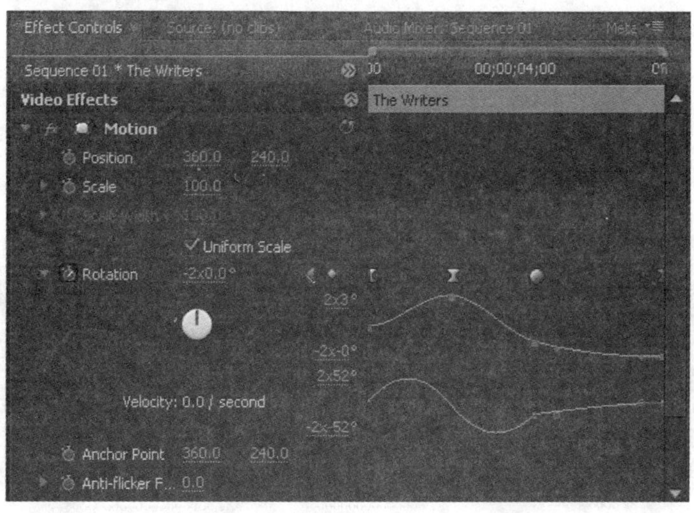

图10-16

注意：添加这些平滑曲线后，参数值随特效过程而改变。因此，它们有时可能比设置的最高关键帧参数值大，或者比最低关键帧参数值小。

14. 播放整段剪辑，一定会为现在的平滑效果感到惊奇。仅仅添加了关键帧插值，Motion 特效看起来就逼真多了。

15. 选择激活第 2 个关键帧：Bezier 沙漏。Pen Tool 手柄会显示在该关键帧的 Value 和 Velocity Graph 按钮上，以及相邻的两套关键帧上。这是因为改变 1 个关键帧的插值手柄可以改变其相邻关键帧的行为方式。

16. 拖动 Velocity Graph 关键帧上的手柄，如图 10-17 所示。这将创建出一条陡峭的速率曲线，这意味着字幕将迅速加速，然后迅速减速，但在第 1 和第 2 个关键帧间仍只旋转两周。我们改变了速度，而没有改变数值。

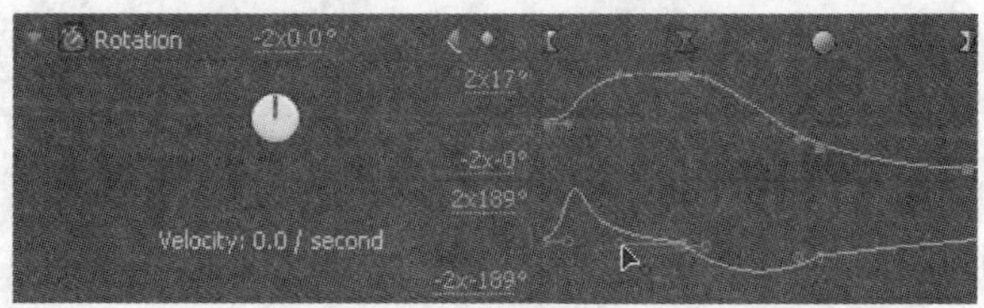

图10-17

17. 选择激活第 3 个关键帧：Auto Bezier 圆圈图标，激活它。

18. 拖动手柄，注意圆形关键帧图标立即切换成沙漏状，因为手动调整 Auto Bezier 关键帧会使它变为 Continuous Bezier 关键帧，如图 10-18 所示。

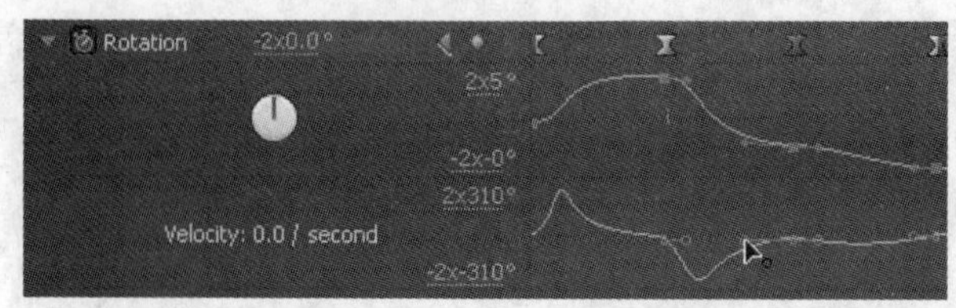

图10-18

> **Pr** **注意：**如果添加另 1 个关键帧，会将已有的关键帧插值应用到它。第一次添加关键帧时，可以抓住它的 Value 和 Velocity Graph 手柄，手动调整曲线。这样的调整总会将关键帧图标改变为 Bezier 关键帧插值沙漏图标。

一个额外的速度 / 差值问题

在使用与 Position 有关的参数时，关键帧的上下文菜单会提供两种类型的插值选项：Spatial Interpolation（空间插值，与位置有关）和 Temporal Interpolation（时间插值，与时间有关）。我们可以在 Program Monitor 中做位置调整，也可以在 Effect Controls 面板做此调整。可以在 Timeline 和 Effect Controls 面板内的剪辑上做时间调整。

10.6 添加灯光效果

这个练习把一些常用的任务组合起来进行试验。目的是介绍两种更高级的灯光效果，鼓励用户进一步研究。

1. 选择 Help > Adobe Premiere Pro Help 命令。
2. 在 Search 字段内输入 Gallery of effects（特效库），按回车键，会看到 Adobe Premiere Pro 所提供的 1/3 的视频特效例子。

> **Pr** **注意：**Effect Reference 下的其他标题与 Effects 面板内的文件夹名称相匹配。

3. 用 Premiere Pro Help 搜索 Lighting effect（灯光特效），这将显示出 Lighting effect 内每种参数（共 25 个）的解释。每个 Adobe Premiere Pro 视频和音频特效在 Premiere Pro Help 内都有这样的列表。这个例子说明了 Premiere Pro Help 的用处和完整性。
4. 退出 Help，回到 Adobe Premiere Pro 工作区，打开 Lesson 10–4.prproj。
5. 选择 Video Effects > Adjust 命令，选择 Lighting Effects，把它拖动到 Video 1 轨道内的剪辑上。
6. 展开 Lighting Effects，再展开 Light 1。保持 Lights 2 到 4 为关闭状态。

7. 使用 Light 1 下方的 Color Picker 从 Program Monitor 内台灯中选择浅蓝色。

8. 把 Major Radius（主半径）和 Minor Radius（主半径）数值设置为 24。把 Intensity（强度）值设置为 50，Focus（焦点）设置为 10，如图 10–19 所示。

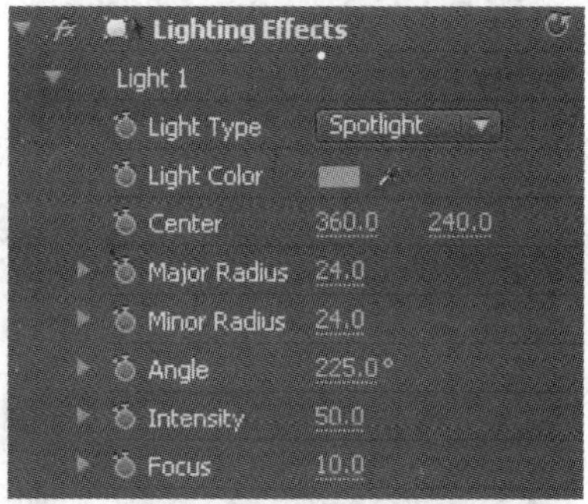

图10–19

9. 切换该特效的开关状态，查看它给场景气氛带来的显著差别，如图 10–20 和图 10–21 所示。

Lighting 特效打开

图10–20

Lighting特效关闭

图10–21

10. 删除该视频剪辑上的所有特效，把当前时间指示器移动到该剪辑开始位置。

11. 把 Leave Color 特效从 Color Correction 文件夹拖放到该视频剪辑。

12. 使用 Color To Leave 字段旁边的吸管工具从台灯中取样蓝色。

13. 把 Amount to Decolor（去色量）滑块设置为 100%，这将消除用吸管工具所选颜色之外的所有颜色。

14. 把 Tolerance（容差）滑块设置为 35%左右，如图 10–22 所示。

图10–22

15. 渲染并播放该剪辑，查看其效果。整个场景除了蓝色台灯之外应该是黑白的，如图 10–23 所示。

图10–23

10.7 创建自定预设

Adobe Premiere Pro 把用户喜爱的特效设置保存为自己的自定预设，这样就不必每次重新创建这些设置。预设可以包含单种特效或者多种特效，预设可以被导出，这样可以与其他编辑人员分享预设，当然，可以导入从 Adobe Premiere Pro 导出的预设。

在这个练习中，将创建特效的组合，并把它们存储为自定预设。

1. 打开 Lesson 10–5.prproj。

2. 播放 Timeline，注意字幕 The Office 只是一个静态字幕。用户将像本课前面额外练习中所做的那样对它做动画处理。

3. 把 Basic 3D 滤镜拖动到字幕剪辑，在该剪辑的开始处设置关键帧，把 Swivel（旋转）设置为 –25。再设置一个结束关键帧，将其 Swivel 设置为 25。

4. 把 Lens Flare 滤镜拖动到字幕剪辑，在该剪辑的开始处设置关键帧，把 Flare Center（眩光中心）设置为 20，192。再设置一个结束关键帧，将其 Flare Center 设置为 700，192。

5. 把 Gaussian Blur 滤镜拖动到字幕剪辑 The Office。在该剪辑的开始处设置关键帧，把 Blurriness（模糊量）设置为 300。再在 1 秒位置左右设置另一个关键帧，将其 Blurriness 设置为 0，最后设置结束关键帧，把其 Blurriness 设置为 700。

6. 播放剪辑，字幕轻微旋转，镜头眩光照射到各个字母，整个字幕变模糊，最终消失。如果在设置这些滤镜时遇到问题，则请单击 Finished 系列，查看完成后的效果。现在这些特效的组合已经按照要求发挥作用，用户要这 3 种特效的组合保存为单个自定预设，以便以后可以再次使用它们。

7. 选择字幕剪辑，这样使这 3 种特效显示在 Effect Controls 面板内。折叠 3 种特效，使每种特效只占用一行。

8. 按下 Ctrl 键，单击 3 种预设（Basic 3D、Lens Flare、Gaussian Blur）全部选中它们，如图 10–24 所示。

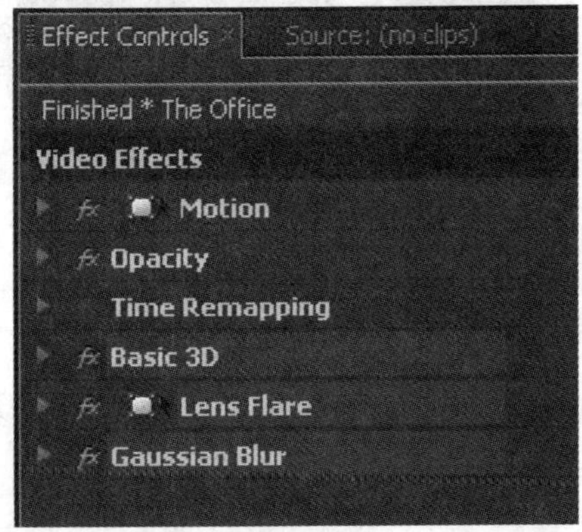

图10–24

9. 在 Effect Controls 面板菜单内，选择 Save Preset（保存预设）命令，如图 10–25 所示。

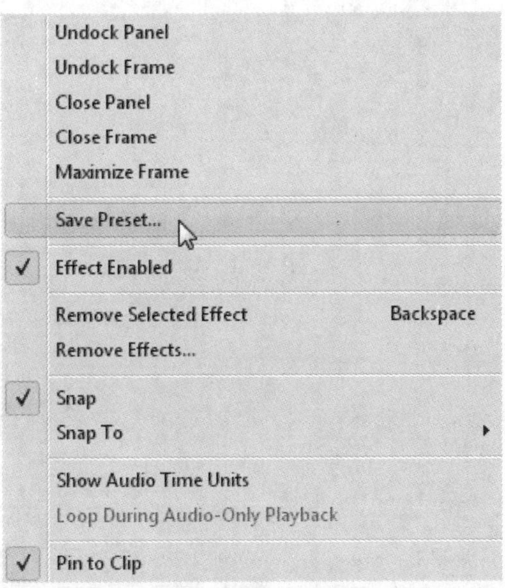

图10–25

10. 命名该预设，再单击 OK 按钮，如图 10–26 所示。该预设就显示在 Custom Preset 文件夹内。

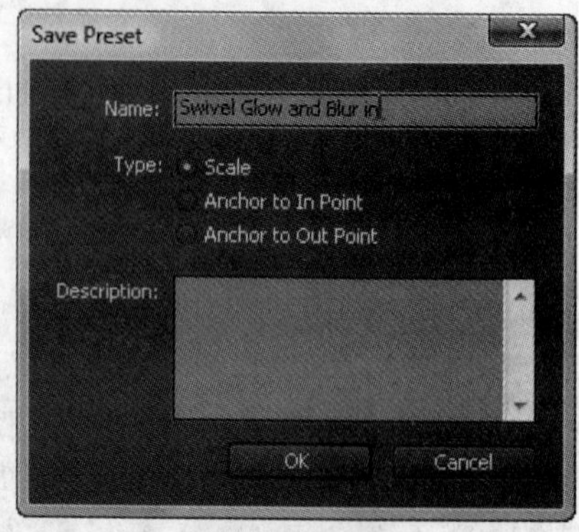

图10–26

11. 请尝试把它拖放到其他字幕，确认其效果。

复习

复习题

1. 请说出两种将特效应用到剪辑的方法。

2. 请列出 3 种添加关键帧的方法。

3. 如何使特效从剪辑内开始，而不是从剪辑的起始处开始？

4. 将特效拖到剪辑上将在 Effect Controls 面板中打开其参数，但无法在 Program Monitor 中看到特效效果，为什么？

5. 请描述怎样将一种特效拖动到多段剪辑。

6. 请描述怎样把多种特效保存为自定预设。

复习题答案

1. 将特效拖到剪辑上，或选择剪辑，然后将特效拖到 Effect Controls 面板中。

2. 将 Effect Controls 面板的当前时间指示器移动到要放置关键帧的位置处，单击 Toggle Animation 按钮设置关键帧；移动当前时间指示器，单击 Add/Remove Keyframe 按钮；在打开关键帧情况下，把当前时间指示器移动到位，并改变参数。

3. 根据特效不同，有两种方法可以选择。有些特效（如 Fast Blur）具有零设置，它们不改变剪辑的外观。在这种情况下，在想要特效开始的位置上放置关键帧，之后把它设置为 0。其他特效在某种程度上总是“打开”的。在这些情况下，用 Razor Edit 工具在需要特效开始的位置处剪切剪辑，然后把这种特效应用到右段剪辑中。

4. 首先需要将 Timeline 当前时间指示器移动到所选的剪辑上，在 Program Monitor 窗口中查看它。仅仅选择剪辑不会将当前时间指示器移动到剪辑上。

5. Shift- 单击或在 Timeline 内的多个剪辑周围拖出选区以选中它们，之后把特效拖动到选中的这组剪辑上。

6. Ctrl- 单击（Windows）或者 Command- 单击（Mac）Effect Controls 面板内的多个特效，之后从显示的菜单中选择 Save Preset 命令。

第11课 使剪辑动起来

本课涉及的主题包括：

- 向剪辑应用 Motion 特效；
- 修改剪辑尺寸，添加旋转效果；
- 使用关键帧插值；
- 创建画中画效果；
- 用阴影和斜面边缘增强运动效果；
- 其他运动特效：Transform 和 Basic 3D。

学习本课大约需要 50 分钟。

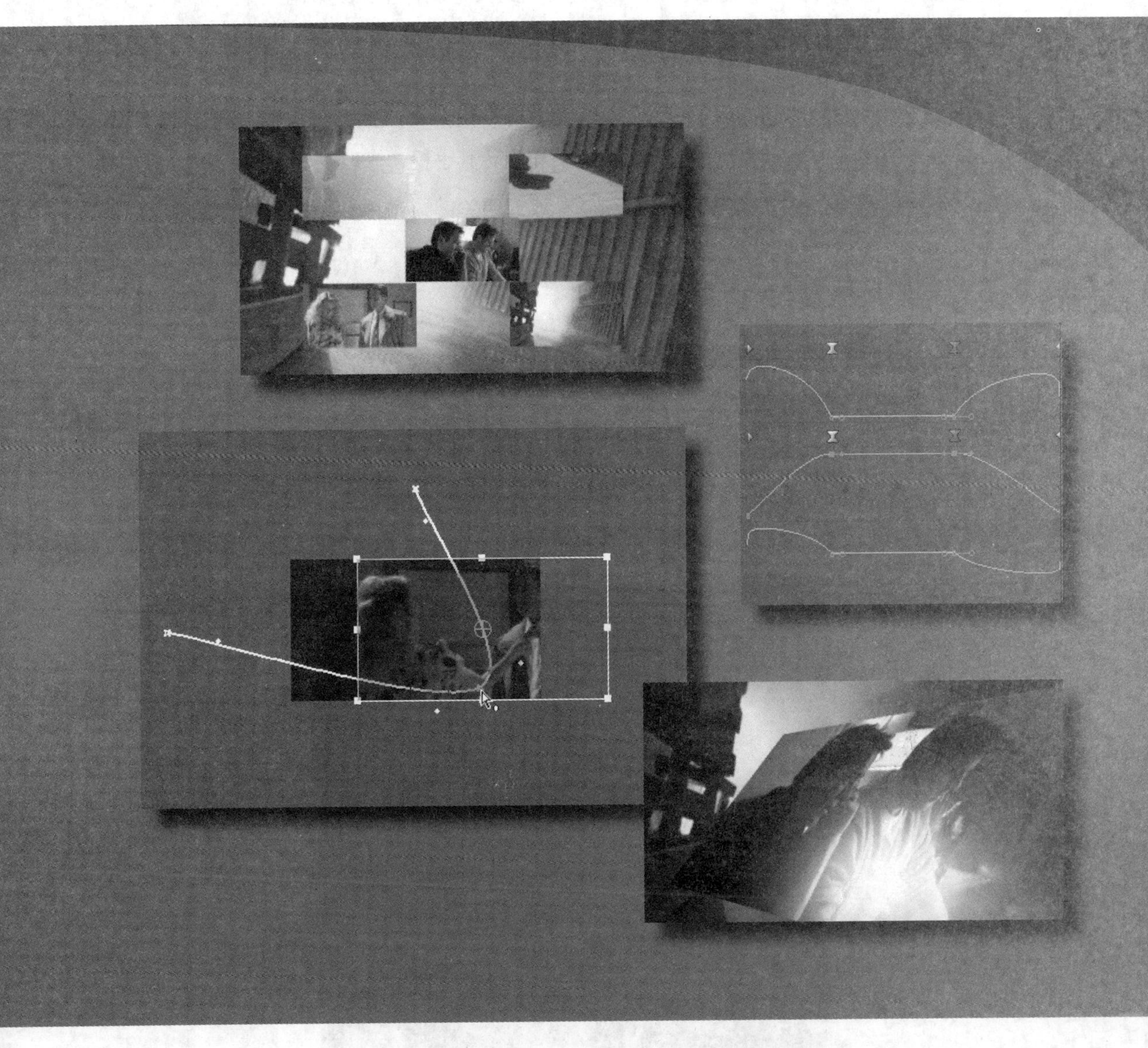

Motion 固定特效为静态图像添加生动的效果，它可以改变图像尺寸，使它们在屏幕上飞进飞出以及旋转等。可以通过添加阴影和视频帧，构建画中画等方法进一步增强运动特性。

11.1 开始

在本书前面章节中实际上已经看到 Motion 特效。我们用 Rotation 功能测试关键帧插值，看到它怎样缩放和摇移静态图像。

在观看电视广告的时候，肯定会看到视频剪辑飞到其他图像上或剪辑在屏幕上旋转，开始是一个小点，然后逐渐扩展到全屏大小。这些效果可以用固定 Motion 特效或其他几种基于剪辑的、具有运动设置的特效来实现。

用 Motion 特效可以在视频帧内定位、旋转或缩放剪辑。这些调整可以通过以下方法直接在 Program Monitor 中实现：拖动修改其位置，或拖动和旋转其手柄，来改变其尺寸、形状或方向。

也可以在 Effect Controls 面板中调整 Motion 参数，用关键帧和 Bezier 控制对剪辑做动画处理。

11.2 在剪辑中应用 Motion 特效

我们将在 Program Monitor 和 Effect Controls 面板中调整 Motion 特效参数。

1. 打开 Lesson 11–1.prproj。

2. 选择 Window>Workspace>Effects 命令，切换到 Effects 工作区。

3. 打开 Program Monitor 内的 View Zoom Level（视图缩放级别）下拉列表（如图 11–1 所示），把缩放级别修改为 25%。这有助于观察和使用 Motion 特效的边界框。

图11–1

4. 根据需要展开 Program Monitor 框架，使其窗口内的滚动条消失。

Program Monitor 如图 11–1 所示。

5. 播放 Timeline 内的这段剪辑。

6. 展开 Effect Controls 面板中 Motion 展开小三角形，显示出其参数。

7. 单击 Position 的 Toggle Animation（切换动画）关键帧记录器图标，如图 11–2 所示，关闭其关键帧。

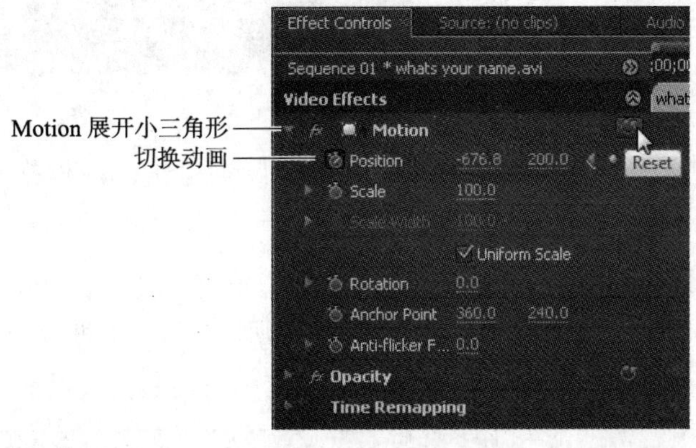

图11–2

8. 当提示该操作将删除所有关键帧时，单击 OK 按钮。

9. 单击 Reset 按钮（位于 Effect Controls 面板内 Motion 的右边）。这两步操作将把 Motion 恢复其到默认设置。

检查运动特性

要检查 Motion 设置，请执行以下步骤。

1. 将当前时间指示器拖到剪辑内的任意位置，以便能够在 Program Monitor 中看到视频。

2. 单击 Program Monitor 窗口内的图像，这将在剪辑周围放置一个带十字准线和手柄的边界框（如图 11–3 所示），并在 Effect Controls 面板中激活 Motion 特效。单击 Effect Controls 面板中的 Motion 或 Transform 按钮，也可以在 Program Monitor 中激活剪辑的边界框。

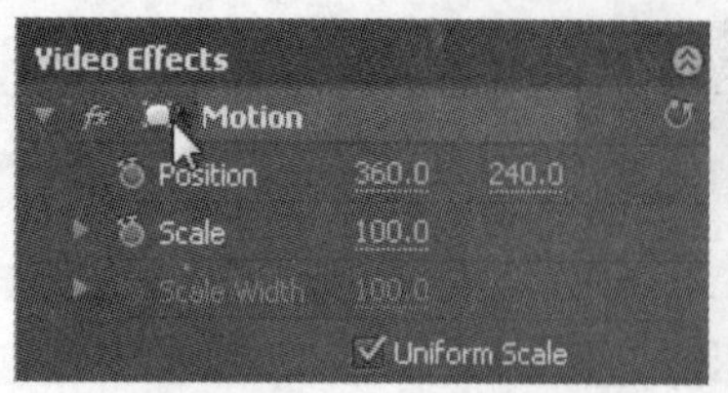

图11-3

3. 在 Program Monitor 的剪辑边界框内的任意位置单击，四处拖动该剪辑。注意 Effect Controls 面板中 Position 值是如何变化的。

4. 拖动剪辑，使其中心刚好位于该窗口的左上角，注意，Effect Controls 面板内 Position 的值是 0，0（或接近该值，这取决于该剪辑中心的放置位置）；屏幕的右下角是 720，480，即标准的 NTSC DV 屏幕尺寸。

> **注意**：Adobe Premiere Pro 用上下颠倒的 x/y 坐标系轴来确定屏幕上的位置。这种坐标系统基于 Windows 中使用的方法，此方法已经使用很久，现在要改变它会产生大量的程序设计问题。屏幕的左上角是 0，0，在其左边和上方点的 x、y 值是负值，向右和向下点的 x、y 值是正值。

5. 将剪辑向左完全拖出屏幕，如图 11-4 所示。

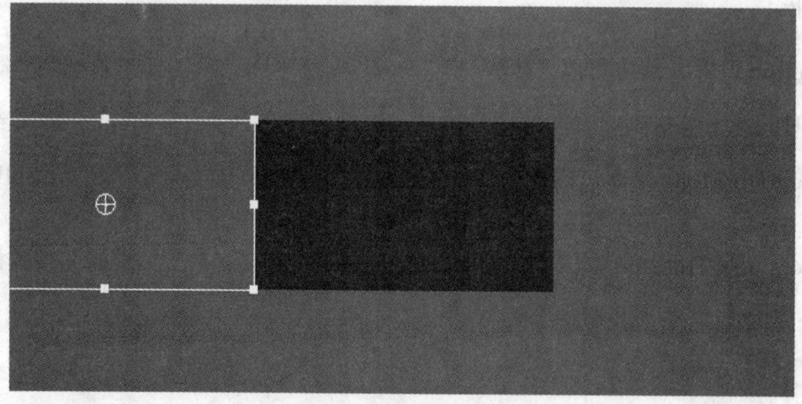

图11-4

6. 进一步调整，将 Effect Controls 面板中的 Position 值修改为 -360，240。因为 360 是 720 的一半，所以这将把剪辑的右边缘放到屏幕框架的左边缘。

7. 按 Page Up 或 Home 键将当前时间指示器放在该剪辑的开始处，单击 Position 的 Toggle Animation 按钮，在这里应用 Position 关键帧，如图 11–5 所示。

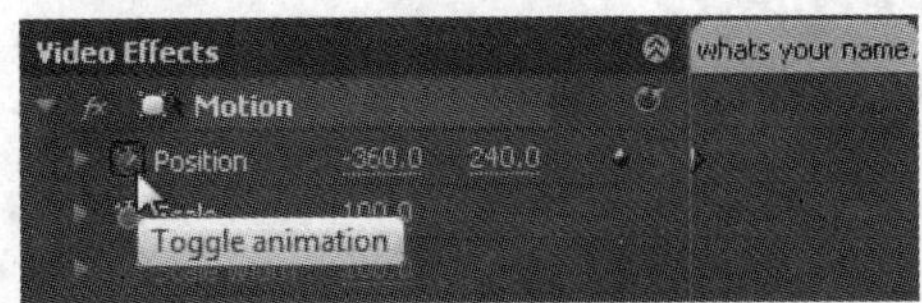

图11–5

8. 将当前时间指示器拖到剪辑的中央，把 Position 值修改为 360，240（屏幕中心）。改变 Position 参数会在当前时间指示器处添加一个关键帧。

9. 按 Page Down 键，之后再按左箭头键将当前时间指示器拖到剪辑末尾。

10. 将 Position 值修改为 360，–240。剪辑被彻底移出屏幕上方，同时添加一个关键帧。

11. 播放剪辑。剪辑平滑地移动屏幕上，之后从屏幕上方滑出。我们已经创建了一条路径（如果看不到该路径，请单击 Effect Controls 面板中的文字 Motion，可将其显示出来）。请注意以下几点（如图 11–6 所示）。

- 这是一条曲线路径。对于 Motion 来说，Adobc Premiere Pro 自动使用 Bezier 曲线。
- 路径中的小点描述路径和速率。密集的点代表速率较慢，稀疏的点代表速率较快。
- 小四角星是关键帧。

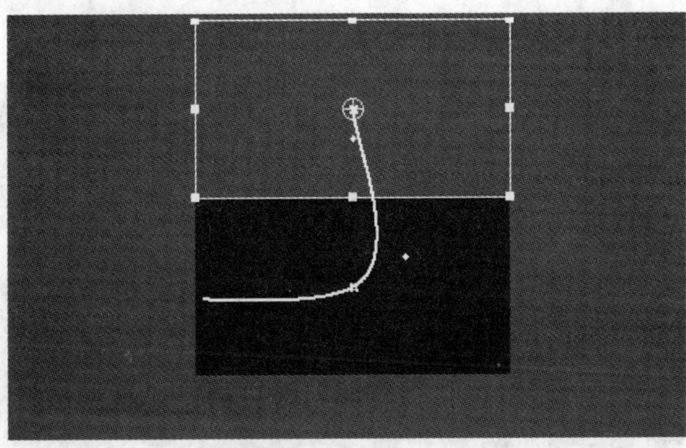

图11–6

12. 将 Program Monitor 内的中心关键帧（四角星 / 正方形）向左下拖动，如图 11–7 所示。

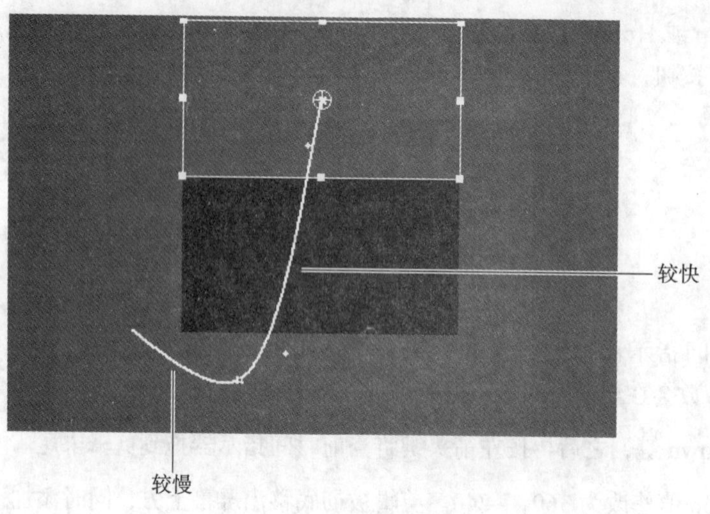

图11–7

注意，关键帧左边的点靠得更近了，而右边的点则变得稀疏。

13. 播放剪辑，注意在第一个关键帧之前它缓慢移动，之后开始加速移动。

> **注意：**移动中心关键帧可以改变它的位置，因此也改变剪辑在它与其相邻的关键帧之间移动的距离，但没有改变关键帧之间的时间，所以剪辑在相距较远的关键帧间移动得更快，而在相距较近的关键帧间移动的速度变慢。

14. 再次拖动中心关键帧，这次向右下方拖动（以图 11–8 作参考）。

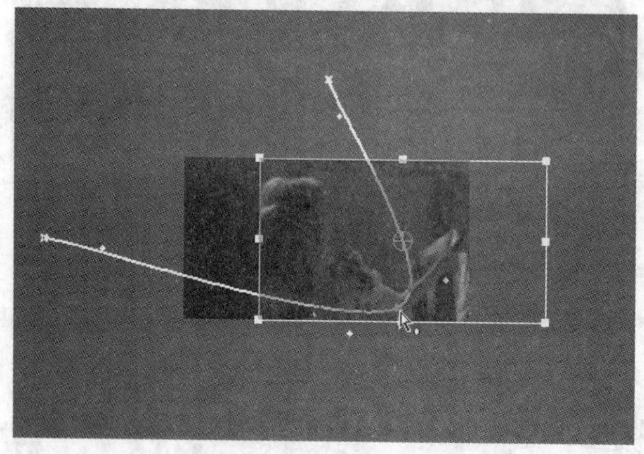

图11–8

这将创建一条抛物线，其两边均匀地分布一些点，这意味着抛物线两臂上的速率是相同的。

15. 先将 Effect Controls 面板内的中心关键帧向左拖动，然后再拖到最右边。

Pr 注意：现在改变的是关键帧之间的时间，而不改变它们在屏幕上的实际位置。Program Monitor 中的小路径 / 速率点会扩散或靠近，但关键帧位置不会改变。

16. 播放这段剪辑，注意，它在开始的时候速度非常慢，到结束时又变得非常快。现在的效果应该与前面打开本课项目时的效果相同。

11.3 改变剪辑尺寸、添加旋转

单纯滑动剪辑仅仅使用了 Motion 特效的一小部分功能。Motion 最有用的功能是缩放和旋转剪辑。

例如，开始以全屏方式（也可以进一步放大）播放剪辑，之后缩小它，显示另一段剪辑。也可以以下面的方式在屏幕上旋转剪辑：让剪辑先从一个小点开始，之后旋离屏幕，它在移走时逐渐变大。也可以把好几段剪辑分层，创建出画中画效果。

在开始本节之前，先介绍 Motion 特效的 6 个可创建关键帧选项。

Position（位置）：剪辑锚点在屏幕上的位置（除非改变锚点，否则位于其中心）。

Scale（缩放）和 Scale Height（缩放高度，当取消选择 Uniform Scale（统一缩放）时才可用）：剪辑的相对尺寸。滑块的取值范围是 0% ~100%，但可以用数字表示方法把剪辑尺寸增加到原来尺寸的 600%。

Pr 注意：百分比指剪辑边框周长，而不是指剪辑面积。所以 50% 相当于面积的 25%，25% 相当于面积的 6.25%。

- **Scale Width（缩放宽度）：**需要取消选择 Uniform Scale，才能使用 Scale Width。这样可以独立地改变剪辑的宽度和高度。
- **Rotation（旋转）：**Lesson 9-3 项目中已经使用过这个选项，我们可以输入旋转的度数和数值。例如 450° 或 1x90。正数代表顺时针方向，负数代表逆时针方向。两个方向上允许旋转的最大数值都是 90，也就是说可以将剪辑旋转多达 180°。
- **Anchor Point（锚点）：**旋转的中心，而不是剪辑的中心。可以将剪辑的旋转中心设置为屏幕上的任意一点，包括剪辑的中心或剪辑外的点，如绳子末端的球。

Anti-flicker Filter（消除闪烁滤镜）：这个功能对具有丰富高频细节，如很细的线、锐利的边缘、平行线（波纹问题）或旋转的图像特别有用。这些细节会导致在运动时出现闪烁现象。默认设置（0.00）不添加模糊，对闪烁没有任何影响。要添加一些模糊，消除闪烁，请把参数改为 1.00。

1. 打开 Lesson 11-2.prproj，打开 Finished 序列。

2. 播放这段动画，观察动画。

在本节结束时所创建的 Motion 特效效果就是这样。

3. 打开 Practice 序列，开始使用相同的剪辑，但没有任何特效。

4. 把当前时间指示器放到剪辑的起始处，展开 Motion 特效，单击 Position 的 Toggle Animation 按钮。激活关键帧设置，将剪辑的中心移到左上角（0，0 位置）。

5. 展开 Scale 参数，单击 Scale 按钮，将滑块拖到 0，这将把剪辑开始时的大小设置为 0。

6. 将当前时间指示器拖到剪辑大约 1/3 处，单击 Reset 按钮，这会用 Motion 的默认设置创建两个关键帧：完整尺寸的剪辑和居于屏幕中央的剪辑。

7. 将当前时间指示器拖到剪辑大约 2/3 处，分别单击 Position 和 Scale 的 Add/Remove Keyframes 按钮，如图 11–9 所示。这样做导致剪辑在两个关键帧之间保持处于屏幕中央，并且为全屏大小（也可以再次单击 Reset 按钮使用那些默认参数）。

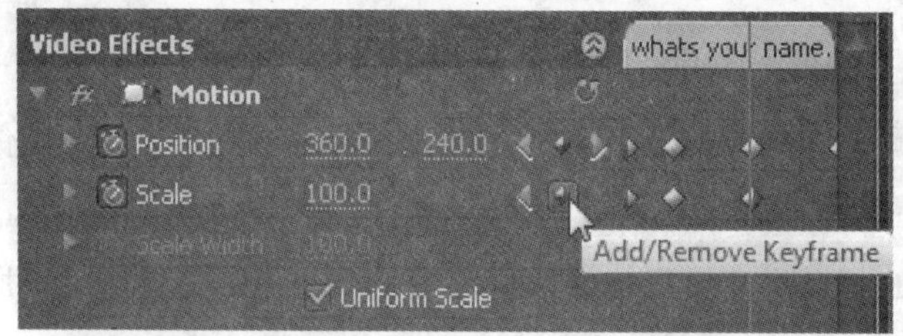

图11–9

8. Timeline 激活时按 Page Down 键，之后按左箭头键，将当前时间指示器拖到剪辑末尾，将 Position 参数设为 720，480（右下角）。

9. 在 Program Monitor 内，移动边界框的角手柄，缩小剪辑，使它越过中央十字准线。这把 Scale 的值又设置回 0，如图 11–10 所示。

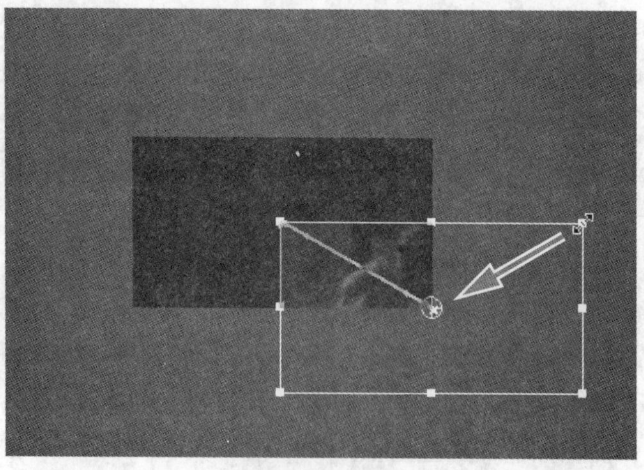

图11–10

像处理文字一样，改变剪辑大小

像在Titler中一样，可以用边界框改变剪辑尺寸。取消选择Uniform Scale，之后就可以拖动角手柄，自由缩放；如果只想在一个方向上缩放，则可以拖动一侧的手柄（不是角手柄）；如果想按比例缩放，则请按住Shift键，拖动任意一个手柄。

10. 播放这段剪辑。

这段剪辑应该从左上角一个微小的点开始，逐渐扩展到中央时为全屏大小，保持一段时间后，在移动到右下角的过程中又收缩成一个点。

添加旋转、改变锚点

我们现在将向剪辑添加旋转效果。

1. Timeline 激活时按 Page Up 或 Home 键将当前时间指示器移动到剪辑的起始点，单击 Rotation 的 Toggle Animation 按钮，这将为 Rotation 设置一个关键帧，用它作为起点，其值为 0.0°。

2. 单击 Position 或 Scale 旁边的 Go To Next Keyframe 按钮将当前时间指示器移动到第 2 个关键帧。

3. 将光标悬停在 Program Monitor 内边界框手柄外一点的位置上，使光标变成一个弯曲的双箭头光标，将边界框顺时针拖动两周，如图 11-11 所示。

Pr | **注意：**该移动可以通过在 Effect Controls 面板中将 Rotation 设置为 2x0.0° 来进一步调整。

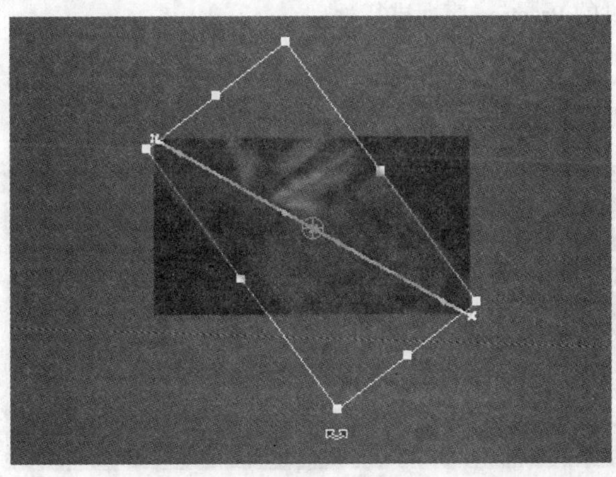

图11-11

4. 将当前时间指示器移到第 3 个关键帧上，单击 Rotation 的 Add/Remove Keyframe 按钮，添加一个关键帧，它具有与前一关键帧相同的值。

5. 将当前时间指示器移动到剪辑末尾。

6. 单击 Rotation 三角形，展开 Rotation 参数，将 Rotation 圆圈逆时针拖动两周。由于剪辑现在收缩为一个点，所以无法用 Program Monitor 边界框调整 Rotation。这将把 Rotation 恢复到其默认设置 0.0°。如果看不到关键帧曲线，请展开 Scale 和 Rotation 参数。请播放这段剪辑，它将先顺时针旋转两周、停住，然后逆时针旋转。

7. 播放这段特效，它看起来应该和 Finished 序列内的特效类似。这种效果和在 Finished 序列内看到的特效的差别是旋转突然开始和停止。我们接下来将解决这个问题。

如果你喜欢这种特效，可以把它保存为预设。右击（Windows）或 Control- 单击（Mac）Motion 特效，选择 Save Preset 命令。

> Pr | **注意**：保存预设时，可以选择预设缩放到任意剪辑的长度，或者定位到指定的入点或出点。在很多情况下，把特效设置为缩放到剪辑长度最有效。

11.4 使用关键帧插值

Motion 特效使剪辑在屏幕上移动一段时间。Adobe Premiere Pro 提供的关键帧插值方法可以满足该运动的两方面的要求：空间和时间。

空间插值指运动路径，即剪辑显示在屏幕上的位置。时间插值指速度的变化。

我们在这个练习中将使用 Ease In（缓入）和 Ease Out（缓出）插值方法。使用 Ease In 和 Ease Out 是一种在关键帧上设置 Bezier 曲线的快速方法，不用手工拖动关键帧手柄。

1. 继续接着我们用过的 Practice 序列进行处理。

2. 要一次调整缩放、位置和旋转的插值，请在第 2 套关键帧周围拖出选区框，如图 11-12 所示。被选择的关键帧是蓝色的。

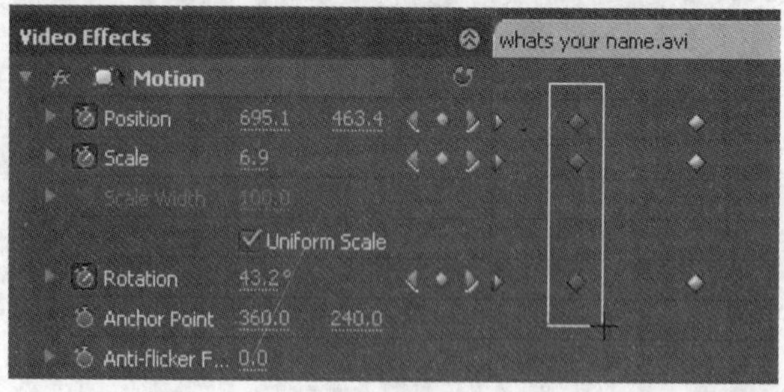

图11-12

3. 右击任一个被选择的关键帧，从 Temporal Interpolation 菜单中选择 Ease In，如图 11–13 所示。

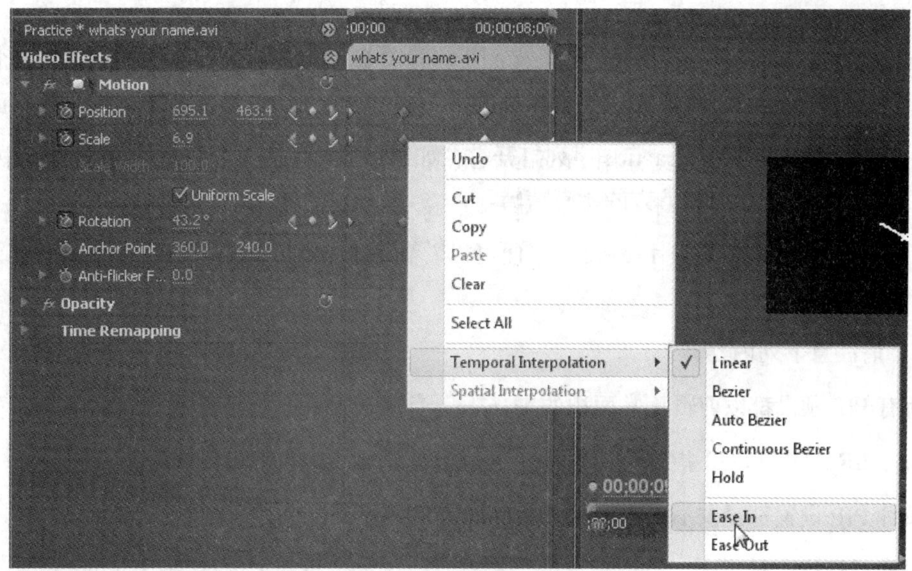

图11–13

4. 使用同样的方法选择第 3 套关键帧，从 Temporal Interpolation 菜单中选择 Ease Out。

5. 展开 Position、Scale 和 Rotation 参数，显示它们的图形，会看到选择 Ease 选项把图形变为曲线，如图 11–14 所示。

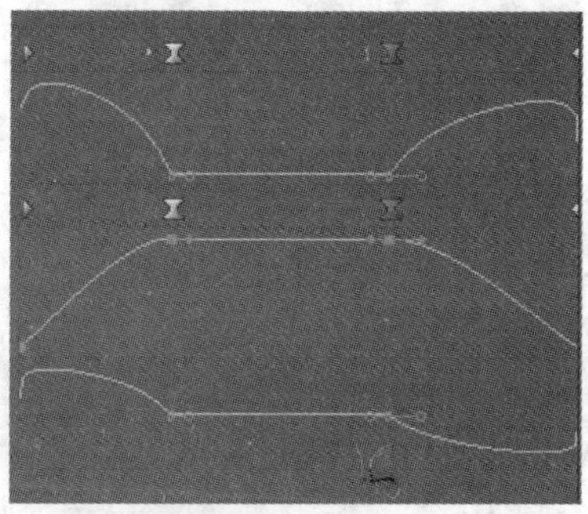

图11–14

6. 播放该剪辑，注意，所做的修改使关键帧上运动开始和结束产生的细微变化。

11.5 创建画中画

PIP 技术是 Motion 特效最常见的应用之一，也是合成或分层剪辑最简单的方法之一，本书稍后会正式介绍合成技术，本节让用户对比有个初步了解。

为了简化操作，我们从一个有3层剪辑的序列开始。我们将创建PIP，向PIP添加投影和斜面边缘效果。

1. 打开Lesson 11–3.prproj，如果Project面板内没有显示出Finish序列，请双击打开它。渲染并播放这段序列，了解我们将要创建的效果。这是5个PIP，每个都带有投影和斜面边缘。

2. 在Project面板内双击Practice序列打开它。如果播放该序列，只能看到顶部轨道中的剪辑，因为它遮盖了序列内其下方的所有剪辑。

3. 在Effects面板内，展开Presets，以便可以看到Effects>Presets>PIPs>25% PIPs>25% UL命令。

   请注意下列内容。

- 所有PIP预设都以剪辑正常面积的1/16显示剪辑（25%是指剪辑周长，而不是面积）。
- LL、LR、UL和UR指屏幕位置：左下角、右下角、左上角和右下角。
- 每种PIP设置都提供不同类型的PIP移动效果。
- 通常要选择一种样式，之后根据需要调整它。例如，可能要改变预设的开始位置、结束位置或者尺寸。

   Video 1轨道内的剪辑将保持原样，我们想把它用作背景。

> Pr | **注意**：不存在25% Center预设。可以使用一种预设来创建它。只要将起始和结束Position关键帧修改为360，240即可。

4. 将以下PIP预设拖放到剪辑上，如图11–15所示。

- Video 2轨道内的剪辑：应用预设PiP 25% LR Spin In。
- Video 3轨道内的剪辑：应用预设PiP 25% UL Spin In。
- Video 4轨道内的剪辑：应用预设PiP 25% UR Spin In。
- Video 5轨道内的剪辑：应用预设PiP 25% LL Spin In。
- Video 6轨道内的剪辑：应用预设PiP 25% LL Spin In。

接下来我们需要自定该运动，以便这个PIP显示在中央，而不是左下角。

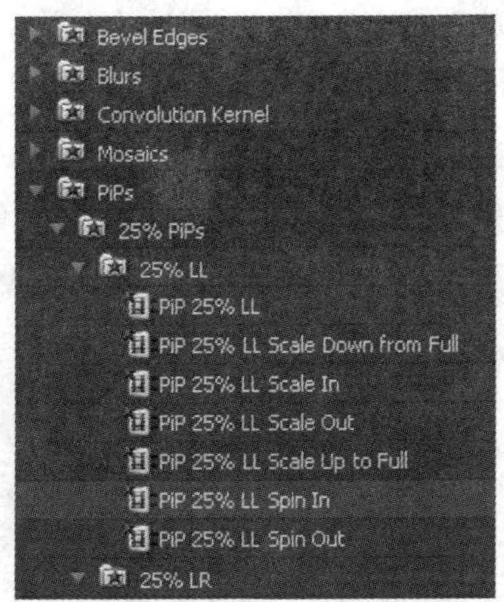

图11-15

5. 选择 Track 6 内的视频剪辑，展开 Effect Controls 面板内的 Motion 设置。

6. 把 Position 参数修改为 360，240。这使该剪辑居中。

7. 播放该剪辑，观察我们在视频背景顶部添加的 5 个 PIP，如图 11-16 所示。如果在这些步骤操作中遇到问题，请打开 5 PiP 序列，查看其效果应该是什么样。

图11-16

11.6 用投影和斜面边缘增强运动效果

当缩小的剪辑具有投影、斜面边缘或者其他一些边框时，画中画效果会显得更有趣。在这个练习中，用户将向剪辑添加一些这种增强效果。

1. 打开序列 5 PIP。它有 6 层剪辑（可能需要使用 Timeline 的滚动条才能全部看到它们）。上面的 5 层剪辑都应用了 25%的 Motion 预设，该序列底部 Video 1 轨上剪辑用作 PIP 背景。

2. 将当前时间指示器拖过 1 秒处，显示 5 个 PIP。

3. 选择 Presets>Bevel Edges（斜面边缘）命令，将 Bevel Edges Thin（细斜面边缘）拖到序列内的顶部剪辑上。

4. 将 Program Monitor 视图放大到 100%，以便更好地观看这种特效。它将显示在 Program Monitor 的中心。调整 Bevel Edges 参数后的效果如图 11–17 所示。

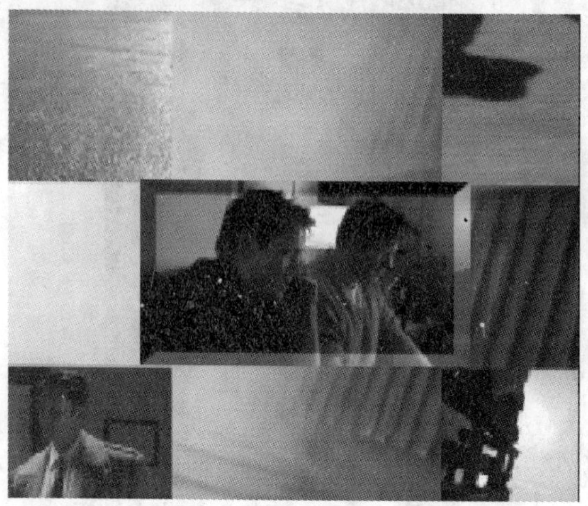

图11–17

5. 单击 Effect Controls 面板中 Bevel Edges 小三角形，按照下面要求修改其参数，如图 11–18 所示。

- 稍微增加 Edge Thickness（边缘厚度）。
- 将 Light Angle（光照角度）修改为 140° 左右，照亮剪辑底部的暗斜面边缘。
- 将 Light Intensity（光照强度）修改到 0.4 左右，突出斜面边缘。

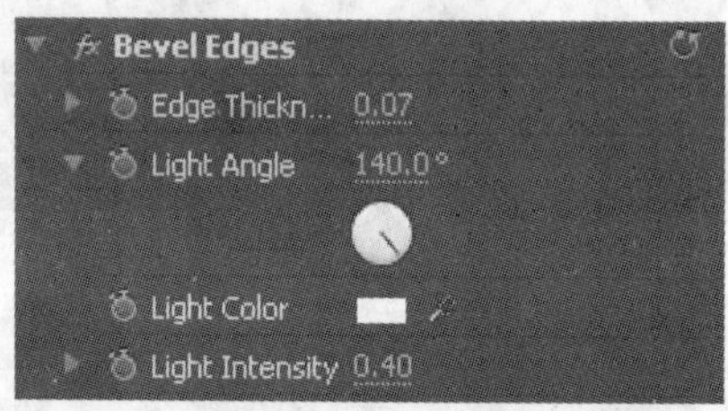

图11–18

6. 单击选中 Effect Controls 面板中的 Bevel Edges 特效，以便能够用刚才应用的参数创建预设。
7. 打开 Effect Controls 面板菜单，选择 Save Preset（存储预设）命令，如图 11–19 所示。输入 Lessin 11 Bevel Edges。如果愿意，可以给它一个具有描述性的名称，单击 OK 按钮。新的预设立即显示在 Presets 文件夹中，如图 11–20 所示。

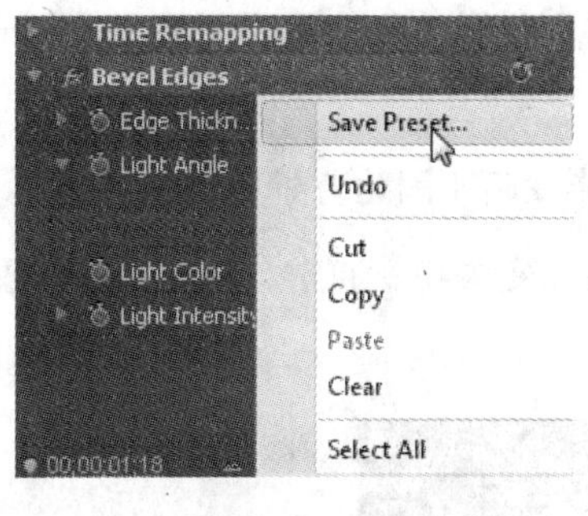

图11-19

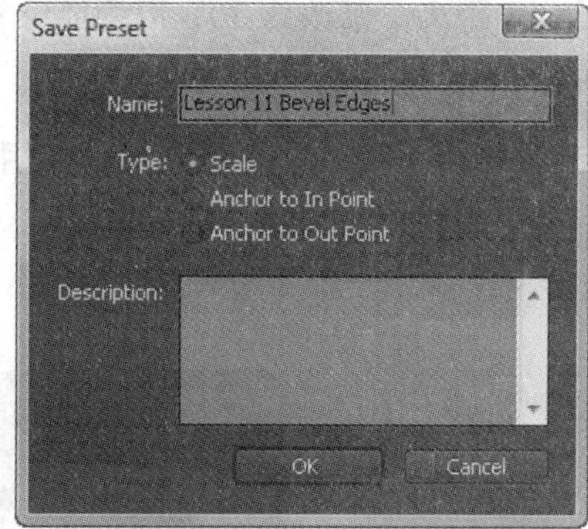

图11-20

> **注意**：如果已经使用具有这种效果的关键帧，那么在存储预设时选择 Scale、Anchor to In Point 或 Anchor to Out Point 之一都会有某个值。

存储预设供其他项目使用

如果想在其他项目中使用该预设，则请导出它。要实现该操作，请选择Effects>Presets文件夹，打开Effects面板菜单，选择Export Preset（导出预设）命令，导航到合适的文件夹，为预设命名（可以与其在Presets文件夹中的名称不同），单击Save按钮。

8. 将 Lesson 11 Bevel Edges 从 Presets 文件夹拖放到 Video 2–5 轨上的每段剪辑上（不要拖到 Video 1 轨内的剪辑上，这是一段全屏视频，我们将用它作为 PIP 的背景）。

9. 将 Program Monitor 的 View Zoom Level 设置为 Fit，播放这段序列。

所有 5 个 PIP 都具有同样的斜面边缘效果。

添加投影

要添加投影，请执行以下步骤。

1. 选择 Video Effects > Perspective（透视）命令，将 Drop Shadow（投影）拖放到顶层剪辑上。

2. 在 Effect Controls 面板内对 Drop Shadow 参数做如下修改（如图 11–21 所示）。

- 将 Direction（方向）改为 320° 或者 –40°。

> **注意**：要让投影从任意光源照射的方向投射下来。本节将把 Bevel Edges 的光源方向设置为 140° 左右。为了使投影从光源方向投射下来，请把该光源的方向加或减 180°，以得到正确的投影投射方向。

- 将 Distance（距离）修改为 30，以便能够看到投影（可能需要调整 Program Monitor 中的 View Zoom Level 才能看到其效果）。
- 把 Opacity（不透明度）修改为 75%，使阴影变暗（因为背景剪辑相当暗）。
- 把 Softness（柔和度）设置为 30，使投影边缘变柔和。通常，Distance 参数越大，应用的 Softness 也应该越大。

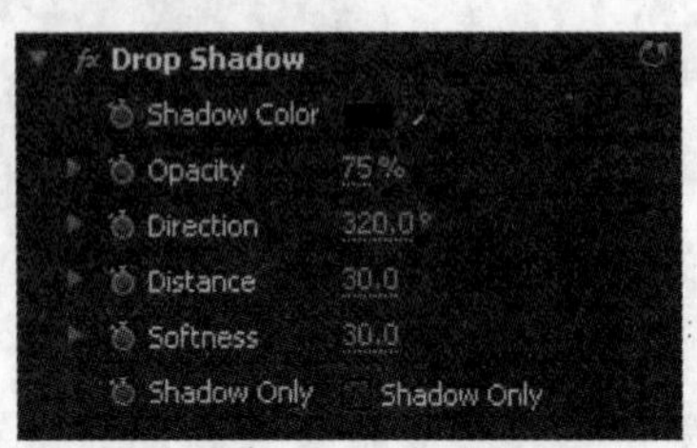

图11-21

3. 使用 Copy 和 Paste 将这些相同的值应用于其他 4 个 PIP。右击（Windows）或 Control- 单击（Mac）Effect Controls 面板内的 Drop Shadow 特效，选择 Copy 命令。

4. 选择 Video 2 轨上的剪辑，在 Effect Controls 面板内的空白区域上右击（Windows）或 Control- 单击（Mac），之后选择 Paste 命令。这将把阴影滤镜粘贴到被选择的剪辑。然后对其他 PIP 剪辑重复这一处理。

5. 渲染并播放这段序列。其效果应该和 Finished 序列中的一样。

11.7 其他运动特效：Transform 和 Basic 3D

如果用 Motion 特效向投影和剪辑应用旋转，投影会与剪辑成为一体一起旋转，这显然不够逼真。它应该始终以相同的方向从旋转的剪辑投射下来。为了在旋转剪辑时获得逼真的投影效果，可以使用 Transform 或 Basic 3D 特效进行旋转。

为了使剪辑倾斜，产生 3D 效果，请使用 Basic 3D。

1. 打开 Lesson 11-4.prproj，打开 Practice 序列。

2. 单击 writers 3 剪辑选择它，在 Effect Controls 面板内查看已经应用的特效：Drop Shadow 和 Transform。

Transform 滤镜具有的很多功能与 Motion 固定特效相同，但 Transform 特效可以被移动到所应用特效中的较低顺序位置。很快就会知道为什么这一点这么重要。在这个例子中，Transform 特效把剪辑缩小到 PIP，把它从左到右移动，并旋转。

3. 播放剪辑，观察投影旋转时与 PIP 的关系。投影随 PiP 一起旋转，这样很逼真。之所以这样，是因为特效是从顶部到底部应用。投影在变换特效之前应用。

4. 在 Effect Controls 面板内，请把 Drop Shadow 特效拖动到 Transform 特效下方，再次播放该序列。

> **注意**：在 PIP 旋转时，投影保持在同一侧，得到更逼真的效果。

用 Basic 3D 获得闪光效果

Basic 3D 能够使剪辑发生旋转和倾斜，给人以在三维空间运动的感觉。它的有趣之处在于其镜面高光：图像表面的闪光，它随剪辑的移动而移动。

1. 删除 writers 3 剪辑上的 Transform 和 Drop Shadow 滤镜。

2. 选择 Effects > Perspective > Basic 3D 命令，把 Basic 3D 特效拖放到 Effect Controls 面板上。

3. 展开 Effect Controls 面板内的 Basic 3D 特效，选取 Show Specular Highlight（显示镜面高光）复选框。

4. 调整 Swivel（旋转）和 Tilt（倾斜），直至看见高光从剪辑上划过为止，如图 11–22 所示。

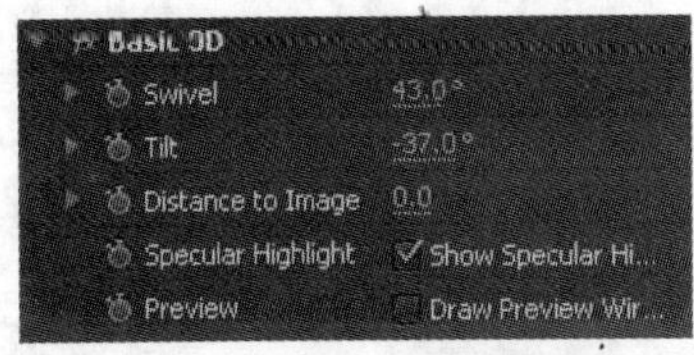

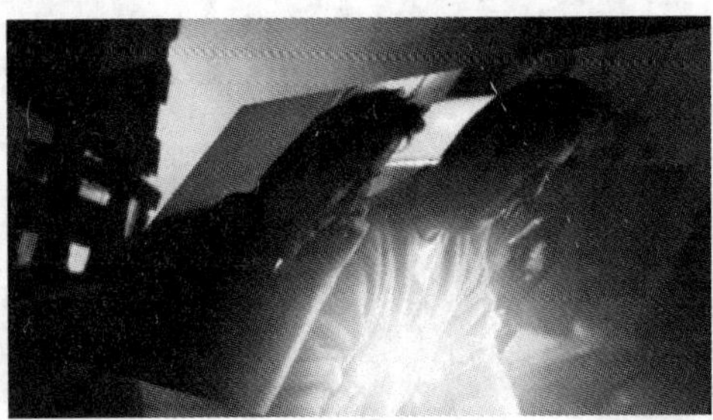

图11–22

5. 渲染并播放该序列，观察这种特效产生平滑的效果。

> **注意**：高光在剪辑中央会变得非常亮。在使用 Basic 3D 时，最好使剪辑发生旋转和倾斜，使镜面高光沿着剪辑边缘移动。

复习

复习题

1. 哪个 Motion 参数可以创建 PIP？
2. 以默认设置开始 Rotation，移动当前时间指示器，添加一个值为 2x 的 Rotation 关键帧，然后添加另一个值为 -2x 的 Rotation 关键帧，请说明这种设置所对应的效果是什么？
3. 如果想让剪辑满屏显示几秒钟后旋转消失。怎样让 Motion 的 Rotation 功能在剪辑内开始，而不是从剪辑起始处开始？
4. 怎样让 PIP 开始慢慢旋转，再慢慢停止旋转？
5. 如果想要为一个旋转的剪辑添加投影，为什么要使用 Motion 固定特效以外的其他运动特效？
6. 将相同的自定特效应用到多段剪辑的一种方法是使用预设。怎样创建一个预设？

复习题答案

1. Scale 参数将把剪辑调整到更大或更小。

2. 它将顺时针旋转两周，到达第 1 个关键帧，然后逆时针旋转 4 周，移到下一个关键帧。旋转的圈数等于两个关键帧旋转值之差。将 Rotation 的值设为 0 将使它逆时针旋转两周。

3. 将当前时间指示器定位到想要旋转开始的地方，单击 Add/Remove Keyframe 按钮，然后移动到想要旋转结束的地方，并修改 Rotation 参数，此时就会出现另一个关键帧。

4. 使用 Ease Out 和 Ease In 参数改变关键帧插值，让它们开始慢慢旋转，而不是突然旋转。

5. Motion 固定特效是应用到剪辑的最后一个特效。Motion 使在它之前应用的所有特效（包括 Drop Shadow）生效，将它们和剪辑作为一个整体进行旋转。要在旋转的对象上创建逼真的投影效果，请使用 Transform 或 Basic 3D，然后在 Effect Controls 面板中将 Drop Shadow 放置在这些特效之一的下方。

6. 按需要调整特效参数，在 Effect Controls 面板中单击特效名称选择它。打开 Effect Controls 面板菜单，选取 Save Preset 命令，为该预设命名，选取其中 3 个参数之一，单击 OK 按钮。

第12课 改变时间

本课涉及的主题包括：

- 慢动作和反向动作；
- 用 Time Remapping 设置可变时间变化；
- 具有速度过渡的 Time Remapping；
- Time Remapping 与反向动作；
- 时间改变时应用 Timeline downstream 特效；
- 同时改变多个剪辑的速度；
- 同时改变多个静帧的长度。

学习本课大约需要 30 分钟。

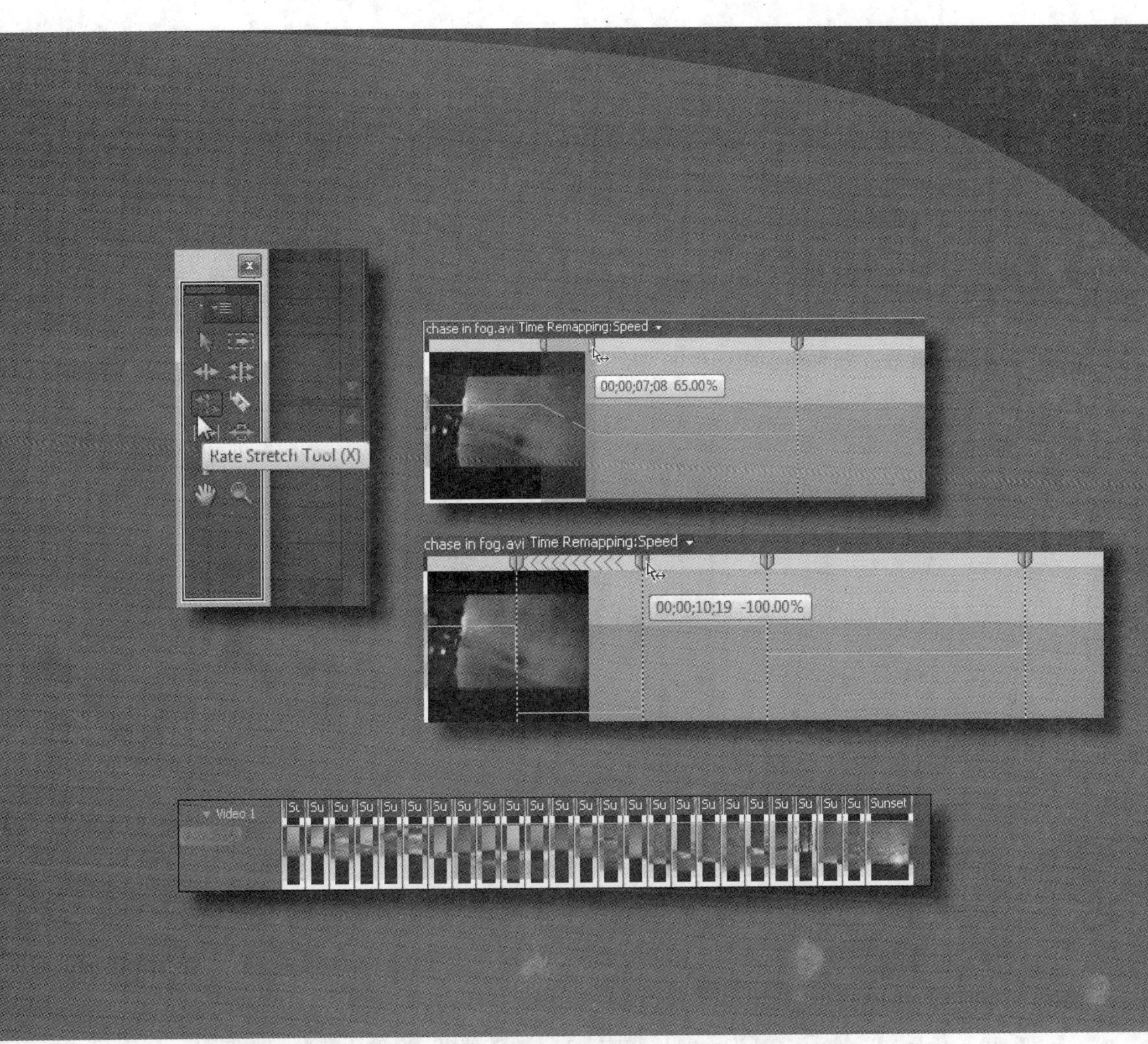

Adobe Premiere Pro 内的慢动作、反向动作和时间重映射功能允许用户精确控制和改变剪辑的速度。

12.1 开始

慢动作是视频制作中最常用的特效之一。简单的慢动作应用于沿着走廊漫步的新娘或令人激动的体育剪辑时能够产生非常生动的效果。在本课中，我们将回顾 Adobe Premiere Pro 中已有的静态速度改变，时间重映射功能，以及可以对多个剪辑做时间改变的其他一些工具。

12.2 慢动作与反向动作

在这个练习中，我们将先对剪辑做静态速度改变，可以增加或降低 Timeline 上任何剪辑的速度。

1. 打开 Lesson 12-1.prproj 项目，注意，Timeline 上的 chase in fog 剪辑有 6 秒长。重要的是要记住：改变剪辑的速度会改变其时长。

2. 右击（Windows）或 Control- 单击（Mac）chase in fog 剪辑，从弹出菜单中选择 Speed/Duration（速度 / 时长）命令。

3. 把 Speed 修改为 50%，之后单击 OK 命令，如图 12-1 所示。

图12-1

4. 播放 Timeline 上的剪辑。按回车键渲染该剪辑，以便能够看到它平滑播放。注意该剪辑现在是 12 秒长，这是因为我们把剪辑减慢到 50%，使其长度为原来的两倍。

5. 按 Ctrl+Z 键（Windows）或 Command+Z 键（Mac）撤销速度改变。

有时我们想改变剪辑的速度，而不改变其时长。这在减慢剪辑速度而又不裁剪剪辑时是不可能的。Adobe Premiere Pro 提供的工具使该操作很容易就可以实现。

6. 再次右击（Windows）或 Control- 单击（Mac）该剪辑，从弹出菜单中选择 Speed/Duration 命令。

7. 单击链接按钮，它说明 Speed 和 Duration 链接到一起，因此现在的设置是没有链接（如图 12-2 所示）。之后，把 Speed 修改为 50%。注意速度和时长没有链接，时长保持为 6 秒。

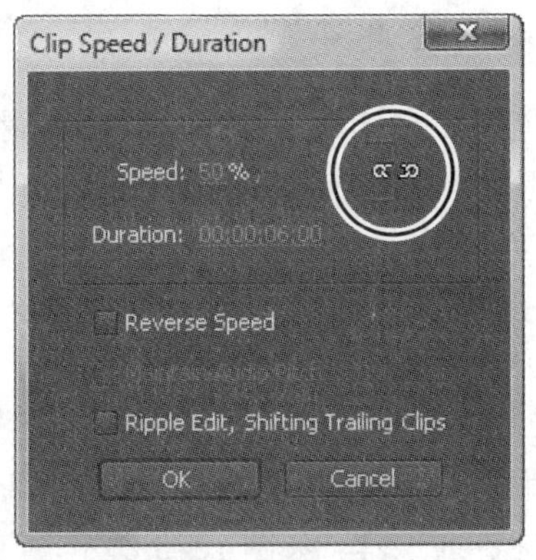

图12-2

8. 单击 OK 按钮，之后部分该剪辑。

注意剪辑以 50%的速度播放，但最后 6 秒自动被裁剪，以保持剪辑为其原来的时长。

我们偶尔会需要反向时间，这可以在同一个 Clip Speed/Duration 对话框内实现。

> Pr **注意：**如果剪辑具有音频时，Clip Speed/Duration 对话框还有一个选项：Maintain Audio Pitch（保持音频音调）。选择这个选项后，无论剪辑以何种速度播放，都可以保持音频原来的音调不变。在我们对剪辑做小的速度调整，而又想保持音频的音频时，这很有用处。

9. 右击（Windows）或 Control- 单击（Mac）该剪辑，从弹出菜单中选择 Speed/Duration 命令。

10. 保持 Speed 为 50%不变，但这次还要选择 Reverse Speed 选项，之后单击 OK 按钮。

11. 播放该剪辑，注意，它以 50%的慢动作反向播放。

12.2.1 加速剪辑

虽然慢动作是最常用的时间改变方式，但加速剪辑也是一种有用的特效。

1. 撤销所做的修改，使剪辑回到其以原来速度时 6 秒长度为止（如果在撤销修改时遇到问题，只要重新打开 Lesson 12-1.prproj）。

2. 右击（Windows）或 Control- 单击（Mac）chase in fog 剪辑，从弹出菜单中选择 Speed/Duration 命令。

3. Speed 输入 300%，单击锁定图标，这使时长和速度链接到一起，之后单击 OK 按钮。

4. 播放该剪辑，注意，其新的长度是 2 秒，这是因为速度被设置为 300%，也就是正常速度的 3 倍。

12.2.2 用 Rate Stretch 工具改变速度

我们常常需要查找长度刚好能够填充 Timeline 上间隙的剪辑，有时能够找到理想的剪辑，长度刚好，而有时找到理想剪辑，但它会长一点或短一点。这种情况下，Rate Stretch 工具就派上用场了。

1. 打开 12-2.prproj。

我们这个练习中所遇到的情况不常见。Timeline 与音乐同步，剪辑包含我们想要的内容，但其中一段有点短。如果不使用 Rate Stretch 工具，我们只能尝试改变其速度。

2. 选择 Tools 面板内的 Rate Stretch 工具，如图 12-3 所示。

图12-3

3. 把 Rate Stretch 工具移动到第 1 段剪辑的右边缘，拖动它，使其与第 2 段剪辑相接为止，如图 12-4 所示。

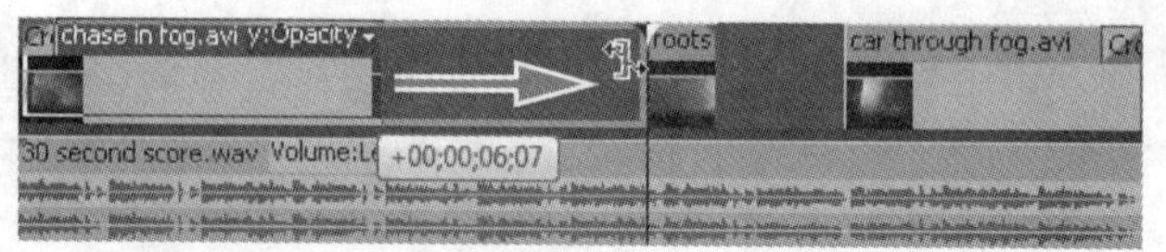

图12-4

注意，第一段剪辑的速度发生改变，以填充我们拉伸它所产生的空间。

4. 把 Rate Stretch 工具移动到第 2 段剪辑的右边缘上，拖动它，使其与第 3 段剪辑相接为止。

5. 播放 Timeline，查看 Rate Stretch 工具所产生的速度改变。

12.3 用 Time Remapping 设置可变时间变化

Time Remapping 允许用关键帧改变剪辑的速度。这意味着同一段剪辑的一部分可以是慢动作，而该剪辑的另一部分可以是快动作。除了这种灵活性之外,还可以从慢动作或前进修改为反向动作，这非常有趣。

1. 请打开 Lesson 12-3.prproj。

2. 打开序列 practice。就像我们前面向剪辑增加时间调整一样，它会改变长度。

3. 把 Selection 工具定位到 Video 1 标签上，并向上拖动该轨道的边缘，调整 Video 1 轨的高度。

增加轨道高度使得在该剪辑上创建调整关键帧更容易，如图 12-5 所示。

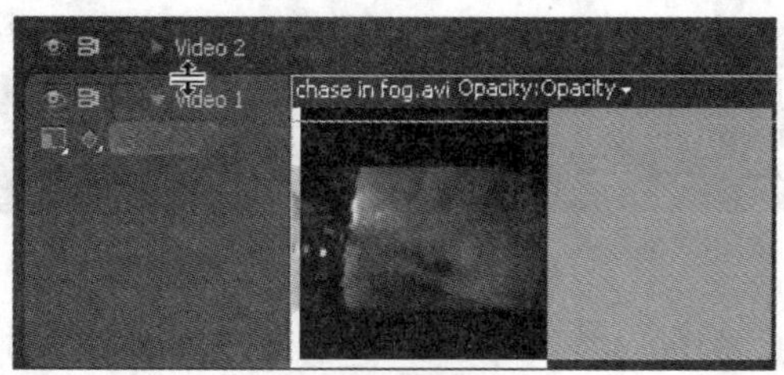

图12-5

4. 在剪辑菜单中选择 Show Clip Keyframes（显示剪辑关键帧）> Time Remapping > Speed 命令。选择该选项之后，剪辑上显示出一条表示速度的黄色线，如图 12-6 所示。

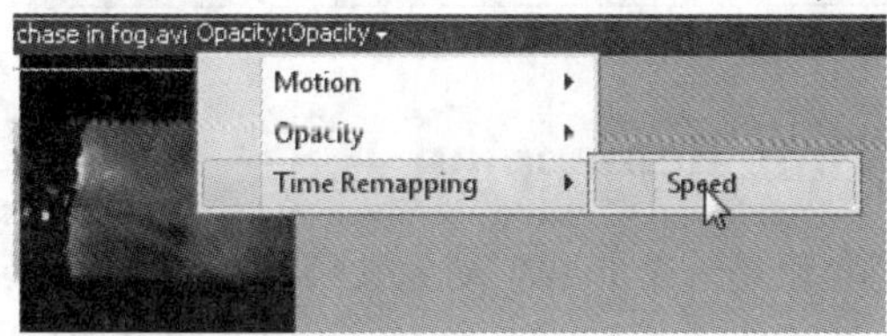

图12-6

5. 在 Timeline 上刮擦到女士后面的男士进入画面的位置（大约为 00；00；03；00）。

6. Ctrl- 单击（Windows）或者 Command- 单击（Mac）黄线，在该点添加速度关键帧。我们还没有改变速度，只是添加控制关键帧，如图 12-7 所示。

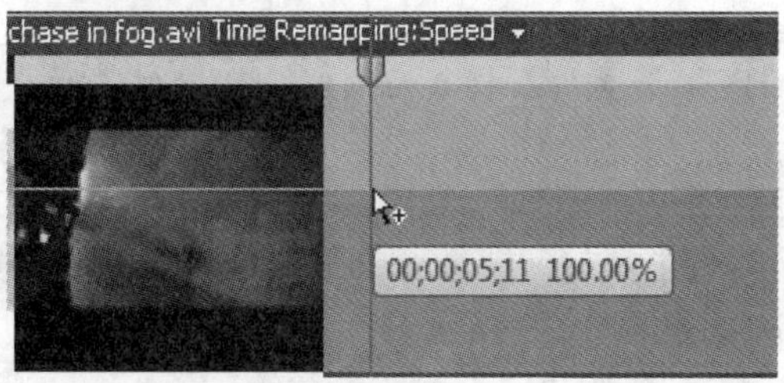

图12-7

7. 在 00；00；07；10 处添加另一个速度关键帧，就在汽车进入画面时。

> Pr | **注意**：添加两个速度关键帧后，剪辑现在处于 3 个“速度部分”。我们现在将在关键帧间设置不同的速度。

8. 保持第 1 部分（剪辑的开始和第 1 个关键帧之间）的设置不变（100%速度），把 Selection 工具定位到第 1、2 关键帧之间的黄色线上，把它向下拖动到 18%。注意剪辑长度现在被拉伸，以适应这部分速度的改变，如图 12-8 所示。

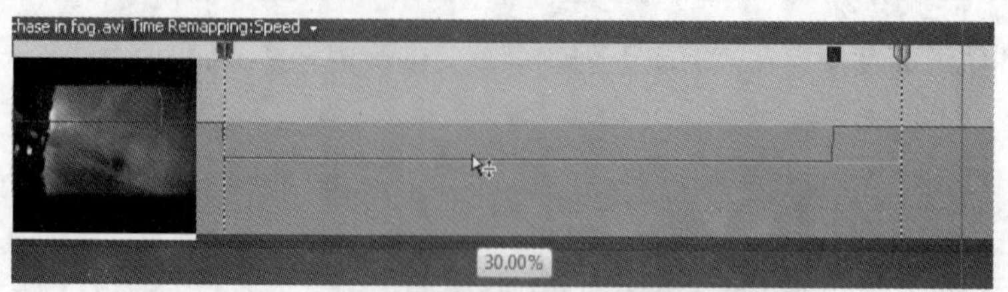

图12-8

9. 播放剪辑。注意速度从 100%变为 18%，之后在结束时又变回 100%。请渲染该剪辑，以便最平滑地回放。

> Pr **注意**：如果在设置速度关键帧时遇到问题，则请打开 complete 的序列，查看其中完成后的处理。

12.4 具有速度过渡的 Time Remapping

在剪辑上设置可变速度变化是一个非常生动的效果。在前一节中，我们将一种速度立即改变为另一种速度。要创建更精细的速度变化，可以使用速度关键帧切换平滑地从一种速度切换为另一种速度。

1. 打开 Lesson 12-4.prproj。

2. 选择序列 practice，从 Lesson 12-3.prproj 可以识别出该剪辑及其速度的变化。下面将接着前面留下的项目继续处理，在前面改变速度的地方创建速度的逐渐过渡。

> Pr **注意**：速度关键帧实际上是两个相邻的图标。可以把这两个图标拖开，以创建速度过渡。

3. 把第 1 个速度关键帧的右半部分向右拖，创建速度过渡。注意黄色线现在向下斜，而不是突然从 100%变到 30%，如图 12-9 所示。

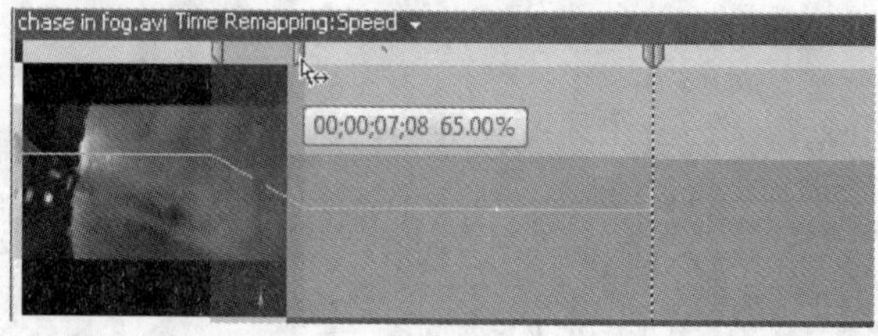

图12-9

4. 在第 2 个速度关键帧上重复第 3 步，在那里也创建出过渡。

5. 渲染并播放该剪辑，以观察其效果。

> Pr | **注意**：如果在创建这些速度关键帧过渡时遇到问题，请打开序列 complete，观察完成后的项目效果。

12.5 Time Remapping 与反向动作

反向剪辑可以为序列增添戏剧性效果或生动效果。Time Remapping 允许在同一段剪辑上调整可变速度，实现反向动作。

1. 打开 Lesson 12–5.prproj。

2. 选择序列 practice。像我们前面向该剪辑添加时间调整一样，这会改变其长度。

3. 按住 Ctrl 键（Windows）或者 Command 键（Mac），单击并向右拖动速度关键帧的右半部分，使时码达到 00；00；00；00（见 Program Monitor 内的时码）。注意，该修饰键创建反向速度关键帧，也就是说，当向右拖动时，实际上是拖回时间，如图 12–10 所示。

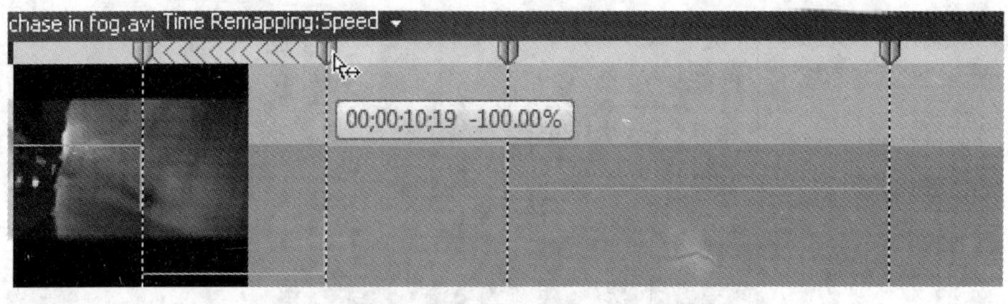

图12–10

> Pr | **注意**：在创建反向动作关键帧之后，Adobe Premiere Pro 在剪辑内反向动作开始位置的右侧添加另一个关键帧。

4. 播放该剪辑，观察其效果。

5. 为了使剪辑反向部分移入慢动作中，请把剪辑这部分的黄色线拖到 –50%（–50%表示与 50%慢动作相反）。

6. 向右拖动第 1 个关键帧的右半部分，建立从前向动作到反向动作的逐步过渡。

Time Remapping 是 Premiere Pro CS4 的一项新功能，慢动作的质量也非常好。请试验减慢和加速时间，但始终要使特效与所创建的项目或故事的情节相匹配。

12.6 改变时间对 Timeline 下游产生的影响

在把多个剪辑汇集到项目之后，用户可能决定要改变 Timeline 开始处的速度。重要的是要理解剪辑速度的改变对“下游”剪辑其余部分的影响。

1. 打开 Lesson 12-6.prproj。注意 Video 1 轨道内 Timeline 上有 3 段剪辑，一个字幕剪辑 footsteps title，它定位在脚步声电影剪辑上方。在这个练习中，将改变第一段剪辑的速度，观察它对 Timeline 上其余剪辑的影响。
2. 右击（Windows）或者 Control- 单击（Mac）chase in fog 剪辑，从弹出菜单中选择 Speed/Duration。把速度修改为 50%，单击 OK 按钮。

注意，Timeline 其余部分未受影响，但第 1 段剪辑以 50% 的速度播放。该剪辑不能扩展，因为它受另一段剪辑的限制。为了使该剪辑能够以 50% 的速度播放，它的出点被调整。

3. 按 Ctrl+Z 键（Windows）或者 Command+Z 键（Mac）撤销速度的改变。
4. 右击（Windows）或者 Control- 单击（Mac）chase in fog 剪辑，从弹出菜单中选择 Speed/Duration 命令。把 Speed 修改为 50%，并选择 Ripple Edit、Shifting Trailing Clips（移动后续剪辑）选项，之后单击 OK 按钮，如图 12-11 所示。

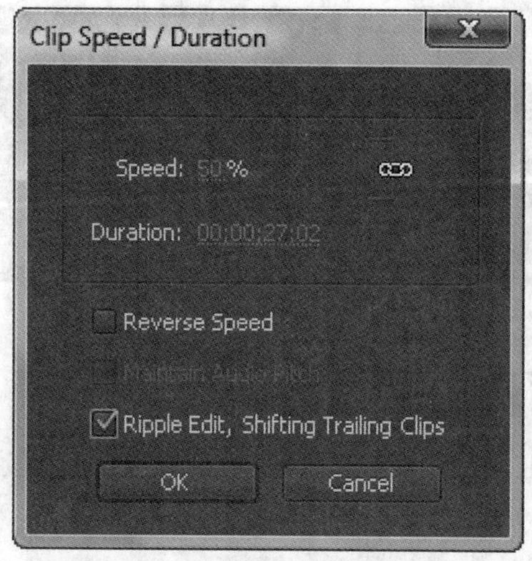

图12-11

注意，第 1 段剪辑现在或者，它以 50% 速度播放，Timeline 其余部分移动，以适应该剪辑的变化。

> **注意**：因为所有视频轨道默认时都启用 Toggle Sync Lock（切换同步锁定）。所以所有轨道都会移动（保持同步），而不只是速度被调整的轨道移动。

12.7 同时改变多个剪辑的速度

Premiere Pro CS4 的一项功能是同时改变多个剪辑的速度。

1. 继续处理 Lesson 12-6.prproj 留下的项目。按 Ctrl+Z（Windows）或者 Command+Z（Mac）撤销速度的修改。

2. Shift- 单击选中 Video 1 轨道上的 3 段剪辑。

3. 右击（Windows）或者 Control- 单击（Mac）任意一段被选中的剪辑，从弹出菜单中选择 Speed/Duration 命令。把 Speed 修改为 50%，单击 OK 按钮。

所有 3 段视频剪辑现在都以 50%的速度播放，但只有最后一段剪辑长度扩展。这是因为最后一段剪辑不受任何其他剪辑的约束。

4. 按 Ctrl+Z 键（Windows) 或者 Command+Z 键（Mac）撤销速度修改。

5. 再次选择 3 段视频剪辑。

6. 右击（Windows）或者 Control- 单击（Mac）任意一段被选择的剪辑，从弹出菜单中选择 Speed/Duration 命令。把 Speed 修改为 50%，并选择 Ripple Edit、Shifting Trailing Clips 选项，之后单击 OK 按钮。

扩展 3 段剪辑，使它们能够以 50%的速度播放。

12.8 同时改变多个静态图像的长度

虽然静态图像实际上没有速度，但它具有时长。Premiere Pro CS4 允许用户调整一组被选择的静态图像的时长。

1. 打开 Lesson 12-7.prproj。注意 Timeline 上充满了日落静态图像。所有图像的时长是 5 秒，它们相互之间使用的是 Cross Dissolve 切换。

2. 按反斜杠键（\）放到 Timeline，使所有图像都可见。

3. 在 3 幅图像周围拖动鼠标，框选它们。

4. 右击（Windows）或者 Control- 单击（Mac）任意一幅被选择的图像，从弹出菜单中选择 Speed/Duration 命令。把 Duration 修改为 10 秒，之后单击 OK 按钮。

发现只有 Timeline 上的最后一幅图像（如图 12-12 所示）扩展到 10 秒，这是因为其他图像被其他尾部剪辑所绑定。

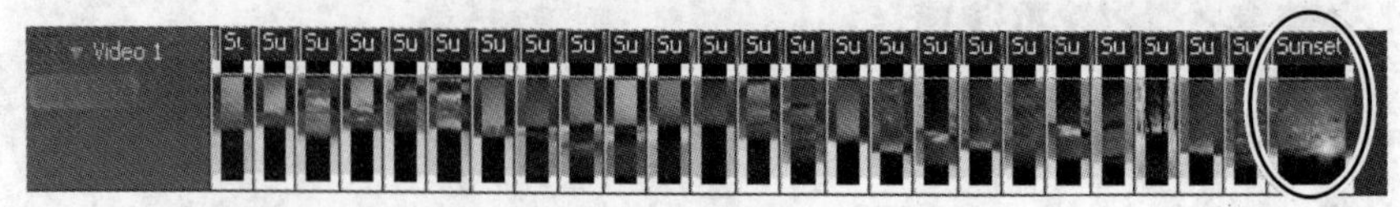

图12–12

5. 按 Ctrl+Z 键（Windows）或者 Command+Z 键（Mac）撤销 Duration 修改。

6. 再次选择所有图像剪辑。

7. 右击（Windows）或者 Control- 单击（Mac）任意一幅被选择的图像，从弹出菜单中选择 Speed/Duration 命令。把 Duration 修改为 10 秒，并选择 Ripple Edit、Shifting Trailing Clips 选项，之后单击 OK 按钮。所有剪辑时长都扩展为 10 秒，剪辑之间的切换保持不变。

复习

复习题

1. 把剪辑的速度修改为 50%对剪辑长度有什么影响?
2. 哪个工具用于拉伸剪辑时间，以填充间隙?
3. Time Remapping 功能位于哪里?
4. 可以在 Timeline 上直接做 Time Remapping 修改吗?
5. 怎样创建从慢动作到正常速度平滑过渡?
6. 请解释在几幅图像已经放置到 Timeline 上之后怎样调整它们的时长。

复习题答案

1. 降低剪辑的速度导致剪辑变长，除非已经在 Clip Speed/Duration 对话框内解除 Speed 和 Duration 参数之间的链接，或者该剪辑被绑定到另一段剪辑。
2. Rate Stretch 工具常在需要填充小段时间时使用。
3. Time Remapping 功能不位于 Effects 文件夹内，默认时，它是所有剪辑上都可以使用的常见特效。
4. Time Remapping 最好在 Timeline 上实现，因为它影响时间，所以最好（也最容易）在 Timeline 序列上使用和观察它。
5. 添加速度关键帧，拖动关键帧的一部分拆分它，在两种速度之间创建过渡。
6. 选择要修改的 Timeline 上的剪辑，之后调整时长，一定要注意选择 Ripple Edit、Shifting Trailing Clips 选项。

第13课 获取和编辑音频

本课涉及的主题包括：

- 把麦克风连接到计算机；
- 建立一个基本的音频录制区；
- 采用专业解说；
- Adobe Premiere Pro 的音频功能；
- 检查音频特征；
- 调整音量；
- 调整音频增益；
- 添加 J 切换（J-cuts）和 L 切换（L-cuts）。

学习本课大约需要 50 分钟。

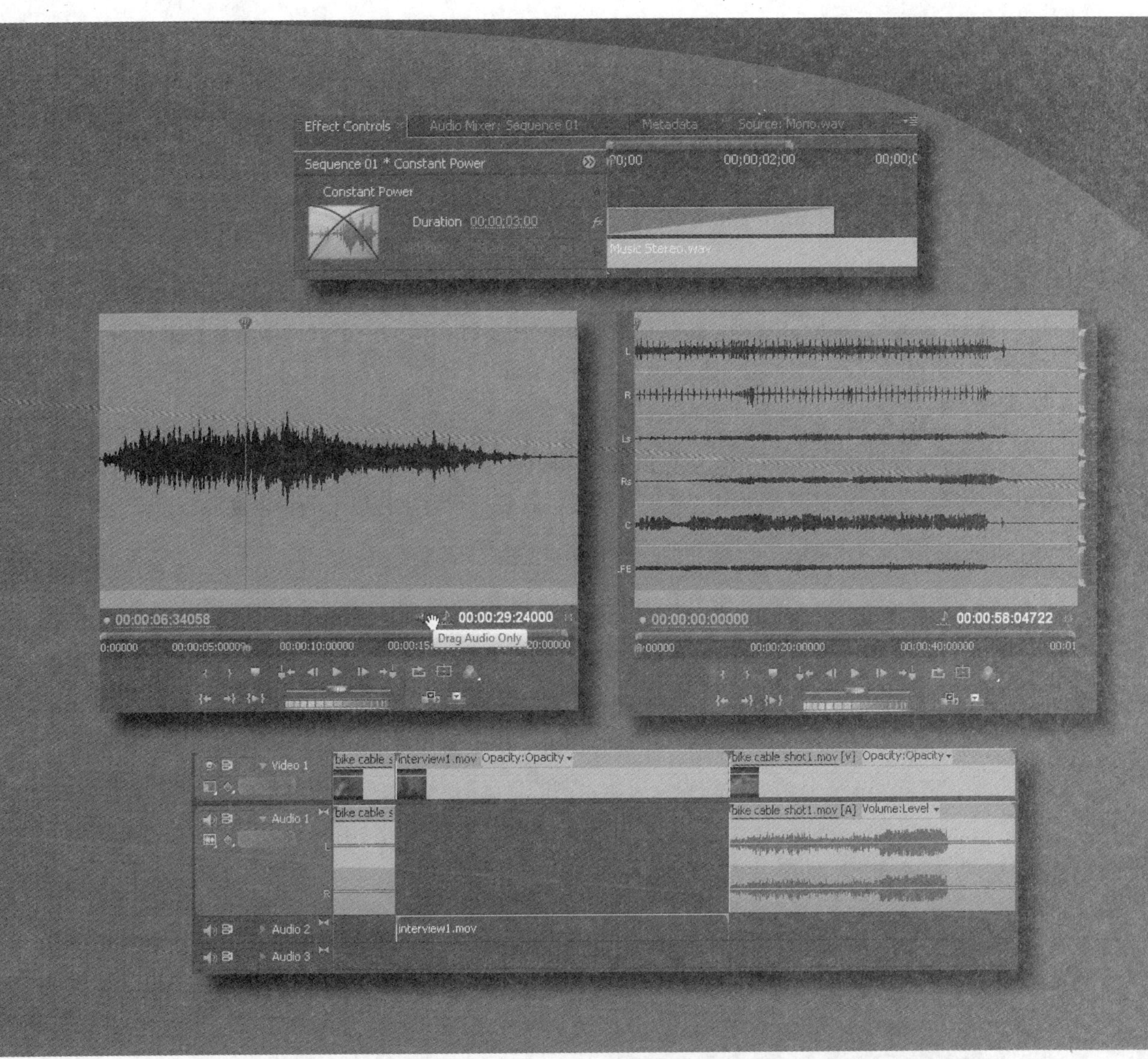

音频对于视频作品来说至关重要。Premiere Pro CS4 提供的工具可以使音频编辑达到更高水平。它提供了符合工业标准的插件，兼容多种音频格式，支持特定取样率的编辑以及多轨编辑。

13.1 开始

音频相对于视频来说处于次要地位，但它不应该这样。清晰而且编辑良好的音频对项目而言是至关重要的。即使有最好的图像，如果声音过于平淡，也会影响整体的效果。首要的任务是要在现场和录制解说时获取高质量的音频。

Adobe Premiere Pro 能满足视频制作者和音响爱好者的所有需要，使他们的作品具备顶级的听觉品质。它有一个内置的调音台，其功能可以同录音工作室的硬件设备相媲美。这个调音台可以编辑单声道、立体声或 5.1 环绕声，它具有内置的乐器和声音录制功能，可以提供多种方法混合选中的轨道。

可以在 Timeline 上进行专业编辑，比如 J 切换和 L 切换；也可以调整音频的音量电平、关键帧和插值。

另外，Adobe Premiere Pro 还符合两个音频专业标准：ASIO（Audio Stream In /Out）和 VST（Virtual Studio Technology）。这就使它可以使用多种多样的声卡和许多音频特效插件。

连接麦克风

把麦克风连接到计算机的声卡，就可以使用 Adobe Premiere Pro 把一段解说直接录制到项目中。大部分声卡只有 3.5mm 立体声迷你接口。电子器材商店一般会出售以下两种麦克风。

- 动态麦克风：适合在办公桌前使用的耳机式或颈挂式麦克风；
- 电容器式麦克风：这些通常是挂饰型，它的音质更好一些，不过工作时需要电池。

把麦克风正确地连接到声卡接口（通常标有“Mic”或有一个麦克风标志），不要插到 CD 播放机或声音混合器这样的放大设备所使用的 Line-in（线路输入）接口。

无论选择哪一种麦克风，要确保有一个好耳机，用它盖住耳朵，阻挡外部的声音。当拍摄视频和录制解说时都要使用耳机，听到麦克风所录制的自己的声音效果是十分重要的。

13.2 建立一个基本的录音区

要创建画外解说，需要一个安静而且能够隔绝声音的地方。最简单的方法就是在墙角悬挂厚毛毯或隔音棉，隔出一块区域作为临时的录音区。如果能把一个小房间的四面都挂上毯子那就更好了。

如果把毛毯挂在一角，要把麦克风指向这角，自己坐在麦克风和这角之间，背朝毛毯的方向说话。这样看起来好像不太对，但麦克风就像摄像机一样，它“看着”其前面的东西。在这种情况下，它只会“看着”录音者的脸和那些悬挂着的吸音毯。

13.3 专业解说

在录制画外音之前请先浏览下面的清单。

- **练习大声朗读文本：**听听自己的发音，发音应该让人感到舒服，像对话一样，甚至有种随意的感觉。
- **避免专业术语：**这会使听众听起来更费劲，因此会失去听众。
- **尽量使用短句：**如果发现某些用语不够流利，就换一种说法。
- **强调重点词和短语：**检查解说词时，在重点词下面划线。录制画外音时，可能要强调这些重点词：用更大的音量和更强的语调。
- **标记停顿：**用短平行线标出解说词中需要逻辑停顿的地方。
- **避免语气过于平淡，语速一成不变：**这是广播中照本宣科式的读稿特点。不要提醒观众他们在看电视，要让他们觉得这是真实的生活，这是一场对话。
- **解说要有激情：**声音不要呆滞或单调，相反，解说要热情和富有激情。
- **练习：**录制一两条解说词听一下。大多数第一次进行解说的人要么是喃喃自语，要么是吞吞吐吐，你把自己的意思表达清楚了吗?
- **在读 P 和 T 时不要发出爆破音：**在读 P 和 T 字时，会发出一股小气流。不要在说话时直接对着麦克风。
- **戴上耳机：**这有助于避免发出 P 音，或说话时带有太多的咝咝声（过于强调 S 的声音）。这还有助于把房间噪音和其他外来声音对录音者的影响降到最低。

13.4 在 Adobe Premiere Pro 内创建高品质的听觉体验

Adobe Premiere Pro 提供的以下专业品质的音频编辑工具，足以与众多性能出众的音频混合和编辑产品相媲美。

- **特定取样编辑：**视频通常是每秒 24 帧到 30 帧之间，帧间编辑大约是 1/30 秒的间隔；音频取样通常是每秒数千次；CD 音频每秒取样 44 100 次（44.1kHz）。Adobe Premiere Pro 可以在两次音频取样之间进行编辑；
- **3 种音频轨道：**单声道、立体声和 5.1 声道（6 通道环绕声），序列中可以使用其中的任意一种或所有类型的轨道。
- **分组混音轨道：**可以把选中的音频轨道指派给 Submix（分组混音）轨道，这样可以一次把一个音频实例和特效设置同时应用到几个轨道中去。
- **通道编辑：**用于从立体声和 5.1 环绕声文件中分离出各个音轨，在这些轨道上添加特效。比如，可以选择 5.1 声道中的两个后通道，向它们添加回声特效。

- **录音室**：凡是能够连接到与 ASIO 兼容的声卡上的所有乐器或麦克风，都可以用 Adobe Premiere Pro 进行录制，可以直接录制到现有序列的轨上，或者录制到新的序列。
- **统一的音频格式**：Adobe Premiere Pro 可以把音频升级到与项目中的音频设置相匹配。此外，它还可以把所谓的定点（整数）数据转换成 32 位浮点数据。浮点数据使得许多音频特效和切换特效的效果显得更加真实。

> **注意**：浮点数据在小数点前后没有固定的位数，也就是说小数点的位置是浮动的。这使计算更加精确。

摄像机的取样率和比特率设置

许多DV摄像机提供两种音频质量选项：48kHz的16位音频（每秒取样48 000次，每次取样16位数据）或是质量较低的32kHz的12位音频。后者在DV磁带中放置两个立体声音轨。其中一个用于录制摄像机上麦克风采集的音频，另一个可以选择用于插入解说或其他一些音频。如果在录制时使用的是32kHz，但项目设置是48kHz，Adobe Premiere Pro只需在转换过程中花一点时间就可以把录制的音频转换为设置的格式。

13.5 检查音频特征

音频编辑与视频编辑类似，使用的大多数工具相同，应用切换和特效的方式也大多相同。

但是音频有一些与视频不同的特点，并影响音频编辑的方法。这一个练习将介绍基本的音频编辑。

Audio Mixer（调音台）、音频特效和 Adobe 的专业音频产品——Audition 2.0。

1. 启动 Adobe Premiere Pro，打开 Lesson 13-1.prproj。它有 3 段音乐剪辑：一个单声道、一个立体声和一个是 5.1 环绕声，还有 3 段电影剪辑。
2. 双击 Mono.wav，在 Source Monitor 中打开它。波形显示在 Source Monitor 内，它的峰值和谷值表示音量水平，如图 13-1 所示。

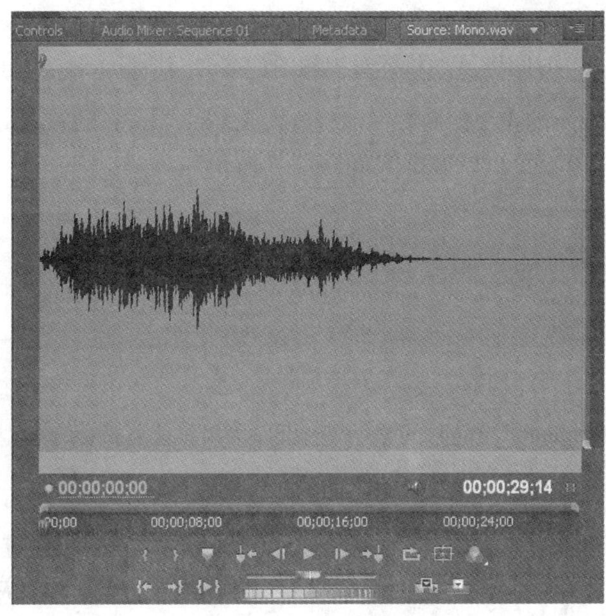

图13–1

3. 单击 Source Monitor 底部的 Play 按钮，播放这段音频。

4. 在 Source Monitor 内的波形上单击并拖动鼠标，刮擦音频。

5. 拖动 Source Monitor 右边缘的垂直缩放条，尝试纵向（幅度）缩放波形，这样有助于观察波形幅度内的更多细节，如图 13–2 所示。

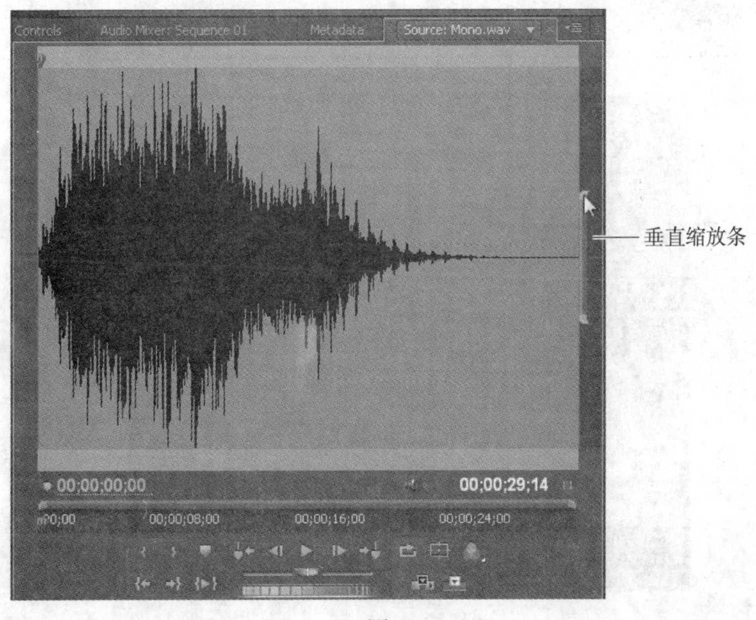

图13–2

6. 打开 Source Monitor 面板菜单，选择 Show Audio Time Units（显示音频时间单位）命令。这将把 Time Ruler（时间标尺）从针对视频的标准时间增量（秒；帧）转换为音频取样数。

7. 将 Viewing Area Bar 的左手柄向右拖动，放大 Source MonitorTimeline，直到两个编号标记之间的差值达到 1 000 个取样为止（如图 13–3 所示）。

图13–3

8. 在 Current Time Display（当前时间显示）中输入 1:0，然后按回车键。

9. 按左箭头键一次，请注意取样数已由之前的 1:0 变成 0:47 999。

这段剪辑中每秒有 48 000 个音频取样（48kHz）。切换到音频单位可以进行具体到取样的编辑，最低可达到 1/48 000 秒（在这个项目设置中）。这有点像把头发劈开，用这样的高精度剪辑音频会给工作带来许多便利。

> **注意**：音频单位显示冒号（：），而视频帧时间码中显示分号（；）。

10. 左右拖动 Viewing Area Bar 的中心，仔细观察音频的峰谷值，如图 13–4 所示。

> **注意**：左右拖动 Viewing Area Bar 手柄可以改变缩放比例。

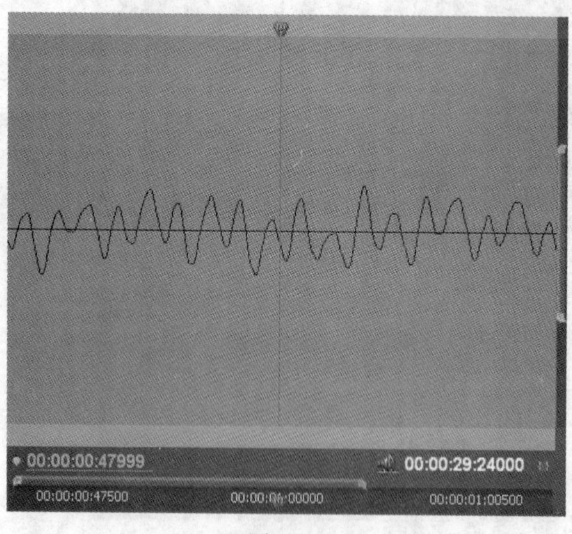

图13–4

11. 双击 Music Stereo.wav，观察它在 Source Monitor 中的形状。这是立体声信号形状。显示按照业界标准：上面是左声道，下方是右声道，如图 13–5 所示。

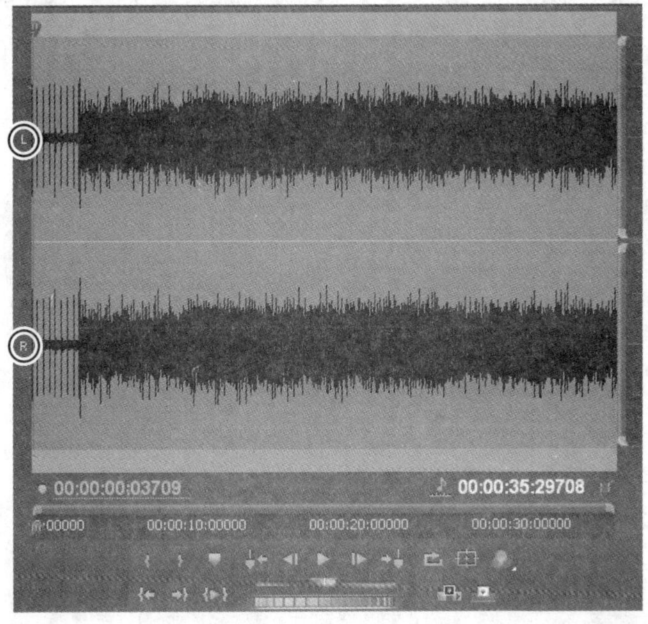

图13–5

12. 选择 Edit>Preferences>Audio（Windows），或者 Premiere Pro>Preferences>Audio（Mac）命令，确认 5.1 Mixdown Type 被设置为 Front+Rear+LFE，如图 13–6 所示。

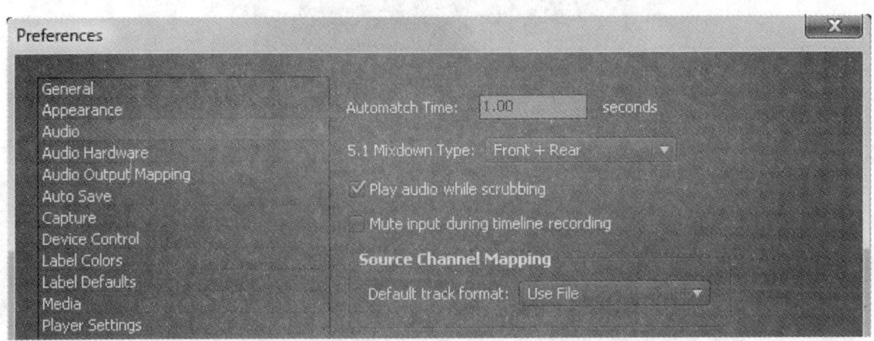

图13–6

下一步中需要使用这样的设置听 5.1 剪辑中的所有 6 个通道。

13. 双击 Music 11 5.1.wav，在 Source Monitor 中观察它，如图 13–7 所示。这是一段 5.1 环绕声剪辑。它有 6 个通道：右、左、中央、右环绕（后）、左环绕（后）和 LFE（low-frequency effects，低频特效，即低音炮通道）。

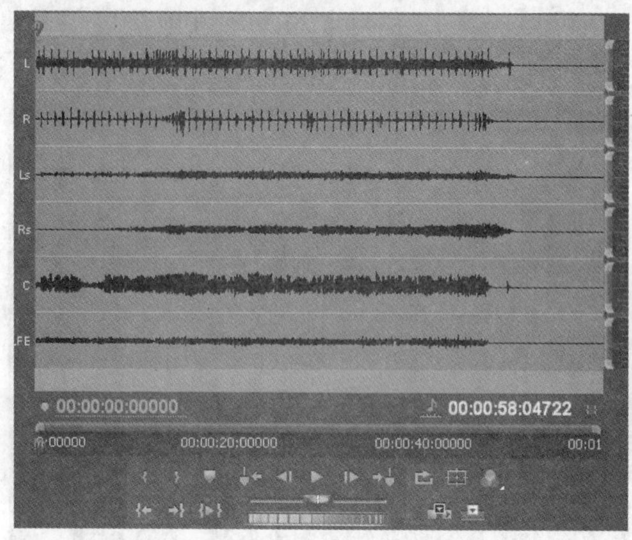

图13-7

14. 在 Project 面板中单击 Music 11 5.1 以选中它，然后选择 Clip>Audio Options>Breakout to Mono 命令，如图 13-8 所示。这将创建 6 个链接，每个通道对应一个（它不会创建 6 个新的音频文件）。使用 Breakout to Mono 可以编辑立体声或 5.1 环绕声剪辑中的各个通道。比如，如果要增强 LFE 通道的低音，而不改变原来的 5.1 剪辑，则可以把这个编辑过的通道链接到其他 5.1 环绕声的单声道通道，创建出另一个 5.1 剪辑。

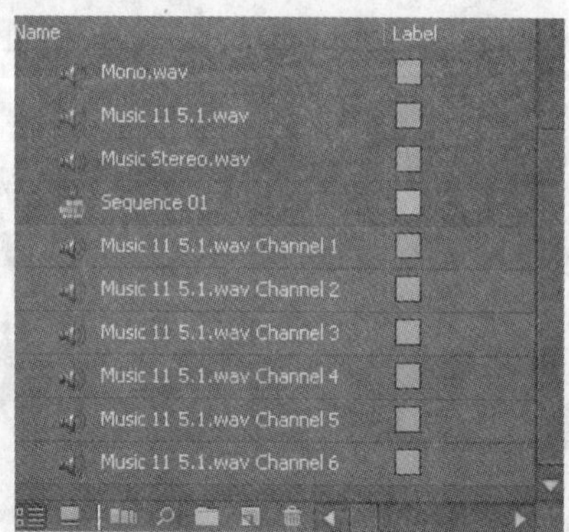

图13-8

波形是不变的

在Adobe Premiere Pro中向剪辑添加特效不会影响原来的音频或视频剪辑，也不会影响可见的音频波形。如果改变剪辑音量或向它应用音频特效，波形仍然显示剪辑原来的音量水平。

15. 把 Music 11 5.1 拖到 Timeline 上，会发现 Adobe Premiere Pro 不允许把它放在 Audio 1 轨道中。

Audio 1 是一个立体声轨道。当把一个音频剪辑拖到序列时，如果该序列没有一条与这个剪辑类型匹配的轨道，Adobe Premiere Pro 会自动创建一条与该剪辑类型相配的新轨道。虽然 Adobe Premiere Pro 似乎把新剪辑移到 Master Audio Track（主音轨）的下方，但当释放鼠标按钮时，新轨道会显示在主音轨的上方，如图 13-9 所示。

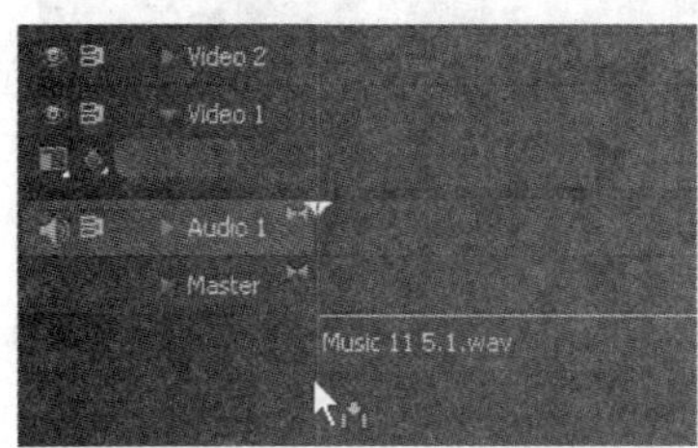

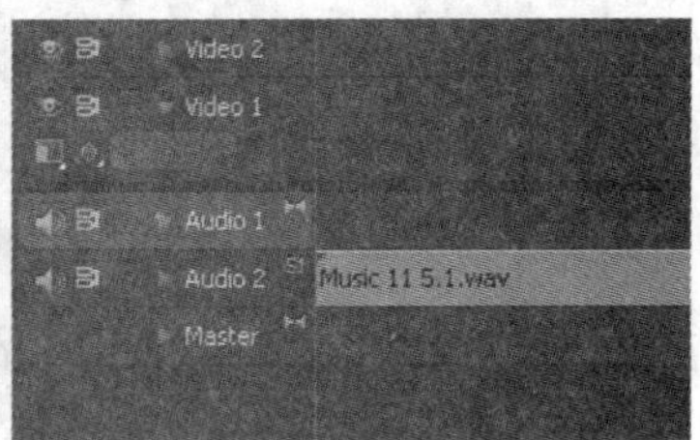

图13-9

16. 单击新添加的 Audio 2 轨的 Collapse /Expand Track（折叠 / 展开轨道）三角形（图 13-10 所示），展开其视图，打开它的波形视图，把 Video 1 和 Audio 1 之间的边界向屏幕上方拖动，之后把 Audio 2 的底边向下拖动。现在序列看起来应如图 13-10 所示。注意 5.1 环绕声剪辑 6 个通道中每个通道的标签。

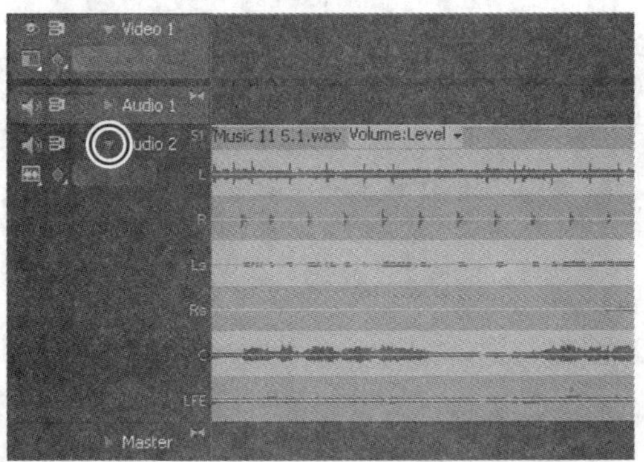

图13-10

17. 单击 Source Monitor 中新打开的剪辑下拉列表（如图 13-11 所示），选择 Mono.wav。

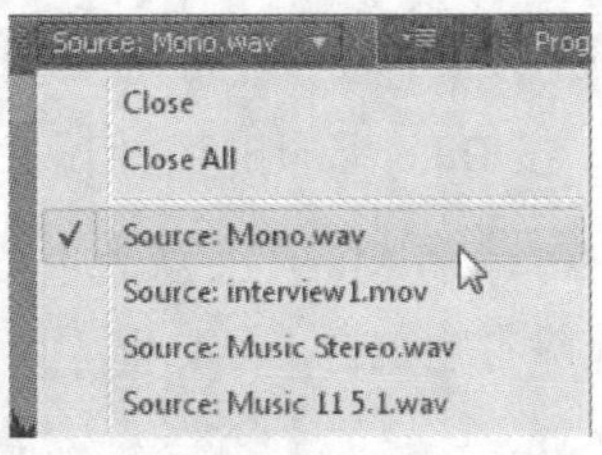

图13-11

18. 将 Drag Audio Only（只拖动音频）图标拖动到 Timeline，把 Mono.wav 文件带入到 Timeline。注意，Adobe Premiere Pro 不允许把单声道剪辑放置在 Audio 1 轨道内，因为 Audio 1 是立体声轨道，请把它放置在主轨道的下方，Premiere Pro CS4 将造主轨道的上方创建新的单声道轨道，如图 13–12 所示。

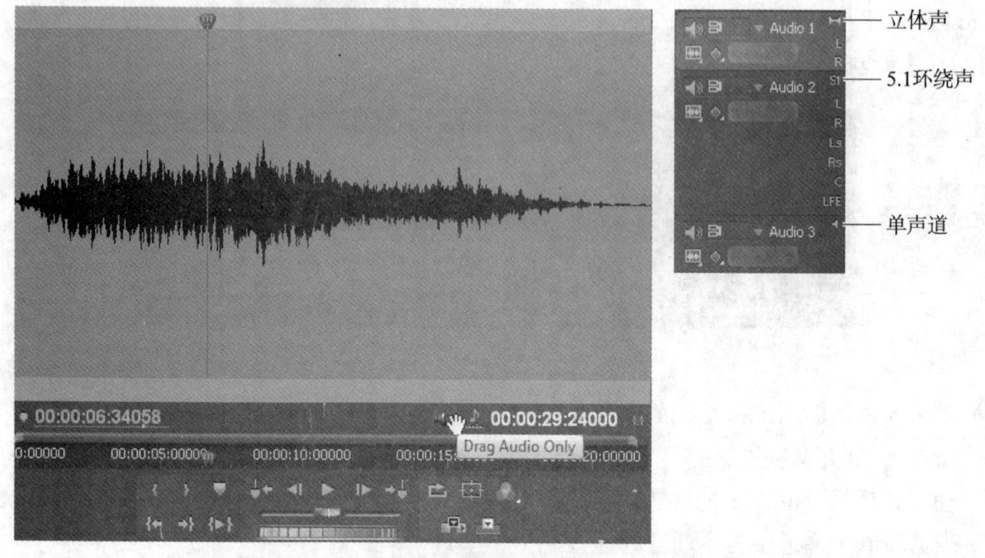

图13–12

> **注意：** 通过音频轨道的图标即可辨认出它们的类型：Mono（单声道）是单个喇叭，Stereo（立体声）是一对的喇叭，而 5.1 环绕声则标明是 5.1。Master（主）音频轨道默认设置为立体声。在创建新的序列时，它被设置在 Track 选项卡的下方。

13.6 调整音量

有时会需要增加或降低整个剪辑或部分剪辑的音量。比如，在一段视频剪辑中，解说开始时可能要将现场声降低一半，或者在剪辑的开始和结尾处逐渐增大音量，或者在解说一段完成时逐渐增大采访的音量。后者是 J 剪辑或 L 剪辑的一部分，下一节将会解释它们。让我们来调整剪辑的音量。

1. 选取 Window>Workspace>Reset Current Workspace 命令，使工作空间回到原来的整齐状态。

2. 框选 Timeline 上的音频剪辑，按 Delete 键删除它们。

3. 右击（Windows）或 Control- 单击（Mac）音频轨道标题，在打开的 Delete Tracks 窗口中选取 Delete Audio Tracks（删除音频轨道）复选框（如图 13–13 所示），之后单击 OK 按钮，删除添加的所有音频轨道。

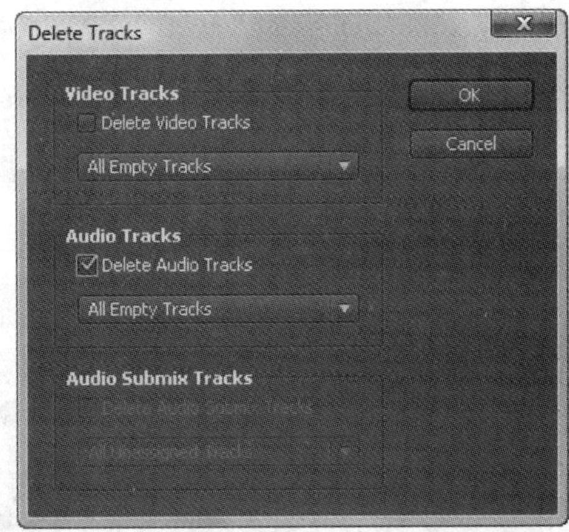

图13-13

现在序列中应该只有两条音频轨道：Audio 1 和 Master（两者都是立体声）。

4. 把 Project 面板内的 Music Stereo.wav 拖放到 Audio 1 轨上。

5. 单击展开 Collapse /Expand Track 三角形按钮，扩展轨道视图。

6. 单击 Show Keyframes 按钮，选择 Show Clip Keyframes（显示剪辑关键帧）命令，如图 13-14 所示，确保可以看到剪辑关键帧。这样就能够在 Timeline 上编辑剪辑的音量，而不用使用 Effect Controls 面板中的 Volume 特效。

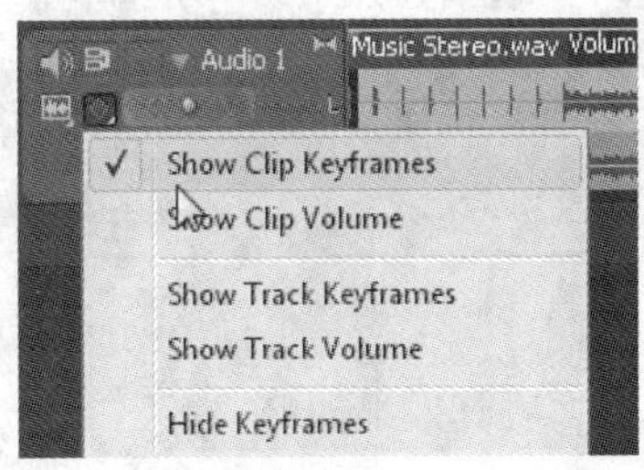

图13-14

7. 将鼠标悬停在 Volume Level Graph（音量电平曲线）上（左、右声道之间一条细细的黄色水平线），直到它变成 Vertial Adjustment Tool（垂直调整）工具光标为止，之后上、下拖动这条黄色线，如图 13-15 所示。

图13-15

> **注意：**dB（分贝）水平读数会反映音量的变化（无论原来剪辑的实际音量是多少，默认的起始值都是 0 dB）。要移动到精确的设置并不容易，这可以用 Effect Controls 面板中的 Volume 特效来实现。

8. 按下 Ctrl 键（Widnows）或者 Command 键（Mac），沿着黄色细线间隔均匀地单击 Volume Level Graph 的 4 个位置。这在音量线上添加 4 个关键帧，如图 13–16 所示。

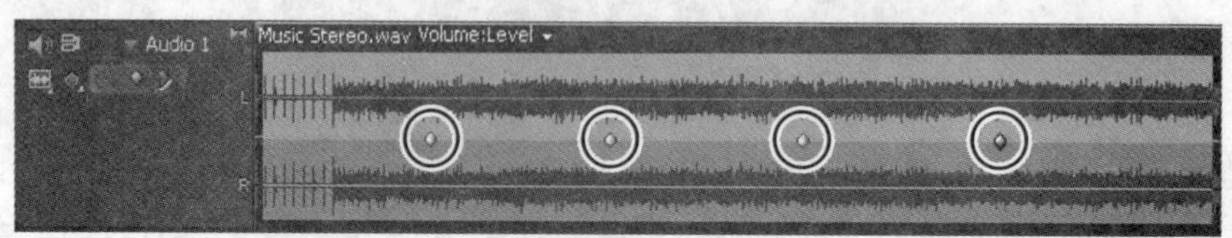

图13–16

9. 分别把第 1 个关键帧和最后一个关键帧拖到最左边和最右边，把这些关键帧放置到剪辑的首帧和尾帧上。

10. 分别把第 2 个关键帧和第 3 个关键帧向左和向右拖动到大约距起点 2 秒和距终点 2 秒的位置。

11. 把开始和结尾处的两个关键帧拖到剪辑视图的底部，创建出渐强和渐弱效果，如图 13–17 所示。

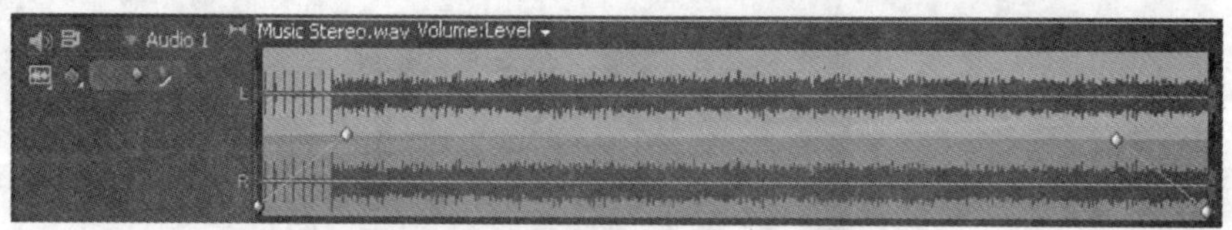

图13–17

12. 播放剪辑的开始和结束部分，看其效果如何。

> **注意：**在剪辑中移动关键帧时，不可避免地会改变它们的音量设置值。在 Timeline 上调节关键帧是一种快速且简单的办法，可以用 Effect Controls 面板的 Volume 特效来细调这些关键帧的参数。

13. 在第 2 个和第 3 个关键帧上右击（Windows）或 Control- 单击（Mac），分别选择 Ease In（淡入）和 Ease Out（淡出）命令。

> **注意：**正如你所看到的，可以在 Timeline 上应用关键帧插值，但选择一种 Bezier 曲线选项可以在中间创建出更明显的曲线。所以对大多数音频关键帧，请坚持使用 Ease In 和 Ease Out。

在 Effect Controls 面板中调整音频

固定音频特效和所有其他特效一样，可以在其中使用关键帧使音频随时间发生变化。也可以在 Effect Controls 面板中应用音频切换特效（它随时间改变音频音量电平），调整其设置。

1. 确认选中了 Audio 1 轨中的 Music Stereo 剪辑，打开 Effect Controls 面板。单击 Volume 三角形，显示出其参数，扩展 Effect Controls 面板，以便看到它的 Timeline。

   如果 Timeline 还没打开，请单击 Show/Hide Timeline View 按钮，并注意以下几点。

- **Bypass**：由于仅有音频特效才有这个选项，所以本书到目前为止还未介绍过这个选项。对于 Volume 特效来说，在剪辑内的任何位置打开 Bypass（Bypass 可以定义关键帧）就可以恢复剪辑的原来音量。用 Bypass 可以随时打开或关闭剪辑中的所有音频特效。

  Level：惟一可以调整的参数。

- **Keyframes**：在 Timeline 内应用到剪辑的所有关键帧和关键帧插值方法（沙漏图标）都会显示在 Effect Controls 的 Timeline 上，如图 13-18 所示。

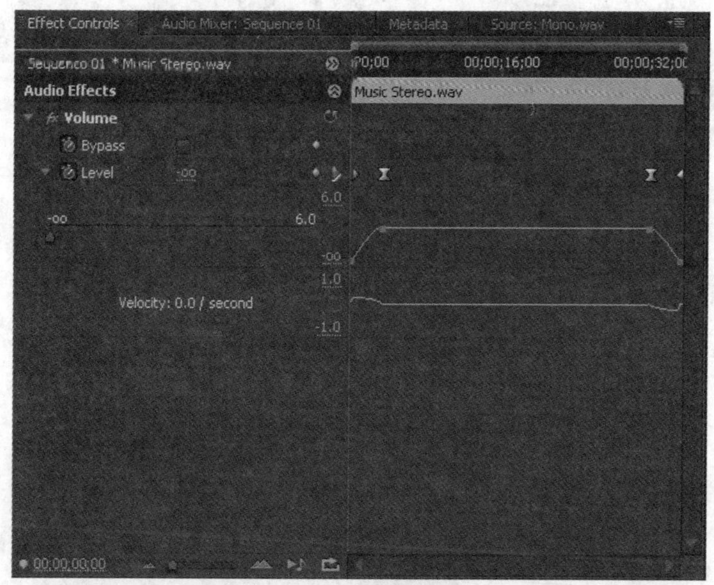

图13-18

2. 添加几个关键帧，并改变每个关键帧上的音量值。播放剪辑，听听其音量调整效果。单击 Bypass 旁边的选取框，注意，这时所做的音量调整没有被应用。

3. 框选 Effect Controls Timeline 上的所有关键帧，按 Delete 键删除它们。

4. 把 Constant Power 音频切换特效（Audio Transitions>Crossfade）拖到 Timeline 上该剪辑的开始处，如图 13-19 所示。

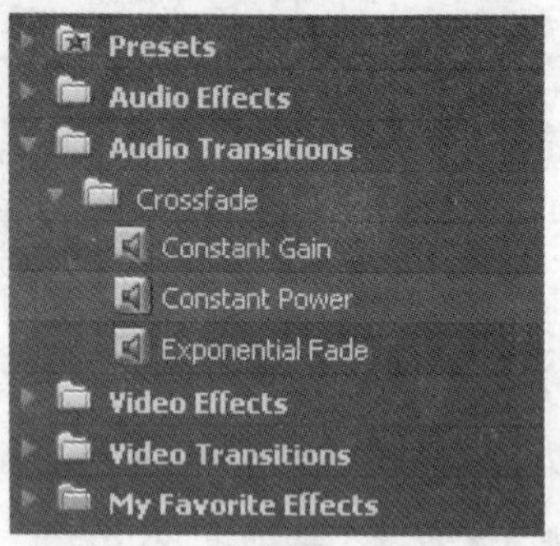

图13-19

5. 单击该剪辑上的切换特效矩形选择它，在 Effect Controls 面板中查看其参数。

6. 把 Duration（时长）改为 3 秒，如图 13-20 所示，这样可以得到更好的淡入效果。

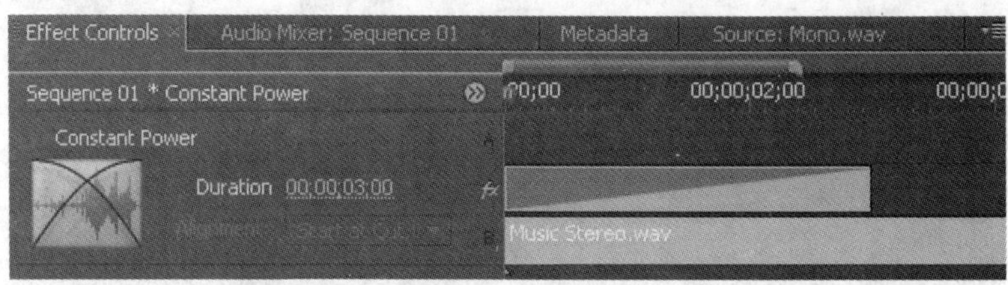

图13-20

7. 把剪辑 interview1.mov 拖放到 Timeline 上 Music Stereo 剪辑之后的位置。

8. 把尾部 Music Stereo.wav 裁剪回 1 秒，之后把 interview1.mov 开始处裁剪到 00；00；04；12 附近。这使它们二者的尾部获得平滑的切换特效。

9. 把 Constant Power 拖到该编辑点上，听听它的效果，如图 13-21 所示。

图13-21

10. 用 Constant Gain 取代 Constant Power，再听一次。

> Pr | **注意：**如果在操作中遇到困难，或者想听听本节这时完成的项目效果，请打开 completed 序列。

颇受欢迎的Constant Power

Constant Gain以恒定的速率使音频在剪辑间切入和切出，这有时侯听起来会觉得生硬。Constant Power则可以创建平滑、渐进的切换方式，就像视频交叉溶解那样。它先逐渐降低第1段剪辑的音量，然后在切换结尾处快速降低。对于第2个剪辑，这种音频交叉消褪先快速提高音频，而在接近切换结尾处时则慢慢提高。Constant Power是默认的音频切换方式，大多数切换都依靠它。但自己的耳朵是最好的评判。

13.7 调整音频增益

有时所要求的音频需要增益调整，以提高或降低其总体电平，满足其他剪辑增益的需要。这可以通过手工音量调整来实现，但 Adobe Premiere Pro 提供的 Audio Gain（音频增益）工具能够帮助用户自动实现。

1. 继续处理打开的项目，单击 Music Stereo.wav 剪辑选择它。

2. 右击该剪辑，选择 Audio Gain。注意调整该剪辑增益的 4 个选项。

Set Gain to（**增益设置为**）：默认值是 0.0 dB。这个选项允许用户把增益设置为指定值。该值总是被更新为当前增益，即使音频按钮没有被选择，该值显示为灰色的时候也是这样。

- Adjust Gain by（**增益调整**）：默认值是 0.0 dB。该选项允许用户把增益调整 + 或 –dB。在该字段内输入 0 以外的值将更新 Set Gain to dB 值，以反映实际应用到剪辑的实际增益值。
- Normalize Max Peak to（**把最大峰值规格化到**）：其默认值是 0.0 dB。可以把它设置为小于 0.0 dB 的任何值。例如，这个剪辑的峰值幅度是 -2.7（如图 13–22 所示）。规格化该剪辑到 0 dB 将提升其增益 2.7 dB。
- Normalize All Peaks to（**把所有峰值规格化到**）：其默认值是 0.0 dB。在一次选择多个剪辑时该选项很有用。这个功能把所选择的所有剪辑调整到使它们的峰值均达到 0 dB 所需的增益。

3. 把 Normalize Max Peak 选项设置为 0 dB，单击 OK 按钮。注意 Timeline 上的波形将展开，显示出增益，如图 13–22 所示。

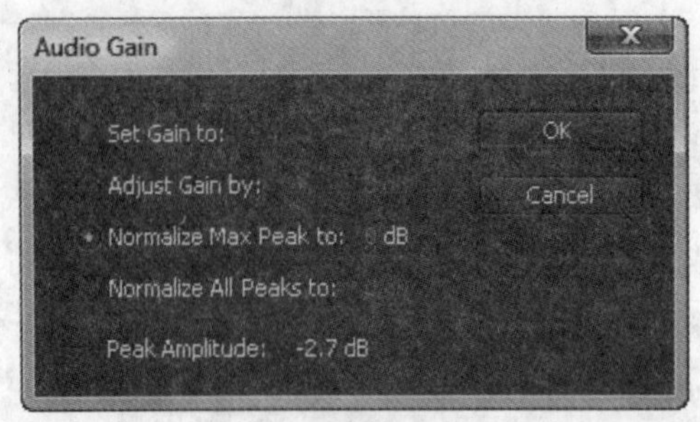

图13-22

也可以使用新的 Normalize Master Track 选项一次规格化整个音频轨道。

4. 播放 Timeline，注意主音轨音量表显示在 -6~0 dB 之间，这通常是很好的电平范围。

5. 在 Sequence 菜单中选择 Normalize Master Track，打开 Normalize Track 对话框，如图 13-23 所示。

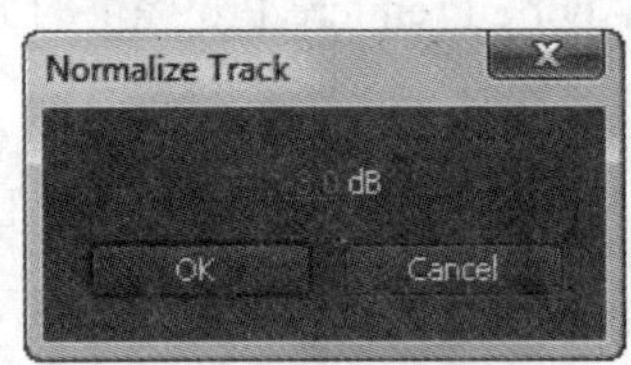

图13-23

有时用户可能想在音频轨道内获得更好的“净空”效果,因此想要把整个轨道的音量调低一点。这个功能适用于执行该操作。

6. 把值设置为 -3，单击 OK 按钮。

7. 播放 Timeline，注意，主音频电平表上的电平现在降低了 3 dB。

13.8 添加 J 切换和 L 切换

在开始一个视频剪辑前，我们常常想在前一个视频剪辑未完时就播放下一个剪辑的声音，然后再切换到相关视频。这样可以让观众知道有人将要说话或者是即将进行切换。这就是 J 切换，之所以这样命名是因为它在序列中看起来像“J”的形状。

反过来,另一种灵活的编辑技术是把音频的尾部延伸到下一个视频剪辑的开头,这叫做 L 切换。

这两种切换都需要解除链接的 A/V 剪辑中音频和视频部分的链接，这样才可以分别对它们进行编辑。解除它们之间的链接后，可以把音频片段移到另一个音频轨道中，然后延伸或缩短音频部分，进行 J 切换或 L 切换。解除链接的方法有两种 ：弹出菜单和使用修饰键。

1. 打开 Lesson 13-2.prproj，并播放 Complete 序列。这就是在本练习结束时所创建的 J 切换和 L 切换所要达到的效果，它包含第 8 课中使用过的同期声和硬切剪辑。

> **注意：**在这种情况下，硬切剪辑不是用作硬切换。它们是 B-roll，用来拼凑项目的基本视频。

硬切视频随同期声的前几个字一起播放，之后当硬切音频淡出时，硬切视频也溶解转换到采访剪辑，这就是 J 剪辑。如果这个过程反过来，重叠的是同期声的尾部，这样就是 L 剪辑。

2. 打开 Lesson 12–3 Working 序列。
3. 在第 2 段剪辑上右击（Windows）或 Control- 单击（Mac），之后选择 Unlink（取消链接）命令。
4. 在 Timeline 中该剪辑之外的其他地方单击，取消对这段剪辑的选择，这就完成了 Unlink 处理。

现在无论单击这段剪辑的视频部分还是音频部分，都只有这一部分被选中。我们将再次链接这些剪辑，然后使用键盘组合键来暂时解除它们之间的链接。

5. 按下 Shift 键并单击选中这两段解除链接的剪辑（如果其中一个已经处于突出显示状态，就不需要 Shift- 单击它）。
6. 在其中一个剪辑上右击（Windows）或 Control- 单击（Mac），选择 Link 命令。

   现在将使用键盘修饰键解除链接这种方法。

7. 按下 Alt 键（Windows）或者 Option 键（Mac），单击第 2 段剪辑的音频部分，这将取消其链接，并选择它。
8. 把解除了链接的第 2 段剪辑的音频部分直接向下拖到 Audio 2 轨，并取消选择它，如图 13–24 所示。

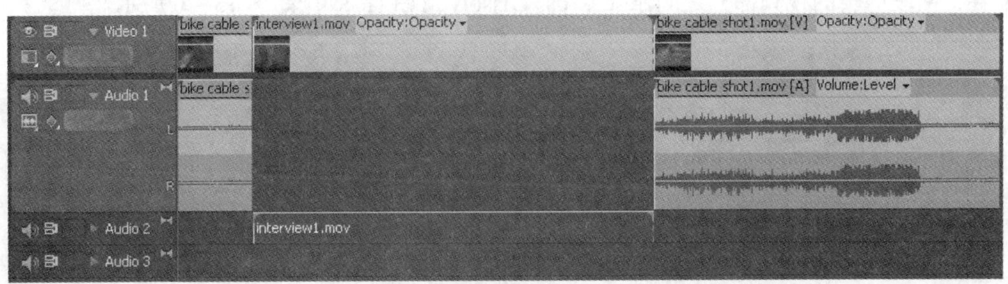

图13–24

> **注意：**移动序列中剪辑的音频部分时，注意在拖动时不要左右滑动它们，否则会造成视频和音频不同步。Adobe Premiere Pro 提供了一个可视符号，帮助对齐剪辑。如果看到一条带有三角形的黑线，就表示剪辑已经对齐。如果黑线消失，那就表示视音频不同步。在这种情况下，就要来回稍微移动剪辑，直到黑线重新出现为止。

9. 使用 Rolling Edit 工具把第 1 段和第 2 段视频剪辑（而不是音频剪辑）之间的编辑向右移动约 1 秒。请用 Program Monitor 和 Timeline 弹出的时间码作为参考进行编辑。

10. 用 Constant Power 切换（前一节中用过这种切换）在第 1 段音频剪辑上添加淡出效果，使自行车的声音在主人公开始说话时逐渐淡出，如图 13–25 所示。

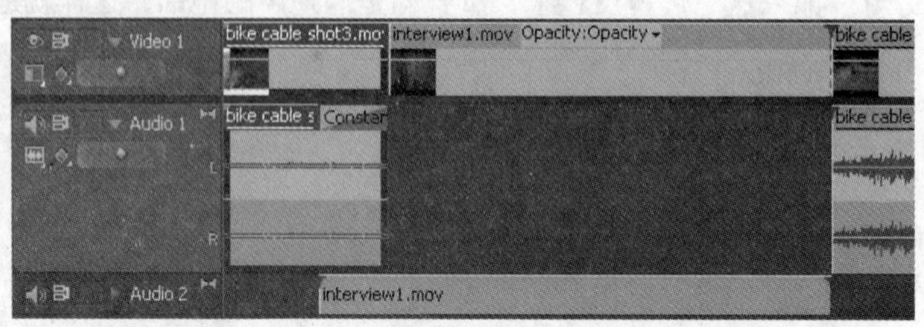

图13–25

11. 播放该 J 切换。当采访者开始说话时，自行车的声音应该淡出。

添加 L 切换

现在已经解除了中间剪辑的链接，所以在这段剪辑的尾部添加 L 切换则只需下几个步骤。

1. 把 bike cable shot1 剪辑的左端向右拖 1 秒左右，裁剪第 3 段剪辑，这将使它变短一点，使其头帧用于切换。

2. 把整个第 3 段剪辑（视频和音频）向左拖 1 秒左右，使它与第 2 段剪辑的音频交叠，这样创建 L 切换。

3. 创建第 3 段剪辑的淡入效果，使自行车的声音逐渐淡入到第 2 段剪辑的采访的尾部。

4. 在这两段剪辑的视频部分之间添加 Cross Dissolve 视频特效，如图 13–26 所示。

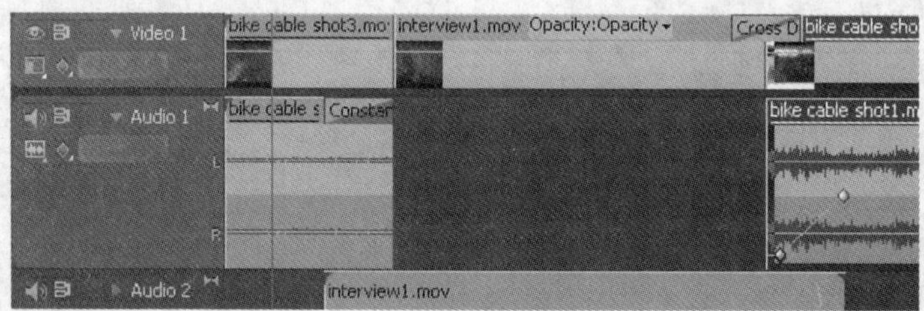

图13–26

5. 播放这个 L 切换。

结束处车手的同期声会在采访者结束评论声之下逐渐增强。

复习

复习题

1. 在房间一角建立录音区时，应该朝什么方向进行解说？为什么？

2. 在室内录像时，音频就像是从"罐"中发出一样。为什么？

3. 请解释 3 种音频淡入方法。

4. 在 Adobe Premiere Pro 内应用 Normalize 滤镜与只提升音量有什么不同？

5. 为什么要使用 J 切换或 L 切换？

6. 如果有一段安静的视频剪辑，但中间部分有按汽车喇叭的声音，怎样删除喇叭声，用原来剪辑的安静背景声来取代它？

复习题答案

1. 与直觉感受相反，录音者要背朝吸音材料。麦克风只会拾取它所面对方向传来的声音。吸音材料最大程度上减少麦克风所拾取的反射声音。

2. 麦克风可能离目标太远，而且房间里的反射面太多，比如光滑的墙壁和没有铺毯子的地板。

3. 将 Audio Crossfade 切换特效（Constant Power 或 Constant Gain）拖到剪辑的起始处；或者在 Timeline 上剪辑显示的 Volume Graph 中使用两个关键帧，把第 1 个关键帧拖到第 1 帧，把它拖到剪辑的底部；或者使用 Volume 音频特效和两个关键帧来淡入音频。使用插值控制来平滑，否则声音会直线上升。

4. 提高增益或音量增加波形的幅度。规格化音频检查其峰值，使用户能够基于峰值调整增益。

5. 使用这些剪切平稳地淡入或淡出类似于现场声的一段剪辑。J 切换从前一个视频（它也有相关的音频或解说）下就开始音频部分，然后在切换或剪切到该剪辑的视频部分时逐渐增强声音。L 剪辑则是在下一个剪辑的下方逐渐减小当前剪辑的声音。

6. 使用关键帧使这部分音频变为无声，然后在另一条音频轨道上添加部分原始音频，并逐渐增强，以填补在原剪辑中创建的这段音频间隙。

第14课 美化与混合音频

本课涉及的主要内容：

- 使用音频特效美化声音；
- 试用立体声和 5.1 环绕声效果；
- 使用 Audio Mixer；
- 将音轨输出到分组混音；
- 录制画外音；
- 创建 5.1 环绕声混音；
- 与 Soundbooth 集成；
- 在 Soundbooth 处理多轨和 Adobe Dynamic Link。

学习本课大约需要 90 分钟。

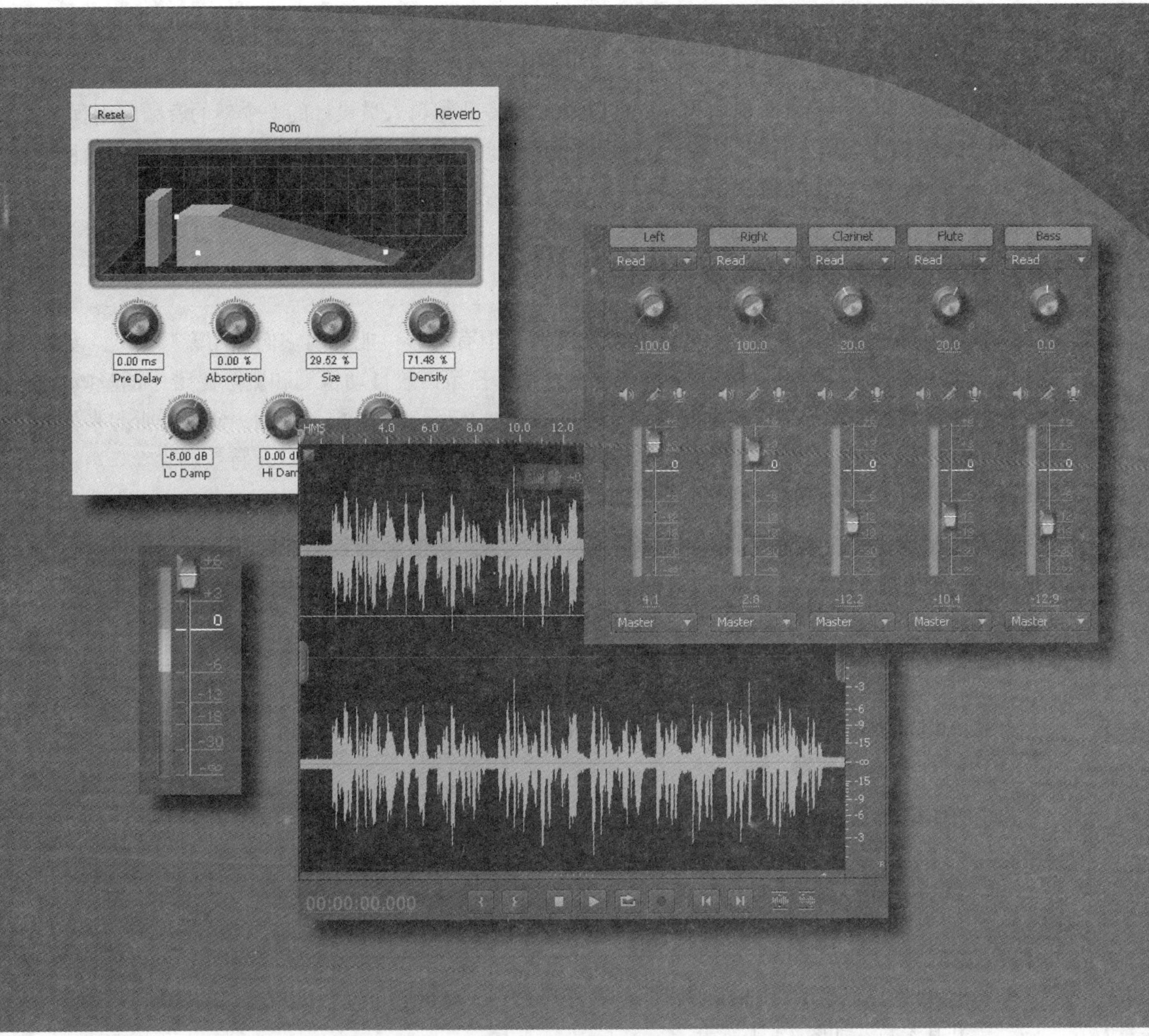

Adobe Premiere Pro 中的音频特效能显著地改变项目效果。要使音频达到更高的水平，请考虑使用 Adobe Soundbooth CS4。

14.1 开始

Adobe Premiere Pro 提供了 20 多种音频特效，可以改变音调、制造回声、添加混响和删除磁带的咝咝声。正如使用视频特效一样，我们也可以设置关键帧音频特效参数，使特效随着时间变化而调整。

Audio Mixer 可以混合和调整项目中所有音频轨道上的声音。使用 Audio Mixer 可以将音轨组合成单个分组混音，并对这些分组以及各个轨道应用特效、摇移或音量修改。

Adobe Soundbooth 是针对视频和 Adobe Flash CS4 专业编辑人员设计的一个新的音频应用程序，Soundbooth 为视频编辑人员提供美化和修理常见音频问题所需的工具。不要被其简单的界面所欺骗，Soundbooth 是一个功能强大的工具。

14.2 使用音频特效美化声音

大多数项目中会使用原始的、不加修饰的音频，但有时候可能要向它们应用音频特效。如果使用旧磁带中的音乐，则可以使用 DeNoiser（去噪）音频特效自动检测和删除磁带中的咝咝声。如果在演播室里录制音乐家或歌手的声音，则可以添加 Reverb（回响）特效，使声音听起来像是在礼堂或教堂里一样。还可以使用 Delay（延时）特效添加回声，用 DeEsser 特效删除咝咝声，或者用 Bass（低音）特效使播音员的声音更加低沉。

本课将试用一些音频特效，用户最好多做一些实验，听听各种效果。试听一下这里没提到的其他特效，没有哪个特效是具有破坏性的，也就是说它不会改变原来的音频剪辑。可以向单个剪辑添加任意多个特效、改变参数，然后删除它们，重头再来。

1. 启动 Adobe Premiere Pro，打开 Lesson 14–1.prproj。
2. 将 Ad Cliches Mono.wav 从 Project 面板拖放到 Practice 序列的 Audio 1 轨（这是一个单声道轨道）。播放该剪辑。
3. 打开 Effects 面板内的 Audio Effects>Mono 文件夹。

> Pr | **注意：** 所有单声道特效都有单个扬声器 。如果打开 Stereo 文件夹，就会看到其中的双扬声器 ，还有 5.1 声道 。

4. 将 Bass 拖放到 Ad Cliches 剪辑，之后打开 Effect Controls 面板，单击它的两个小三角形，展开其参数，如图 14–1 所示。

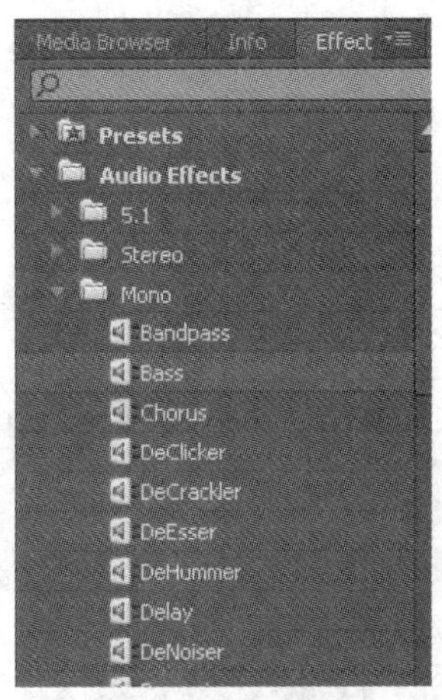

图14-1

5. 播放这段剪辑，左右移动 Bass Boost 滑块，这将增加或降低低音，如图 14–2 所示。

6. 从 Effect Controls 面板中删除 Bass，添加 Delay，如图 14–3 所示。

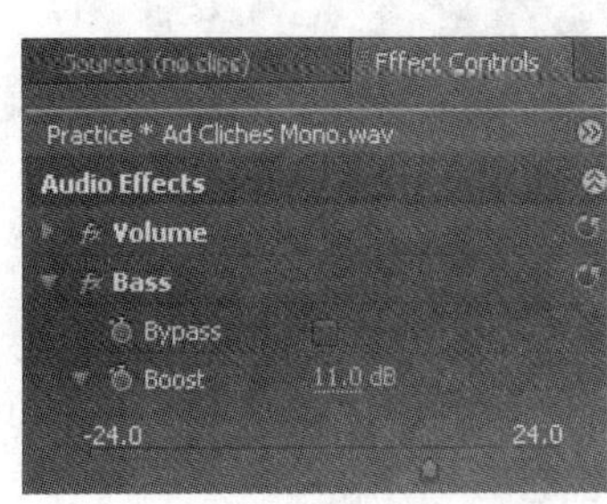

图14–2

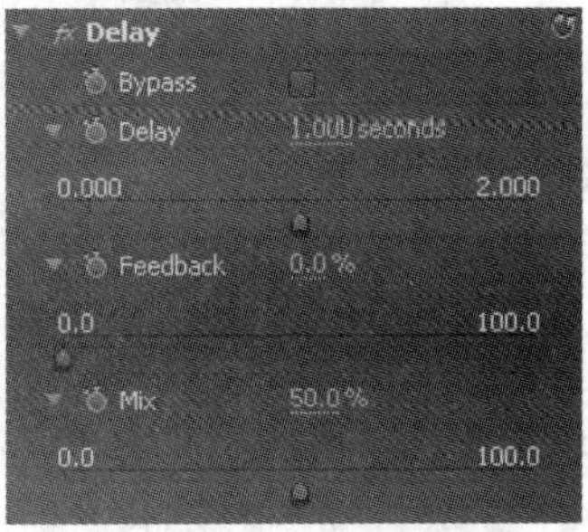

图14–3

请试试以下 3 个参数。

- **Delay（延时）**：回声播放前的时间（0~2 秒）。
- **Feedback（反馈）**：添加到音频的回声百分比，用于创建回声的回声。
- **Mix（混音）**：回声的相对强度。

> Pr | **注意**：列出所有音频特效的所有属性超出了本书的范围。要想学习更多音频特效参数方面的知识，请搜索 Adobe Premiere Pro Help。

7. 播放剪辑，移动滑块，试验特效效果。较低的值产生的效果更好，对这段音频剪辑也是这样。

8. 删除 Delay，将 PitchShifter 添加到 Effect Controls 面板中。

它有 3 个很有用的选项：旋钮、预设和 Reset 按钮。通常通过 Reset 按钮旁边的小三角形或添加的矩形 Reset 按钮（如图 14–4 所示），可以分辨出音频特效是否具有预设。

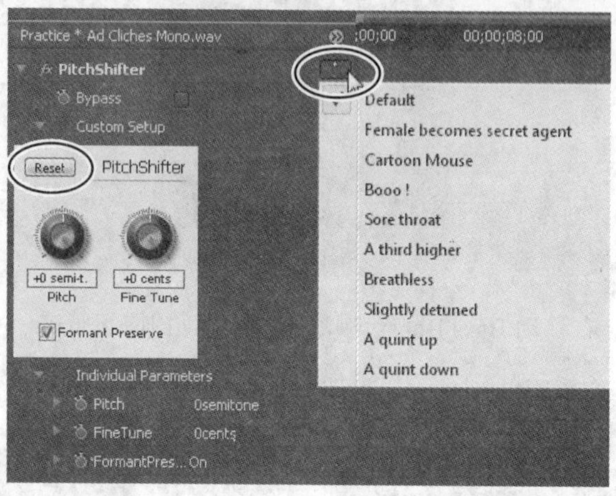

图14–4

9. 请试试其中的一些 Presets，注意 Effect Controls 面板中旋钮下方的参数值。

10. 使用 Individual Parameters 滑块，并在一些短语的头、尾处添加关键帧。

请使用不同的 Pitch 设置，设置可以为 –12 到 +12 半音程（在音乐术语中两个音程等于一秒，例如从 C 到 D），并切换 Formant Preserve 的开、关状态。

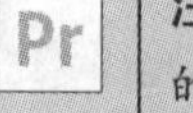

注意：“Formant Preserve”不是印刷错误。Formant（频谱成分）指的是某个声音的特征、共鸣和语音品质。即使是在做严重的音调改变时，Formant Preserve 也尽量保持这些元素不变。

11. 从该序列中删除 Ad Cliches，用 Music Mono.wav 取代它（这可以通过以下操作来实现：把 Music Mono.wav 拖到该序列的起点，放到 Ad Cliches 的顶部，做一个 Overlay 编辑）。

12. 把 Treble 拖到这个剪辑上，并增加其参数。

这段吉他剪辑被推到最高音部。

Pr

注意：Treble 不是简单的 Bass 反向操作。Treble 的功能是增加或减少高频部分（4 000Hz 以上），而 Bass 改变的是低频部分（200Hz 以下）。人耳可以听到的频率范围大约是 20Hz 到 20 000Hz 之间。请在剪辑上应用 Bass 和 Treble，并通过单击它们的 Toggle Effect On or Off 按钮在二者之间进行转换。

13. 删除 Treble，把 Reverb 拖到 Effect Controls 面板，打开 Reverb 的 Custom Setup。

14. 播放剪辑，拖动显示中的 3 个白色手柄，改变混响特性，如图 14–5 所示。

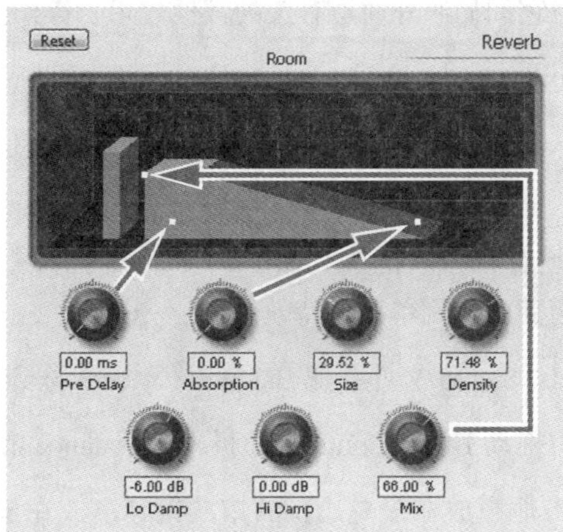

图14–5

这是一个有趣的特效，它能为在“静寂”的房间内录制的音频添加某种效果，使它听起来像是在具有很少反射面的录音室录制的一样。如图 14–5 所示，图形控件中的 3 个手柄对应丁下方的旋钮控件。

- Pre Delay：声音传播到反射墙再传回来的距离。
- Absorption：声音吸收（而不是反射）的程度。
- Mix：混响量。

其他控件如下所示。

- Size：房间的相对大小。
- Density：混响“尾部”的密度。Size 的值越大，Density 的范围就越大（从 0 到 100%）。
- Lo Damp：低频衰减部分，以阻止隆隆声或其他噪声产生混响。
- Hi Damp：高频衰减部分。较低的 Hi Damp 值可以使混响听起来更柔和。

VST插件

Reverb的旋钮控件架说明这是一个VST（Virtual Studio Technology，虚拟演播室技术）插件。这些是符合Steinberg音频标准的自定音频特效。那些创建VST音频特效插件的人总是想设计一种独特的外观，提供非常特殊的音频特效。Internet上有大量的VST插件可下载使用。

14.3 试用立体声和 5.1 环绕声效果

Mono Audio Effects（单声道音频特效）集合是 Stereo（立体声）和 5.1 环绕声特效的一个子集。这些多通道特效组还有一些与它们的额外通道有关的其他效果。操作步骤如下所示

1. 打开 Lesson 14–2.prproj。

2. 将 Music Stereo.wav 从 Project 面板拖放到该序列内的 Audio 1 轨上。在这个项目内，Audio 1 轨道被设置为立体声。

3. 试着将任意一个单声道音频特效拖放 Music 13 Stereo 剪辑上。此时会出现一个“No”符号，表示不能对立体声剪辑应用单声道特效。

4. 从 Effects>Audio Effects>Stereo 文件夹把 Balance（平衡）拖到 Music Stereo 剪辑上。

5. 在播放该剪辑时，左右拖动 Effect Controls 面板内的 Balance 滑块。

混合这个剪辑时，我把吉他声放在最左边，酒馆的钢琴声放在最右边，如果把滑块完全移到一端，那就只能听到一种乐器声。

6. 添加两个关键帧，使音频从左到右摇移（使用音频特效的关键帧类似于使用第 10 课中介绍的视频特效关键帧），如图 14–6 所示。

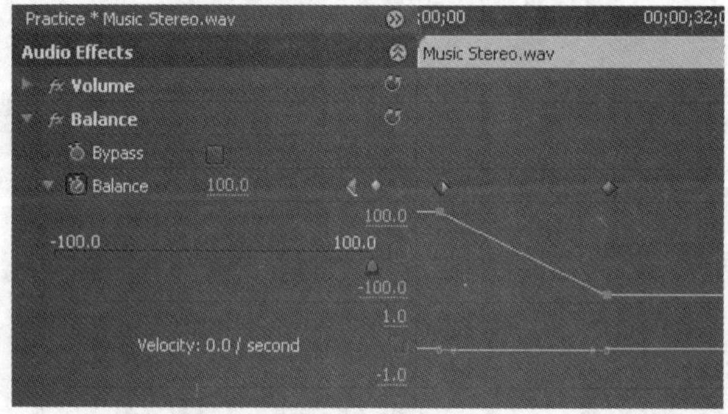

图14–6

7. 播放剪辑。声音会从左向右移动，在这个例子中，这是吉他声逐渐淡出，变为钢琴声。

8. 删除 Balance，应用 Fill Right。

Fill 特效复制选中的通道，把它放置到另一个通道中，丢弃其他通道原来的音频。所以在这个例子中，Fill Right 会在左、右两个声道中播放小酒馆的钢琴声，丢弃吉他的声音（左通道的轨道内）。

多次使用同一特效

你可能见过均衡器，许多汽车和家庭立体声音响都有这个装置，它可以加强或切除一些预置的频率范围。Adobe Premiere Pro的EQ（均衡）特效可以做到这一点，但它只提供5个频率范围。如果还想要更多频率范围，则可以使用Parametric EQ。它一次只能选择一个频率范围，但可以多次使用Parametric EQ选择多个频率。实际上我们可以在Effect Controls面板中建立一个全图形界面的均衡器。

9. 把 Music 5.1.wav 拖到该序列上，Adobe Premiere Pro 会添加一个 5.1 的音频轨道来容纳这个新的音频剪辑类型。

10. 单击轨道标题左侧的扬声器图标，使包含 Music Stereo 剪辑的 Audio 轨静音。

11. 从 Audio Effects>5.1 文件夹将 Channel Volume（通道音量）拖到 Music 5.1 剪辑中。

Channel Volume 可以控制 5.1 环绕声剪辑中 6 个通道和立体声剪辑两个通道中每个通道的音量电平。每个通道的默认设置为 0dB，即对原来的音量不做任何改变。

12. 播放该剪辑，拖动每个通道的滑块，测试这种特效的效果。

Pr **注意：** 如果不能听到所有 6 个通道，这时需要改变 5.1 MixDown 的设置。请选择 Edit>Preferences>Audio（Windows）或者 Premiere Pro>Preferences>Audio（Mac）命令，把 5.1 Mixdown Type 改为 Front+Rear+LFE。

14.3.1 另一个 VST 插件

我们再试用一种音频特效，这种特效肯定会让你感到眼花缭乱。请把 MultibandCompressor 拖放到 Music 5.1 剪辑。这将需要大大扩展 Effect Controls 面板才能看到其参数（把 Effect Controls 面板放到浮动窗口内会有帮助）。

MultibandCompressor 的功能是最多限制 3 个频率范围的动态范围。解释其参数可能需要一整章的篇幅（参数细节详见 Adobe Premiere Pro Help），我们这里就不做解释，而请注意它提供的一套预设，单击图 14–7 所示的按钮可以访问这些预设。

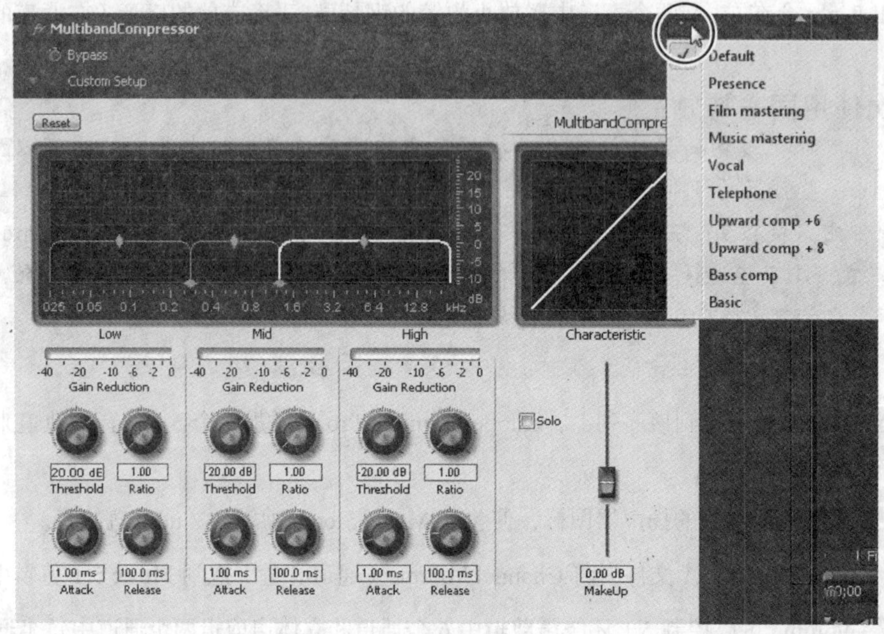

图14–7

14.3.2 用剪辑特效列表编辑关键帧

用户可能已经注意到，沿着所有剪辑（包括音频和视频）的顶部边缘折叠了一个下拉列表，这个列表包含应用于所选剪辑的所有特效。它位于剪辑名称的右边，如图 14–8 所示。

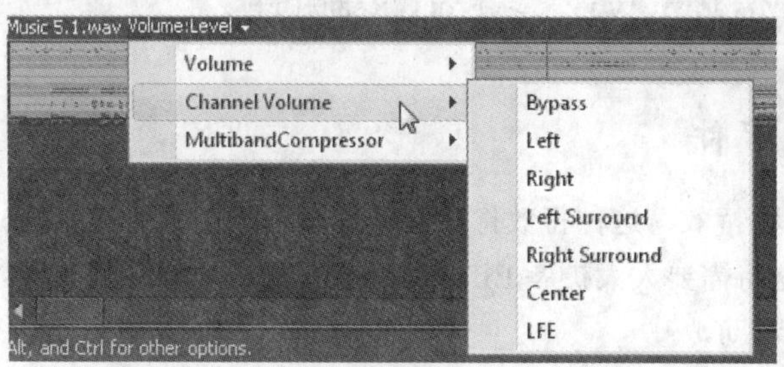

图14–8

并不是在所有情况下都能看到剪辑的特效列表，音频或视频轨道必须处于扩展视图下才行。要采用这种视图，请单击轨道名称左边的三角形。如果特效列表没有显示出来，那就是剪辑的宽度还不够。请放大 Timeline，扩展剪辑的宽度，这样就能够显示出剪辑的特效列表。

对音频剪辑来说，它的标题始终是Volume:Level。而对于视频剪辑，其标题则是Opacity:Opacity（但Motion位于该下拉列表的顶部）。每次添加特效时，无论是视频特效还是音频特效，Adobe Premiere Pro都会把这个特效（以及它的参数列表）添加到剪辑特效下拉列表的底部。

1. 删除MultibandCompressor特效。
2. 单击Channel Volume，打开剪辑特效下拉列表。
3. 选择Left。
4. 上下拖动表示左声道音量的黄色线，改变左声道的音量。
5. 单击该音频轨道左侧的Show Keyframes按钮，之后把它设置为Show Clip Volume。这将导致该轨道显示剪辑的音量，而不是轨道的音量。
6. 按下Ctrl键（Windows）或Command键（Mac），单击黄线，添加两个关键帧，并沿着该图形线左右拖动它们，或者上下拖动它们进行调整。

基于剪辑的特效和关键帧编辑的优点是可以让用户更好地总体观察整段剪辑，如果只想修改一两个参数，则可以很容易地访问它们。其缺点是无法让用户在剪辑播放的同时改变这些参数，并且很难设置一个准确的参数值，在Timeline View内修改两个以上的参数操作很单调乏味。

14.4 使用调音台

Adobe Premiere Pro在处理多层音频轨道和多层视频轨道时有很大的不同。

处于编号较高视频轨道上的剪辑会覆盖Timeline上位于它们下方的其他剪辑。要透显出位于它们下方的剪辑，必须对较高视频轨道上的剪辑做一些处理：调整不透明度、创建PIP或使用特定的键控（抠像）特效。

音频轨道上的剪辑则是一起播放的。如果在10层音频轨道上载入大量的音频剪辑，对它们不做任何处理（如调整音量或立体声摇移），那么它们将一起播放，像一首大型的交响曲或乱七八糟的噪音。

尽管可以使用Timeline上每个剪辑的音量曲线或Effect Controls面板上的Volume特效来调整音量电平，但对于多个音频轨道而言，用Audio Mixer调整音量电平和其他特性要容易得多。

用一个看起来很像调音台的面板就可以通过移动轨道滑块来改变音量，转动旋钮来设置左右摇移，向整个轨道添加特效，创建分组混音。分组混音可以把多个音频轨道集中到单个轨道，这样就可以对一组轨道应用同样的特效、音量和摇移，而不必逐个改变每个轨道。

在这个练习中，将把唱诗班在演播室录制的歌曲进行混合。

1. 双击 Music - Sonoma Stereo Mix.wav，在 Source Monitor 中播放它。这就是混合后所应该达到的最终效果。

2. 打开 Lesson 14–3.prproj。

3. 播放 Practice 序列。注意：相对于唱诗班的声音来说，乐器的音量太大了。

4. 选择 Window>Workspace>Audio 命令，调整 Audio Mixer，以便能够看到所有 5 个轨道，以及 Master（主）轨道。

5. 依次选择 Audio Mixer 顶部一行显示的各个轨道名称，再输入新的名字，把这些轨道的名称分别修改为：Left、Right、Clarinet、Flute 和 Bass，如图 14–9 所示。Timeline 音频轨道标题中的名称也会随之修改。

图14–9

6. 播放该序列，调整 Audio Mixer 中的滑块创建出想要的混音效果（一个好的起点是把 Left 设置为 4、Right 设置为 2，把 Clarinet、Flute 和 Bass 分别降低为 –12、–10 和 –12）。

7. 调整时请观察 Master 轨道的 VU（Volume Unit，音量单位）表。

一些小标志（如图 14–10 所示）表示这一段中的最高音量。它们会保持一两秒钟，然后再跟着音量的改变而移动。这是一种观察左、右通道平衡程度的好办法。应该让它们在大部分时间里基本保持对齐。

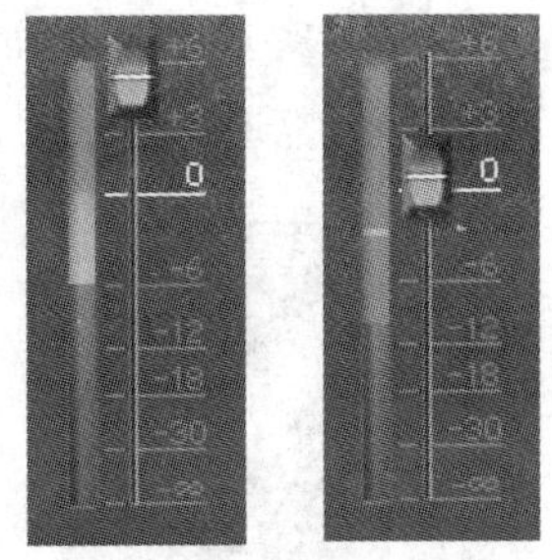

图14-10

> Pr **注意：**要避免将音量设置得太高（VU 表的指示线变为红色），这样会产生声音失真。

8. 用各个轨道顶部的旋钮调整它们的 Left / Right Pan（完成后，参数如图 14-11 所示）。

- Left：最左边（–100）。
- Right：最右边（+100）。
- Clarinet：左中（–20）。
- Flute：右中（+20）。
- Bass：居中（0）。

图14-11

9. 单击 Show/Hide Effects and Sends（显示 / 隐藏特效和发送）按钮，如图 14-12 所示。这将打开一组空白面板，从中可以把特效添加到整个轨道，将轨道进行分组混音。

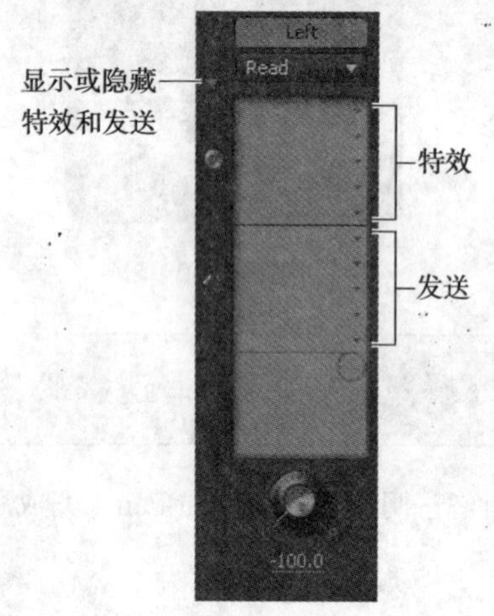

图14-12

10. 单击 Left（左）轨道的 Effect Selection（选择特效）按钮，从下拉列表中选择 Reverb。

11. 单击该轨道的 Solo 按钮隔离它（这会使其他通道静音），如图 14-13 所示。

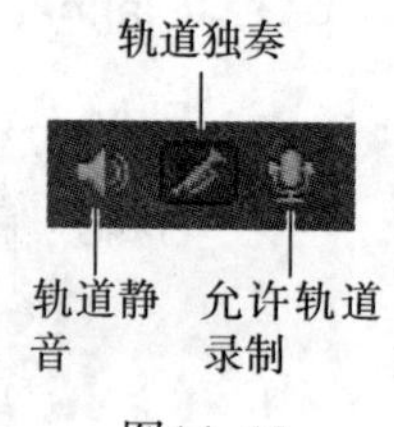

图14-13

可以单击多个轨道上的 Solo 按钮，听这组轨道的声音，也可以单击 Mute 按钮关闭一个或多个轨道的音频回放。我们将在下节中使用 Enable Track for Recording（允许轨道录制）按钮。

12. 单击 Reverb 特效下拉列表，改变每个参数，如图 14-14 所示。修改时播放剪辑，听听修改所产生的效果。

图14-14

Pr **注意：**在 Effect Controls 面板中应用特效参数更容易，但在这里只能编辑剪辑，而不能编辑音频或视频轨道。在这个例子中，我们把这种特效应用到剪辑而不是轨道上，因为该轨道上只有一个剪辑。但这样容易更好地了解基于轨道的特效的工作方式。

13. 删除 Reverb 特效，以撤消设置。要完成这项操作，请单击 Effect Selection 按钮，选择 None。

保持Mute和Solo设置栏

在使用调音台一段时间之后回到Timeline时，可能什么声音也听不到。Audio Mixer的Mute和Solo设置没有显示在Timeline上，但当在Timeline上播放剪辑时，它们的设置依然有效，即使是关闭了Audio Mixer也一样。所以在关闭Audio Mixer之前要再检查一下Mute和Solo设置。

音频轨道的自动改变

在前一节中，我们一边听着音频一边设置整个轨道的音量和摇移值。Adobe Premiere Pro 还允许让音量和摇移值随着时间改变，可以在播放序列时应用这些改变。

这项操作通过 Audio Mixer 中每个轨道顶部下拉列表中的 Automation Modes（自动模式）来完成。使用自动模式会为音量和摇移创建一系列轨道（而不是剪辑）关键帧，而不必逐个添加它们。

这里简要介绍每个设置的含义（详细信息参见 Adobe Premiere Pro Help）。

- Off：忽略所做的任何修改。这样只测试一些调整，而不录制它们。
- Read：调整的轨道选项（比如音量）对整个轨道的影响一致。这是在上个练习中第 6 步中设置混音时使用的默认设置。
- Latch：类似于 Write，但在移动音量滑块或摇移旋钮之前不应用修改。最初的属性设置来自先前的调整。
- Touch：类似于 Latch，但当停止调整属性时，在当前自动修改被记录之前，其选项设置会回到它们先前的状态。
- Write：在听一个序列时录制所做的调整。

14.5 将音轨输出到分组混音

把音频剪辑放到 Timeline 上的音频轨道上，我们可以逐个剪辑应用特效、设置音量和摇移，也可以使用 Audio Mixer 对整个轨道应用音量、摇移和特效。无论使用哪种方法，在默认情况下 Adobe Premiere Pro 都会把音频从原来的剪辑和轨道上发送到 Master 轨中。

但有时在把音频发送到 Master 轨道上之前，我们可能想把它们发送到分组混音轨道。

分组混音轨道的目的是减少操作，并保证应用特效、音量和摇移方式的一致性。在 Sonoma 录制例子中，在应用 Reverb 时可以对唱诗班的两条轨道使用同一组参数，对其他 3 种乐器使用不同的 Reverb 参数。之后，分组混音可以把处理过的信号送到 Master 轨，或者把信号送到另一个分组混音。

1. 打开 Lesson 14–4.prproj。这个项目接着前面的 Sonoma Choir 项目。

2. 右击（Widnows）或者 Control- 单击（Mac）Timeline 上的音频轨道标题，如图 14–15 所示，选择 Add Tracks(添加轨道）命令。把 Video Tracks 和 Audio Tracks 的 Add 值设置为 0，Audio Submix Tracks 的 Add 设置为 2，Audio Submix Tracks 的 Track Type 设置为 Stereo，之后单击 OK 按钮。

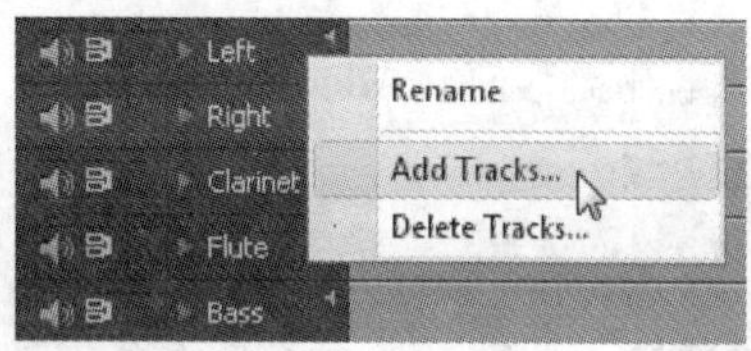

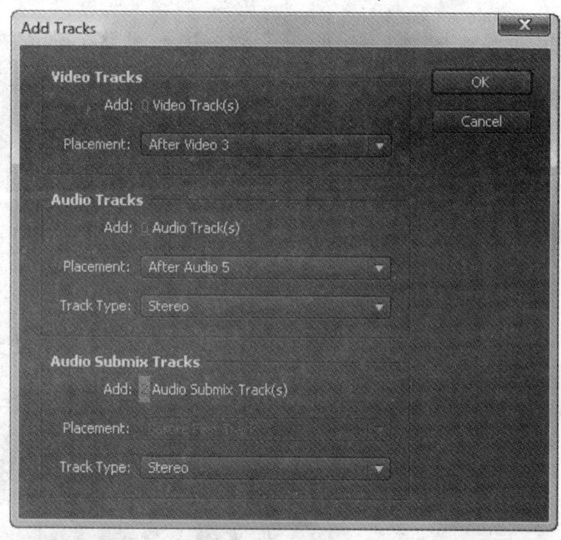

图14–15

这将向 Timeline 添加两条分组轨道，向 Audio Mixer 添加两条轨道（它们的色调较暗），并把这些分组混音轨道的名称（Submix 1 和 Submix 2）添加到 Audio Mixer 底部的下拉列表。

3. 单击 Left 声道的 Track Output Assignment 下拉列表（位于 Audio Mixer 的底部），选择 Submix 1。

4. 对 Right 声道执行同样的操作，如图 14-16 所示。现在 Left、Right 声道都被发送到 Submix 1。它们各自的特征（摇移和音量）不会改变。

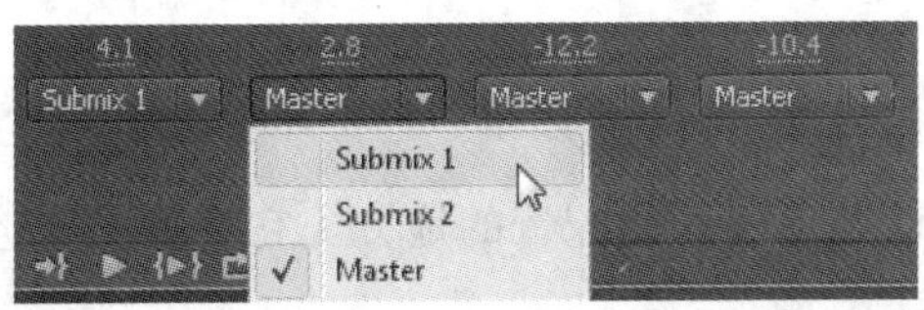

图14-16

5. 把 3 个乐器轨道发送到 Submix 2。

6. 执行以下操作在 Submix 1 轨上应用 Reverb：单击 Show/Hide Effects 三角形，添加 Reverb 特效。单击其 Solo 按钮，播放这段音频，调整 Reverb 参数，使唱诗班的声音听起来就像在大礼堂里演唱的一样（开始时把 Size 设置为 60 左右的位置）。

7. 向 Submix 2 轨应用 Reverb，单击其 Solo Track 按钮，关闭 Submix 1 的 Solo 按钮（可以同时打开多个轨道的 Solo，但这个例子中我们想单独听 Submix 2 的声音），播放其音频，设置其参数，使它的效果比歌声低一些。

8. 单击 Submix 1 上的 Solo 按钮，把这两个分组混音作为一个单独的混音，听听它们的效果。可以随意调整 Volume 和 Reverb 的设置。

14.6 录制配音

Adobe Premiere Pro 的 Audio Mixer 也具有基本的录音棚功能。它可以录制由声卡输入的任何声音。在这个例子中，我们将使用计算机的麦克风录制声音。

1. 删除 Timeline 上的所有音频文件，把当前时间指示器设置到起点。

2. 确认麦克风已经插入到声卡的麦克风插孔，并且音频配置设置为从麦克风录音，也就是它没有被静音。如果不知道怎样配置麦克风录音，请参阅计算机中的文档。

3. 选择 Edit>Preferences>Audio Hardware（Windows）或者 Premiere Pro>Preferences>Audio Hardware（Mac）命令，检查确认 Default Device（默认设备）是麦克风所连接的硬件。

> Pr | **注意：**通常选择 Default 能适应大多数情况的需要。但是，如果有一块更高级的声卡，则应该选择它，请查阅产品手册，并对其 ASIO 设置做必要的修改。

4. 在 Audio Mixer 中单击想录制的音频轨道顶部的 Enable Track For Recording 按钮（麦克风），如图 14-17 所示。

图14-17

可以激活任意多数量的轨道，但不能录制到 Master 轨道或分组混音轨道。如果系统中启用了多个麦克风，请单击显示在麦克风按钮上方的下拉列表，选择想要使用的麦克风。

5. 单击 Audio Mixer 底部的红色 Record 按钮。它将开始闪烁。

6. 把当前时间指示器移动到你想开始配音的地方（它将覆盖所选轨道这个位置上的所有音频）。

7. 单击 Audio Mixer 内的 Play（播放）按钮，并开始配音。

Pr **注意**：如果把当前时间指示器定位到音乐中，那么在录音时将会听到音乐声。在配音时能听到序列中的声音很有用处。暂停视频剪辑然后录制配音是一些编辑人员的工作流程。

8. 完成录音后单击 Stop 按钮。

音频剪辑显示在被选中的音频轨道上和 Project 面板中。Adobe Premiere Pro 自动根据 Audio 轨道编号或名字命名该剪辑，并在硬盘上该项目文件夹中添加这个音频文件。

Feedback（回馈）是怎么回事?

如果在录音时没有采取措施使输出静音，可能就会发生回馈，又称啸叫，当麦克风太靠近扬声器时就会产生啸叫。这有几种解决方法：可以单击轨道的Mute按钮、降低扬声器的音量（用耳机听自己的声音），或者选择Edit>Preferences>Audio（Windows）或Premiere Pro>Preferences>Audio（Mac）命令，之后选择Mute Input During Timeline Recording命令。

14.7 创建 5.1 环绕声混音

Adobe Premiere Pro 可以创建完整的数字 5.1 环绕声混音。5.1 环绕声可以用在两个方面：DVD 中的音频或供带有 5.1 环绕声扬声器的计算机播放的音频文件。

5.1 数字音频有 6 个独立的声道：左前、前中、右前、右后或环绕、左后或环绕以及专门用于低音炮的 LFE（Low Frequency Effects，低频特效）声道。

如果计算机上配置有 5.1 环绕声系统，那就可以进行很多有趣的试验。如果没有配置 6 个扬声器，这一节至少也能让用户了解如何向 DVD 添加 5.1 环绕声。

以下是基本操作步骤。

1. 打开 Lesson 14–5.prproj，这个项目有 7 个单声道音轨和一个 5.1 音频 Master 轨。

2. 按照图 14–18 所示的样子把音乐剪辑拖放到 Timeline 上，注意，Sonoma-Left 和 Sonoma-Right 在 Timeline 上出现两次。

图14–18

3. 在 Audio Mixer 中，把每个轨道的 5.1 Panner puck（块）拖到合适的位置（参照图 14–19）。

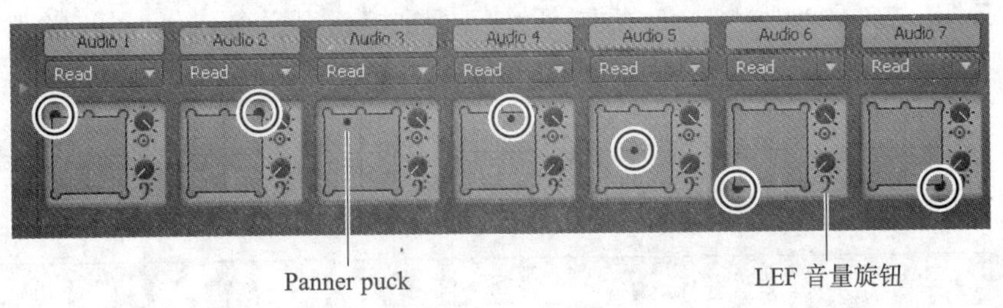

图14–19

4. 设置 1 ~ 5 轨道的音量电平，使它们与在立体声混合中设置的音量相似。对于 Audio 5、Bass（低音），请使用 LEF 音量旋钮调整 Bass 的音量，并把它的 puck 设置在中间位置。分别把 6 轨和 7 轨（左后和右后）的音量电平设置为 0 和 –2。

现在我们有以下这些选项。

- 可以把 Audio 6 和 Audio 7 上的剪辑向 Timeline 内移动大约 1/10 秒（3 帧，使它们在其他剪辑停止后再播放），使它听起来像是从房间后面传来的。为此，请依次选中每段剪辑，按下数字键盘上的加号键（+），在数字键盘上键入 3，再按下回车键。
- 可以添加 Reverb，把它的 Size 参数设置得比前声道高一点。这时会发现在制作 5.1 环绕声时不必在前声道上加那么多的混响。

14.8 在 Soundbooth 内校正、美化和创建音轨

Adobe Soundbooth 是专为视频和 Flash 编辑人员设计的一个新应用程序。Soundbooth 可以作为一个独立的工具运行，也可以从 Adobe Premiere Pro 调用。虽然 Adobe Premiere Pro 内置有很多音频工具，但 Soundbooth 设计专用于处理视频编辑人员每天遇到的音频问题。Soundbooth 易于使用，并且具有强大的功能。

我们不准备全面介绍 Soundbooth 的功能，而只介绍最常见的用途：如添加特效、清理杂音。

注意：Adobe Premiere Pro 中不包含 Soundbooth。用户必须单独购买 Soundbooth，或者作为 Adobe Creative Suite CS4 中的组件购买。本书中包含基本的 Soundbooth，以演示它与 Adobe Premiere Pro 的集成，以及一些简单的工作流。

14.8.1 清理杂音

当然，一开始就录制完美的音频是最好的。然而，有时我们无法控制音源，而又无法重新录制它，因此我们需要修理糟糕的音频剪辑。我们这里将要处理的例子就很糟糕，画外音形式的讲述，其背景中带着令人讨厌的 60 Hz 的嗡嗡声和移动电话铃声，但别担心，因为 Soundbooth 完全胜任这一任务。

1. 请打开 Lesson 14–6.prproj。

2. 设计 audio problems.wav，在 Source Monitor 内打开它。播放该剪辑，注意自始至终都有 60hz 嗡嗡声，在接近结束时出现移动电话的铃声。

Pr

注意：很多电子设备、电缆问题或者设备噪声都会产生 60Hz 或 50Hz 嗡嗡声。

3. 在 Source Monitor 内 打 开 audio problems fixed.wav， 并 试 听 它。Soundbooth 过去用于消除嗡嗡声和移动电话铃声，而不会明显影响语音。

4. 把 audio problems.wav 拖 放 到 Timeline 上的 Audio 2 轨道。

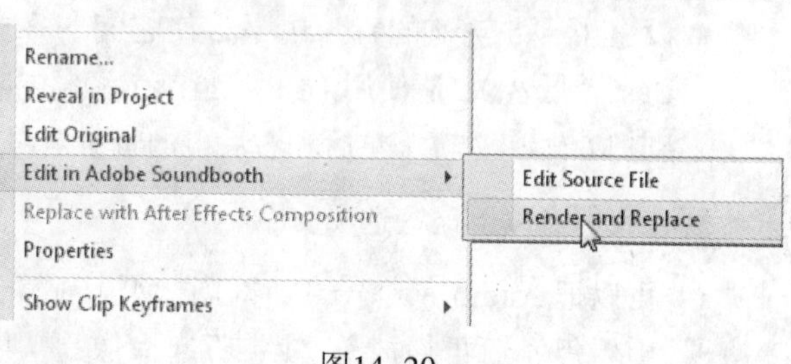

图14–20

5. 右击（Windows）或者 Control- 单击（Mac）Timeline 上的 audio problems 剪辑，从弹出的菜单中选择 Edit In Adobe Soundbooth > Render And Replace 命令，如图 14–20 所示。Adobe Soundbooth 启动，显示出该剪辑。

注意：如果不需要保留原始文件，则也可以选择 Edit Source File（编辑源文件）命令。Render And Replace 命令不影响源文件。它渲染该文件新的副本，并自动替换 Timeline 上的该文件，因此原始文件没有改变。

6. Soundbooth显示音频文件的两个视图。常见的波形视图和彩色频谱视图，前者在靠近屏幕顶部的位置显示音频幅度，后者在靠近屏幕底部的位置显示音频频率，如图14-21所示。如果看不到两个视图，则请上下拖动面板之间的水平分隔线，使这两个视图都可见。请为频率显示提供更多的空间。

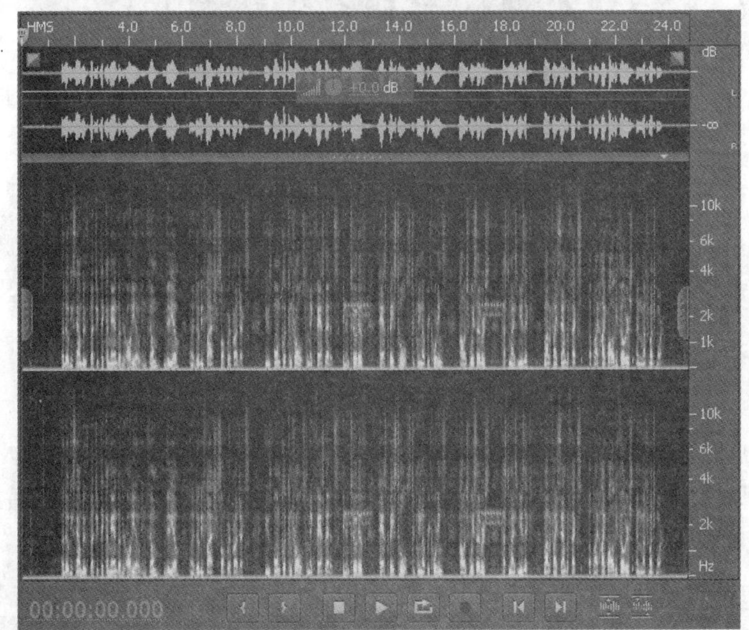

图14-21

注意：频谱显示显示频率随时间的变化，而不是幅度随时间的变化情况。在这个显示中，颜色表示幅度，深蓝色表示低幅度，浅黄色表示高幅度。

7. 再次播放该文件，听听其中的问题：嗡嗡声和电话铃声。可以像在 Adobe Premiere Pro 中那样拖动当前时间指示器，并使用屏幕底部的回放控件。

8. 要消除 60Hz 嗡嗡声，请单击中央偏左区域内的 Effects 选项卡，单击 Stereo Rack Preset（立体声音效架预设）下拉列表，选择 Fix:Remove 60 Cycle Hum（校正：消除 60 周嗡嗡声），如图 14-22 所示。

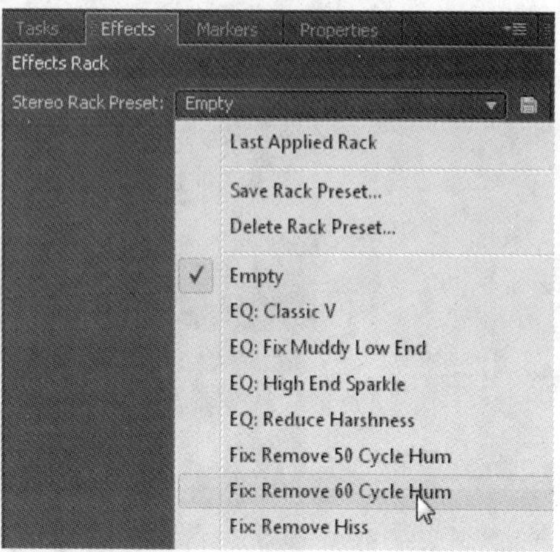

图14–22

9. 再次播放该文件，听听其惊人的差别。

10. 该效果还没有永久应用到文件，要永久应用到这一修改，请单击 Effects Rack（特效架）底部的 Apply To File（应用到文件）按钮，如图 14-23 所示。

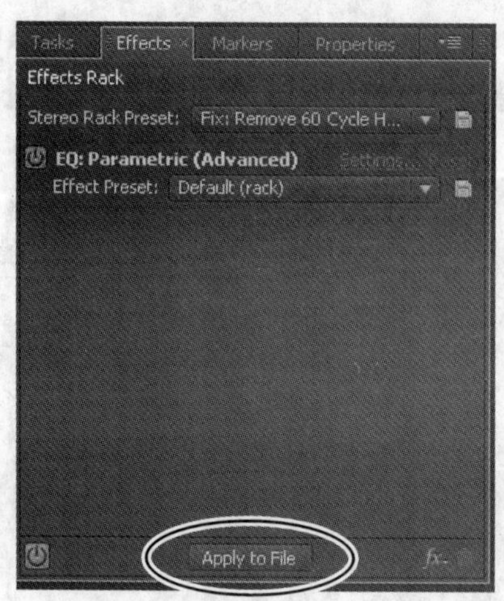

图14–23

11. 要消除电话铃声，我们需要使用频谱显示。电话铃声在幅度上没有明显变化，因此无法使用波形显示解决这一问题。然而，如果缩小视图，显示出整个文件，电话铃声在频谱显示中就很明显，它显示为 2kHz 和 3kHz 之间的短水平线。

12. 把当前时间指示器定位到第 1 段电话铃声上，按键盘上的等号键（=）或数字键盘上的加号键（+）放大。

13. 选择 Rectangular Marquee（矩形选框）工具，之后选择移动电话铃声。

要使矩形选区比可见的铃声稍大一点，要尽可能精确。完成之后，选区在移动电话铃声周围显示为不透明框，并在其上方浮动一个 dB 调整工具，如图 14–24 所示。

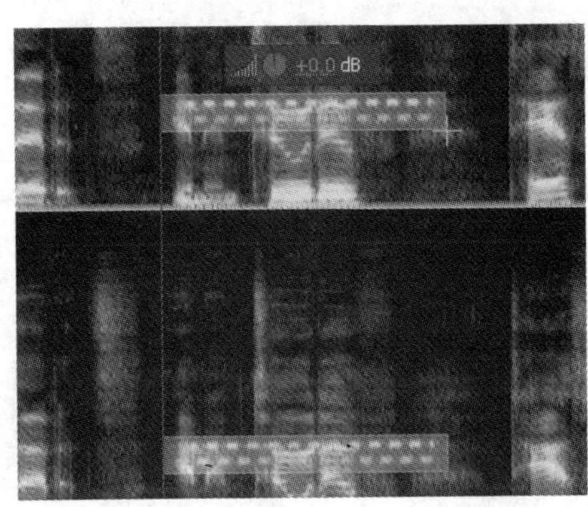

图14–24

14. 把该选区调整到 –34dB，这把我们用 Marquee 工具将所选频率信号的幅度降低 34dB。

> Pr **注意：**一个常见的错误是：把噪音选区降低到最大值（-96dB）来彻底消除它们。然而，这在该频谱内为选区创建了完全空白的区域，这常常很明显。大多数噪音很柔和，-34dB 足以降低它们，而不是完全消除该频率空间。要尝试使消除量尽可能低，以保持音频声音的自然程度。

15. 请缩小视图，播放该剪辑。虽然仍存在一些铃声声调，但请注意它是深蓝色，这意味着其音量非常低。

16. 选择 File > Save 命令，把修改保存到剪辑。切换回 Adobe Premiere Pro，注意 Timeline 上的音频文件已经被这些修改所更新。

14.8.2 在 Soundbooth 内添加音频特效

下面将使用同一个音频文件添加在 Soundbooth 内添加几个特效，请在 Soundbooth 内继续处理 audio problem.wav 文件。

1. 向 Effects 面板添加特效的另一种方法是单击该面板右下角的 Add An Effect To The Rack（向特效架添加特效）图标从 Effects 下拉列表中选择 Vocal Enhancer（增强声音）命令。在 Effects 面板内，选择 Male（男音）作为 Vocal Enhancer 特效的特效预设。

2. 播放该文件，听听其效果。

3. 从 Add an effect to the rack 图标选择 Analog Delay（模拟延迟），并尝试多种可用预设。

可以一次向 Effect Rack 添加多种特效。当获得喜欢的特效组合后，可以把它们保存为 Rack

预设。这样就能够选择使用多种预先载入的 Rack 预设。

4. 试用其中一种 Rack 预设：Choose Voice: Old Time Radio，并播放其效果。

5. 如果想了解更高级的功能，自己调整一些设置，请单击每种特效名称右边的 Settings 链接，这样可以访问每种效果的详细设置。

14.8.3 在 Soundbooth 内使用多轨和 Dynamic Link

Soundbooth 能够一次处理多个音频文件，这被称作多轨编辑。在这种模式下，Adobe Premiere Pro 项目可以被导入到 Soundbooth 内，并在创建复杂音轨时作参考。

1. 打开 Soundbooth，选择 File > New > Multitrack File 命令，如图 14-25 所示。

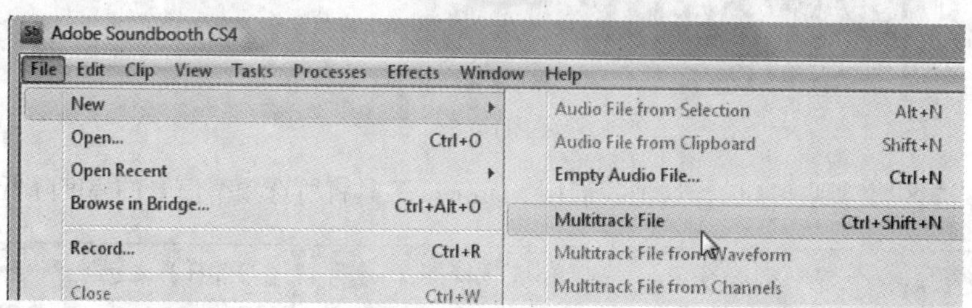

图14-25

用户将导入本书前面处理过的一个 Adobe Premiere Pro 项目，在 Soundbooth 内创建音乐声轨时作参考。Soundbooth 使用 Dynamic Link（动态链接）执行这种功能，它甚至不需要打开 Adobe Premiere Pro。

2. 选择 File > Adobe Dynamic Link > Import Premiere Pro Sequence 命令，如图 14-26 所示。

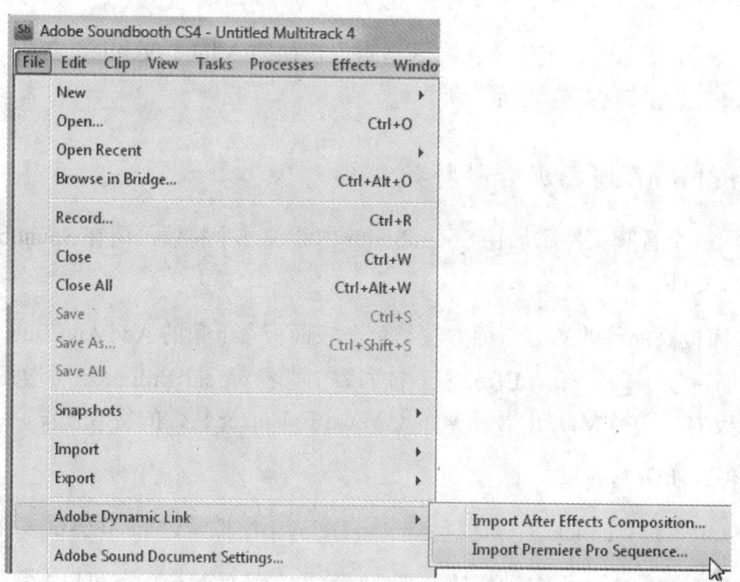

图14-26

> **Pr** **注意：**需要安装 Adobe Creative Suite 才能启用 Dynamic Link 功能。

3. 导航到 Lesson 06 文件夹，单击 Lesson 06-5.prproj 文件。该项目内的序列将显示在右边的 Sequence 窗格内。请选择 Complete 序列，单击 OK 按钮，如图 14-27 所示。

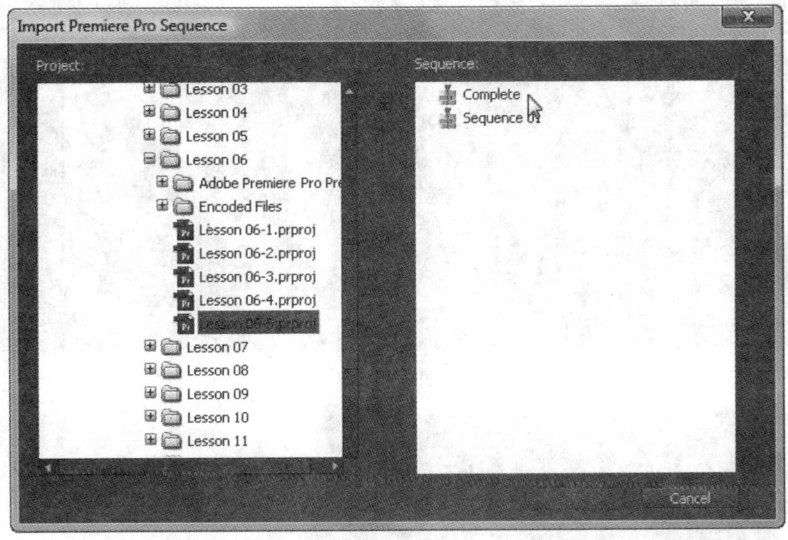

图14-27

这次选择的 Adobe Premiere Pro 项目内导入序列，并把它显示在 Soundbooth 内。可以播放该序列，听听现有的音轨，观看其视频。现在可以让 Soundbooth 生成与这个序列一起使用的乐谱。

4. 单击左上角面板内的 Scores 选项卡，Soundbooth 带有两个乐谱，但用户也可以下载更多乐谱。请单击 Soundbooth Help，了解关于下载其他乐谱方面的信息。

5. 把 AqoVisit 乐谱拖放到 Audio 1 轨道，如图 14-28 所示。

图14-28

6. 该乐谱比添加的序列长。请按反斜杠键缩放 Timeline，以便能够看到整个乐谱，如图 14–29 和图 14–30 所示。

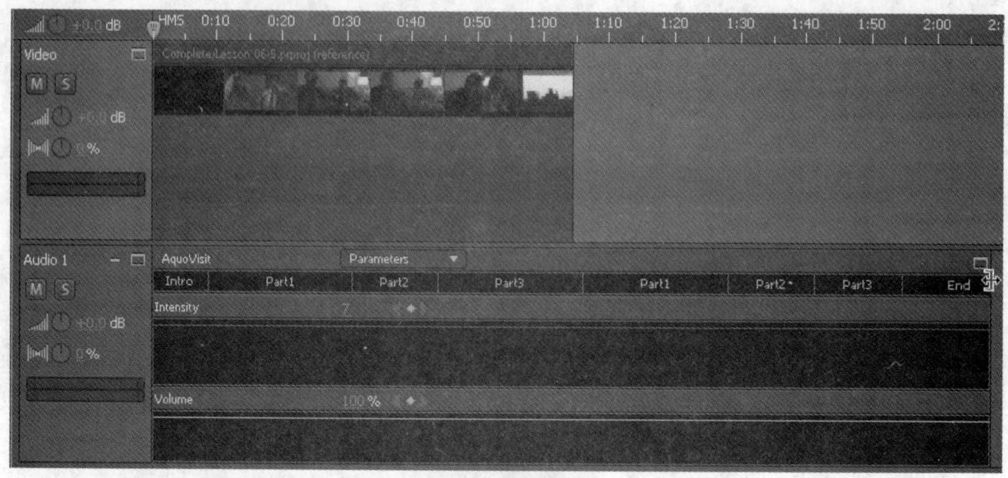

图14–29

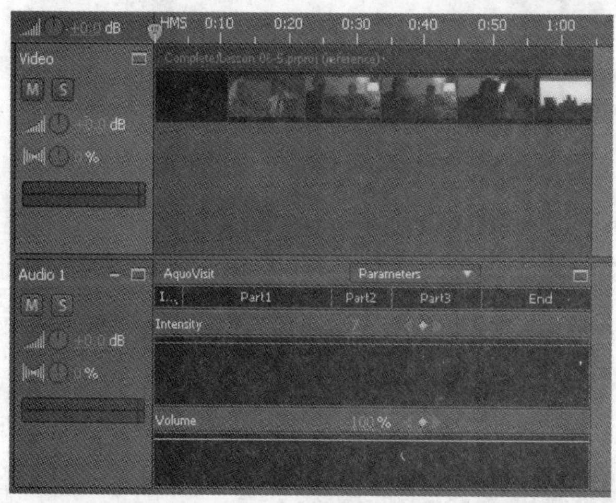

图14–30

7. 把该乐谱的右边缘向左拖，直到它与视频序列的长度相等为止。在修改乐谱长度时，Soundbooth 动态创作出乐谱。

8. 播放添加了新乐谱的序列。注意，该乐谱声音太大，遮盖了同期声。请把乐谱音量 dB 值降低到 –12，如图 14–31 所示。

图14–31

可以保存或者导出这个音轨，以用在其他应用程序中或者导入到 Adobe Premiere Pro 中。

复习

复习题

1. 至少有 4 种方法可以使音频从右声道移到左边的声道，再移回，它们是哪几种方法？

2. 播放 5.1 环绕声剪辑时听不到所有声道的声音，这可能是什么原因？

3. Delay 和 Reverb 之间有什么不同？

4. 当 Timeline 上的其他音频在播放时可以录制配音吗？

5. 怎样把具有相同参数的同一个音频特效应用到 3 个音频轨道？

6. 请描述在 Soundbooth 内编辑来自 Adobe Premiere Pro 的文件时，Edit Source File 和 Render And Replace 命令之间的区别。

7. 怎样使用 Dynamic Link 把 Adobe Premiere Pro 项目导入到 Soundbooth？

复习题答案

1. Balance 调整左声道或右声道的总体平衡；Channel Volume 可以分别调整各个通道的音量；也可以使用 Audio Mixer 的 Left /Right Pan 旋钮；或使用 Timeline 上剪辑或轨道的关键帧。

2. 选取 Audio 首选项，确保 5.1 Mixdown 设置包括所有声道。

3. Delay 创建的是清晰的单个回声，它会重复，并逐渐地淡出。Reverb 创建的是模仿室内的混合回声，它有很多参数可以突然切断我们在 Delay 特效里听到的回声。

4. 可以，开始录制配音时，可以一边录制，一边听 Timeline 上任何其他音频轨道上的音频。

5. 最简单的方法是创建分组混音轨道，把这 3 个轨道分配到分组混音轨道中，然后对分组混音应用特效。

6. Edit Source File 修改原来的音频文件，Render And Replace 创建音频文件新的副本，它修改副本而不是原始文件。

7. Adobe Dynamic Link 允许把序列导入到 Soundbooth，而不必首先渲染它。

第15课 音频转录脚本

本课涉及的主题包括：

- 把音频转录为文本；
- 按关键字搜索转录脚本；
- 修改音频文件的元数据。

学习本课大约需要 15 分钟。

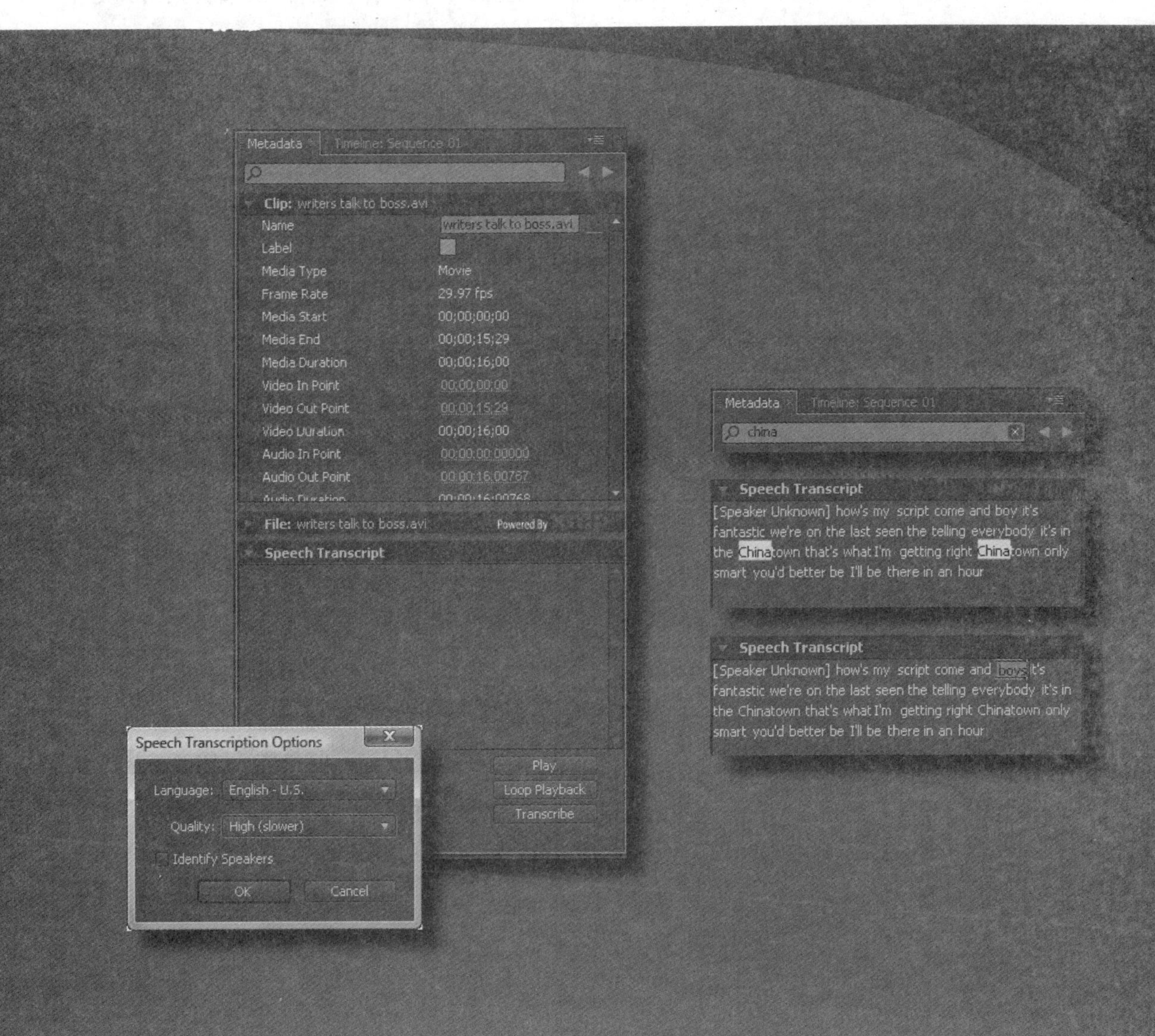

Premiere Pro CS4 可以把包含讲话的音频文件转换为文本转录文件。这使用户能够按关键字搜索音频文件，甚至使用文本搜索工具找到指定的视频帧。

15.1 开始

虽然本课使用的小取样文件体现得不是太明显，但语音转录可以节省大量的时间，使用户能够进行文本搜索，查找出指定文字的视频帧。可以在使用该功能定位到关键字之后，很容易地添加标记或者编辑点。没有此功能，则需要刮擦或者播放音频文件，通过听找出关键字。

Premiere Pro CS4 把音频文件转录为文本需要花费一定的时间。但这种处理可以以批模式在后台运行，用户可以执行其他工作。值得注意的是，一旦转录开始，转录的文本就变为音频文件元数据的一部分。即使导出该文件，转录也会随文件保持在一起。

15.2 把音频转录为文本

音频转录为文本的第一步是把工作区设置为 Metalogging（元数据录入）工作区，使与文件相关的元数据显示在 Premiere Pro 界面中。

1. 打开 Lesson 15–1.prproj。
2. 选择 Window > Workspace > Metalogging 命令，把工作区布局修改为 Metadata。这个工作区布局设计使用户可以很容易地看到与音频和视频文件相关的元数据。
3. 双击 Project 面板内的"writers talk to boss.avi 剪辑，把它载入到 Source Monitor。
4. 单击 Source Monitor 内的 Play 按钮，播放该剪辑。

我们要把男演员所说的文字转录为文字脚本。

注意：XMP 元数据是关于源文件的文本信息，它与源文件存储在一起。我们所要转录的脚本将存储从音频文件转录的文字，并把它们存储为元数据。转录脚本是特殊的元数据，它们也与时间相关联，这使转录的文本与音频文件保持同步。

5. 位于工作区右侧的是 Metadata 面板。位于底部附近的是 Speech Transcript（语音转录）字段。单击 Transcribe 按钮（如图 15–1 所示）开始转录。这将打开 Speech Transcription Options（语音转录选项）对话框。

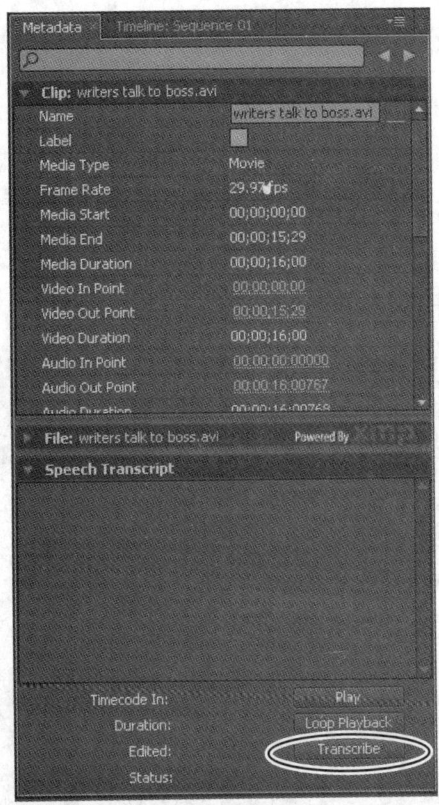

图15-1

6. 在 Speech Transcription Options 对话框内，选择图 15–2 所示的选项，之后单击 OK 按钮。

图15-2

这将启动 Adobe Media Encoder。这是我们第一次遇到 Adobe Media Encoder，但这不是我们最后一次遇到。Adobe Media Encoder 是一个独立的应用程序，用于为 Adobe Premiere Pro 执行一些批处理任务，包括导出媒体和语音转录。因为它是一个独立的应用程序，所以可以当用户在 Premiere Pro CS4 或其他应用程序内继续执行其他操作时处理这些任务。

注意：如果想让转录处理用不同的讲话者标记标记文本，则请选择 Identify Speakers（标识讲话人员）选项。如果每个讲话者都具有独特的声音，这个功能的效果最好。

7. 我们想要转录的文件已经载入到 Adobe Media Encoder 内。请单击 Start Queue（启动队列）按钮。Adobe Media Encoder 开始处理和转录文件，如图 15-3 所示。

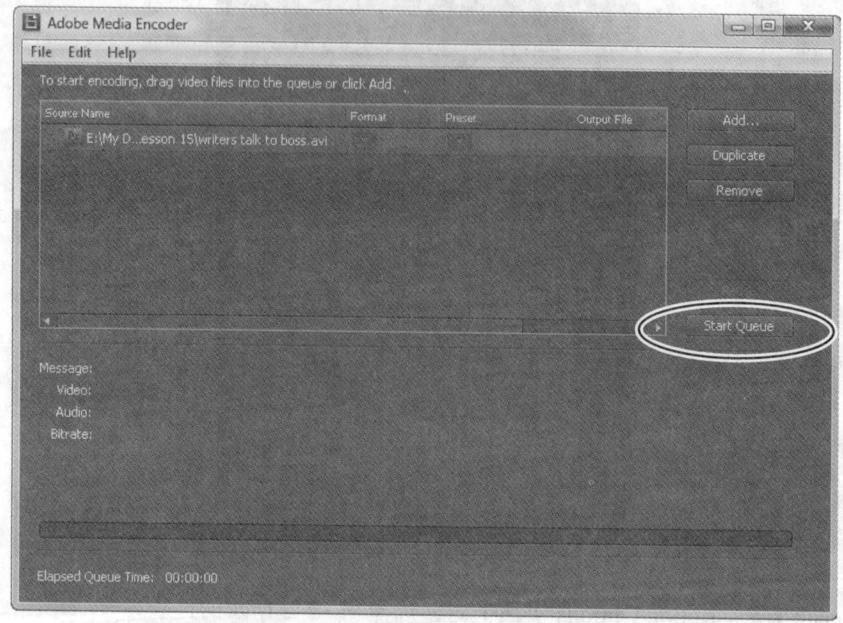

图15-3

8. 切换回 Adobe Premiere Pro，在 Metadata 面板的底部有一个进度指示器。当编码和转录过程完成后，文本转录脚本会显示在该窗口内，如图 15-4 所示。

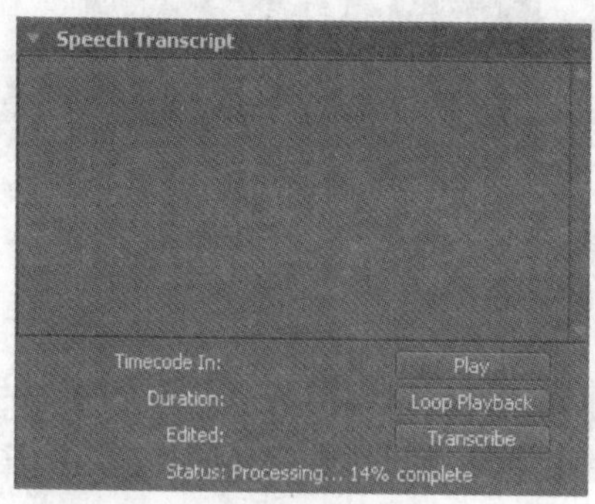

图15-4

转录脚本看起来应该如图 15–5 所示。转录所花费的时间取决于源文件的长度，以及计算机系统的速度。

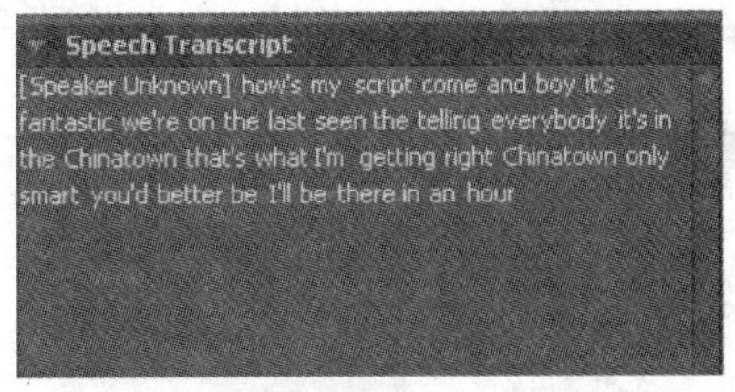

图15–5

9. 单击 Play 按钮，播放该剪辑。注意转录脚本内的文字在被叙述时会突出显示。

15.3 在转录脚本内搜索关键字

我们现在已经得到转录脚本，我们可以拿它做什么呢？转录文本最有用的一个功能是搜索关键字，以查找指定的视频帧。

1. 继续使用刚创建的转录文件。在 Metadata 面板的顶部有一个搜索条，请在其中输入 China，注意转录文本内有两个“china”实例被突出显示，如图 15–6 所示。

图15–6

2. 单击文字“china”。

Source Monitor 内的播放头移动到该视频内相应的视频帧。时码也显示在 Metadata 面板的底部，如图 15–7 所示。

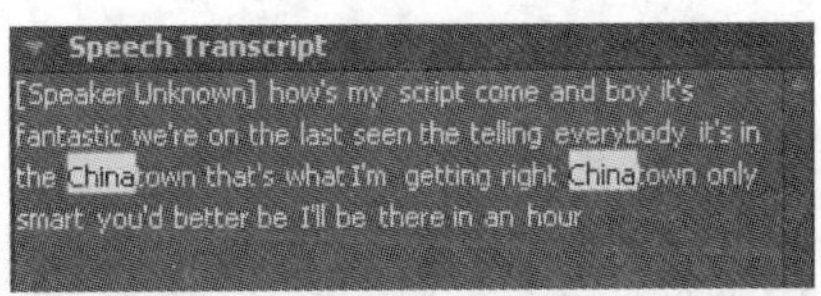

图15–7

3. 单击转录脚本内的不同文字，Source Monitor 内的播放头移动到相应的位置。

> Pr **注意：**右击转录文本，选择 Copy All 命令，可以把转录的文本复制到剪贴板和粘贴到其他应用程序。

15.4 修改元数据

用户可能认为转录脚本中有几个字不够完美。这时可以跳过添加、修改或者删除文字来编辑转录的文本，但这会导致被转录音频与相应的剪辑失去同步。

1. 清除 Metadata 搜索条，使转录文本内没有任何文字被突出显示。
2. 双击转录文本中的文字“boy”，这使用户能够编辑该文字。把它修改为“boys”，这是演员实际所说的内容，如图 15-8 所示。

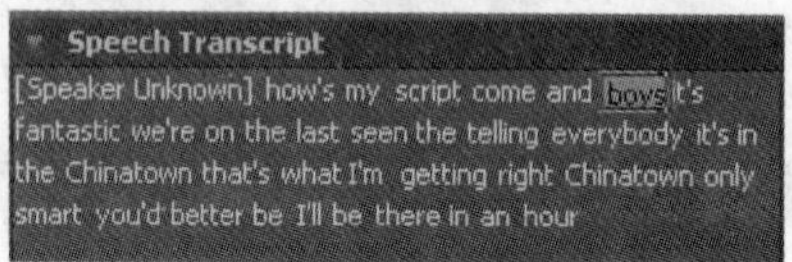

图15-8

3. 双击文字“smart”，把它修改为“smarter”，这也是男演员实际所说的内容。

这个元数据与源文件一起保存，因此，如果在其他项目内使用该文件，转录脚本也会出现在那里。

如果花很长时间进行采访，并通过听其中的关键字来查找指定的帧，这时使用这个功能就可以节省大量的时间。转录脚本的精确度依赖于源文件的质量和清晰度。例如，演讲的背景杂音将使创建转录脚本变得困难。

> Pr | **注意**：可以把转录脚本复制到剪贴板，并把它们粘贴到其他应用程序。

复习

复习题

1. Premiere Pro CS4 中的 Speech Transcription 功能有什么主要优点？

2. 转录脚本会花很长时间，产生很长的文件。转录脚本时用户可以继续工作吗？

3. 转录处理运行或者打开不同的项目时可以关闭 Premiere Pro CS4 吗？

4. 如果编辑转录脚本或者手工添加文字，会破坏现有字的时序吗？

5. 如果在新的项目内使用已经被转录过的相同源文件，必须再次运行转录处理吗？

复习题答案

1. 主要优点是能够使用文字搜索，查找具体的关键帧或者视频帧。

2. 在 Adobe Media Encoder 处理该文件期间，用户可以继续在 Premiere Pro CS4 或者任何其他应用程序中继续工作。

3. 在 Adobe Media Encoder 处理文件时，可以关闭 Premiere Pro 或者打开新的项目。

4. 即使添加或删除文字，时序也会保持同步。

5. 转录的文字会作为元数据添加到源文件，因此不必再次转录文件。

第16课 合成技术

本课涉及的主题包括：

- 制作项目的合成部分；
- 使用 Opacity（不透明度）特效；
- 使用混合模式；
- 使用 Alpha 通道的透明度；
- 色彩抠像绿屏画面；
- 使用轨道蒙版模糊移动对象。

学习本课大约需要 50 分钟。

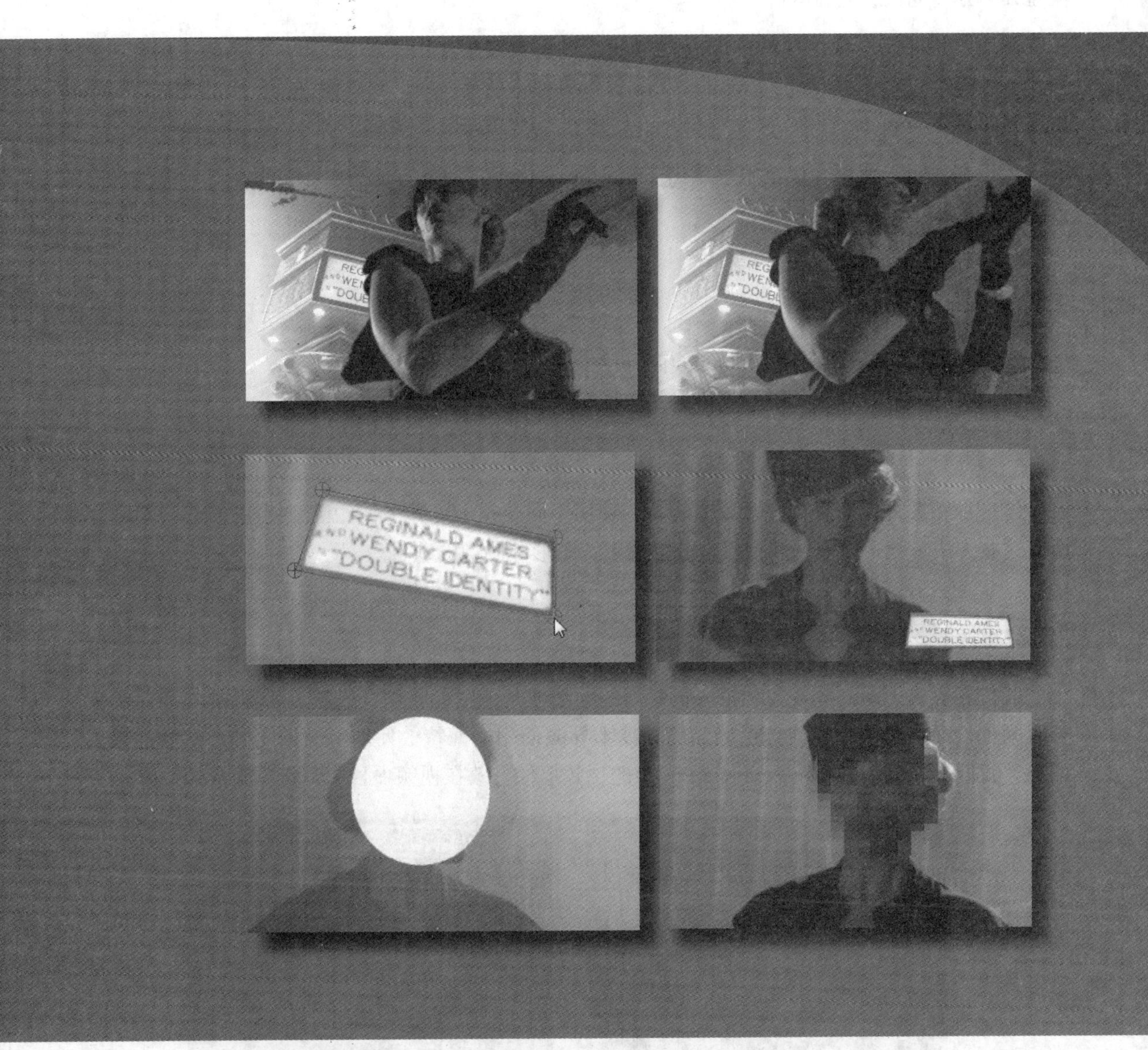

Premiere Pro CS4 的一项重要功能是能够合成（分层）任意数量的视频剪辑、图形和静态图像。合成将成为视频制作中非常重要的部分。

16.1 开始

Adobe Premiere Pro 及其他类似的非线性编辑软件都具有相同的操作习惯：Video 1 轨上方视频轨道中的剪辑优先于 Timeline 上它们下方轨道上的剪辑。换句话说，最高层轨道上的剪辑将会覆盖其下方其他轨道上的剪辑。

然而，其目的并不是用 Video 1 上方轨道上的剪辑来覆盖其下方的剪辑，而是要使用合成来增强其下方剪辑的效果。Adobe Premiere Pro 提供多种将视频、图形和图像进行分层的方法，以创建出最好的效果。

可以在剪辑上使用合成技术显示出 Timeline 上位于它们下方的剪辑。以下是 5 种基本的合成方法。

- 降低整个剪辑的不透明度。
- 基于混合模式组合图层。
- 在剪辑和特效中使用 Alpha 通道透明度。
- 色彩抠像绿屏画面。
- 蒙版抠像特效。

这一课将要介绍所有这些合成方法，并使用不同的技术（其中一些已经使用过）。一旦掌握了所有这些方法，就可以规划和拍摄带分层视频、图形和图像的项目。

16.2 创建项目中的合成部分

我们在电视上看到的气象预报人员背后的地图或其他图形就是合成图。如图 16-1 所示，大部分时间他们站在一块绿色或蓝色墙面前，技术导演使用抠像特效使墙成为透明的，然后插入天气图形。我们可以使用 Adobe Premiere Pro 中的视频抠像特效在视频项目中制作出同样的效果。

图16-1　Matt Zaffino，美国俄勒冈州波特兰市KGW-TV首席气象学家

大部分使用真人演员的计算机游戏和许多电影都使用合成技术。“绿屏”演播室使得游戏开发人员和电影导演可以将演员放入用 3D 计算机图形创建的科幻场景或其他背景中。例如，当最终作品中要表现比较危险的镜头（如人在数百英尺高的摩天大楼上摇摆）时，使用合成技术就可以让演员在相对安全的地方工作。

在拍摄时就要考虑合成问题

制作抠像特效需要付出一定的努力。合适的背景色、灯光和抠像技术都是其中的一些关键因素，还必须考虑哪种抠像特效最合适自己的作品。

有些抠像使用纹理或图形，这样就容易得多。但大多数抠像特效都需要精心设计，并认真地去实现。

- 高对比度场景容易使暗的或亮的部分变为透明的，在暗背景下拍摄亮对象，或在亮背景下拍摄暗对象也都会出现这种情况。
- 纯色背景很容易变为透明的。注意，不要让想扣出的人物穿着与背景相同颜色的服装；
- 对于大多数抠像拍摄，需要使用三脚架，并固定好摄像机。因为抠像物体的跳动会产生不连贯感。当然也有例外，比如在野外活动背景下进行抠像时，摄像机即使有所移动也没有关系。
- 在大多数情况下必须让背景（或向抠像特效所创建透明区域插入的其他图像）与那些抠像的画面相匹配。假如使用的是户外场景，要尽量在户外或使用日光平衡灯光拍摄抠像画面。

16.3 使用 Opacity 特效

观察合成效果的一种简单方法是把视频或图形放置到高层轨道上，并使其部分透明（降低其不透明度），以便通过它看到低层轨道上的视频。这也可以用 Opacity 特效来实现。虽然 Opacity 特效非常有用，但在本节中，用户会发现 Opacity 的合成覆盖方法并不是在所有情况下都有效。在某些情况下可能要使用 Adobe Premiere Pro 中的其他类似工具。

在这个练习中，将降低几个对象的不透明度，在后面几节里，将演示如何使用同样的剪辑来获得更好的效果。

1. 打开 Lesson 16-1.prproj。

2. 播放 Video 1 轨道上的剪辑。

3. 把 brown matte 拖动到 Video 1 轨道内视频剪辑正上方的 Video 2 轨道上。拉伸 brown matte，使它与 Video 1 轨道内视频剪辑的长度相同，如图 16–2 所示。

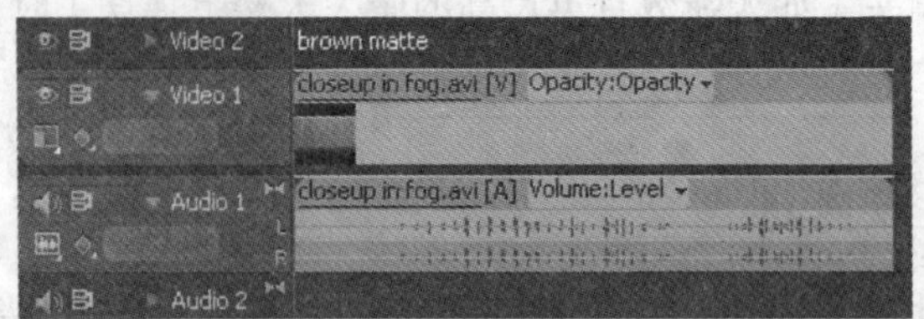

图16–2

该蒙版完全覆盖视频，你不能看到任何视频，因为 Video 2 轨道内的 brown matte 剪辑覆盖了它。

4. 选择 brown matte 剪辑，展开 Effect Controls 面板中 Opacity。

5. 使用关键帧将剪辑起始处的 Opacity 设置为 100%（不透明），将结尾处的 Opacity 设置为 0%（完全透明），如图 16–3 所示。

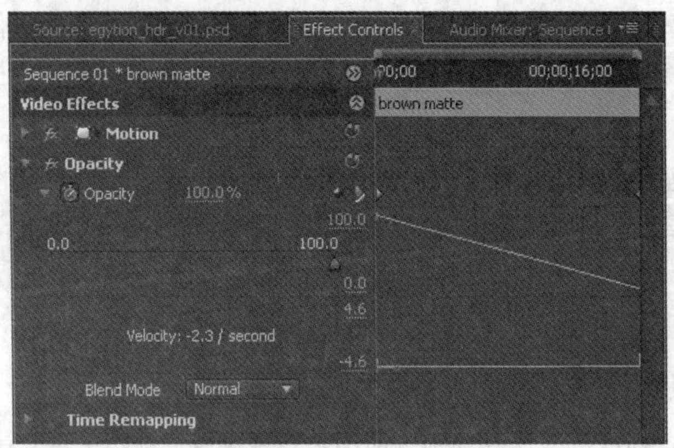

图16–3

6. 播放剪辑。橙色逐渐变淡，更像是着色，直到最后完全消失。

7. 右击（Windows）或者 Control- 单击（Mac）brown matte 剪辑，之后选择 Copy 命令，这样可以将 Opacity 参数粘贴到另一个剪辑中，省去几个步骤。

8. 将 gradient circle 拖放到 Video 2 轨道上 brown matte 剪辑的顶部，执行覆盖编辑。用户将需要删除部分没有被新剪辑覆盖的 brown matte 剪辑，把 gradient circle 剪辑拉伸到与 Video 1 轨道上的视频剪辑相同的长度。

9. 在 gradient circle 剪辑上右击（Windows）或者 Control- 单击（Mac），选择 Paste Attributes（粘贴属性）命令。

这样就把为 brown matte 剪辑设置的关键帧和 Opacity 参数应用到 Gradient 剪辑。

复制剪辑、粘贴其属性

Adobe Premiere Pro能够复制剪辑，把它粘贴到任何序列的其他任何地方，也可以仅仅把其属性（应用到它的所有特效以及它们的参数和关键帧）粘贴到另一个剪辑上。后一种功能有助于获得一致的效果。假如要做画中画，则可以设置剪辑的尺寸，之后把它应用到画中画内的所有剪辑，只改变它们的屏幕位置。

10. 播放合成的剪辑。

我使用 Titler 制作了这个渐变图形。它只是一个应用了径向渐变填充的矩形。用户可以在 Project 面板中双击 gradient circle 剪辑，打开 Titler，修改该渐变的，特征参数。

要将一个场景与另一个具有明亮对象和暗背景的剪辑进行合成，使用 Opacity 特效是一种非常有效的方法。但是，有时使用 Opacity 特效合成的画面会出现过曝现象，稍后我将介绍一些方法，说明怎样避免产生这种过曝现象。

16.4 基于混合模式组合图层

如果使用过 Adobe Photoshop CS4，则可能已经熟悉混合模式。Premiere Pro CS4 使用混合模式的方法与其类似。

1. 打开 Lesson 16-2.prproj，注意，相同的 gradient circle 剪辑位于 Video 2 内。

2. 选择 Video 2 轨道内的 gradient circle 剪辑。

3. 展开 Effect Controls 面板内的 Opacity 特效，确保它设置为 100%。

4. 把混合模式修改为 Multiply（正片叠底），之后播放该序列，观察其效果，如图 16-4 所示。

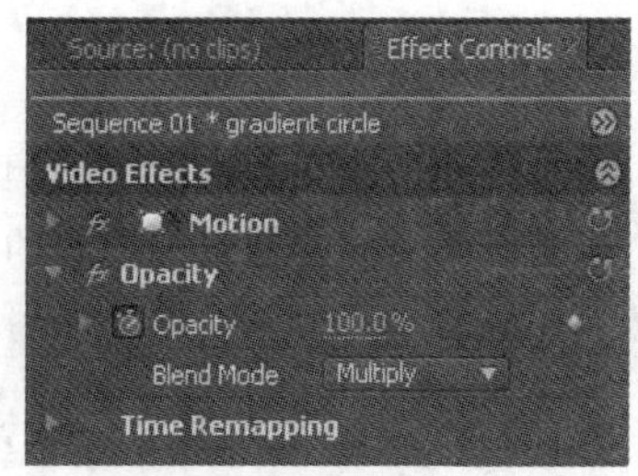

图16-4

不是改变不透明度使部分剪辑变透明，混合模式实际上是基于所选择的混合模式把剪辑与其下方的剪辑混合。

5. 请试试其他几种混合模式，观察它们的效果。

6. 删除 Video 2 轨道内的 gradient circle 剪辑，把 blend title 字幕拖放到它所在的位置。把该字幕拉伸到与 Video 1 轨道内的视频剪辑相同的长度。

7. 把 Blend 字幕菜单内的混合模式修改为 Color Dodge（颜色加深），之后播放剪辑。注意视频剪辑的颜色现在与字幕内颜色的交互情况，如图 16-5 所示。

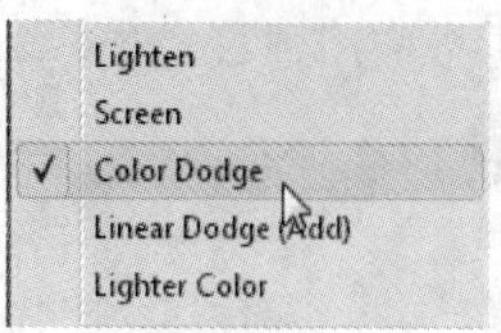

图16-5

16.5 使用 Alpha 通道透明度

很多图形、一些 Adobe Premiere Pro 的一些切换特效以及视频剪辑都具有称为 Alpha 通道的部分，即剪辑的一部分或切换内的间隙可以变为透明的，显示出序列上它们下方的剪辑或切换。本节将用到二者。

1. 将 logo.psd 拖动到 Video 2 轨中，覆盖 blend title。

2. 把位置参数调整到 600 和 340，如图 16-6 所示。这将把徽标移动到右下角，这是徽标常见的显示位置，如图 16-7 所示。

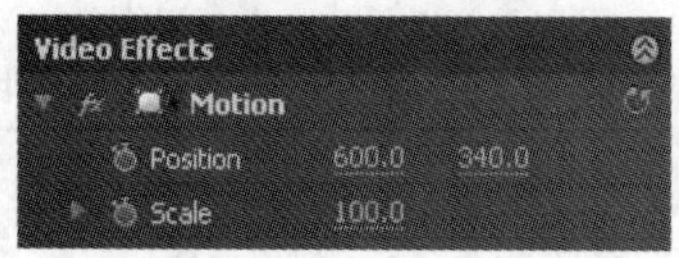

图16-6

图16-7

这是一个具有 Alpha 通道的 Photoshop 图形。默认时，Adobe Premiere Pro 使图形变为完全不透明，其 Alpha 通道为透明的，使序列上 Alpha 通道下方的内容透显出来。可以使用 Alpha Adjust（Alpha 调整）特效查看 Alpha 通道。

3. 选择 Video Effects>Keying>Alpha Adjust 命令，把 Alpha Adjust 应用到 logo.psd。

Alpha Adjust 是基于剪辑的 Opacity 固定特效版本。像使用 Transform 特效与 Motion 连接一样，我们可以在特效链内的某个其他点上用 Alpha Adjust 应用 Opacity 特效，而不是在准备使用 Opacity 固定特效的第 2 个点到最后一个点上。除 Opacity 之外，Alpha Adjust 还有以下几个参数，如图 16-8 所示。

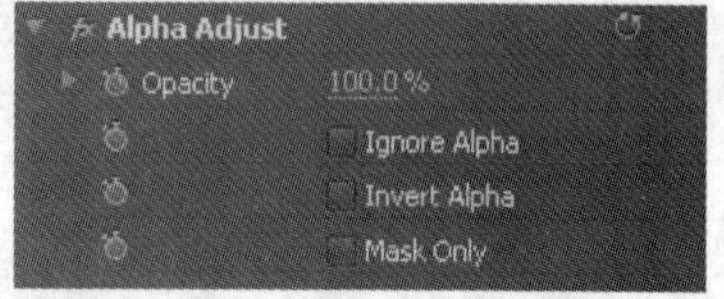

图16-8

- **Ignore Alpha**：使 Alpha 通道成为不透明的，覆盖其下层剪辑。
- **Invert Alpha**：使图形成为透明的，Alpha 通道为不透明的。
- **Mask Only**：将图形转化成为白色轮廓。

4. 选取 Ignore Alpha，查看 Alpha 是不透明的，而不是透明时的效果。

5. 在 Effect Controls 面板中选择 Alpha Adjust，按 Delete 键。

使用处理图形文件 Alpha 通道的视频特效

有 4 种视频特效能很好地使用图形文件的 Alpha 通道：Alpha Glow（Alpha 发光）、BevelAlpha（斜面 Alpha）、Channel Blur（通道模糊）和 Drop Shadow（投影）。其中 Drop Shadow 已经介绍过了，所以这里只介绍其他 3 种。

1. 选择 Video Effects > Stylize > Alpha Glow 命令，在 Video 2 轨的图形上应用 Alpha Glow，打开其 Settings 对话框，试验其中的各项设置。

Start Color（开始颜色）和 End Color（结束颜色）参数用于设置发光的颜色。

2. 从 Effect Controls 面板中删除 Alpha Glow，选择 Video Effects > Perspective > Bevel Alpha 命令，之后将 Bevel Alpha 特效拖放到其位置。调整特效参数，使该图形产生 3D 斜面效果。

3. 选择 Video Effects > Perspective 命令，在 Effect Controls 面板中的 Bevel Alpha 特效下方 Drop Shadow 特效。把 Shadow Opacity 设置为 70%，Distance 设置为 10，Softness 设置为 40，如图 16-9 中的左图所示。

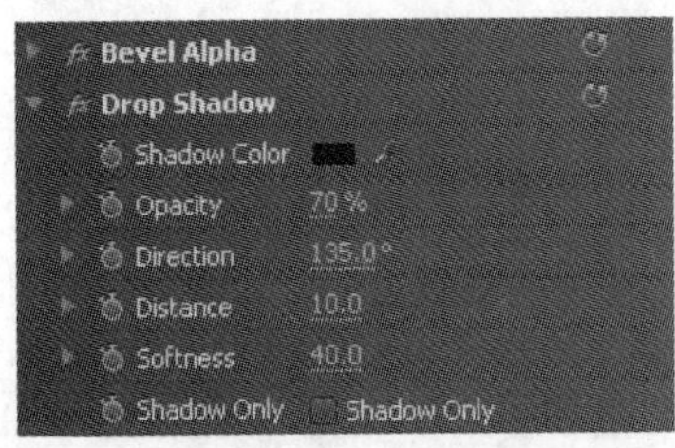

图16-9

一些视频格式也可以包含 Alpha 通道。DV 则不能，但 QuickTime .mov 和未压缩的 .avi 格式就可以包含 Alpha 通道。

4. 把 scratches.mov 剪辑拖放到 Video 2 内 logo 剪辑上方以覆盖它。这个 .mov 文件包含运动的刮痕和闪烁，以模拟旧电影。它包含 Alpha 通道，这使那些没有刮痕的区域变为透明的，因此可以看到其下方的电影。请播放该序列，观察其效果。

5. 为了增强旧电影效果，请把 brown matte 剪辑拖放到 Video 3 上，并把其 Opacity 参数设置为 20%。按 Enter 键 (Windows) 或者 Return 键 (Mac) 渲染和播放该序列。

16.6 色彩抠像绿屏画面

对于一些图像来说，使用 Opacity 特效可以将两个或多个剪辑很好地组合到一起，但这种方法不够精确，用抠像特效可以获得更精确的合成效果。

抠像特效使用不同的方法使部分剪辑变为透明的。为了快速了解它，请选择 Effects 面部内的 Video Effects>Keying 命令，其中有很多种特效。除了 Alpha Adjust（基于剪辑的 Opacity 视频特效）之外，其余特效基本可分为 3 类。

- **色彩 / 色度：**Blue Screen（蓝屏。只用于 Windows）、Chroma（色度。只用于 Windows）、Color（色彩）、Non-Red（非红色）和 RGB Difference（RGB 差值。只用于 Windows）。
- **亮度：**Luma（亮度）、Multiply（正片叠底。只用于 Windows）和 Screen（滤色。只用于 Windows）。
- **蒙版：**Difference（差值）、Garbage（垃圾）、Image（图像）、Remove（删除）和 Track（跟踪）。

本节主要学习 Color/Chroma 和 Luminance 抠像，下一节介绍 Matte 抠像。

Color 抠像和 Chroma 抠像的使用方法基本相同：为它们选择一种颜色，使其变为透明的，再应用其他几个参数（主要是调整色彩选择的范围）。

亮度抠像查找剪辑中的亮、暗区域，使它们变为透明的（或不透明）。本节将介绍色彩抠像特效。

蒙版的作用相当于用图形或用户定义的一些其他区域在剪辑中剪切一个孔。

使用色彩抠像（仅用于 Windows）

在这个练习中，将学习怎样获得良好的色彩抠像效果。

1. 打开 Lesson 16-3.prproj。

2. 刮擦 Timeline，观察 greenscreen 剪辑所使用的背景。

3. 把 green screen shot.avi 拖放到 Video 2。播放 Timeline，查看女士在绿屏前行走的效果。把当前时间指示器保留在剪辑中间，女士完全显示出来的位置。

这时需要应用色彩抠像滤镜，使女士后面的绿屏变为透明的。

4. 选择 Video Effects > Keying 命令，向 Video 2 内的剪辑应用色彩抠像。

5. 将吸管工具从 Key Color 参数拖放到 Program Monitor 内的剪辑上，单击女士左边的绿色区域。

用色彩平均值来提高抠像效果

吸管从单个像素选择颜色。单个像素的颜色往往不能反映需要键出区域的平均颜色，这导致抠像结果并不令人满意。用吸管为抠像取样颜色时，可以Ctrl-单击（Windows）或者Command-单击（Mac），这样就可以在一个5×5的像素区域内进行取样。

6. 调整 Color Tolerance 滑块，直至绿色全部消失，并且女士的所有皮肤和衣服还没有变为透明为止，把它拖动到大约 26%。把 Edge Feather（边缘羽化）调整为 2。

如果之前没有见过色彩抠像效果，这个参数的细微变化肯定会引起用户的注意。但现在抠像效果还不完美，右边的绿色仍然可见，下一步将校正它。抠像效果如图 16–10 所示。

图16–10

7. 把另一个色彩抠像滤镜拖放到 green screen shot.avi 剪辑。

8. 将吸管工具从 Color 参数拖放到 Program Monitor 内的剪辑上，单击女士右边的绿色区域。

9. 把 Color Tolerance 滑块调整为 33% 左右，直至绿色尽可能多地消失，并且女士的所有皮肤和衣服还没有变为透明为止。把 Edge Feather（边缘羽化）设置为 2。

10. 可能仍有部分绿屏显示在画面的左上角。如果是这样的话，请把第 3 个色彩抠像滤镜拖放到该剪辑，重复该过程，取样剩下的绿色，如图 16–11 所示。

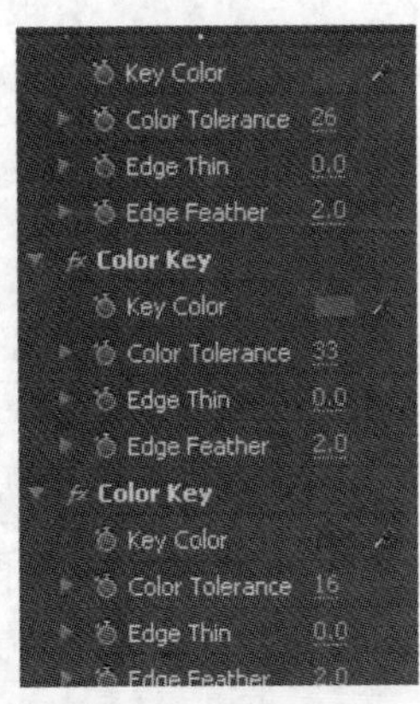

图16–11

11. 按回车键渲染和播放剪辑。

之所以需要3个色彩抠像滤镜，这是因为该剪辑中的绿屏没有均匀照亮。有一些浅浅深深的区域，这实际上存在多种绿色。

有效的色彩和色度抠像拍摄技巧

色度抠像的视频画面不总是那么顺利。要有效地进行抠像，应该按照以下提示进行。

- 使用平光：使用两束与幕布成45°角，以免出现亮斑。不需要过分讲究布光，只要光线均匀即可。
- 对着演员的灯光不能单调。使用可控聚光灯或拉板灯可以达到很好的效果。
- 要键入户外背景时，请在灯光上使用日光平衡型蓝色滤光板，以重建户外光线效果（或是在户外拍摄色度抠像画面）。假如有真人演员参与拍摄，可以在旁边使用鼓风机吹动他们的头发以增强效果。
- 避免色度抠像溢出：使演员和背景至少保持4英尺的距离，避免拾取到背景的反射色。演员背后的灯光能使溢出降到最低。
- 拍摄距离越近，最终效果会越真实。
- 快节奏的动作会使主体边缘的抠像变得更困难。
- 使用摄像机上的大光圈限制景深，让绿色幕布偏离焦点，使它更容易键出。
- 在网上可以找到出售色键织物和纸张的经销商。
- 要使用哪种颜色？使用绿色色度抠像时，要保证没有人穿着这种颜色的衣服，否则也会被抠掉。由于蓝色是皮肤色的补色，所以它的效果很好。
- 消费级与准专业级摄像机由于记录的颜色信息较少，所以抠像效果比不上专业摄像机。但是由于这种摄像机的色彩特性偏重于绿色，这一点与人眼色敏特性是一致的，所以绿色幕布的抠像看起来比蓝色的更为干净。

16.7 使用蒙版抠像

蒙版抠像在剪辑上开个“孔”，使另一个剪辑的一部分显示出来，或者创建出类似于剪切画的东西，可以把它们放置在其他剪辑的上方。

这样的术语可能让人感到迷惑。蒙版抠像与本课前面用过的橙色蒙版那样的颜色蒙版不同。然而，一般来说，蒙版抠像使用用户创建的蒙版图形来定义要使哪些区域变为透明或不透明。

蒙版抠像有以下两种基本类型。

- **Garbage（垃圾蒙版）：**可以是四边形、八边形或十六边形。之所以叫垃圾蒙版，这是因为它们通常用来删除视频中不想要的东西。可以移动它们的顶点来定义要显示区域的轮廓；
- **Graphic（图形蒙版）：**使用图形或其他剪辑创建键出或键入区域的形状。图形蒙版的种类包括 Difference Matte、Image Matte Key、Remove Matte 和 Track Matte Key。

这个练习将使用 Four-Point Garbage Matte Key 特效和 Track Matte Key 特效。

1. 载入 Lesson 16–4.prproj。

2. 将 theater.psd 剪辑拖到 Video 2，拉伸它，使它与视频剪辑的长度相同，如图 16–12 所示。

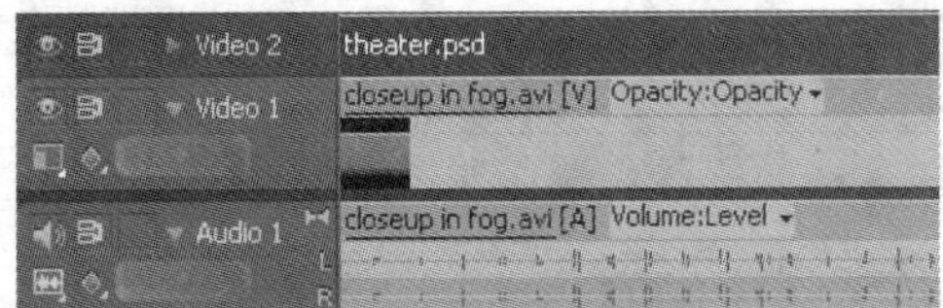

图16–12

我们的目的是在剧院光照标牌上切出一个孔，使它透露出视频的右下角。

3. 把 Four-Point Garbage Matte Key 特效从 Keying 文件夹拖放到 theater.psd 剪辑，如图 16–13 所示。

4. 使用鼠标把 Program Monitor 内的 4 个控制点拖放到标牌的四角。缩放 Program Monitor 以便更好地调整，如图 16–14 所示。

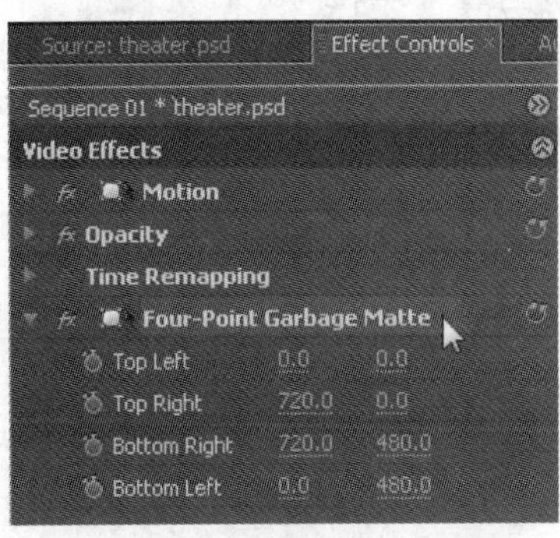

图16–13

图16–14

5. Four-Point Garbage Matte 控制点调整完成后，请把 Program Monitor 的缩放再设置为 Fit。

6. 展开 Motion 文件夹，调整 Position 和 Rotation 字段，使标牌西显示在右下角，如图 16–15 中的右侧所示。

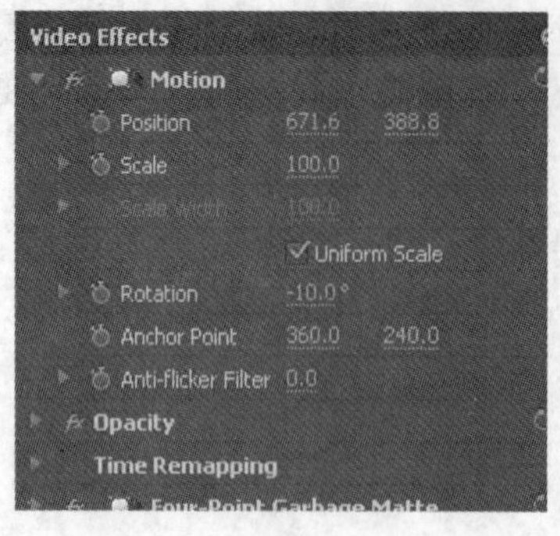

图16–15

创建分屏特效

用垃圾蒙版可以创建分屏特效。最常用的是简单地对两段剪辑分层，对每段剪辑应用Four-Point Garbage Matte Key，移动蒙版的顶点创建两个并排的矩形。也可以对多段剪辑分层，使用Eight-Point Garbage Matte Key或者Sixteen-Point Garbage Matte Key创建各种形状。

垃圾蒙版特效显示部分剪辑，这与使用Motion特效创建画中画不同，它不会为了使剪辑位于垃圾蒙版边框内而缩小剪辑。所以在拍摄时必须做相应规划。如果想在垃圾蒙版边框内放入多个场景，则可以用Motion或其他特效来实现。

一种很酷的效果是把摄像机固定在三脚架上，保证灯光、焦点和曝光设置在拍摄期间不变，让演员先在场景的一侧进行表演，然后到另外一侧扮演另一个角色。可以在其中的一个场景中使用垃圾蒙版，获得演员同时出现在两边的效果。

这样的效果需要合理地安排。演员不能穿越场景两侧的分隔线（虽然可以为垃圾蒙版框边缘设置关键帧来调节重叠），场景分隔线附近不能有任何的移动。

16.7.1 使用图形或其他剪辑作蒙版

这种类型的蒙版有 4 种抠像特效。我们将使用 Track Matte Key 特效，因为它的用途最广，而且效果也最好。下面简要介绍其他几种特效。

- Difference Matte Key（**差值蒙版抠像**）：要想用好这种特效是非常困难的。从理论上讲，可以用它将多个不能同时在一个场景出现的演员 / 动物 / 物体放到同一个背景下。在每次拍摄时，都必须使用完全相同的灯光和拍摄角度，需要使用高端视频才有可能保证效果。最好使用绿屏 / 蓝屏。
- Image Matte Key（**图像蒙版抠像**）：其工作方式与 Gradient Wide 切换内使用的图像蒙版类似。应用它时要打开图形或静态图像，该特效使暗区域变为透明的，亮区域变得不透明。这是一种静态特效，使用范围有限。

- **Remove Matte Key（删除蒙版抠像）:** Remove Matte 特效专门用于那些在抠像时边缘周围出现细小光晕的图形，使用这种效果删除它。

16.7.2 用 Track Matte Key

Track Matte Key（轨道蒙版抠像）与 Image Matte Key（图像蒙版抠像）类似,但它有一些优点,与后者也有一个明显的不同之处。造成这一不同之处是因为把该蒙版（静态图像、图形或在 Titler 中制作的其他东西）放到视频轨道上（因此而得名），而不是把它直接应用到剪辑上。

Track Matte Key 使用独立轨道内的剪辑来定义所选剪辑中的透明区域，显示出序列上位于其下方的内容。它的一个突出优点是可以对蒙版做动画处理。例如，可以使用 Motion 的 Scale 参数逐渐显示该蒙版,或在剪辑上移动蒙版来跟随某个动作。Track Matte 的后一种应用被称作活动蒙版。

16.7.3 创建活动蒙版

我们将反复使用这种特效，这是跟随动作或隐藏对象的好方法。在这种情况下，你将使用 Track Matte Key 模糊在雾中穿行的女士的面部。如果需要，请参阅 Lesson 16 Finish 序列中的这种特效例子。

1. 打开 Lesson 16–5.prproj。请注意 Video 1 和 Video 2 上的剪辑相同。
2. 把 face matte 拖动到 Video 3。把 face matte 剪辑拉伸到与其他剪辑相同的长度。如果播放该序列，会发现 face matte 只是保持在画面的中间。这时需要使 face matte 动起来，这样它就会跟随女士的面部。
3. 选择 face matte 剪辑，之后展开 Effect Controls 面板内的 Motion 特效。
4. 单击 Position 左侧的 Toggle Animation 按钮，在该剪辑开始处设置 Position 关键帧。把白色园放置到女士面部位置，虽然它位于屏幕之外。
5. 刮擦 Timeline 大约到该剪辑中点位置，把蒙版调整到女士面部上方。移动到剩余剪辑的一半，再次执行相同的操作。继续设置关键帧，直到可以刮擦到剪辑，使蒙版一直保持在其面部上方，如图 16–16 所示。

> Pr **注意：**设置关键帧移动是一项很乏味的工作，但不必在每一帧上设置关键帧。一种好的方法是在开始设置关键帧，之后在结束处设置，再在中间位置设置。中间关键帧的次数会被平滑计算。如果运动是常量，没有任何摄像机的移动，就不需要设置很多中间关键帧。如果需要添加更多关键帧，要不断在两个关键帧之间一半位置处拆分空间，直到动画正确为止。

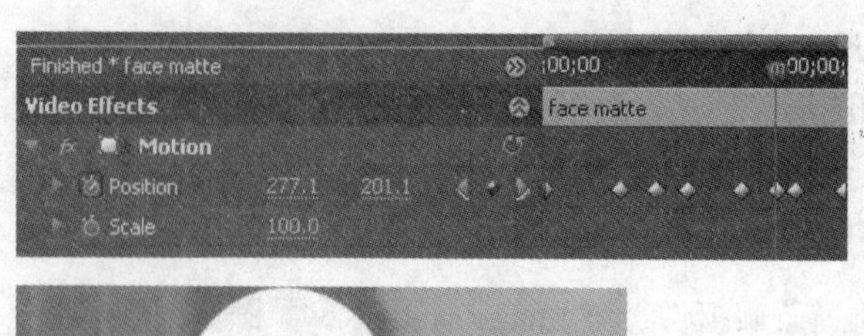

图16-16

6. 选择 Video 2 剪辑，选择 Video Effects > Stylize 命令，把 Mosaic（马赛克）特效应用到它。把垂直和水平块值设置为 30。这使该 Video 2 内的剪辑显示出马赛克。现在需要使用 Track Matte Key 特效，使马赛克只显示在移动的面部上，如图 16-17 所示。

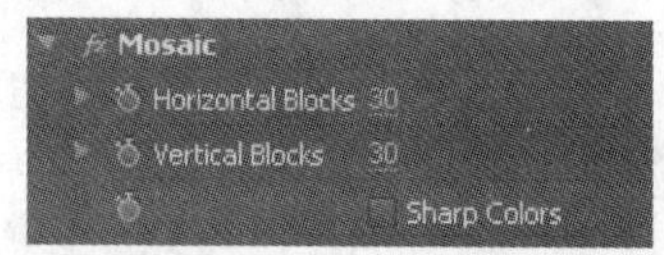

图16-17

7. 找到 Video Effects > Keying 内的 Track Matte Key 特效，把它应用到 Video 2 内的剪辑上。这段剪辑与用户刚应用 Mosaic 特效的剪辑完全相同。

8. 把 Matte 设置到 Video 3，把 Composite Using 设置为 Matte Alpha，如图 16-18 所示。

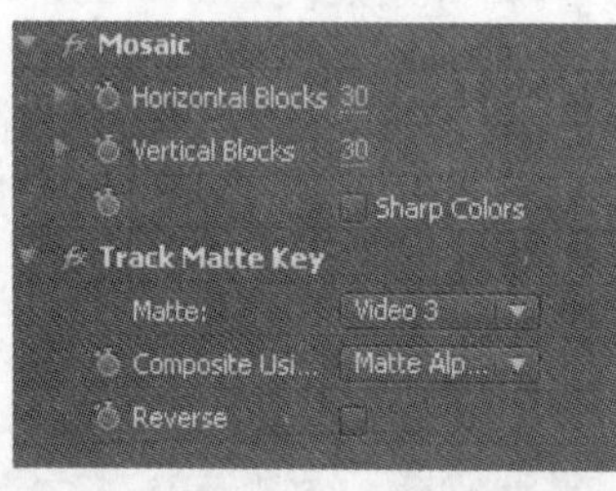

图16-18

9. 播放该序列。马赛克效果现在只显示在女士的面部。

> Pr **注意：**也可以是这种方法突出显示，而不是遮盖运动中的人或对象。要使用轨道蒙版突出显示，只需把被蒙版剪辑上的特效从马赛克修改为带色彩的颜色，或更亮的颜色，或者设置为黑白颜色即可。

复习

复习题

1. 请解释怎样把所有特效从一段剪辑复制到另一段剪辑。

2. 如何创建带有斜面边缘和发光的徽标，它们先扩展，之后又收缩？

3. 在拍摄现场时均匀照亮绿屏为什么很重要？

4. 使用混合模式与只调整 Opacity 设置百分比的区别在哪里？

5. 请描述什么是跟踪蒙版。

复习题答案

1. 选择想要从其复制属性的剪辑，选择 Edit > Copy 命令，之后选择要把这些属性复制到哪些剪辑，再选择 Edit > Paste Attributes. 命令。

2. 应用 Bevel Alpha 和 Alpha Glow。在 Alpha Glow 上使用关键帧可以使发光尺寸发生变化。

3. 如果绿屏没有均匀照亮，就难以把它们抠出。绿屏光照不均匀时，可能需要使用多种抠像滤镜才能选择各种层次的绿色。

4. Opacity 设置均匀调整画面内所有像素的透明度。混合模式使用户能够把一段剪辑与其下方的剪辑按照所选择的混合模式进行混合。

5. 蒙版使部分视频画面变为透明。轨道蒙版可以是静态的，也可以移动，以跟踪视频中的移动。

第17课　颜色、嵌套序列和快捷键

本课涉及的主题包括：

- 色彩特效；
- 调整和增强颜色；
- 使用嵌套序列；
- 使用推荐的键盘快捷键。

学习本课大约需要 60 分钟。

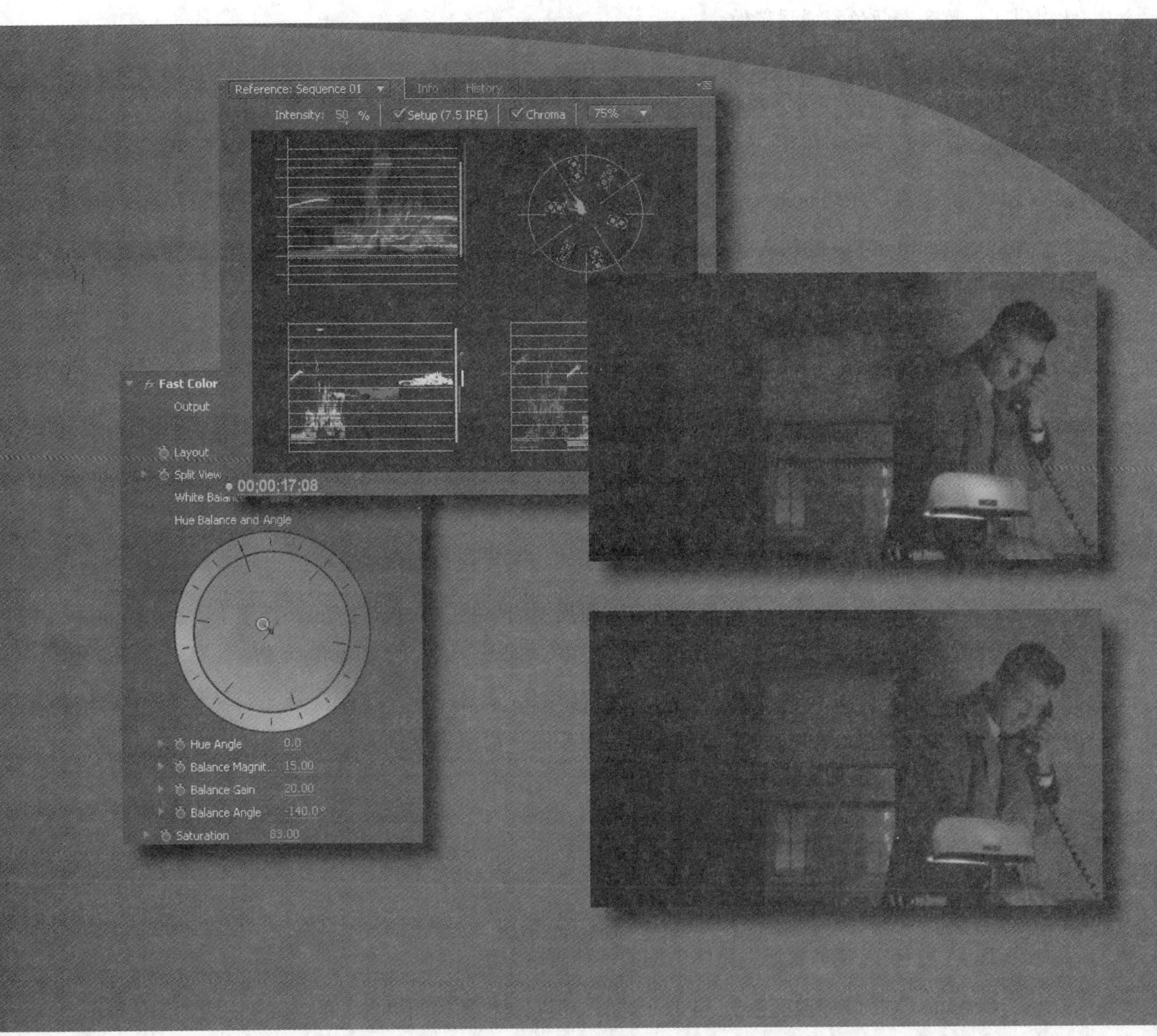

Premiere Pro CS4提供十几种可以增强或调整颜色的特效。本课将介绍一些专业的编辑技术，包括嵌套剪辑和序列。此外，还将介绍一些键盘快捷键，它们可以提高编辑效率。

17.1 开始

大部分电影都经过了色彩校正。它的目的主要不是为了修复那些拍得不好的画面，而是为了让电影的视觉效果符合其情感氛围或某种流派：从风景的暖红色，历史画面的褐色，到硬边风格电影的冷蓝色，或城市剧中的砂砾色。色彩校正或色彩增强处理非常重要。Adobe Premiere Pro 为此提供了一整套专业色彩增强特效。

这些针对色彩的特效提供的功能比色彩校正多。可以选择改变颜色、把剪辑内某种颜色之外的其他颜色转换成灰度，或者删除指定颜色范围之外的所有颜色。这些都将在本课中一一给出具体的例子。

本课将介绍嵌套序列的强大功能，通过修改一个嵌套剪辑来改变复杂特效的效果。

Adobe Premiere Pro 的默认键盘快捷键太多，难以全部记住。但是有一些快捷键是常常要用到的，本书将演示怎样定制键盘命令，以适应自己编辑风格的需要。

17.2 颜色特效概述

Adobe Premiere Pro 提供多种用于调整或增强颜色的视频特效。有些特效功能比较有限，但许多是专业级的工具，只有通过反复试用，才能达到专家水准。关于色彩校正，有专门的书籍对它进行论述，还有许多专门研究这个领域的视频编辑人员。

Adobe Premiere Pro 提供了功能强大的工具，可以激发用户创作视频项目的灵感。

要了解 Adobe Premiere Pro 在色彩特效方面提供的功能，请单击 Effects 选项卡，在 Contains 文本框中输入“color”。然而，这只是一个开始，除此之外，Adobe Premiere Pro 还有更多与颜色相关的特效。

针对颜色的特效分为 4 类，下面将在每类中按照从简单到复杂的顺序一一列出。你也可以用这样的分类法组织自定义的特效文件夹。下面简要介绍颜色特效。

17.2.1 着色特效

着色特效包括如下几个功能。

- **Tint（着色）**：使剪辑产生总体色偏的一种简单方法。
- **Change Color（修改颜色）**：与 Tint 类似，但它提供的控制更多，可以改变更大的颜色范围。
- **Ramp（渐变）**：创建与原来图像颜色相混合的线性或径向渐变。
- **4 Color Gradient（4 色渐变）**：与 Titler 中的同名功能类似，但它有更多选项，可以为参数定义关键帧。
- **Paint Bucket（油漆桶）**：用纯色涂抹场景中的指定区域。

- Brush Strokes（**画笔描边**）：给剪辑应用绘图效果。
- Channel Blur（**通道模糊**）：按用户指定的方向上单独模糊红、绿或蓝通道来创建发光。

17.2.2 颜色的删除或替换

颜色的删除或替换特效包括如下几个功能。

- Color Pass（**颜色隔离**）：除了用户指定的颜色之外，将整个剪辑转换为灰度（仅限于 Windows）。
- Color Replace（**颜色替换**）：将场景中用户选择的颜色修改为用户指定的不同颜色（仅限于 Windows）。
- Leave Color（**保留颜色**）：类似于 Color Pass，但它提供了更多的控制。
- Change To Color（**修改颜色**）：类似于 Color Replace，但它有更多选项和控制。

17.2.3 色彩校正

色彩校正特效包括如下几个功能。

- Color Balance、Color Balance（HLS）和 Color Balance（RGB）：Color Balance（色彩平衡）对中间调、阴影和高光中的红、绿、蓝值提供的控制功能最强。HLS 只能控制总体色相、饱和度和亮度，RGB 只能控制红、绿和蓝颜色值。
- Auto Color（**自动颜色**）：一种快速简单的普通色彩平衡方法。
- RGB Color Corrector 和 RGB Curves（**RGB 颜色校正器和 RGB 曲线**）：提供的控制比 Color Balance 更多，其中包括对阴影和高光色调范围的控制，以及对中间调值（gamma）、亮度（pedestal）和对比度（gain）的控制。
- Luma Color 和 Luma Curve（**亮度颜色和亮度曲线**）：调整剪辑中高光、中间调和阴影内的亮度和对比度，还能校正所选颜色范围内的色相、饱和度和亮度。
- Color Match（**色彩匹配**）：一种很有用但也很难掌握的功能，可以让场景置于不同颜色灯光下进行全面的颜色方案匹配。用这种方法可以把在荧光灯（蓝绿色）和白炽灯（橙色）下拍摄的场景进行颜色匹配（仅限于 Windows）。
- Fast Color Corrector（**快速颜色校正**）：这个工具可能是最常用到的。它可以把颜色改变立即显示在 Program Monitor 内的分屏视图中让用户预览。
- Three-Way Color Corrector（**三向颜色校正**）：它使我们能够通过调整高光、中间调和阴影的色相、饱和度和亮度做更精细的校正。

17.2.4 技术性的颜色特效

技术性的颜色特效包括如下几个功能。

- **Broadcast Colors（广播颜色）**：调整视频使之符合电视机显示标准。校正由于特效或添加图形所产生的颜色过亮和几何图案问题。
- **Video Limiter（视频控制）**：类似于 Broadcast Colors，但它可以在保持与广播电视标准一致的同时更加精确地控制，以保留原来的视频质量。

17.3 调整和增强颜色

在这个练习中，将使用 5 种针对颜色的特效：Leave Color（保留颜色）、Change To Color（改变到颜色）、Color Balance (RGB)（色彩平衡）、Auto Color（自动颜色）和 Fast Color Corrector（快速颜色校正）。

17.3.1 Leave Color 特效

首先从 Leave Color 特效开始。

1. 打开 Lesson 17–1.prproj。

2. 把 enters office.avi 剪辑拖放到 Video 1 轨，将当前时间指示器定位到大约一半的位置，以便可以更清楚地看到蓝色台灯。

3. 选择 Video Effects > Color Correction 命令，向该剪辑应用 Leave Color 特效。

4. 在 Effect Controls 面板内展开 Leave Color，用 Color To Leave 旁边的吸管在蓝色台灯上单击，选择要保留的颜色。

5. 把 Amount To Decolor（去色量）设置为 100%，这把所选颜色之外的所有颜色都变为灰色。

6. 把 Tolerance（容差）设置为 36% 左右，可能需要调整一点该参数才能得到想要的效果，如图 17–1 所示。

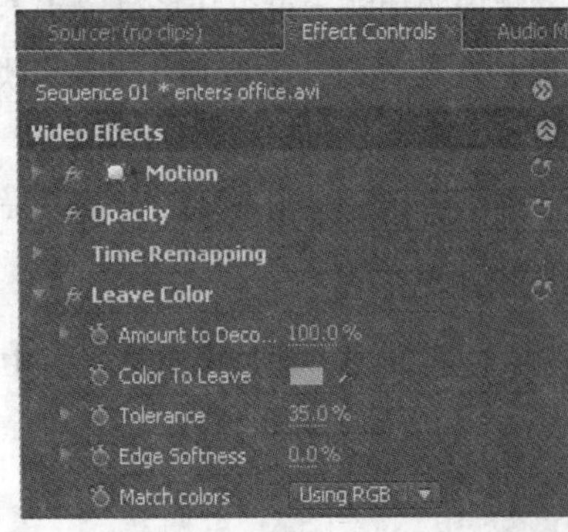

图17–1

7. 播放该剪辑，注意，只有蓝色台灯有颜色。

17.3.2 Change To Color 特效

接下来让我们使用 Change To Color 特效。

1. 删除 Leave Color 特效，选择 Video Effects > Color Correction 命令，把 Change to Color 特效应用到该剪辑。

2. 展开 Effect Controls 面板内的 Change To Color 特效。

3. 把当前时间指示器移动到该剪辑上，以便能够在 Program Monitor 内清晰地看到蓝色台灯。

4. 用 From 旁边的吸管取样台灯的蓝色。

5. 单击 To 色板，选择红色，如图 17–2 所示。

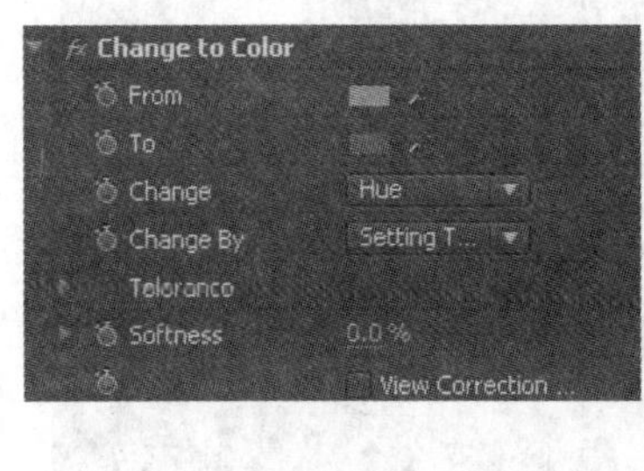

图17–2

台灯现在应该从蓝色变为红色，所选颜色将保留它所替换场景中的阴影、中间调和高光，因此如果场景普遍较暗，场景中的颜色看起来也会比所选择的颜色暗。

17.3.3 颜色校正

根据对色彩校正的定义，Adobe Premiere Pro 提供多种色彩校正特效。它们的差别很大，涵盖从最基本的色彩平衡（类似于摄像机上的自动白平衡）到复杂的 Three-Way Color Corrector 特效。这一节将主要介绍中等级别的特效：Fast Color Corrector。

Fast Color Corrector 和 Three-Way Color Corrector 特效提供 Hue Balance（色相平衡）和 Angle（角度）色轮，用它们平衡红、绿和蓝色，在图像中创建出所需的白色和中性灰色。

> Pr **注意**：Three-Way Color Corrector 特效可以用各个色轮独立地调整阴影、中间调和高光的色调范围。

根据不同的预期效果，你可能不想让剪辑内的色彩平衡完全达到中性。这就需要使用颜色增强技术。例如，可以让视频产生橙色暖色调或蓝色冷色调。

在使用 Three-Way Color Corrector 之前，先简要介绍另外两种颜色修正特效。

17.3.4 Color Balance (RGB) 特效

让我们从 Color Balance (RGB) 开始，这可能是最直观的色彩校正特效之一。

1. 载入 Lesson 17–2.prproj。

2. 把 Color Balance (RGB) 特效从 Image Control 文件夹拖放到 Timeline 上的剪辑上。

Color Balance (RGB) 具有 Settings 窗口，可以在其中手工调整红、绿、蓝色水平。所有剪辑的起点都是 100，不论剪辑中的实际颜色水平是多少。

3. 修改 Red、Green 和 Blue 设置，使该场景产生出冷色调效果（更偏蓝色）。请试试 98% 的 Red、104% 的 Green 和 116% 的 Blue，如图 17–3 所示。

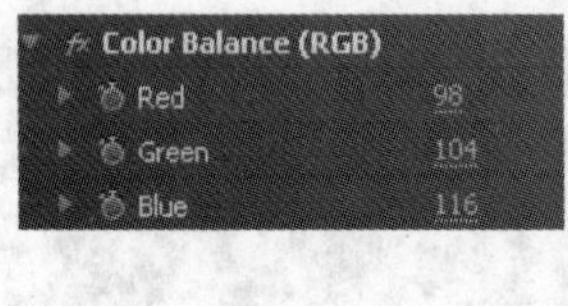

图17–3

17.3.5 Auto Color 特效

接下来介绍的颜色校正特效是 Auto Color，它根据参数设置分析画面。

1. 从 start 剪辑中删除 Color Balance (RGB)，选择 Video Effects > Adjust 命令，把 Color Balance (RGB) 替换为 Auto Color effec。

2. 请试试修改其一些参数，如图 17–4 所示。

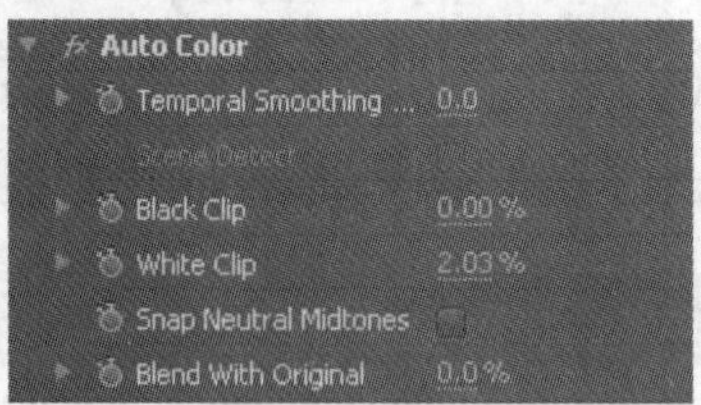

图17–4

Temporal Smoothing（时间平滑）同时计算多帧,平均它们的值,以平滑所有色彩平衡间的差异。较高的 Black Clip 和 White Clip 值增加对比度。

17.3.6 Fast Color Corrector 特效

Fast Color Corrector 是 Adobe Premiere Pro 内重要的色彩校正特效，它在校正剪辑的颜色或灯光时非常有用。

1. 把 writers 3.avi 拖放到前一个剪辑右侧的序列上。

2. 选择 Video Effects > Color Correction 命令，向 writers 3.avi 剪辑应用 Fast Color Corrector 特效。

注意，writers 3.avi 的颜色比 writers 2.avi 的更饱和。使用 Fast Color Corrector 特效可以使 writers 3 剪辑与 writers 2 的效果更接近，虽然它们是使用不同的曝光参数拍摄的。这种非常复杂的特效可以创建出更多的编辑效果。它载入一些选项，包括两个色轮，可以直观地调整色相和饱和度。

3. 单击色轮中间的 Balance Magnitude（平衡幅度）控制点，把它稍拖向黄色一点（如图 17-5 所示）。注意 Balance Magnitude 值和 Balance Angle 值在拖动这个控制点时的改变。

4. 注意，剪辑中的蓝色色偏现在已经消失。请选择 Show Split View 选项（在 Output 参数下方），观察其区别。

5. 把 Balance Magnitude 增加到 15 左右，Balance Angle 调整到 –140，以调整色彩校正量。这使色调稍偏向黄色，以更好地匹配 writers 2 剪辑。请注意，在调整 Balance Magnitude 参数时，色轮中央附近的圆圈移离中央更远，如图 17–5 所示。

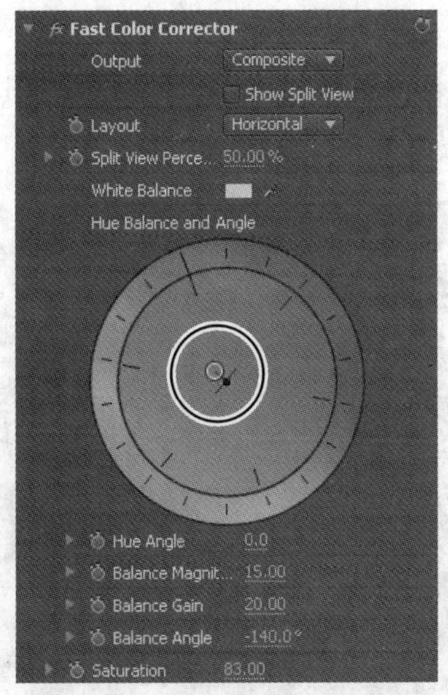

图17–5

请观察色轮，其参数如下所示。

- **Hue Angle（色相角度）**：顺时针方向移动外环会使整体颜色偏红，逆时针移动会使整体颜色偏绿。
- **Balance Magnitude（平衡幅度）**：将圆从中心向外移会增加引入到视频内的颜色幅度（强度）。
- **Balance Gain（平衡增量）**：设置 Balance Magnitude 和 Balance Angle 调整的相对精细或粗糙程度。将手柄向外环移动会使调整变得更加明显，将这个垂直的控制手柄靠近色轮中心的位置会使调整变得更加精细。
- **Balance Angle（平衡角度）**：使视频颜色偏向目标颜色。

6. 把 Saturation 参数（位于色轮的下方）调整到 83 左右，使颜色强度降低一点。

7. 把中间调输入色阶调整到 1.6 左右，加亮中间调，如图 17–6 所示。

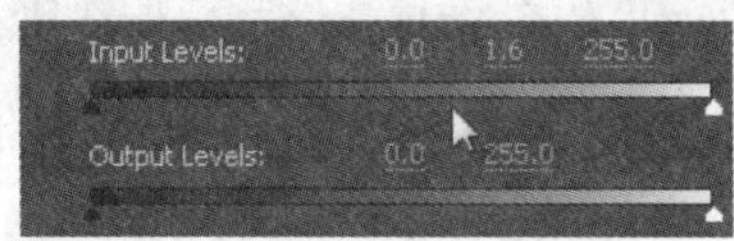

图17–6

8. 取消选择 Show Split View 选项，播放 writers 2 和 writers 3 剪辑。它们现在的匹配程度比以前更好。

9. 选择 Window > Workspace > Color Correction 命令。

注意打开的新视频面板：Reference Monitor。

10. 单击 Reference Monitor 面板菜单，选择 All Scopes 命令，如图 17–7 所示。

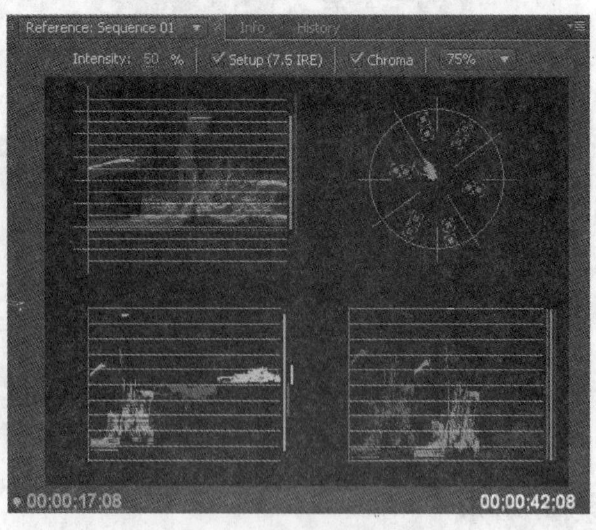

图17–7

这些是 3 个 Waveform 示波器和一个 Vectorscope（矢量示波器。位于右上角）。数十年来，广播电视工程师一直使用这些工具保证电视信号符合标准（也就是保证信号不要太亮或对比度太强）。

在提高自己的色彩增强技巧时，可能想用它们增强颜色和调整颜色。要了解更多关于这方面的知识，请选择 Help > Adobe Premiere Pro Help 命令，之后选择 Applying Effects > Vectorscope And Waveform Monitors 命令。

17.4 嵌套序列

嵌套序列是序列中的序列。可以通过以下方式把项目分成几个更容易管理的块：在一个序列中创建项目片段，然后把这个序列以及其所有剪辑、图形、图层、多个视 / 音频轨道和特效拖到另一个序列中。这样它看起来和操作起来就像是单个视 / 音频剪辑。

嵌套序列的基本用途是把色彩校正应用于具有多重编辑的长序列，不用把该特效依次应用到每段剪辑，只要把序列放置并嵌套到另一个序列中，然后把该特效的单个实例应用到它即可。假如要改变特效参数，则可以在一个嵌套序列剪辑中做出改变，而不必单独修改原来序列中的每段剪辑。

17.4.1 嵌套序列的多种用途

嵌套序列还有以下其他几种用途。

- 把一种或多种特效应用到一组分层剪辑中，这样就不必一次一层地对每层应用特效。
- 通过单独创建复杂序列来简化编辑工作，这有助于避免冲突，防止因误操作移动远离当前工作区轨道上的剪辑。
- 重用序列，或使用相同的序列，但每次为它提供不同的外观效果。
- 组织作品，采用与在 Project 面板或 Windows 资源管理器中创建子文件夹相同的方法，这可以避免混淆，缩短编辑时间。
- 在两段剪辑之间应用多种切换。
- 创建多种画中画特效。

17.4.2 在报纸中嵌入视频

下面将介绍在屏幕上创建经典的报纸导读的步骤，但我们将要使用嵌套序列，把活动视频添加到这个报纸导读的“图片”上。使用嵌套序列会使它变得很容易。

1. 打开 Lesson 17–3.prproj。

2. 选择 completed 序列，并播放它，以观察我们将要创建的效果。spinning newspaper 是该序列内的最后一套剪辑。

3. 打开 nested practice 序列，它最初是空的。

4. 把 enters office.avi 剪辑拖放到 nested practice 序列的 Video 1 轨。按反斜杠键（\）放大 Timeline。

5. 把 newspaper.psd 拖放到 Video 2 轨，使它位于 Enters office.avi 剪辑的正上方。调整 newspaper 剪辑的长度，使它与电影剪辑相匹配。newspaper 剪辑具有方形透明区域，其下方的电影剪辑从这里显示出来。

6. 选择 Video 1 轨上的 enters office.avi 剪辑，使用 Motion 特效的 Scale 和 Position 参数调整视频，使它适合 newspaper 窗口的大小。所使用的设置是 Scale=56、Position=261, 291，如图 17–8 所示。

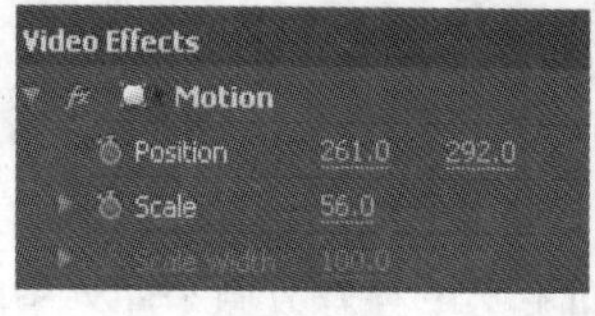

图17–8

7. Alt- 单击（Windows）或者 Option- 单击（Mac）音频轨道，按 Delete 键，删除 Enters office.avi 剪辑的音频。

我们对嵌套序列只需做这些处理，我们将对该序列（而不是各个剪辑）做动画处理，使报纸和视频一起移动。

8. 单击 Practice 序列，激活它。

9. 把 writers 2.avi 拖放到 nested Practice 序列的 Video 1 轨。

10. 把 nested practice 序列拖放到 Video 2 轨，使它位于 interview 剪辑的正上方，如图 17–9 所示。使 Video 1 内的剪辑与 Video 2 内的 nested practice 序列长度相同。

图17–9

11. 选择 nested practice 序列剪辑之后，在从剪辑开始后大约 3 秒位置处的 Motion 特效内添加 Scale 关键帧，把其值设置为 80，在该剪辑开始处设置另一个 Scale 关键帧，把其值设置为 0。

12. 在该剪辑开始处的 Motion 特效内为 Rotation 参数设置关键帧，把其值设置为 -4x0.0。在 Effect Controls Timeline 内的同一点设置另一个 Rotation 关键帧，作为第 2 个 Scale 关键帧。这些关键帧相互对齐，把该 Rotation 关键帧的值设置为 0.0，如图 17-10 所示。

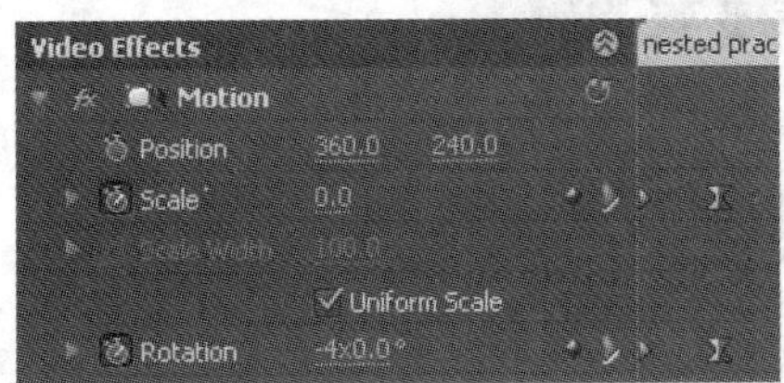

图17-10

13. 为了得到较好的效果，可以右击（Windows）或者 Control- 单击（Mac）所设置的最后一个 Rotation 关键帧，把它设置为 Ease In。这将使它逐渐停止旋转，而不是突然停止。

14. 播放剪辑。把剪辑嵌入在序列内，这样能够一次影响多段剪辑。也可以把序列嵌入到序列内。

17.5 嵌套剪辑

在前一个练习中，把整个序列嵌入在另一个序列内。也可以选择一组剪辑，把它们嵌入到序列内，而不必是一个序列内的所有剪辑。这有利于把一组复杂的剪辑折叠到单个序列内。

1. 打开 Lesson 17-4.prproj，播放 Timeline。

    要在 writers 2 和 writers 3 剪辑的编辑点创建 Page Turn（翻页）切换。因为其他两个剪辑合成到 writers 2 剪辑上方，所以 Page Turn 切换难以实现，但是，如果把第 1 段折叠为单个嵌套剪辑，它就不困难了。

2. Shift- 单击构成第 1 段的 3 个剪辑：Title 01、nested complete 和 writers 2.avi，以选择它们，如图 17-11 所示。

图17-11

3. 右击选中的剪辑，选择 Nest 命令，如图 17-12 所示。

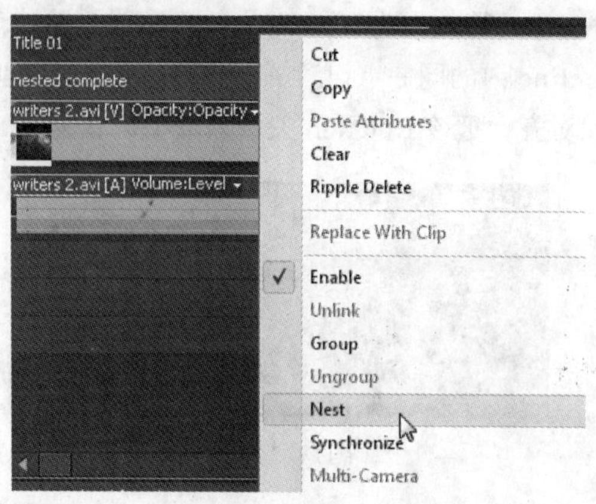

图17-12

3. 段剪辑折叠为单个嵌套剪辑。请播放该剪辑，观察包含 3 段剪辑的嵌套剪辑。

4. 把 Page Turn 切换从 Effects > Video Transitions > Page Peel 文件夹拖放到两段剪辑之间的编辑点上。

> **注意**：要编辑嵌套的一组剪辑，请双击 Timeline 内的嵌套序列。嵌套序列变为激活的序列，用户现在可以编辑它。

17.6 推荐使用的键盘快捷键

Adobe Premiere Pro 定义了 100 多个键盘快捷键，我们不会全部使用它们，但其中大约有 25 个是经常要用到的。用户可以根据自己的需要定制键盘快捷键和创建一些新的快捷键。

要了解有多少快捷键，可以选择 Edit>Keyboard Customization 命令，这将打开如图 17-13 所示的 Keyboard Customization 对话框。

注意，Adobe Premiere Pro Factory Defaults（Adobe Premiere Pro 厂家默认设置）列出了主菜单标题：File、Edit 和 Project 等。可以打开每个列表，找到与菜单中相匹配的命令。

其中许多模仿标准系统级的快捷键。

功能	Windows	Mac
存储	Ctrl+S	Command+S
复制	Ctrl+C	Command+C
撤销	Ctrl+Z	Command+Z

Adobe Premiere Pro 有 3 套键盘快捷键：Factory Default（厂家默认设置），以及针对另外两个竞争产品（Avid Xpress DV 3.5 和 Final Cut Pro 4.0）而设置的快捷键。后面两套是为了方便用户从这些产品迁移到 Adobe Premiere Pro 而设计的。

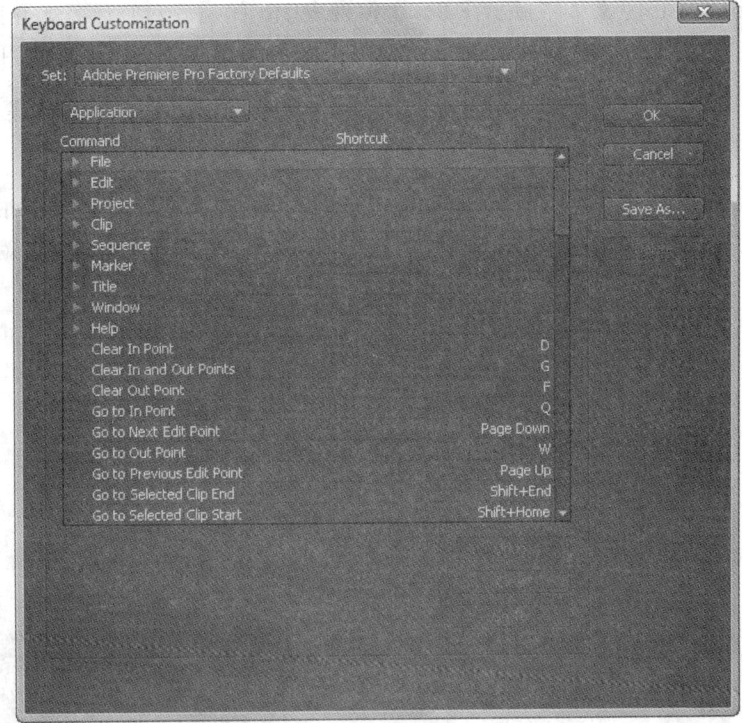

图17-13

17.6.1 修改快捷键

可以创建第 4 套自定义快捷键。Adobe Premiere Pro 用得越多，用户就会越想创建这套快捷键。创建快捷键的步骤如下所示

1. 选择 Edit > Keyboard Customization（自定义快捷键）命令。

2. 打开 Edit 列表，单击 Redo 按钮。

Redo 的快捷键是 Ctrl+Shift+Z 键（Windows）或 Command+Shift+Z 键（Mac），这个快捷键在 Adobe 系列产品中都是一样的。在其他产品中 Redo 的快捷键可能是 Ctrl+Y 键（Windows）或 Command+Y 键（Mac）。

3. 单击 Shortcut 栏内 Redo 的快捷键（而不是文字 Redo），之后按 Ctrl+Y 键（Windows）或 Command+Y 键（Mac），如图 17–14 所示。

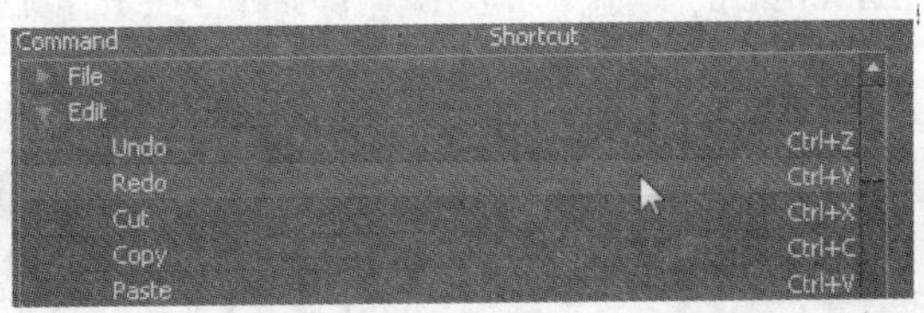

图17–14

"Custom"（自定义）将显示在 Set 下拉列表中。稍后要对它命名，并把它保存为一套自定义快捷键。当修改键盘快捷键时，必须先检查该快捷键是否已经被使用了。

4. 单击 Copy，使其在列表中突出显示出来，然后单击它的快捷键：Ctrl+C 键（Windows）或 Command+C 键（Mac）清除该项。

5. 输入 Ctrl+Y 键（Windows）或 Command+Y 键（Mac）。这会在屏幕上弹出如图 17-15 所示的警告，提醒用户准备重新定义已存在的快捷键。在该对话框内任意位置单击就可以完成修改。

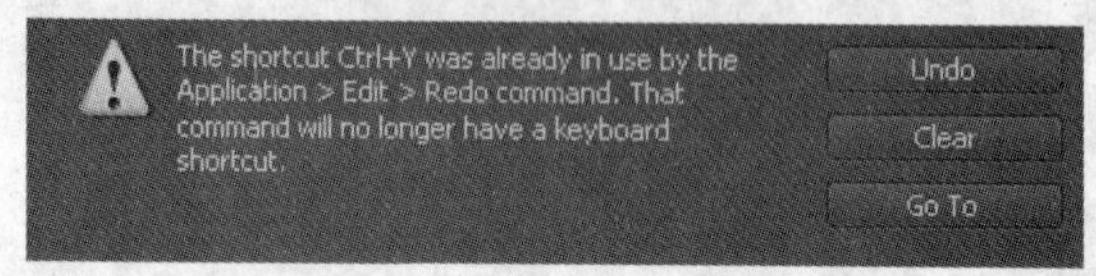

图17-15

6. 单击 Undo 按钮撤销修改。

假如单击 OK 按钮，就会关闭该对话框，"Custom" 设置中就有了一个新的 Redo 快捷键，它将成为当前选择的一套键盘快捷键。如果单击的是 Save As 按钮，则可以给 "Custom" 起一个更有意义的名字。

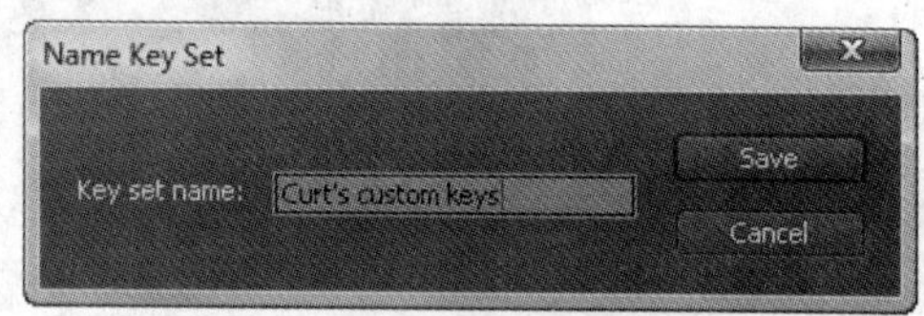

图17-16

7. 单击 Save As 按钮，为定制的快捷键集合命名，之后单击 Save 按钮，如图 17-16 所示。

17.6.2 最常用的快捷键

通常使用的快捷键大约有 25 个（包括像 Ctrl+C/Command+C 这样系统级 "模拟" 快捷键）。用户很快就会习惯使用下面这些快捷键。

- **Tools（工具）**：每种工具都有一个单字母的快捷键。要了解这些快捷键，请打开 Keyboard Customization，选择 Tools 列表，如图 17-17 所示。

我们会经常使用这些工具快捷键。至少应该牢记 Selection（V）、Ripple Edit（B）、Rollig Edit（N）和 Razor（C）。万一忘了这些工具快捷键，可将光标指向工具面板内的每个图标上，就会弹出工具提示，看到每个工具的快捷键。

- **反斜杠（\）**：调整 Timeline 的尺寸，以显示整个项目。在工作流中时这是够到手柄的一种好方法。

> Pr | **注意**：按反斜杠两次将回到前一次缩放级别，这是一种节省时间的好方法。

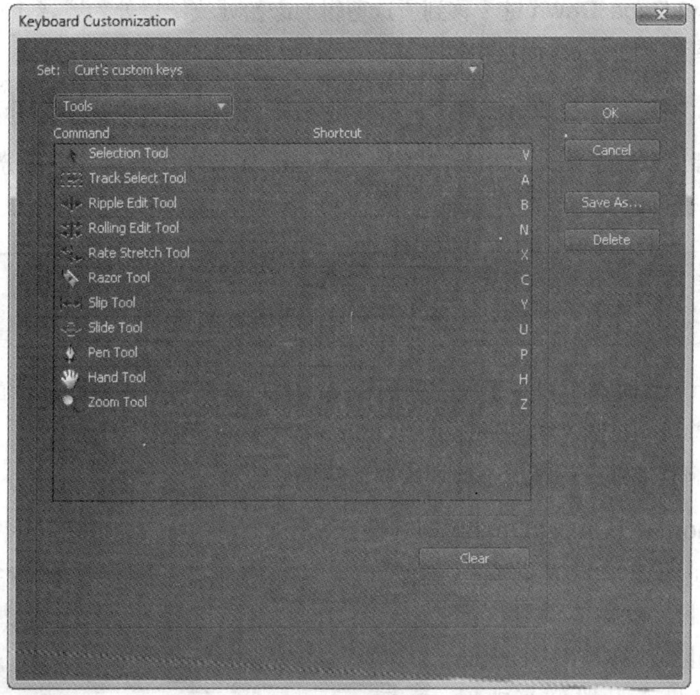

图17–17

- **J 和 L：**回放控制。J 是向后，L 是向前。连续按两、三次会增加其速度。
- **K：**多功能回放修饰键。按下 K 键将停止回放，按下并保持 J 或 L 键时按 K 键可以改变回放速度。
- **按住 K 键时按 J 键：**一次反向播放一帧。
- **按住 K 键时按 L 键：**一次向前播放一帧。
- **同时按住 K 键和 J 键：**慢速反向播放（8 帧 / 秒）。
- **同时按住 K 键和 L 键：**缓慢向前播放（8 帧 / 秒）。
- **加号（ + ）、减号（ – ）和数字键：**将剪辑移动指定数量的帧。选择剪辑，之后在数字小键盘上输入 + 或 –（不是使用 Shift+= 或连字符键），接着输入移动的帧数（还需要使用数字键盘）。按回车键移动剪辑。

> Pr **注意：**以 Audio Units（音频单位）观察 Timeline 面板时，剪辑将移动指定数量的音频取样。

- **Home 和 End 键：**移到序列的起点或结尾处（如果 Timeline 处于激活状态）；而如果 Project 面板处于激活状态，则移到它的第 1 段剪辑或最后一段剪辑。

- **Page Up 和 Page Down 键**：移到所选剪辑的起始处或结尾处，或者 Timeline 内下一个编辑点，或者移到 Project 面板中当前显示的最顶层剪辑或最低层剪辑。
- **星号（*）**：增加标记。数字键盘上的星号键（而不是 Shift+8）在 Timeline 上添加标记。
- **S**：按 S 键可以打开或关闭 Snap 功能（Timeline 窗口左上角有一个两分叉的小图标）。在拖动或剪切剪辑时也可以关闭或打开 Snap 功能。

> Pr | **注意**：当前时间指示器不会与项对齐，项会与当前时间指示器对齐。如果当前时间指示器与编辑点对齐，那么在序列中移动当前时间指示器时就会出现跳跃。

- **Alt/Option**：暂时撤销视、音频之间的链接。当单击链接的视音频剪辑的视频部分或音频部分时，按下 Alt 键（Windows）或 Option 键（Mac）键可以取消这部分的链接，这样可以在不影响其他部分的情况下剪切或移动这部分剪辑。
- **Alt+[/Option +[和 Alt+]/Option +]**：设置 Work Area Bar（工作区域条）结束点，如图 17–18 所示。如果要渲染或导出部分项目，就需要设置这部分的起、止点。按 Alt+[/Option +[键将把起点设置到当前时间指示器编辑线所在位置，按 Alt+]/Option +] 键则设置终点。也可以简单地把该条的尾部拖到这些点上。Work Area Bar 的结束点会与剪辑的编辑点对齐。

图17–18

> Pr | **注意**：双击工作区条的中央，将把工作条的终点设置到序列的可见区域。如果在 Timeline 上可以看到整个序列，就会把工作条的终点设为序列的全长。

- **F1**：打开 Adobe Premiere Pro Help。
- **Ctrl+T 键（Windows）或者 Command+T 键（Mac）**：打开 Titler。
- **Marquee Select（框选）**：拖出一个框，选择 Timeline 或 Project 面板内的一组剪辑，这是工作流中的常用操作。在 Timeline 上框选剪辑可以移动整组剪辑，在 Project 面板内框选剪辑可以一次把所有这些剪辑添加到序列中。
- **Import Folders（导入文件夹）**：不是导入一个文件或一组文件，而是可以导入整个文件夹。选择 Import，单击 Import 窗口右下角的 Import Folder 按钮，这会在 Project 面板中创建一个同名文件夹，并导入相关文件。

复习

复习题

1. Leave Color 特效和 Change to Color 特效之间有什么区别?

2. 怎样用习惯取样更宽范围的像素?

3. Fast Color Corrector 中的分屏 (Split-screen) 选项有什么用途?

4. Fast Color Corrector 中应用 Color Wheel 的基本设置是什么?

5. 把选择的剪辑嵌套到 Timeline 上之后，怎样编辑嵌套的序列?

6. 回倒、停止和播放项目的键盘快捷键是什么?

复习题答案

1. Leave Color 把画面中除具有用户所选颜色的对象之外的所有内容变为灰色，Change to Color 用另一种颜色替换用户指定的颜色。

2. 用习惯取样颜色时按住 Ctrl 键 (Windows) 或者 Command 键 (Mac)，使它取样更多像素。

3. 分屏功能使用户能够立即预览颜色校正的效果，并将它与原来的效果做比较。

4. 设置是 Balance Angle (添加到剪辑的颜色) 和 Balance Gain (添加的颜色的强度)。也可以调节整体的 Hue Angle 参数，使剪辑中的所有颜色都趋向于选择的颜色。

5. 双击嵌套序列，原来的序列就变为活动的。

6. 快捷键是 J、K 和 L。多次按下 J 或 L 键可以加速反向或正向的播放速度。K 键停止回放。

第18课 项目管理

本课涉及的主题包括：

- 使用 Project（项目）菜单；
- 使用 Project Manager（项目管理器）；
- Clip Notes 介绍；
- 导入项目或序列。

学习本课大约需要 30 分钟。

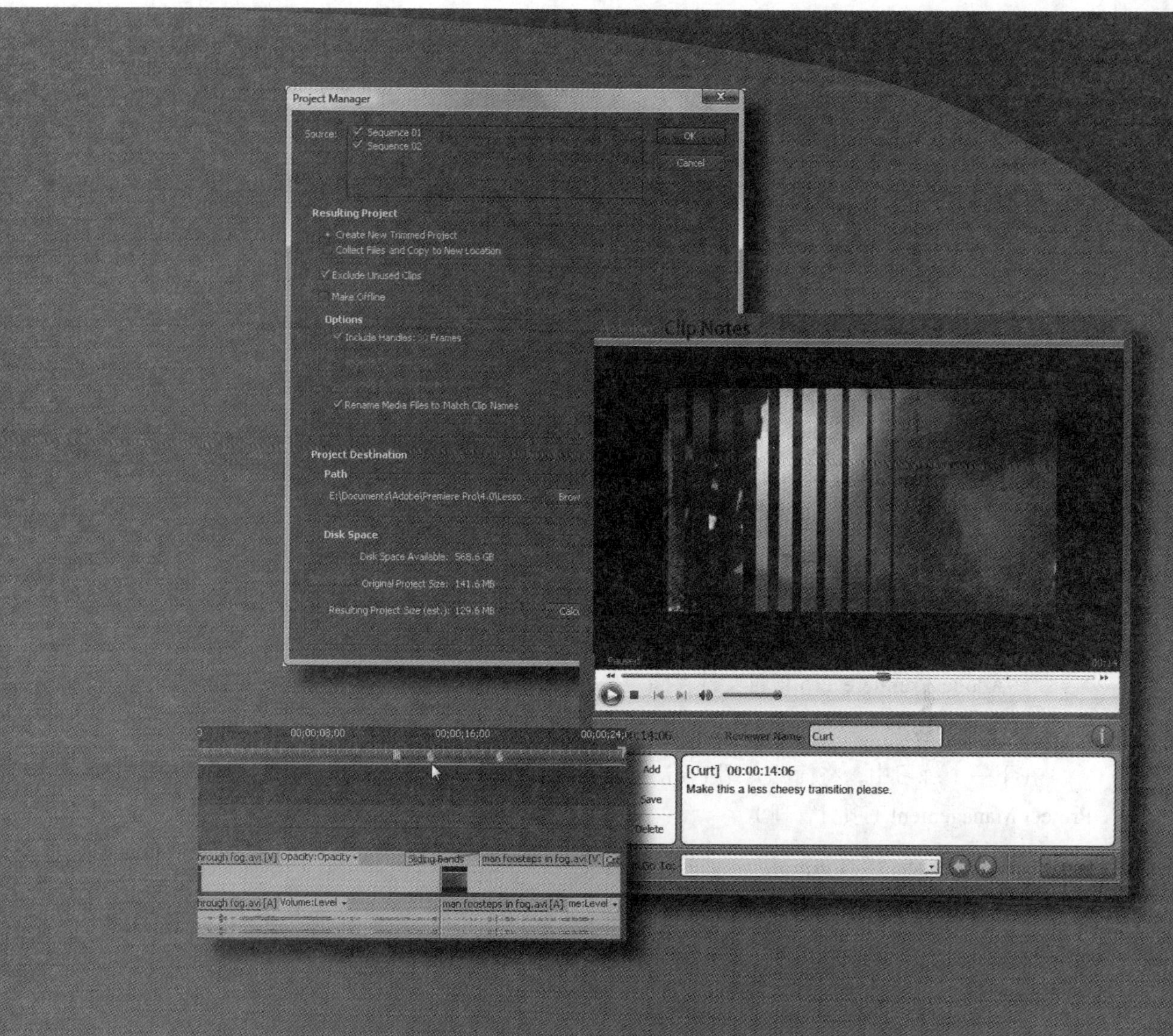

对专业视频制作人员来说，管理素材和跟踪客户的意见是非常重要的。Project Manager 使用户能够很容易地集中管理项目，Clip Notes 让用户把项目嵌入到 Portable Document Format (PDF) 文件供审查。

18.1 开始

如果用户是独自工作，那么跟踪项目也许是轻而易举的事。然而，一旦开始与其他人合作制作视频，就必须想办法来管理素材。Premiere Pro CS4 提供的项目管理工具可以减少项目的存储规模，整理与项目相关的文件。

Adobe Premiere Pro 的 Clip Notes 促进了顾客和同事的信息反馈效率，从而形成相互合作的工作流。可以把经过渲染的序列作为视频文件嵌入到 PDF 文件内，也可以将它存储在服务器上，在 PDF 文件中放置一个到该文件的链接。无论采用哪一种方式，审阅者都可以打开 PDF 文件，播放影片，直接在 PDF 文件上输入意见。过后可以在 Timeline 上阅读这些意见。

Project Manager 能够保存或者整理项目，便于归档，其导入功能使用户能够分享整个项目或部分项目。

18.2 Project 菜单浏览

项目管理从 Project 菜单开始，它提供一些选项，可以让我们跟踪项目或重复使用素材，尤其是它还提供了两种项目导出方法。

- Batch List（批列表）：一个文本文件，它列出视／音频素材的名称和时码。它不包含关于项目的任何信息，如编辑、切换或图形信息。
- Project Manager：只存储序列中用到的部分素材来创建项目的裁剪版本，或将所有素材都存储在同一个文件夹中来整理项目。假如选择创建项目的裁剪版本，则只能使用以后重新采集的脱机文件名。无论是裁剪项目还是整理项目，Project Manager 都会为原来的 Adobe Premiere Pro 项目文件存储一份拷贝，其值包括其编辑、切换、特效、Titler 创建的文字和图形等所有信息。

在下一个练习中，将简要介绍 Project 菜单的所有命令，然后重点介绍它最重要的功能——Project Management（项目管理）。

1. 载入 Lesson 18-1.prproj。
2. 单击选择 Project 面板，但不要选择任何剪辑（否则 Project 菜单中的几个选项就无法使用）。

> Pr | **注意**：如果选择了剪辑，那么它将成为第 4 步中将要创建的 Batch List 中的惟一条目。

3. 打开菜单栏内的 Project 菜单。

下面将会看到 Project 菜单包括以下选项。

- Project Settings（**项目设置**）：第 4 课中已经使用过这些设置。
- Link Media（**链接媒体**）：用来将脱机文件名链接到它们的实际文件名或录像带。
- Make Offline（**脱机**）：将联机文件转换为脱机文件。
- Automate to Sequence（**自动加入序列**）：将选中的文件移到序列中。
- Import/Export Batch List（**导入 / 导出批列表**）：创建或导入文件名列表。
- Project Manager（**项目管理器**）：详见下一节。
- Remove Unused（**删除无用素材**）：一种清理项目的快捷方法，用于从 Project 面板中删除无用的素材。

4. 选择 Export Batch List 命令，接受默认名称和位置（当前项目文件夹），单击 Save 按钮保存，如图 18-1 所示。

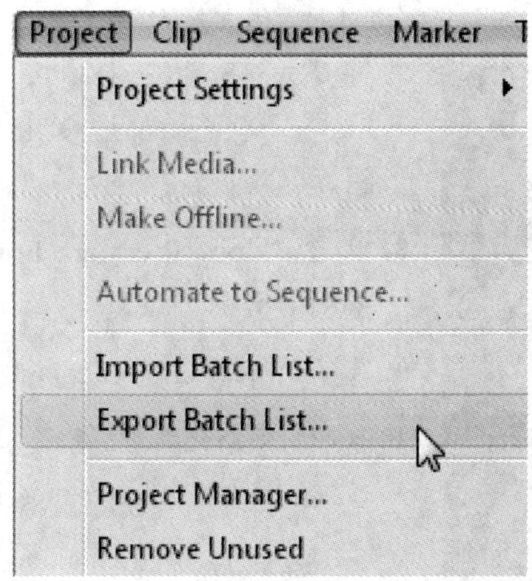

图18-1

这将创建一个以逗号分隔的 CSV 文件，可以用大多数文本编辑器来阅读它。它的内容很简单，只有文件名、时码和原来的源素材磁带名（如果有的话）。Batch List 只存储视频和音频文件名称，而不包括图形或图像。

5. 从 Project 菜单选择 Import Batch List（导入批列表），双击 Adobe Premiere Pro Batch List.csv（刚在第 4 步中创建的文件），这将打开 Batch List Settings 对话框。

6. 接受默认设置，它应该与序列设置相同，如图 18–2 所示。单击 OK 按钮，这将向 Project 面板添加新的文件夹。

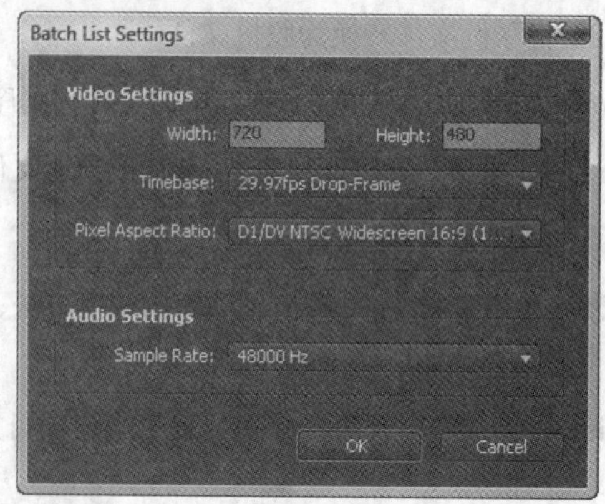

图18–2

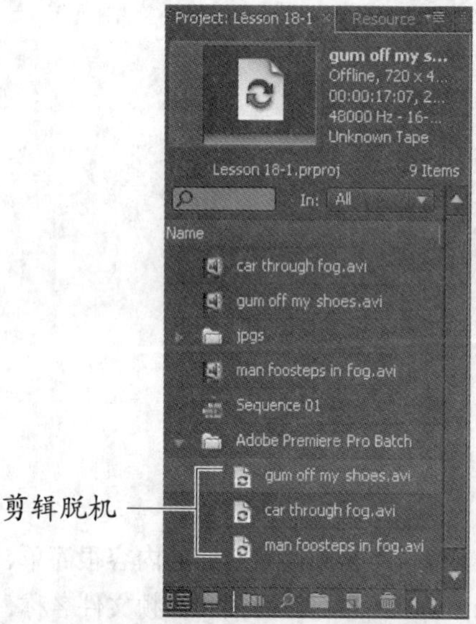

7. 打开 Adobe Premiere Pro Batch List bin，每个剪辑的 Status（状态）都是 Offline（脱机），从每段剪辑旁边的图标可以明显看出这一点，如图 18–3 所示。

8. 单 击 Adobe Premiere Pro Batch List 内 的 gum off my shoes.avi。

9. 选择 Project>Link Media 命令。

10. 在 Link Media 对话框内，导航到 Lesson 18 文件夹，之后双击 gum off my shoes.avi。

剪辑脱机

图18–3

> **注意**：Import Batch List 在功能上有些限制。它只能链接到视 / 音频文件，如果试图链接纯音频文件或纯视频文件，将会得到错误信息。

> **注意**：如果选择多个脱机文件，Link Media 对话框依次显示你选择的每个文件。请注意该对话框标题栏中的脱机文件名，以便再次把正确的源文件链接到各个脱机文件。

使剪辑脱机

可以故意使剪辑脱机，并仍在 Timeline 上使用它们。在处理早期项目时，这可以节省磁盘空间，或者可用于重新链接到重新拍摄的剪辑。

1. 删除刚导入的 Adobe Premiere Pro Batch List 文件夹。

2. 单击 Project 面板内的 car through fog.avi 剪辑以选中它。

3. 选择 Project > Make Offline 命令。

4. 在 Make Offline 对话框内，选择 Media Files Remain On Disk（媒体文件保留在磁盘上）命令，如图 18-4 所示，单击 OK 按钮。用这种方法可以使文件在项目中处于脱机状态，但它们仍保留在硬盘中。选择 Media Files Are Deleted（删除媒体文件）将把文件设为脱机状态，并把它从硬盘中删除，如果选择了这个选项，而想在项目中使用这个文件，就必须重新采集它（或者在这个例子中，从 DVD 中复制它）。

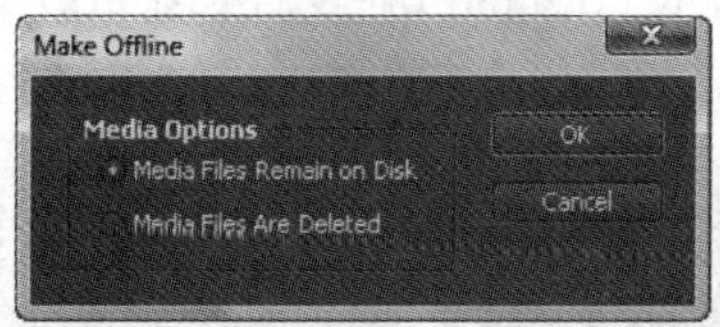

图18-4

5. 将当前时间指示器移到 Timeline 内的第 1 段剪辑上，如图 18-5 所示。

图18-5

请注意以下两点。

- 剪辑及应用到它的所有特效都保留在项目中（start race.mov 剪辑是在报纸内播放的那个剪辑）。
- Program Monitor 为该剪辑显示 Media Offline 占位符图形。

在用到大量文件，而同时又想加快编辑速度时，这种方法很有用。缺点是在进行精确到帧的编辑时无法看到视频。

Pr **注意：**如果使用另一个项目中的剪辑，它在那个项目中仍是联机状态。

18.3 Project Manager

Project Manager 通常在完成项目之后使用。

它可以用来创建一个单独的文件夹，将序列中使用到的所有素材整理在一起。这是归档项目的一种好方法，方便日后的访问。整理完毕后，就可以根据需要删除原来的素材。

为了节省硬盘空间，可以只存储项目中用到的素材，对它们进行裁剪，只留下序列中使用的部分，然后把它们（或它们的脱机参照）保存到单个文件夹中。

要了解 Project Manager 选项，请选择 Project>Project Manager 命令。

可以选择存储所有序列（默认设置），或者只是指定的序列。

有两种基本选择决定项目的存储方式，如图 18-6 所示。每种都有各自的一套选项。

- Create New Trimmed Project（创建新的裁剪项目）。
- Collect Files and Copy to New Location（把文件和拷贝收集到新的位置）。

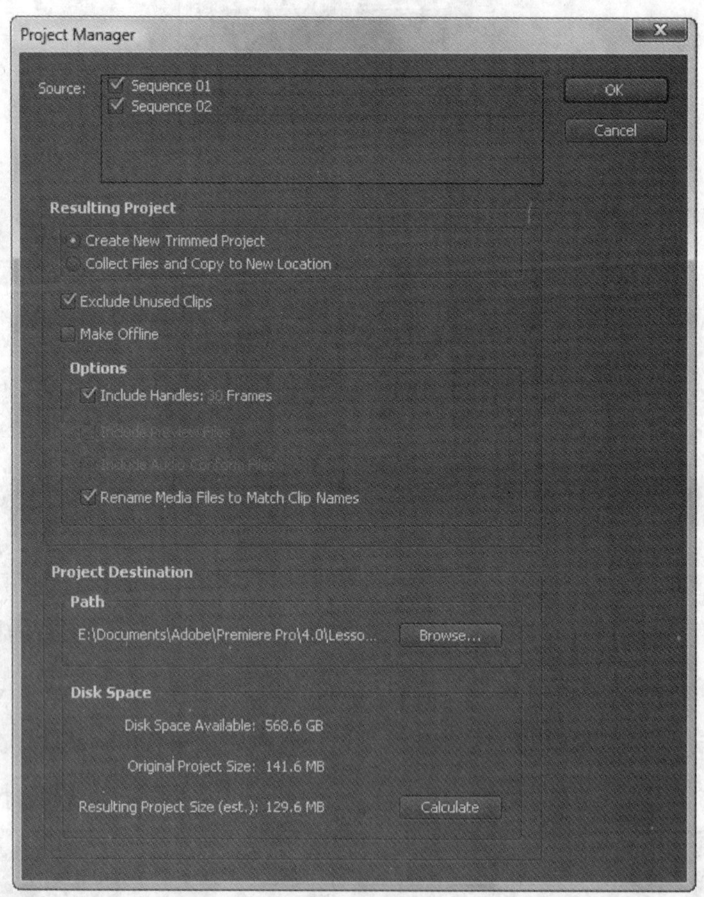

图18-6

18.3.1 裁剪项目

在裁剪的项目中，最终文件（或脱机文件参照）只参照项目序列中所使用的剪辑部分，它有以下几个选项(如图 18–5 所示)。

- Exclude Unused Clips(**不包含未用剪辑**)：在制作项目的裁剪版本时，通常都会选择该选项。
- Make Offline(**脱机**)：不用把剪辑存储为文件，而是创建文件数据列表，以便可以从磁带中采集它们。

> Pr **注意**：如果选择 Make Offline，Project Manager 会检查所有视频文件，查看是否有与它们相关的源磁带名。如果没有，因为无法重新采集它们，所以它将把这些文件复制到新创建的项目，而不是只把它们列出为脱机。

- Include Handles(**包含处理帧**)：像视频采集那样多保留一些头帧和尾帧，以便能够在平滑切换或编辑时做细微调整。
- Rename Media Files to Match Clip Names(**重命名媒体文件，使它们与剪辑名称匹配**)：如果为了更好地描述剪辑而改变了它的名称，则可以在裁剪后的项目中使用新名称。

18.3.2 把文件和拷贝收集到新位置

Project Manager 菜单内的 Collect Files and Copy to New Location 选项将把当前项目的所有媒体素材存储到一个单独的位置，可以用它来准备共享或存档项目。如果媒体素材存储在多个不同的文件夹内，或者多个不同的硬盘上，这个选项就非常有用。它将把所有文件组织到一个位置。

这个选项有两个选项与 Trimmed Project（裁剪的项目）选项相同：Exclude Unused Clips 和 Rename Media Files to Match Clip Names。除此之外，它还有其他两个选项。

- Include Preview Files(**包含预览文件**)：这些是渲染特效时创建的文件。这样可以节约时间，但需要更多的硬盘空间。
- Include Audio Conform Files(**包含音频统一文件**)：这是一个节约时间的辅助方法。当往项目中导入带有音频的文件时，在后台统一音频格式。通常不需要包含音频统一文件。

18.3.3 最终的项目管理步骤

单击 Calculate（计算，位于 Project Manager 对话框的底部），Adobe Premiere Pro 将确定当前项目中的文件大小，并估算最终裁剪后的项目大小。可以用这项功能来查看选择 Make Offline，或包括预览文件、音频统一文件或处理帧时项目文件大小变化情况。

最后，为裁剪或整理后的项目选择（或创建）一个文件夹，并单击 OK 按钮。

> **注意**：由于本书中所有课程视频文件都没有与之关联的源磁带名，所以无论是否选择 Make Offline，单击 Calculate 按钮后，都会得到同样的结果。默认情况下，即使选择 Make Offline，Project Manager 也会把没有相关磁带名的所有视频文件复制到新项目中，以防止它们被意外删除。

18.4 管理剪辑注释

任何想征求客户对项目反馈意见的人都愿意使用 Clip Notes（剪辑注释）。它解决了合作过程中普遍存在的沟通不畅这一头痛问题。

可以使用 Adobe Premiere Pro Clip Notes 创建 Adobe PDF（portable document format）文件。PDF 已经成为多平台间文档交换的标准文件类型。Clip Notes PDF 可以包含所选序列中的视频，也可以包含服务器上视频文件的链接。

审阅者打开 PDF 文件，播放视频，在 PDF 中输入自己的意见，这些意见自动直接连接到时码。可以在 Adobe Premiere Pro 中导入这些意见，它们在 Timeline 中显示为标记。

创建 Clip Notes PDF 不需要 Adobe Acrobat，因为其引擎已经内置于 Adobe Premiere Pro 之中。要输入意见，只需要使用 Adobe Acrobat 8 Standard（Adobe Acrobat 8 标准版）、Adobe Acrobat 8 Professional（Adobe Acrobat 8 专业版），或者 Adobe Reader。

1. 检查 Lesson 18–2.prproj，选择 Sequence 01 命令。

2. 选择 File > Export > Adobe Clip Notes 命令。

Export Settings（导出设置）共有两个主要选项。

- **Format（格式）**: Windows Media 或 QuickTime (Windows) 或者只能是 QuickTime(Mac)。
- **Preset（预设）**: 为 NTSC、PAL 和 Widescreen（宽屏）格式提供的高、低品质位速率预设。

  位于主设置下方的是 5 个选项卡，它们列出各种详细设置，如图 18–7 所示。
- **Filters（滤镜）**: 可以启用 Gaussian Blur（高斯模糊）滤镜，以降低编码过程中所产生的杂色。把其值设置得太高会导致视频模糊。一般而言，在保持画面干净情况下请使用最低的降低杂色值。请测试该选项关闭后的导出效果，如果需要，再把其值稍微增加一点。
- **Clip Notes（剪辑注释）**: Embed Video（嵌入视频）或 Stream Video（流视频）。嵌入视频意味着 PDF 文件较大，但确保所有审阅人员能够播放影片，而与他们的网络连接没有关系。流视频意味着 PDF 文件较小，但审阅人员必需能够访问发布视频文件的服务器。如果选择流视频，要输入文件的 URL 地址。如果想保护 PDF 文档，则可以设置密码，使得只有知道密码的人才能访问。也可以添加电子邮件地址，使用户把评论通过这个地址发送给别人。

- **Video（视频）**：所选预设决定视频帧大小和位速率设置，但可以自定这些设置，把它们存储为用户自己的自定预设。
- **Audio（音频）**：像 Video 选项卡一样，音频设置由所选预设决定，但可以自定为很多其他音频编码选项。
- **PDF Password（PDF 口令）**：设置该选项，输入口令后，就要求在打开 PDF 文件时输入口令。
- **Others（其他）**：如果在 Clip Notes 选项卡内选择 Stream video 选项，则可以让视频自动上传到 FTP 服务器。在该选项卡的文本框内添加 FTP 服务器信息，指出 FTP 服务器主机。

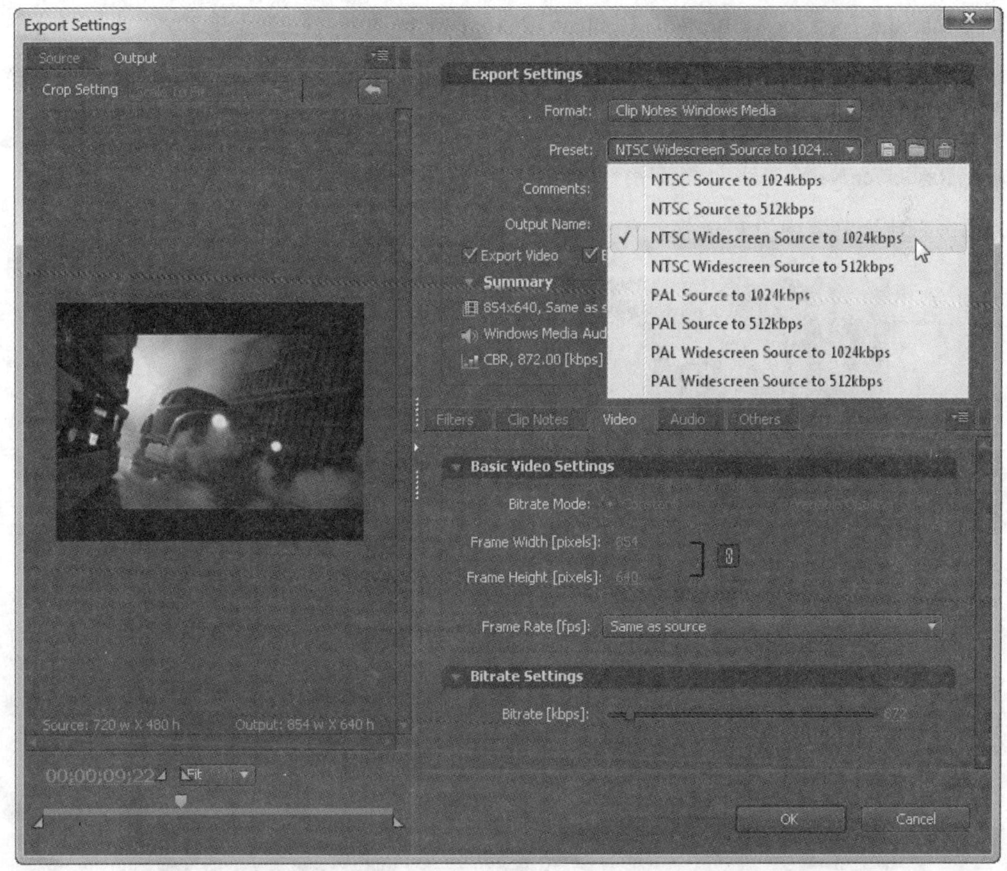

图18-7

3. 把 Preset 设置为 NTSC Widescreen Source to 1024kbps，保留格式设置为 Clip Notes QuickTime 不变，把 Output Name 设置为 Lesson 18 文件夹中的 Clip Notes Test.pdf，单击 OK 按钮。

4. Adobe Media Encoder 启动，请单击 Start Queue 开始编码，并创建 Clip Notes PDF 文档。

Adobe Media Encoder 处理文件,创建 PDF。当 Adobe Media Encoder 文件处理完成后请关闭它。

18.4.1 查看 Clip Notes PDF 文件

可以通过电子邮件把 PDF 文件发送给客户或在单位内发送。在这两种情况下，能够访问该文件的每个人都可以查看相关的渲染序列，并做出注释。

1. 最小化 Adobe Premiere Pro。

2. 导航到新创建的 PDF 文件，双击打开它。

> **注意：**已经在 Lesson 18 文件夹创建了 PDF 文件供使用和参考，该文件是 Lesson 18 clip notes.pdf。

3. 在 Manage Trust for Multimedia Content 对话框中选择适合自己的选项。

4. 阅读 Instructions（指令）信息（可以随时单击评论区域中的 View Instrutions 按钮来访问它们），单击 OK 按钮。

5. 在 Reviewer Name（评论者名字）文本框内输入用户的名字。

6. 单击影片浏览器中的 Play 键，如图 18-8 所示。

图18-8

7. 想输入评论时，单击 Pause（暂停，单击 Stop（停止）按钮会使当前时间指示器回到视频的起点）。Adobe Premiere Pro 会自动在评论框中输入时间标志。

8. 输入评论。

9. 单击 Play 继续观看影片、添加更多评论。

10. 单击 Go To（转到）下拉列表可以跳到任何一个评论，如图 18-9 所示。

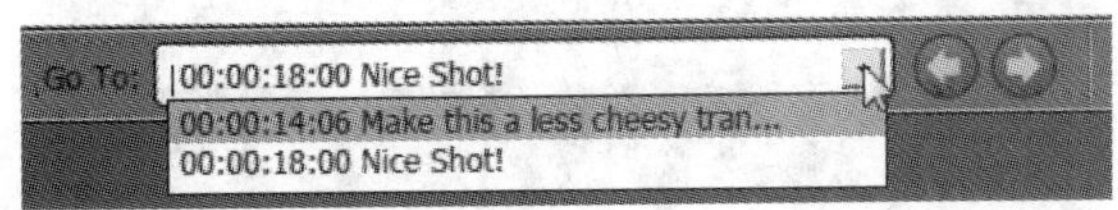

图18-9

11. 输入完评论之后，单击 Export 按钮（屏幕的右下角），为评论命名（默认名字是原来的 PDF 文件名 _data），把该文件放置到 Lesson 18 文件夹，之后单击 Save 按钮，如图 18-10 所示。

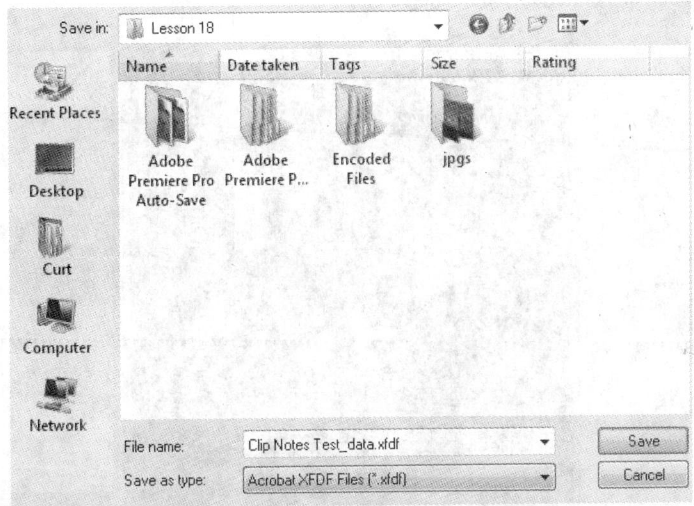

图18-10

这样就创建了一个 XFDF（Extensible markup language Forms Data Format，可扩展标识语言数据格式）格式的文件。

18.4.2 在 Adobe Premiere Pro 中查看 Clip Notes 评论

要在 Adobe Premiere Pro 中查看 Clip Notes 评论，请执行以下步骤。

1. 退出 Adobe Acrobat，回到 Adobe Premiere Pro。

2. 确保在 Timeline 面板上打开被评论的序列。

3. 选择 File > Import Clip Notes Comments（导入剪辑注释评论）命令，导航到该文件，单击 Open 按钮。评论作为标记显示在序列内，如图 18–11 所示。

图18–11

> **注意：**有一个剪辑注释评论（XFDF）示例文件 (Lesson 18 Clip NotesTest_data.xfdf) 供用户使用，如果需要，可以在 Lesson 18 文件夹内找到它。

4. 双击一个标记，查看评论，如图 18–12 所示。

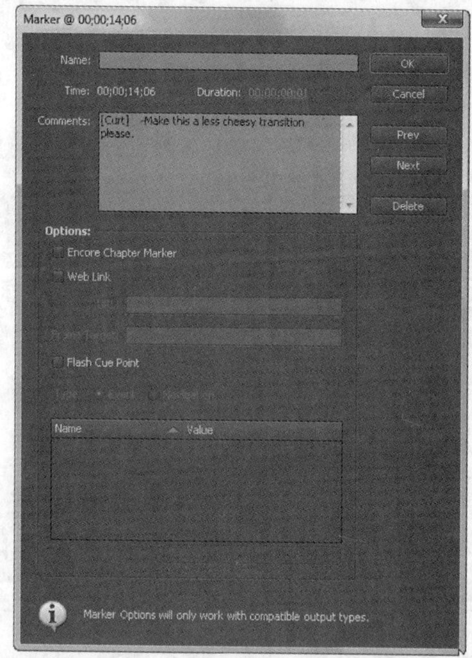

图18–12

也可以选择 Marker>Go To Sequence Marker（转到序列标记）命令，从一个标记移到另一个标记。

注意评阅人员所建立的评论在 Timeline 上有精确的时间，这在消费者或客户审阅视频初稿时是一个很有用的工具。

18.5 导入项目或序列

能够在一个 Premiere Pro CS4 项目中使用另一个项目是很有用处的。把项目或部分项目导入到新项目可以节省大量的时间。

1. 载入 Lesson 18–3.prproj。你要导入在 Lesson 17 课内创建的 twirling newspaper 序列，把它添加到这个项目。

2. 选择 File > Import 命令，导航到 Lesson 17 文件夹，选择 Lesson 17-3.prproj，单击 Open 按钮。

   这会打开 Import Project 对话框。

3. 选择 Import Entire Project（导入整个项目）选项将导入这个项目。在这个例子中，我们只想要 twirling newspaper 序列，而不是整个项目。因此请选择 Import Selected Sequences（导入选择的序列）命令，单击 OK 按钮，如图 18–13 所示。

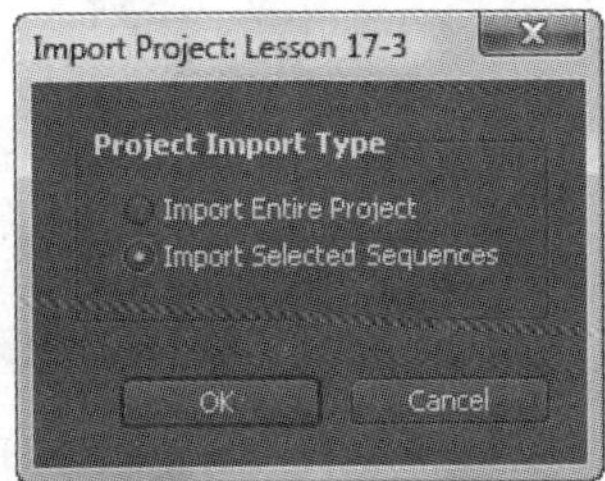

图18–13

   Import Premiere Pro Sequence 对话框弹出，显示导入项目内可以使用的所有序列。

4. 选择 completed 序列，单击 OK 按钮，如图 18–14 所示。

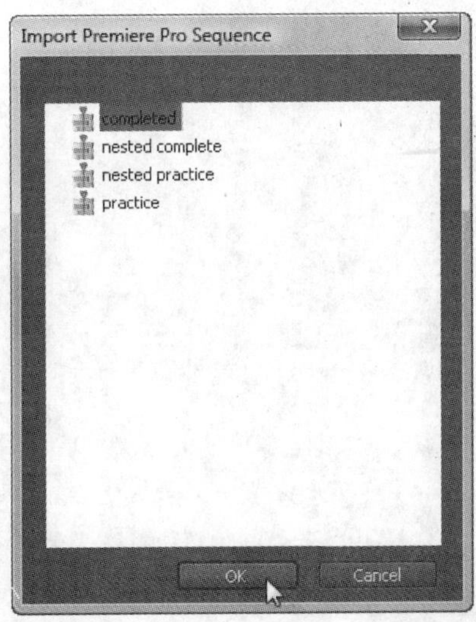

图18–14

一个新的文件夹显示在Project面板内，其名字与导入的项目相同。展开这个文件夹，会发现它具有completed序列，以及用户需要的相关剪辑，但它还导入了nested complete序列，这不是所需要的。Adobe Premiere Pro分析请求，决定nested complete序列也是所需要的，因为它被嵌套在complete序列内。

5. 把completed序列拖动到Timeline，播放它，观察导入的序列是否按照我们的想象播放。

复习

复习题

1. Batch List 和 Project Manager 裁剪项目之间的基本差别是什么？

2. 请解释 Project Manager 的两个基本用途。

3. 为什么在 Project Manager 中选择 Make Offline 对没有相关源磁带名的剪辑无任何影响？

4. 怎样在 Adobe Premiere Pro 中访问 Clip Notes 评论？

5. 把一个项目导入到另一个项目时，必须导入整个项目吗？

复习题答案

1. Batch Lists 只是简单的文本文件，它由视 / 音频文件名、时码和它们的源磁带名组成。Project Manager 裁剪后的项目具有全部项目信息，还有裁剪后的原始剪辑或脱机文件名参照。

2. 使用 Project Manager 可以创建项目的裁剪版本，或是将未裁剪的原始项目文件集中于一个文件夹中。在任意一种情况下，都可以将其中所有素材存储于一个便于访问的地方，这样也有利于协作和存档。

3. Adobe Premiere Pro 拥有内置的错误安全机制。如果它发现视频剪辑没有相关的源磁带，就不会允许 Project Manager 将剪辑设为脱机，因为可能无法再次采集它。

4. 打开创建了 Clip Notes 的项目序列，选择 File > Import Clip Notes Comments 命令，双击序列时间标尺上的任意一标记就会显示相应的评论。

5. 不需要，Adobe Premiere Pro 允许导入整个项目，或者一个或多个序列。

第19课 用PHOTOSHOP和AFTER EFFECTS增强视频项目

本课涉及的主题包括：

- 使用 Adobe Creative Suite 4 Production Premium；
- 把 Photoshop 文件导入为序列；
- 使用 Adobe Dynamic Link 与 After Effect；
- 用 After Effects 合成图像替换剪辑。

学习本课大约需要 50 分钟。

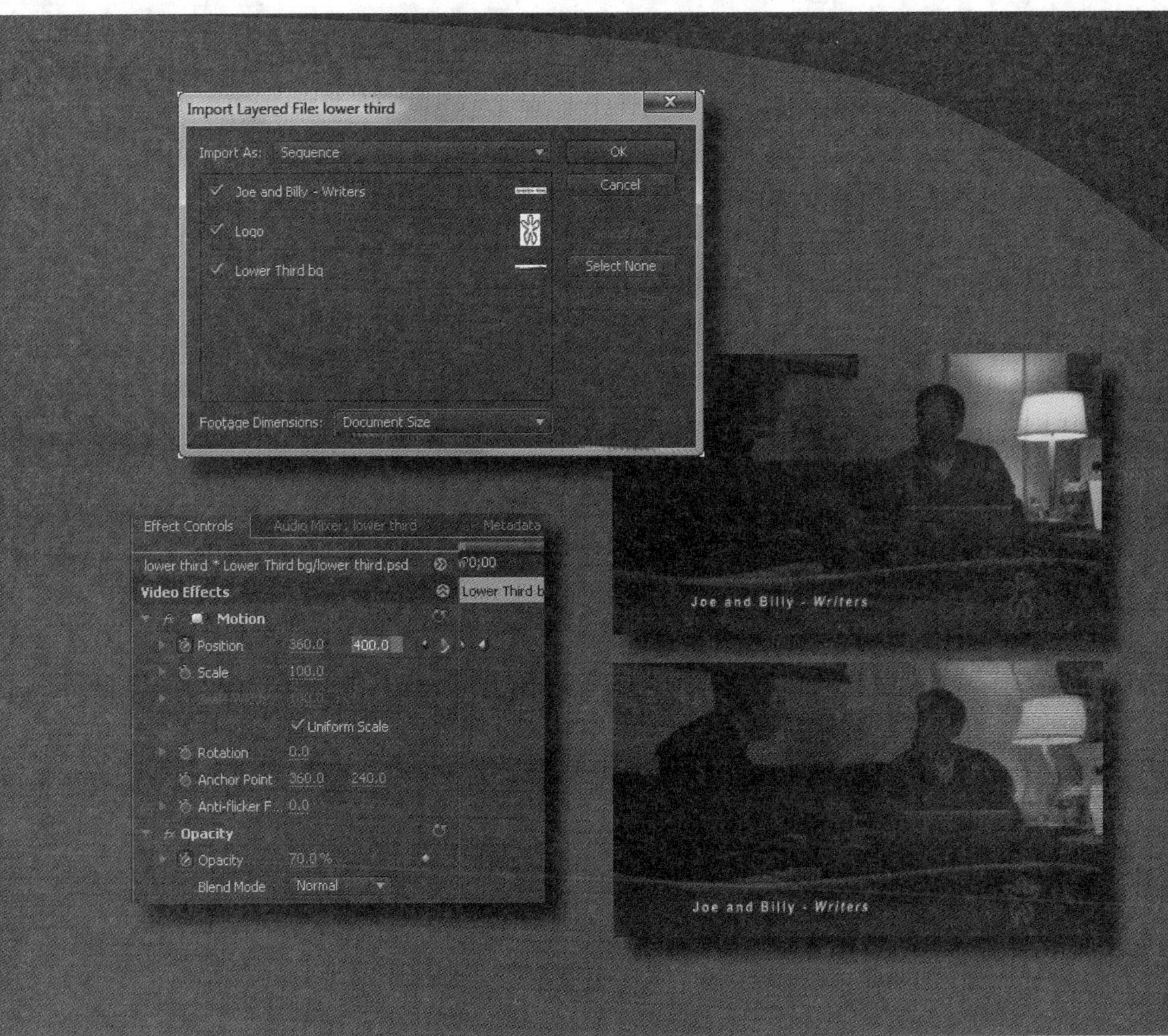

Photoshop CS4 和 Adobe After Effects CS4 在视频制作工作流中扮演着重要的角色。可以在 Premiere Pro CS4 中对 Photoshop 的图层图形文件做动画处理，可以用 After Effects CS4 将文字和图形动画动态链接到 Adobe Premiere Pro。

19.1 开始

Adobe Premiere Pro 自身是一个功能强大的工具，但它也是 Adobe Creative Suite 4 Production Premium 的一部分。用户可以购买 Adobe Premiere Pro 自身，使用其内置的所有功能，或者购买 Production Premium,，它是这个功能强大的集成环境的一部分。

任何一个做过印刷图形和照片润饰的人可能都用过 Adobe Photoshop，它是图形设计行业内非常有用的工具。Photoshop 是兼具深度和多功能性的强大工具，在视频制作领域中正发挥越来越重要的作用。我们将研究怎样使用 Photoshop 和 Premiere Pro CS4 之间的集成功能。

Adobe After Effects 是事实上的视频制作行业标准，也是一个字幕动画和运动图形工具。在本课，我们将介绍 Adobe Premiere Pro 和 After Effects 之间独特的集成方法。

19.2 Creative Suite 4 Production Premium

Creative Suite 4 Production Premium 不只是把几个软件堆到一个箱子内，这套组件设计通过常见的界面元素和紧密集成，使它们能够协同工作，在所有平台上为你提供从浏览到输出所需的所有工具。

Adobe Premiere Pro 自身是一个功能强大的工具，它能够采集、编辑和输出视频项目。然而，作为 Creative Suite Production Premium 的一部分，其功能变得更加强大。如果单独购买了 Adobe Premiere Pro，则可能无法完成本课中的所有内容，但请通读本课，以了解 Adobe Premiere Pro 与这个产品套件的集成。如果把 Adobe Premiere Pro 作为 Creative Suite Production Premium 的一部分购买，则请继续体验该产品所提供的综合技术。

Creative Suite 4 Production Premium 软件将 Adobe Bridge CS4、Dynamic Link、Adobe Device Central CS4 与下面软件组合到一起：

- Adobe Premiere Pro CS4；
- Adobe After Effects CS4；
- Adobe Photoshop CS4 Extended；
- Adobe Flash CS4 Professional；
- Adobe Illustrator CS4；
- Adobe SoundboothCS4；
- Adobe Encore CS4；
- Adobe OnLocationCS4。

我们已经介绍过用 Adobe OnLocation 采样、Photoshop CS4 和 Illustrator CS4 文件的导入，以及用 Soundbooth 美化和混合音频。

我们将更详细地介绍导出到 Encore 的技术。在本课，我们将重点介绍 Adobe Premiere Pro、After Effects、Encore 和 Photoshop CS4 之间的集成。

Adobe Encore CS4 现在包含在 Adobe Premiere Pro 中，它是一个全功能的 DVD 创作工具。第 21 课将介绍怎样导出 Encore，创作 DVD、蓝光光盘和 Flash Video。

本课将重点介绍 Adobe Premiere Pro、After Effects 和 Photoshop 之间的集成。

注意：关于这些产品中任意一个方面的详细信息，请访问 http://www.adobe.com/products。

19.3 把 Photoshop 文件导入为序列

注意：在这个练习中，将在 Adobe Premiere Pro 内对 Photoshop PSD 文件进行动画处理，本书 DVD 光盘上提供了这个 PSD 文件，因此完成本节不需要有 Photoshop 软件。

使用 Photoshop 就意味着加入了专业图像编辑人员队伍，它的使用很普遍，Photoshop 是专业图像编辑的标准。

Photoshop CS4 与 Adobe Premiere Pro 以及整个 DV 制作过程都有着非常紧密的联系。

- Edit In Photoshop（**在 Photoshop 中编辑**）：在 Adobe Premiere Pro 的 Timeline 上或 Project 面板内的任意一个 Photoshop 图形上右击（Windows）或者 Control- 单击（Mac），选择 Edit in Adobe Photoshop（或 Edit Original），这就会启动 Photoshop，可以立即编辑图形。在 Photoshop 中存储后，新的图形版本就会显示在 Adobe Premiere Pro 中。
- Exporting a filmstrip（**导出影片**）：这项功能专门用于导出视频帧的序列集合，供用户在 Photoshop 中进行编辑。在 Photoshop 中打开影片，并直接在剪辑上绘图，这一处理被称作 Rotoscoping。
- Create mattes（**创建蒙版**）：将视频帧导出到 Photoshop，以创建用于遮盖或突出显示该剪辑或其他剪辑中某个区域的蒙版。
- Cut objects out of a scene（**从场景中剪切对象**）：Photoshop 中有几种工具像切蛋糕的小刀一样，可用于移除对象，可以把它用作图标，使它变为 DVD 菜单中的按钮，或者让它在剪辑上活动。
- Importing PSD files（**导入 PSD 文件**）：可以在本地导入具有视频混合模式和图层的 Photoshop PSD 文件。

我们在第 4 课简要介绍过把 Photoshop CS4 文件作为素材导入的方法。在这个练习中，我们将把 Photoshop CS4 图层文件作为序列导入到 Adobe Premiere Pro 中。

1. 请打开 Lesson 19-1.prproj。注意，Project 面板内有一个名为 finished 的文件夹。请展开 Finished 文件夹，打开 Finished 序列（如果它还没有打开的话）。

2. 播放 Finished 序列，注意位于屏幕底部的字幕在图层上做了动画处理。像这样在画面底部显示的字幕常常被称作 lower thirds（下三分之一）。lower third 图形是一个嵌入序列 Finished lower third。我们将打开该序列，了解怎样创建它，之后重新创建它。

3. Finished 文件夹内还有另一个文件夹 Finished lower third，请从这里打开序列 Finished lower third，如图 19-1 所示。

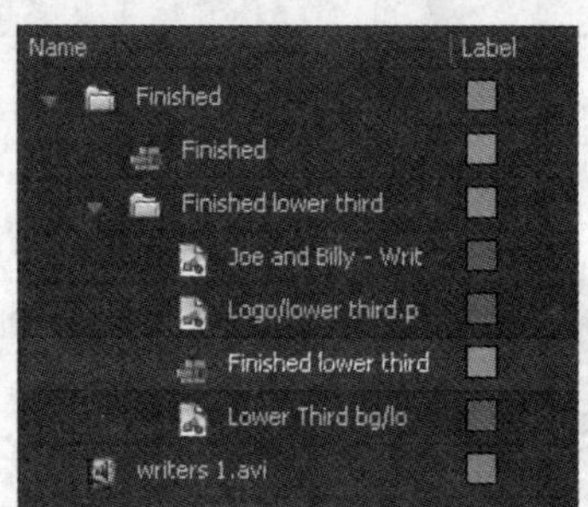

图19-1

这个序列是从有 3 个图层的 Photoshop 图像中创建的。

4. 把当前时间指示器移到该序列内大约 2 秒的位置，关闭每个轨道的轨道输出（单击眼睛图标），之后再切换回开的状态，观察每个轨道的内容。请检查每个剪辑的 Motion 设置，注意前面已经使用 Motion 特效对每段剪辑做动画处理，以获得有趣的外观效果。我们现在将把 Photoshop 图形导入到新的序列，重新创建这个 lower third 序列。

5. 折叠 Project 面板内的 finished 文件夹，回到该文件夹的根目录一级。

6. 从 Lesson 19 文件夹导入 lower third.psd。当提示时，选择导入为序列，而不是导入为图层，单击 OK 按钮，如图 19-2 所示。

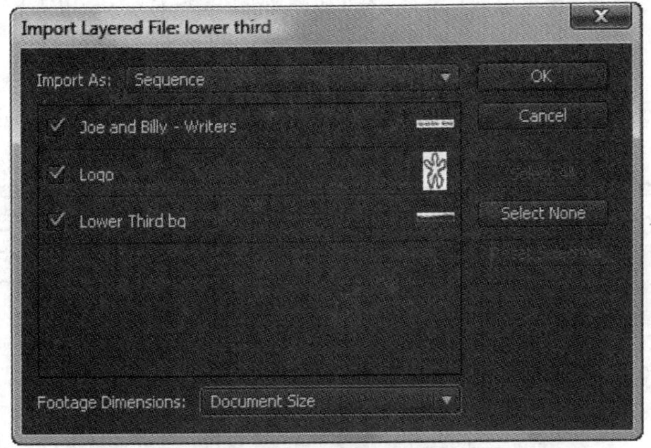

图19-2

7. 展开新添加到 Project 面板的文件夹 lower third。这个文件夹包含 3 段剪辑，它们组成一个 3 图层 Photoshop 文件。它还包含序列 lower third，该序列有 3 个层，它们按照与它们 Photoshop 中相同的顺序组合。

8. 双击 Project 面板内的 lower third 序列，打开它，按反斜杠（\）键，展开 Timeline 内的视图，如图 19-3 所示。

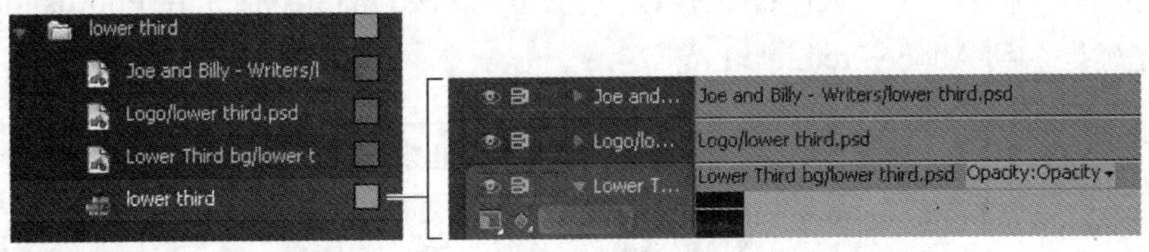

图19-3

重新创建 lower third 动画

下一步是重新创建 lower third 动画，其实现步骤如下所示。

1. 选择 Lower Third bg/lower third 剪辑，打开 Effect Controls 面板。

2. 展开 Motion 固定特效，之后把当前时间指示器定位到该剪辑内大约 1 秒的位置。

3. 单击关键帧记录器图标，启用 Position 参数关键帧。这将在当前时间指示器位置处放置关键帧。把当前时间指示器移到该剪辑的开始处，把 Position 值调整到 360, 400。这将在该位置添加关键帧，并把 lower third 背景移动到该画面底部下方，如图 19–4 所示。

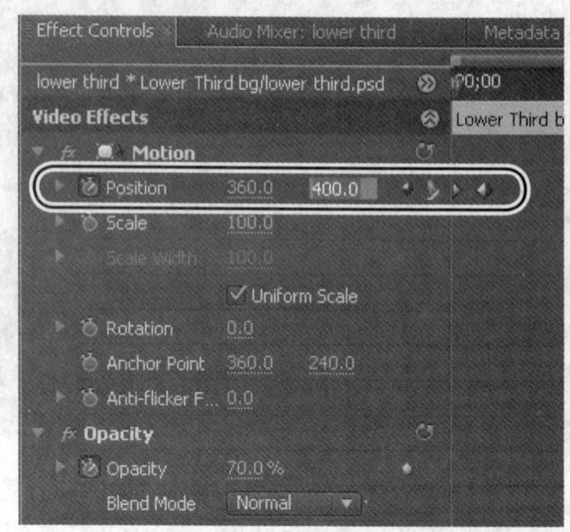

图19–4

4. 播放该序列，检查 lower third 背景从屏幕的底部升起超过该剪辑 1 秒。右击（Windows）或者 Control- 单击（Mac）第 2 个关键帧，把 Temporal Interpolation（时间插值）设置为 Ease In（淡入），再次播放该序列，注意 Ease In 设置对动画产生的影响。

5. 展开 Opacity 特效，注意 Opacity 被设置为 70%。该 Opacity 值是在 Photoshop 内设置的，并被正确导入到 Adobe Premiere Pro。

注意：在这个例子中，导入的 Photoshop 图层的混合模式被设置为正常。但是，如果导入其他混合模式的 Photoshop 图层，Adobe Premiere Pro 会导入并使用它们在 Photoshop 内设置的混合模式。

6. 选择 Logo/lower third 剪辑，展开 Effect Controls 面板内的 Motion 特效。在 1 秒后设置 Position 关键帧，也就是大约 00;00;01;15 处。在 1 秒处设置另一个关键帧。把该位置关键帧的值设置为 -350, 240。这将把徽标定位到在剪辑开始处从画面的左侧离开。

7. 播放该序列。可以把第 2 个关键帧移离或移近第 1 个关键帧来调整它移动的速度。请反复试验，直到得到想要的速度为止。此外，请像我们在背景剪辑 Motion 特效上设置 Ease In 选项那样在第 2 个关键帧上设置它。

8. lower third 的文字应该跟随徽标，因此我们可以复制徽标车的动画，并把它粘贴到文字剪辑上。请选择 Logo/lower third 剪辑，单击 Motion 按钮，选择 Edit > Copy 命令。

9. 选择 Joe and Billy – Writers/lower third 剪辑，在 Video Effects 面板内的空白区域中单击，选择 Edit > Paste 命令。该序列的动画处理已经完成。惟一剩下要做的是把这个 lower third 添加到 interview 剪辑上。

10. 选择 File > New Sequence 命令，创建新的 DV – NTSC Widecreen 48 kHz 序列，把它命名为 Practice。

11. 把 writers 1.avi 剪辑拖放到 Timeline 的 Video 1 轨，按反斜杠（\）键，展开 Timeline 内的视图。

12. 把刚经过动画处理过的 lower third 序列拖放到 writers 1 剪辑上方的 Video 2 轨，调整 lower third 的位置，使它从 interview 剪辑开始后大约 1 秒处开始，如图 19–5 所示。

图19–5

13. 为了使它变得完美，请把 Cross Dissolve 切换拖放到 lower third 序列剪辑的尾部。

lower third 动画序列引用原来的 Photoshop 文件，因此，如果修改原来的 Photoshop 文件，该修改将影响 Adobe Premiere Pro 内所使用的所有实例。例如，可能在 Photoshop 内打开 lower third.psd 文件，修改背景或文件颜色。当保存 Photoshop 文件时，其修改会立即反映到 Adobe Premiere Pro 内所使用该文件的地方。

19.4 与 After Effects 的动态链接

注意：Dynamic Link 功能需要 Creative Suite Production Premium。单独购买 Adobe Premiere Pro 和 After Effects 不允许使用 Dynamic Link。Dynamic Link 是一项基于套件的功能。

作为编辑，如果想为电影、视频、DVD 和 Web 创作出激动人心的创新动感图形、视觉特效和动画字幕，那么就应该选择 After Effects 这个工具。

After Effects 用户分为两个截然不同的阵营：动画图形艺术家和动画字幕艺术家。有些制作机构专门研究其中的一种。After Effects 的功能很多，我们不可能全部掌握它，平时只会用到其中的一部分功能。

19.4.1 After Effects 功能概述

After Effects 具有如下众多功能。

- **字幕创建和动画工具**：创建字幕动画变得空前简单。After Effects 提供大量的具有开创性的字幕动画预设。只要把它们拖到文字上，就可以看到实际效果。
- **领先的视觉特效**：150 多种特效和合成功能，它们对图像的增强效果远超过 Adobe Premiere Pro 的功能。
- **矢量绘图工具**：使用内置的基于 Photoshop 技术的矢量绘图工具执行修饰和 Rotoscoping 操作。
- **全面的蒙版工具**：灵活的自动跟踪选项使设计、编辑和使用蒙版变得更简单。
- **与 Adobe 产品紧密集成**：可以在 Adobe Premiere Pro 和 After Effects 之间复制和粘贴素材、合成图像或序列。导入 Photoshop 和 Illustrator 文件时保留其中的图层以及其他属性。Dynamic Link（动态链接）功能（请记住：只有在 Creative Suite Production Premium 中才可使用）使用户不需要渲染就可以在 After Effects 和 Adobe Premiere Pro 或 Encore 之间移动 After Effects 合成图像。
- **运动跟踪**：这种选项能够快速准确地自动映射元素的运动，使添加的特效可以跟随运动。

19.4.2 After Effects 工作区

在这个练习中，我们将对本节开始用到的 lower third 图形做动画处理，我们将把相同的 Photoshop 文件导入到 After Affects，使用 After Effects 工具对该图形的 3 个图层做动画处理，之后使用 Dynamic Link 把 After Effects 动画链接到 Adobe Premiere Pro Timeline。

1. 在 Adobe Premiere Pro 内打开 Lesson 19-2.prproj。
2. 启动 Adobe After Effects。
3. 在 After Effects 内选择 File > Open Project 命令，从 Lesson 19 文件夹内选择 ae finished.aep，打开 ae finished.aep 文件。

注意其用户界面与 Adobe Premiere Pro 有很多类似的地方，如图 19–6 所示。

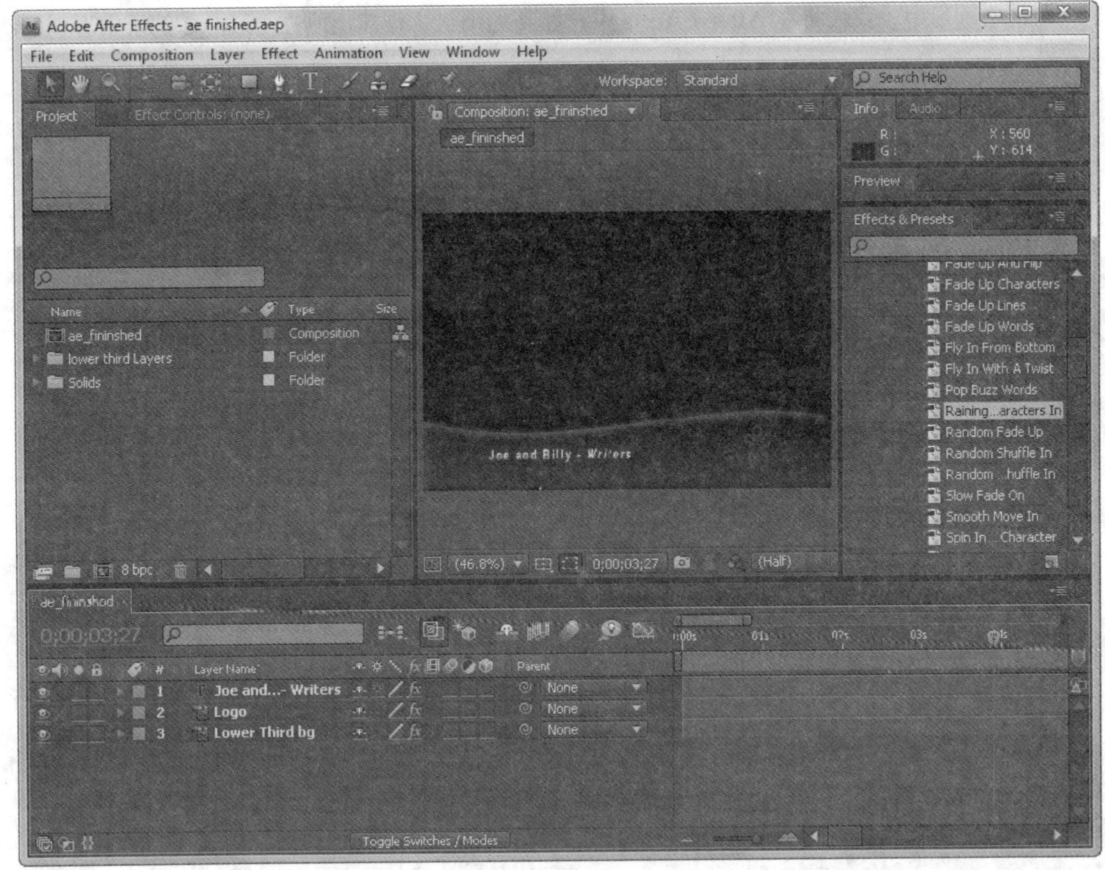

图19–6

和使用 Adobe Premiere Pro 一样，After Effects 也具有 Project 面板，但图标和术语都有所不同。例如，Adobe Premiere Pro 的 Sequences（序列）在 After Effects 中被称为 Compositions（合成图像）。

双击合成图像（如图 19–6 所示），在 Timeline 面板上打开它。After Effects 中没有使用轨道，而使用图层。

4. 刮擦 After Effects Timeline，查看我们将创建的最终动画效果。

5. After Effects 可能不能实时回放动画，这取决于计算机的速度。然而，按数字键盘上的 0（零）键，After Effects 可以执行内存预览。这将把 Timeline 渲染到内存，之后实时平滑回放。

6. 选择 File > Close Project 命令，关闭 ae finished.aep。

19.4.3 对 lower third 做动画处理

在这个练习中，我们将在 After Effects 中开始新的项目，创建出刚在 finished 例子中看到的动画效果。

1. After Effects 仍打开着，请选择 File > Import > File 命令，从 Lesson 19 文件夹中选择 lower third.psd，导入 lower third.psd 文件。把 Import As（导入为）参数从 Footage（素材）修改为 Composition（合成图像），之后单击 Open 按钮，如图 19-7 所示。

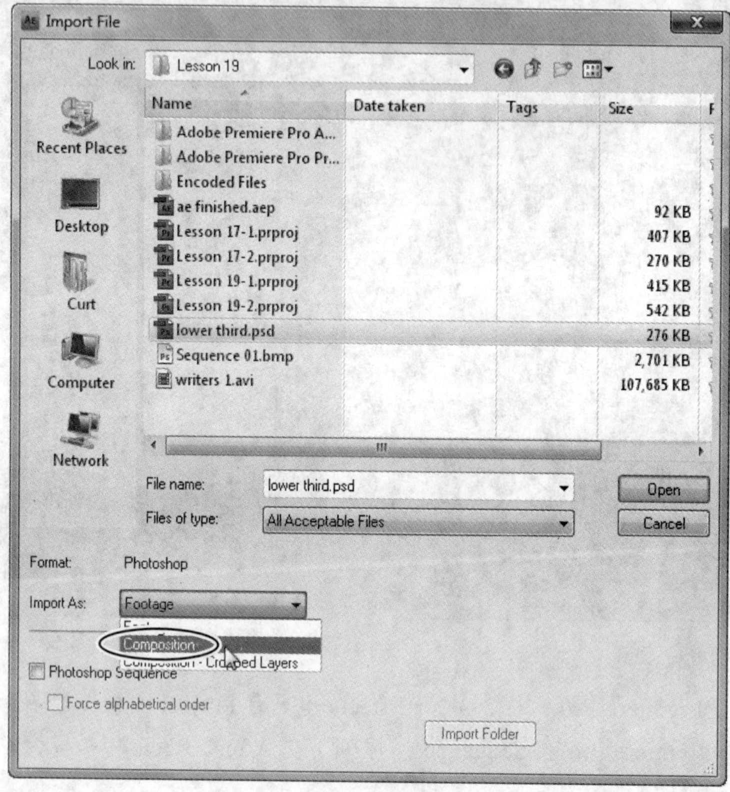

图19-7

2. 在打开的对话框内，可以指定所导入的合成图像的类别，接受默认设置，如图 19–8 所示，单击 OK 按钮。

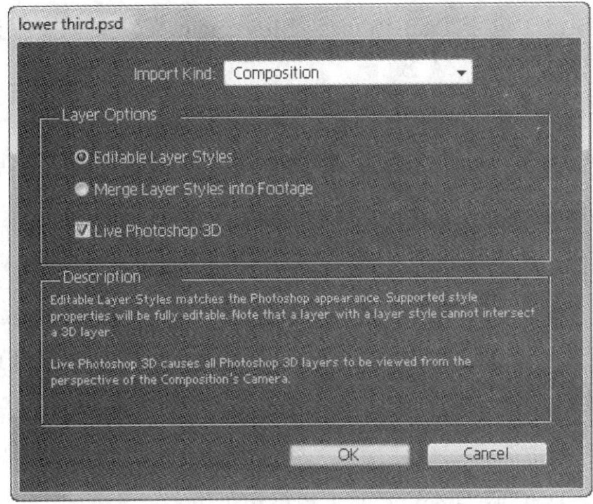

图19–8

3. 双击 Project 面板内的 lower third 合成图像图标，在 Timeline 面板内打开该合成图像。

4. 注意 Photoshop CS4 图层现在完好无损，它们在 Timeline 上保持正确的顺序。刮擦 Timeline，会看到这是一幅静态图像。还没有应用任何动画，请把当前时间指示器拖回到该剪辑的起点。

5. 定位到 Effects & Presets 面板，展开 * Animation Presets（动画预设）文件夹。在该文件夹内，展开 Transitions – Movement 文件夹，把 Zoom – 3D tumble 预设拖放到 Timeline 的 Lower Third bg 图层，如图 19–9 所示。

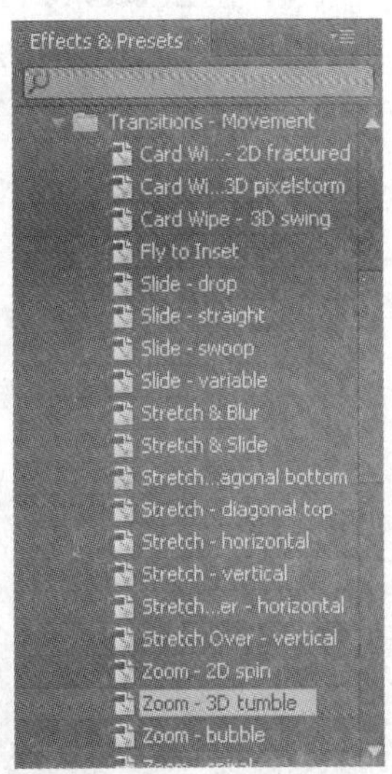

图19–9

注意：该预设将被应用到预设放置图层上的当前时间指示器位置处，因此要确保第 5 步中的当前时间指示器位于第 0 帧。

6. 按数字键盘上的 0（零）内存预览该效果。接下来我们将对徽标做动画处理。

7. 把当前时间指示器定位到 1 秒标记处，也就是 lower third 背景动画刚结束的位置。

8. 把 Slide –Swoop 预设（位于 Transitions – Movement 文件夹）拖放到 Logo 图层，内存预览 Timeline。

After Effects 专为文字设计了大量的动画预设，这些动画可以对单个字符、字或一行文字进行处理。我们将在文字图层上使用其中一种文字特效。然而，因为我们不能在 After Effects 内创建文字，因此 After Effects 不知道该图层是文字。我们需要告诉 After Effects 顶部图层（Joe and Billy – Writers）是文字。

9. 选择 layer 1（Joe and Billy – Writers 文字图层），选择 Layer > Convert To Editable Text（转换为可编辑文字）命令。现在 After Effects 将把该图层作为文字处理，现在可以编辑文字，用特殊的文字特效或预设对文字做动画处理。After Effects 用图层名称左边的 T 图标指出这是文字图层。

10. 把当前时间指示器定位到 Timeline 上 1 秒标记处。

11. 在 Effects & Presets 面板内，展开 *Animation Presets 文件夹内的 Text 文件夹。在 Text 文件夹内，展开 Animate In 文件夹，把 Raining Characters In 预设拖放到 layer 1 内的 Joe and Billy – Writers 文字图层，如图 19-10 所示。

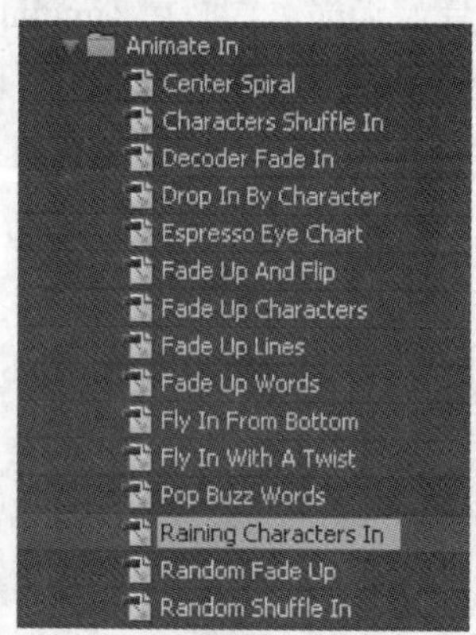

图19-10

12. 执行内存预览。

13. 选择 File > Save 命令保存项目，把项目保存在 Lesson 19 文件夹内，并把它命名为 ae practice.aep。

19.4.4 用 Dynamic Link 把项目从 After Effects 导入到 Adobe Premiere Pro

动画完成后，该在 Adobe Premiere Pro 项目内使用它了，把它添加到 interview 剪辑。在过去，这涉及把动画渲染为电影，把电影导入到 Adobe Premiere Pro，之后把它放置到 Timeline。如果过去想修改动画，要求在 After Effects 内编辑，重新渲染，并重新导出电影，这是一个非常耗时的过程。使用 Dynamic Link，这个过程得到大大简化。

1. 保持 After Effects 打开着，现在打开并切换回 Adobe Premiere Pro。使用 Dynamic Link 时不必保持 After Effects 打开状态，但我们将再次编辑该动画，因此保持它的打开状态可以节省时间。
2. 在 Adobe Premiere Pro 内，打开 Lesson 19–2.prproj，之后打开 Practice 序列。
3. 把 writers 1.avi 从文件夹拖放到 Video 1 轨。
4. 选择 File > Adobe Dynamic Link > Import After Effects Composition 命令，通过 Dynamic Link 导入我们刚创建的 After Effects 合成图，如图 19–11 所示。

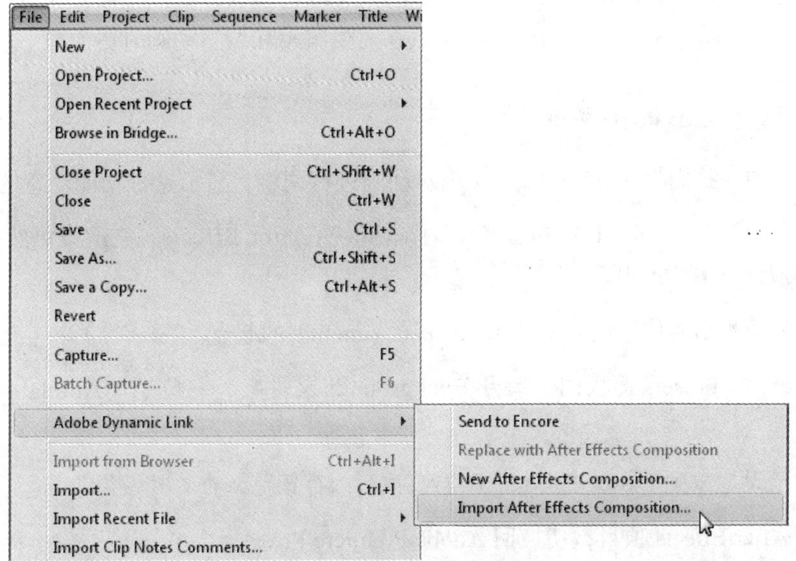

图19–11

5. 在 Import Composition（导入合成图像）对话框的左侧，导航到 Lesson 19 文件夹，选择 ae-practice.aep，选择右侧窗口内的 lower third/ae_practice 合成图像，单击 OK 按钮。
6. lower third/ae practice 合成图被添加到 Adobe Premiere Pro 的 Project 面板，请把它拖放到 writers 1 剪辑上方的视频轨道，把它定位到 interview 开始之后大约 1 秒的位置，之后裁剪 ae_practice 合成图像的尾部，使其长度为 7 秒左右。

7. 为了善始善终，请向 lower third Dynamic Link 剪辑的尾部添加 Cross Dissolve 切换，使它溶解掉。

8. 在 Adobe Premiere Pro 内渲染并播放该序列，如图 19-12 所示。

图19-12

我们现在让 After Effects 动画在 Adobe Premiere Pro 内播放，我们不需要在 After Effects 内渲染和导出动画。这项功能确实节省时间，其优点在需要编辑和调整动画时更明显。

19.4.5 编辑现有动态链接动画

在这个练习中，我们将在 After Effects 内对动画进行调整，显示这种功能动态的一面。

1. 保持项目打开在 Adobe Premiere Pro 内，切换回 After Effects，它应该仍然打开着，lower third 合成图在其中打开。

2. 把当前时间指示器位置设置到 After Effects Timeline 的起点。

3. 在 Effects & Presets 面板内，展开 Backgrounds 文件夹，它位于 * Animation Presets 文件夹内。

4. 把 Silk 预设拖放到 Lower Third bg 图层，执行内存预览，查看其效果。

5. 不保存 After Effects 项目，切换回 Adobe Premiere Pro。

6. 在 Adobe Premiere Pro 内播放该序列。虽然没有保存 After Effects 项目，我们在 After Effects 内所做的修改已经在 Adobe Premier Pro 内得到更新。这就是为什么我们把它称作 Dynamic Link（动态链接）。

19.5 用 After Effects 合成图像替换剪辑

在编辑 Adobe Premiere Pro 项目时，用户有时会想应用一些 After Effects 才有的特效。可以创建一个新的 After Effects 合成图像，用 Dynamic link 把它导入到 Adobe Premiere Pro，但还有一些更快的实现方法。可以从 Timeline 把 Adobe Premiere Pro 序列上的剪辑转换为 After Effects 合成图像，让我们来试试这种方法。

1. 打开 Lesson 19–3.prproj。这个项目已经通过 Dynamic Link 在 Video 2 轨道内链接 After Effects 字幕序列。要向 writers 1.avi 剪辑应用特效，使它看起来像电视接收质量差时的效果。After Effects 把这种效果定义为预设。
2. 右击 practice 序列内的 writers 1.avi 剪辑，选择 Replace with After Effects Composition 命令，如图 19–13 所示。

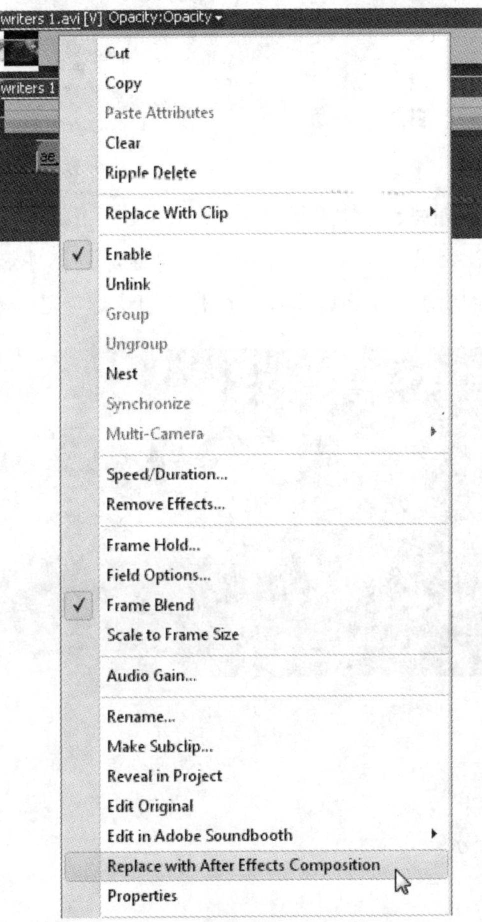

图19–13

3. 接下来将提示命名这个新的 After Effects 项目。请把它命名为 Lesson 19 文件夹内的 writers bad tv.aep，单击 Save 按钮。

如果 After Effects 还没有打开的话，这将启动它，并把 writers 剪辑打开在新的合成图像内。

4. 找到 *Animation Presets > Image – Special Effects 内的 Bad TV 2 – old effect，把它拖动到 writers 1.avi 剪辑，如图 19–14 所示。

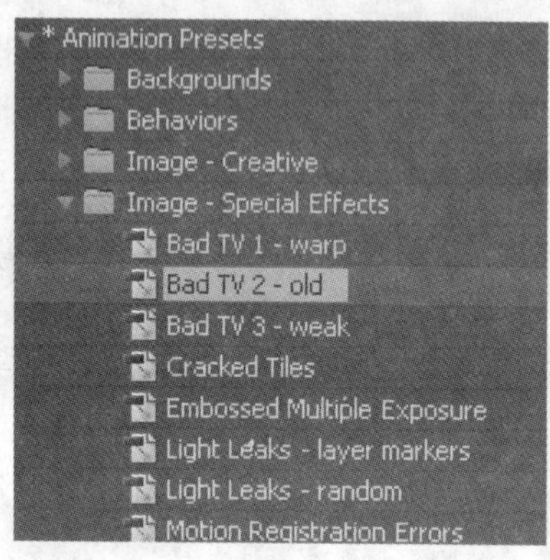

图19–14

不用保存 After Effects 合成图像，切换回 Adobe Premiere Pro，注意 Bad TV 2 特效已经被应用到 writers 剪辑。可能需要在 Adobe Premiere Pro 内渲染该序列，才能看到其平滑的播放效果。这是一种把 After Effects 特效应用 Adobe Premiere Pro 剪辑的快速方法，如图 19–15 所示。

图19–15

复习

复习题

1. 把 Photoshop 文件作为素材导入到 Adobe Premiere Pro 和作为序列导入有什么差别？

2. 如果在 Photoshop 内把图层的 Opacity 值设置为低于 100% 的某个值，当把剪辑导入到 Adobe Premiere Pro 中时，其 Opacity 值将是多少？

3. Adobe Premiere Pro 可以导入 Photoshop 的混合模式设置吗？

4. 在某些方面，Adobe Premiere Pro 和 After Effects 具有类似的功能，只是术语的不同，请给出两个例子。

5. 一旦在 After Effects 合成图像和 Adobe Premiere Pro 项目之间建立起动态链接，After Effects 合成图像在修改后必需渲染吗？

复习题答案

1. 作为图层导入时，Photoshop 文件将放入在单个剪辑内，其所有图层被折叠，或者单个图层被选择。导入为序列时，将把所有 Photoshop 图层按照与它们在 Photoshop 文件内相同的栈顺序放入 Adobe Premiere Pro 中。将创建一个 Adobe Premiere Pro 序列把它们嵌套到一起。

2. Adobe Premiere Pro 按照 Photoshop 内的设置导入不透明度设置。

3. 是的，Adobe Premiere Pro 保持 Photoshop 内的混合模式设置。

4. Adobe Premiere Pro 具有序列和轨道，After Effects 具有合成图像和图层。

5. 不需要。一旦建立动态链接，在 After Effects 内所做修改会立即在 Adobe Premiere Pro 中体现出来。

第20课　导出帧、剪辑和序列

本课涉及的主题包括：

- 选择导出选项；
- 录制到磁带；
- 制作单帧；
- 创建电影、图像序列和音频文件；
- 使用 Adobe Media Encoder；
- 导出到移动设备；
- 使用编辑决策列表。

学习本课大约需要 45 分钟。

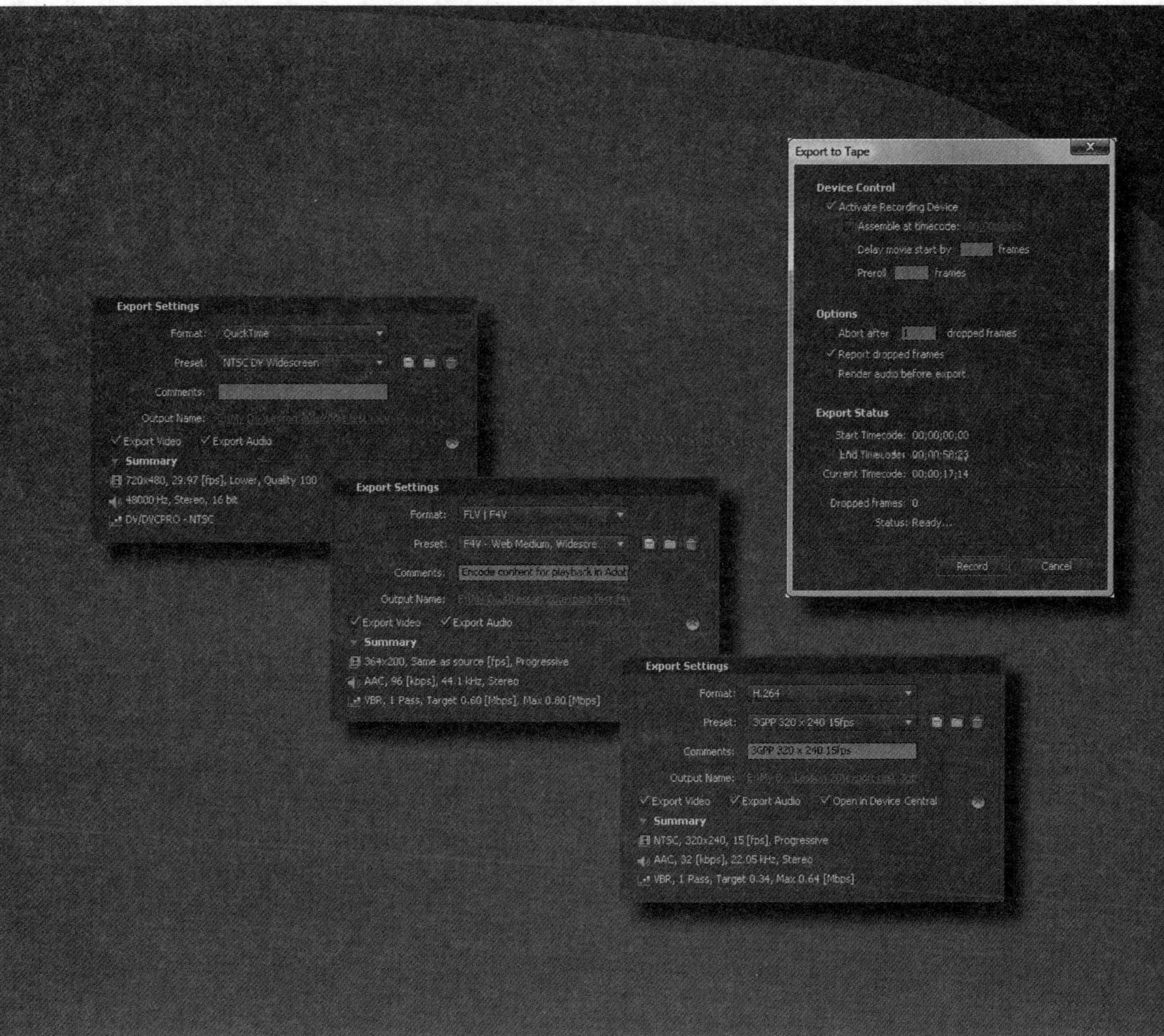

导出项目是视频制作过程中的最后一个步骤。Adobe Mdeia Encoder 提供了多种高级输出格式：Windows Media、QuickTime、RealMedia、Adobe Flash 以及 MPEG。这些格式中有非常多的选项，也可以以批方式导出。

20.1 开始

Premiere Pro CS4 提供多种导出方法，你可以把项目录制到磁带上，转换为文件，或是刻录到 DVD 光盘上。

录制到磁带很简单，相比较而言，创建文件则有更多的选项。可以只记录项目的音频部分，把视频片段或整个项目转换为几种标准文件格式之一，或者创建静帧、静帧序列或动画文件。

比较合适的方法是使用 Adobe Media Encoder 提供的高级视频编码格式。我们将使用这种功能强大的工具来创建项目，这些项目可以发布到 Web 站点上、刻录多媒体光盘、或使用新的 Adobe Device Central CS4 软件导出到移动设备。如果需要为 Web 站点创建 Flash Video，则请使用这个新的工具导出带有 Web 标记的 Flash Video。Adobe Media Encoder 是一个独立的、以批方式处理导出的应用程序，这意味着用户可以把几个导出以各种格式发送到 Adobe Media Encoder，使它能够在后台处理它们，而用户去处理其他应用。

20.2 导出选项概述

完成一个项目后，将面对一系列的导出选项。

- 可以选择单帧、系列帧、剪辑还是整个序列。
- 选择单独导出音频、视频还是输出整个视 / 音频。
- 直接导出到磁带；创建可在计算机或 Internet 上浏览的文件；或者把项目制成 DVD，在制作 DVD 时可以选择是否带全套的菜单、按钮和其他 DVD 功能。

除了实际导出格式外，还有一些设置和参数可供选择。

- 选择创建的任意一个文件可以与原素材具有相同的视觉品质和数据码率，也可以采用压缩格式。
- 需要指出帧尺寸、帧速率、数据速率和视频、音频压缩方法。

可以对导出的项目文件做进一步编辑，把它们用在展示中，或作为 Internet 或其他网络的流媒体使用，或用作创建动画的图像序列。

检查导出选项

研究导出选项的第 1 步自然是导入一些供导出的内容。

1. 启动 Adobe Premiere Pro，打开 Lesson 20-1.prproj。

2. 在 Timeiline 内某个地方单击，选择单个序列（否则，Adobe Premiere Pro 的 File 菜单中不会出现 Export 选项）。

3. 选择 File>Export 命令，如图 20-1 所示。

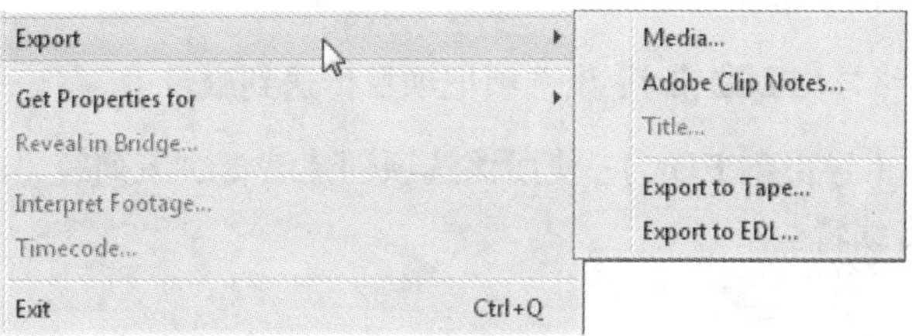

图20-1

Adobe Premiere Pro 提供 9 种导出选项（一些选项可能因为序列中的某些文件而不能使用）。

- **Movie（电影）**：选择该选项将打开 Export Settings 对话框，如图 20-2 所示，它能够导出所有流行的媒体格式。

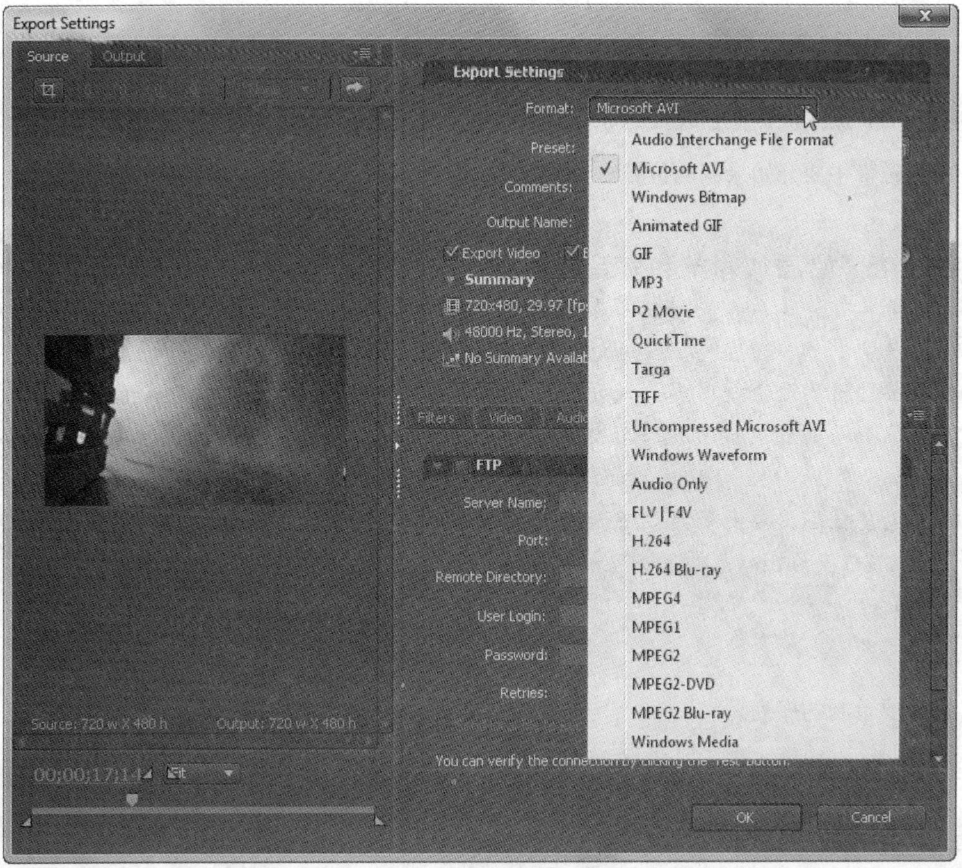

图20-2

- Adobe Clip Notes：选择该选项把项目发送到 PDF 文件，进行评论。
- Title（字幕）：因为 Adobe Premiere Pro 把用 Titler 创建的对象存储在项目文件中，所以在多个项目中使用相同字幕的惟一方法是将它作为文件导出。要使用该选项，首先必须在 Project 面板中选择字幕。
- Export to Tape（导出到磁带）：该选项把项目传送到磁带中。
- Export to EDL（导出到 EDL）：使用该选项创建编辑决策列表（EDL），以便把项目送到制作机房进一步编辑。

20.3 录制到磁带

即使执行把序列复制到磁带这样的简单操作，Adobe Premiere Pro 也提供了很多选项。用户只需要提供视频记录设备，最常见的是使用与导入原始视频素材相同的 DV 摄像机。

可以使用没有视频控制功能的模拟磁带录像机，不过这样做要付出更多的努力。本课稍后将解释这一点。

1. 采集视频时，将 DV 摄像机连到计算机。
2. 打开 DV 摄像机，把它设置为 VCR 或 VTR（而不是 Camera）。
3. 找到磁带中要开始录制的位置。

在磁带开始添加彩条和声音或黑底

如果打算让后期制作机房复制磁带，就要在磁带的开头添加30秒的彩条和声音，以便制作机房能够进行调整。也可以在DV磁带的开头添加一段黑底，以留出一点空间。无论是用哪一种方法，都要单击Project面板底部的New Item按钮，并选择Bars And Tone或者Black Video。默认时长是5秒。右击（Windows）或者Control-单击（Mac）Project面板上的剪辑，选择Speed/Duration命令，将时长修改为适合自己需要的长度。然后把该剪辑从Project面板上拖到项目的起始处（按住Ctrl键（Windows）或者Command键（Mac）插入它，使其他所有剪辑都向右移动）。

4. 选择要录制的序列。

Pr **注意**：当使用标准 DV 设备控制磁带导出方法时，只能导出整个序列。而不能导出选择的片段，要导出一个片段，请按照本节后面介绍的模拟磁带录制方法录制。

5. 选择 File > Export > Export to Tape（导出到磁带）命令。这将打开图 20–3 所示的 Export to Tape 对话框。

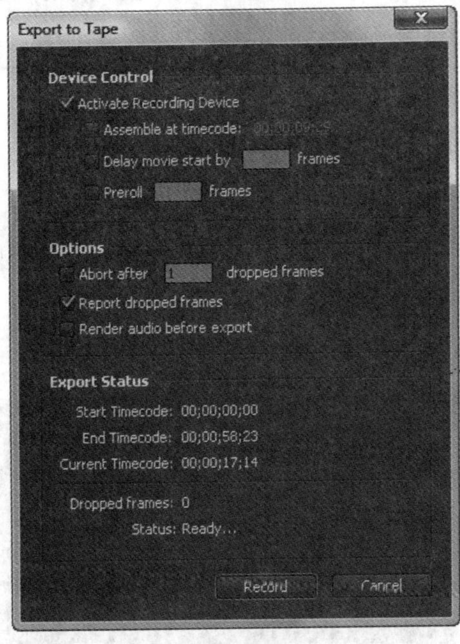

图20–3

其中各选项的作用如下所示。

- **Activate Recording Device（激活录制设备）:** 选取该项时，Adobe Premiere Pro 将控制 DV 设备。如果想手动控制录制设备，就不要选取此项。
- **Assemble At Timecode（放置时码）:** 使用此项在想开始录制的地方选择入点，如果未选择此项，将从磁带当前位置开始录制。
- **Delay Movie Start（延迟电影录制）:** 这个选项针对一小部分 DV 录制设备，它们从接收视频信号到开始录制之间需要一小段时间。请查阅设备手册，了解厂商推荐的方法。
- **Preroll x frames（预卷 x 帧）:** 大部分磁带装置都不需要或只需一点时间即可达到合适的磁带录制速度。为安全起见，请选择 150 帧（5 秒），或在项目的开始处加一段黑底视频。

其他选项意思很明确，这里不再解释。

6. 单击 Record（如果不想录制就单击 Cancel 按钮）按钮。

如果还没有渲染项目（按回车键回放，而不是空格键），Adobe Premiere Pro 现在就会进行渲染。当渲染结束后，Adobe Premiere Pro 会启动摄像机，将项目录制到磁带中。

录制到没有设备控制功能的模拟录像机

要在没有设备控制功能的模拟机器上进行录制，首先要对摄像机进行设置。

1. 按回车键渲染序列或要录制的部分。

2. 播放序列，确保能在外接录制设备上看到其显示。

3. 找到磁带中要开始录制的位置，把 Timeline 的当前时间指示器定位到想让序列开始回放的位置，按下设备上的 Record 按钮，并开始播放序列。

4. 当序列或其片段播放完毕后，单击 Program Monitor 中的 Stop 按钮，然后停止设备上的磁带。

5. 选择输出路径和文件名，单击 OK 按钮，如图 20–4 所示。

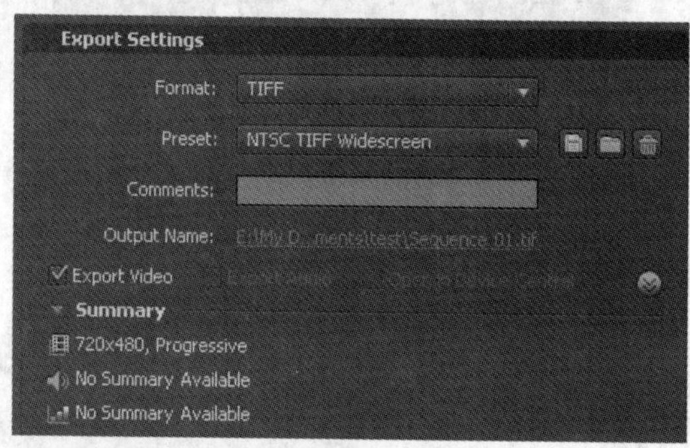

图20–4

Adobe Media Encoder 将启动，并把该输出添加到其队列中。

6. 单击 Start Queue（启动队列），执行导出。

20.4 使用 Adobe Media Encoder

导出到文件有两种基本选择：一种是导出为标准文件，另一种是导出为 Adobe Media Encoder 文件。两种方法都有其自己的界面，单帧和帧序列属于标准文件类。

Adobe Media Encoder 是一个可以自己运行或者从 Adobe Premiere Pro 调用的独立应用程序。选择导出设置，单击 OK 按钮之后，Adobe Media Encoder 把导出添加到其队列中。可以控制队列的顺序，选择合适启动或停止队列。下面将介绍几个常见的导出格式。

20.4.1 制作单帧

1. 把当前时间指示器移动到想要导出的帧上。

2. 选择 File > Export > Media 命令，这将打开 Export Settings（导出设置）对话框。

3. 把 Fomat（格式）修改为 TIFF。

> Pr | **注意：** Windows 用户可以选择 Windows Bitmap、TIFF 或者 Targa 作为有效的静态图像格式。Mac 用户可以选择 TIFF 或者 Targa。

4. 修改 Preset（预设），使其与源序列设置相匹配，在这个例子中，选择 NTSC TIFF Widescreen。

5. 把 Output Name（输出名称）设置为想要的路径和文件名。

6. 在 Video 选项卡上，检查确保 Export to Sequence（导出到序列）选项没有选取，之后单击 OK 按钮。该导出将被添加到 Adobe Media Encoder。

7. 单击 Start Queue 启动导出。

20.4.2 导出可编辑的电影和音频文件

可以将剪辑、整个或部分序列导出为视 / 音频文件、纯音频文件、纯视频文件，或静态图像文件序列。编辑 SD 视频时使用的两种最常见的文件格式是 Microsoft DV AVI 和 QuickTime。在这个练习中，导出为 QuickTime .mov 格式。

让我们先导出整个序列。

1. 在 Timeline 上或 Program Monitor 内选择序列。

2. 选择 File > Export > Media 命令。

3. Format 选择 QuickTime，Preset 选择 NTSC DV Widescreen。

4. 输出文件夹选择 Lesson 20，文件名设置为 export test，如图 20-5 所示。选择与源序列相匹配的预设将逐条设置所有的视频和音频。在高级模式下通常不需要逐条改变设置。

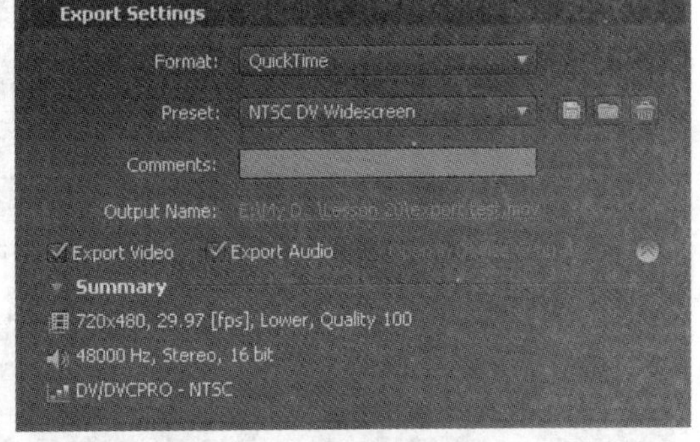

图20-5

5. 单击 OK 按钮。

Adobe Media Encoder 将载入（如果它还没有载入），该导出将被添加到其队列中。暂不要单击 Start Queue，我们将向队列添加几项作业，让它同时处理它们。

> **提示：** 要导出部分序列，请把工作区指示条的结尾放置到想导出的片段的开始或结尾。要导出剪辑，请在 Source Monitor 或 Project 面板内选择剪辑，激活它。要指定剪辑内导出的帧范围，请在 Source Monitor 内设置入点和出点。

> Pr **提示：**要创建可编辑的电影文件作为 HDV 或 HD 源视频，请导出 Uncompressed Microsoft AVI (Windows 用户) 或者 H.264 Blu-ray(Windows 或者 Mac 用户)。

20.4.3 导出 Web 应用

针对 Web 传输需要，Adobe Media Encoder 提供多种视 / 音频导出和编码选项。我们先把视频导出到 Adobe Flash Video。

Adobe Flash Video 是基于 Adobe Flash Player（Flash 播放器）的技术，所以它可以在任何一台支持 Flash 的计算机浏览器上播放，用户不必担心播放平台或格式问题。使用 Adobe Flash Video，在页面载入时开始播放视频。请按照以下步骤导出视频。

1. 回到 Premiere Pro CS4，选择与前一个练习中相同的序列，之后选择 File > Export > Media 命令。

2. 选择 FLV|F4V 格式和 F4V – Web Medium, Widescreen Source Flash 9r.115 and Higher 预设。

3. 设置 Lesson 20 作为输出文件夹，export test 作文件名，如图 20–6 所示。

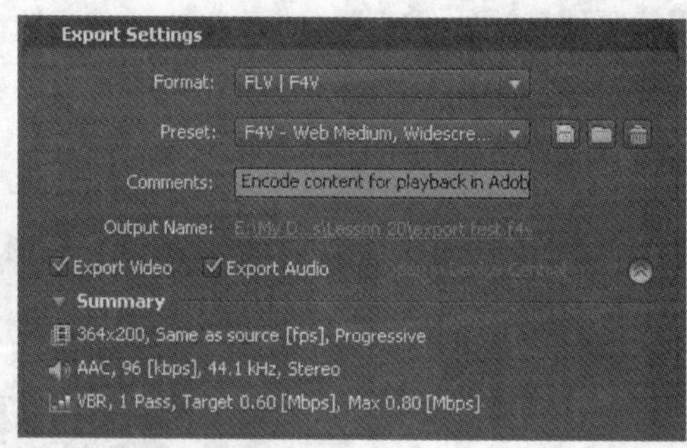

图20–6

把项目导出为 Flash Video 只需要做此设置。然而，还有 5 个选项卡，可以在这些选项卡上进一步调整导出设置，但该操作是选项。

- **Filters：**编码输出可以使用的滤镜是 Gaussian Blur。启用该滤镜将降低轻微模糊视频所产生的视频杂色。请在不使用该滤镜情况下导出项目，观察是否存在杂色问题。如果存在，请稍微增加 Gaussian Blur。杂色降低数量增加太多会使视频变模糊。
- **Format：**这决定视频和音频多路传输所使用的流类型。
- **Video：**Video 选项卡允许调整帧尺寸、帧速率和位速率。它们的默认值是基于所选择的预设。
- **Audio：**Audio 选项卡允许调整音频的位速率，对于某些格式，还允许调整编解码器。它们的默认值是基于所选择的预设。
- **Others：**这个选项卡主要允许指出 FTP 服务器，在完成编码时可以把导出的视频上传到指定的服务器。如果想启用该功能，请填写 FTP 主机提供的合适的 FTP 值。

4. 单击 OK 按钮。

Adobe Media Encoder 将载入（如果它还没有载入），该导出将被添加到其队列中。暂不要单击 Start Queue 按钮。

> Pr | **注意：**导出到 Flash 的一个独特之处是要导出线索点，供 Flash 应用程序使用。Flash 会把 Adobe Premiere Pro 的序列标记读作线索点，你可以在 Flash 作品中用它触发事件。

20.4.4 Windows Media（只适用于 PC）

这是 Windows PC 上最通用的视频格式，也是 Internet 最常见的视频播放格式。我们可以创建具有多种带宽位流速率的单个文件（满足各种 Internet 用户连接速率的需要），或者创建带 5.1 环绕声的高清宽屏视频，专门用于剧院或 HD TV 播放。

1. 导出与前一个练习中相同的序列，从 Format 下拉列表中选择 Windows Media。

2. 从 Preset 下拉列表中选择 NTSC Widescreen Source to High Quality Download 命令。

3. 设置 Lesson 20 作为输出文件夹，export test 作文件名。

4. 单击 Video 选项卡。注意 Windows Media 编码的一次编码和二次编码选项。要获得最佳质量，请选择二次编码。

5. 单击 OK 按钮。

Adobe Media Encoder 将载入（如果它还没有载入），该导出将被添加到其队列中。暂不要单击 Start Queue 按钮。

> Pr | **注意：**Mac 用户不能使用 Windows Media 导出。

20.4.5 MPEG 编码

MPEG（Moving Picture Experts Group，运动图像专家组）是 ISO（International Standardization Organization，国际标准化组织）和 IEC（International Electrotechnical Commission，国际电工技术委员会）下设的一个工作委员会。

MPEG 负责开发数字视频和音频压缩标准，它成立于 1988 年，这个小组已经发布了如下所示的多个压缩标准。

- **MPEG-1：**Video CD 和 MP3 音频基于该标准。MPEG-1 视频达到 CD 音质和 VHS 品质的视频，最高数据速率是 1.5Mbit /s。它的分辨率只有 352 × 240（大约是 DV 质量的 25%）。

- **MPEG-2**：DVD 和卫星数字视频信号质量标准，标清视频的数据速率是 3~15Mbit /s（高质量 DVD 视频的数据速率通常是 7~9Mbit /s），HD 信号的数据速率是 15~30Mbit /s。MPEG-2 还支持多通道环绕声音频编码。
- **MPEG-4**：用于固定和移动网络的多媒体。

所有 MPEG 标准都使用类似的编码技术。它们压缩视频的方法是：选择关键帧或帧内编码帧（Intra-frames，即 I 帧），然后删除两个 I 帧之间的一些帧，并用 B 帧（backward frames，后向帧）和 P 帧（predicted Frames，预测帧）替换它们。B 帧和 P 帧只存储两个 I 帧之间不同的内容。要编码文件，请按照以下步骤操作。

1. 打开 Format 下拉列表，注意其中有以下 5 种 MPEG 文件格式。

- **MPEG4**：这种文件格式的文件扩展名是 .3gp，这是常规的 MPEG4 预设。Adobe Media Encoder 还具有特殊的预设，如 H.264 和 QuickTime，它们也使用 MPEG4 standard 标准。
- **MPEG1**：这种文件格式提供的视频质量比 VHS 品质差，它们在 CD 上可以存储一小时左右的视频，这种视频主要在大多数消费级 DVD 视频播放器和计算机的 DVD 和 CD 驱动器上播放。需要使用独立的 CD 刻录软件来创建 VCD。
- **MPEG2**：MPEG2 预设适合于高清和隔行扫描视频。如果是创建标准的 DVD 内容，则请选择 MPEG2-DVD。如果想调整 MPEG-2 参数，则请选择 MPEG2。
- **MPEG2-DVD**：该选项提供的预设最多。请选择能提供最佳品质，而又同时不超过 DVD 上 4.38 GB 空间限制的预设。为了找到合适的预设，Adobe Media Encoder 提供的 Estimated File Size（估算文件大小）在每次改变预设或者自定设置时，它都会更新显示。
- **MPEG2 Blu-ray**：MPEG2 Blu-ray 预设适合于准备用 Blu-ray Disc（蓝光 DVD）发行的高清视频。

> Pr | **注意**：Mac 用户不能使用 MPEG1 和 MPEG1-VCD 导出。

2. 选择 MPEG2。

3. 从 Preset 下拉列表中选择 NTSC DV High Quality 命令。

4. 设置 Lesson 20 作为输出文件夹，export test 作文件名。

5. 单击 Video 选项卡，把 Pixel Aspect Ratio 设置为 Widescreen 16:9 (1.212)。

6. 还有很多选项可用于进一步调整 MPEG 编码设置，其中的很多设置超出本书介绍的范围。请保持它们的默认设置不变，除非用户很熟悉它们，理解各种设置的作用。可能要调整的最常见设置之一是 Bitrate Encoding 设置，它位于 Multiplexer 选项卡内。

- **CBR**（固定位速率）：由于位速率保持不变，所以它适用于 Internet 应用。

- VBR（可变位速率）：在采用相同位速率情况下，它提供的画面质量通常比 CBR 好，因为它提高了运动场景的位速率。它提供一次和二次编码选项。二次编码所需时间更长，但创建的图像质量更好。创建 DVD 视频时应使用 VBR。

7. 单击 Audio 选项卡，把 Audio Format（音频格式）改为 Dolby Digital（杜比数码）。

它提供的选择范围更大，其中包括环绕声，位于 Audio Coding Mode（音频编码模式）下拉列表内。

8. 单击 OK 按钮。Adobe Media Encoder 将该导出将被添加到其队列中。这次请单击 Start Queue 按钮。

Adobe Media Encoder 在后台处理其队列中的所有导出，这可能要花几分钟的时间，但可以在它运行期间继续处理其他项目。完成后，请使用资源管理器导航到 Lesson 20 文件夹，观察导出的文件。

注意：不一定必须从 Adobe Premiere Pro 使用 Adobe Media Encoder，也可以从 Adobe 程序列表中启动 Adobe Media Encoder，向它添加用户文件系统中已经存在的文件。

20.5 导出到移动设备

随着支持视频的移动设备的大量出现，如果能够在各种移动设备上观看视频项目该多好。这就是 Adobe Device Central 设计的出发点。在本节，我们将把项目导出到 Device Central，观看视频在各种移动设备上的效果。

大多数移动设备，如 iPods 和 3GPP（第 3 代）手机，支持用 H.264 格式编码的视频。Adobe Media Encoder 的 Format 格式下拉列表内有两种 H.264 方法可用。

- H.264：基于 MPEG-4 标准针对大量的设备编码，其中包括高清显示、3GPP 手机、视频 iPod 和 PlayStation Portable（PSP）设备。
- H.264 Blu-ray：基于 MPEG-4 标准针对蓝光光盘介质以高清编码。

我们在这个练习中将使用 H.264。

1. 确保 Lesson 20-1.prproj 项目内的 Timeline 序列被选择，之后选择 File > Export > Media 命令。

2. 编码格式选择 H.264。

3. 打开 Preset 下拉列表。

注意，为了便于导出，其中配置了大量的移动设备。例如，选择 iPod 预设，这样就可以很容易地创建在 Apple iPod 上播放的视频。很多流行的移动设备预设都已经列入其中，用户可以创建或调整自己的预设。我们现在将使用一般的预设。

4. 选择 3GPP 320 x 240 15fps 预设，我们可以在多种设备上测试它。

5. 选择 Open In Device Central 选项，单击 OK 按钮，如图 20-7 所示。

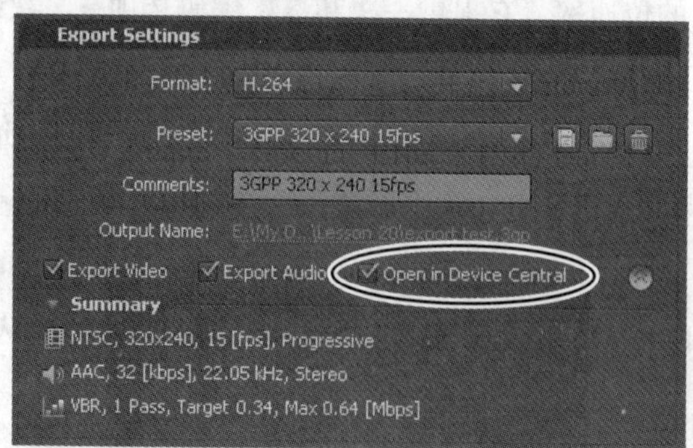

图20-7

6. 命名文件，单击 Save 按钮，这将把导出添加到 Adobe Media Encoder 队列。单击 Start Queue 处理文件。如果前一节中的文件仍在编码中，H.264 导出将在它们完成后启动。

Adobe Device Central 启动，可用设备按类别或者制造商列出在 Adobe Device Central 左侧面板内。

7. 打开 Nokia 类别，双击 Nokia 5300 手机以选择中，如图 20-8 所示，这将把编码后的视频载入到 Nokia 5300 的模拟手机中。

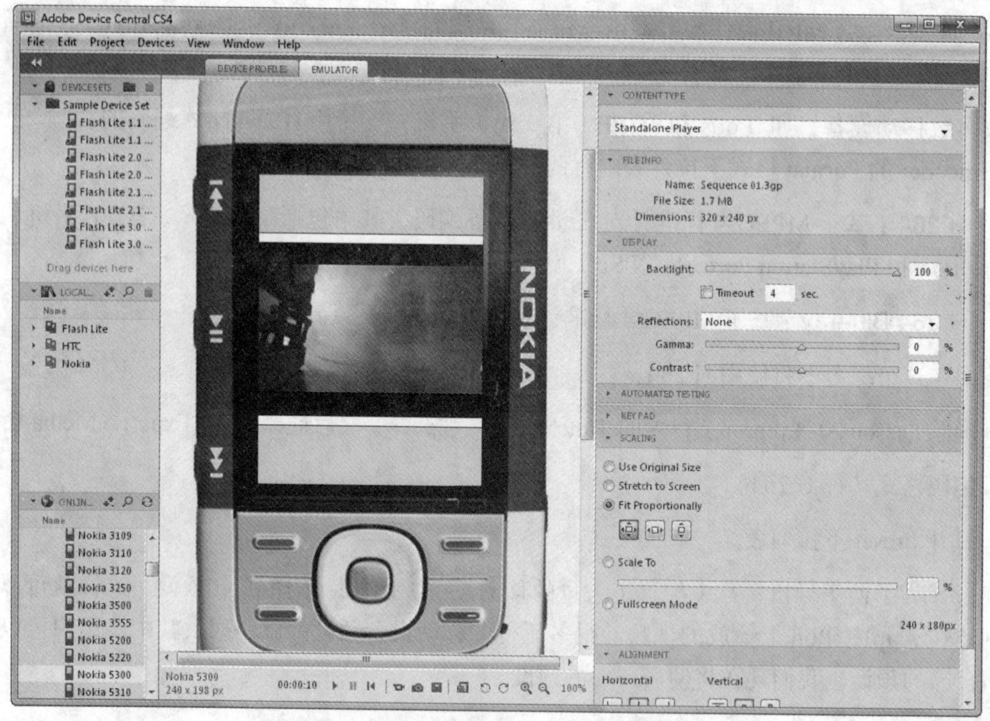

图20-8

8. 在右侧面板内的 Scaling（缩放）下，选择 Fullscreen Mode（全屏模式）命令，单击模拟手机下的 Play 按钮，查看视频在手机上横向播放时的效果。

9. 在 Display 下方的 Reflections（反光）下拉列表中选择不同的选项，查看在不同灯光条件下视频的显示效果。

10. 双击 Nokia 5200，查看视频在该手机小屏幕上时的显示效果。

11. 双击 Nokia 6151。注意，视频不会在该手机上播放，这个手机不支持导出的视频文件格式。可以单击 Device Profiles（设备配置文件）选项卡，了解关于所查看的移动设备方面的更多信息。

12. 退出 Adobe Device Central。记住导出的编码文件位于在导出选项部分所选择的位置中。

20.6 使用编辑决策列表

编辑决策列表（EDL）令人回想起以前，当时的小容量硬盘限制了视频文件的大小，低速处理器无法播放高分辨率视频。作为补救措施，编辑人员在 Adobe Premiere Pro 这样的 NLE 软件中使用低分辨率文件编辑项目，把它导出到 EDL，然后把这个文本文件和原始磁带一起送到制作机房。这里使用昂贵的切换硬件创建最终的高分辨率作品。

现在不大需要这种脱机作业，但是电影制作者仍然使用 EDL，这与文件大小和电影与视频之间来回转换的复杂性有关。

CMX已经过时，但其EDL仍在使用

不存在标准的EDL格式，Adobe Premiere Pro使用与CMX 3 600兼容的格式，这是CMX Systems公司创建的一种交换格式。该公司是视频制作和广播电视领域计算机控制视频编辑产品方面的先驱。该公司是CBS和Memorex于1971年合资成立的，CMX在20世纪80年代中期占有90%的广播视频编辑市场份额，公司于1998年停止运作。但其EDL仍然是编辑决策交换的事实标准。

如果打算使用 EDL，项目必须严格遵循以下原则。

- EDL 最适合的项目只有一条视频轨道，两条立体声（或四条单声道）音频轨道，并且不包含嵌套序列。
- 大部分标准切换、静帧和剪辑速度的调整都可以用在 EDL 中。
- Adobe Premiere Pro 目前支持字幕或其他内容的键控轨道，这种轨道必须位于选择的导出视频轨道的正上方。

- 必须用精确的时间码采集和记录所有原始素材。
- 采集卡必须具备使用时码的设备控制功能。
- 每盒磁带都必须有惟一的卷轴（reel）号，在拍摄之前必须事先录好时码，确保时码内没有中断。

要查看EDL选项，请选择File > Export > Export to EDL命令，以打开EDL Export Setting对话框，如图20-9所示。

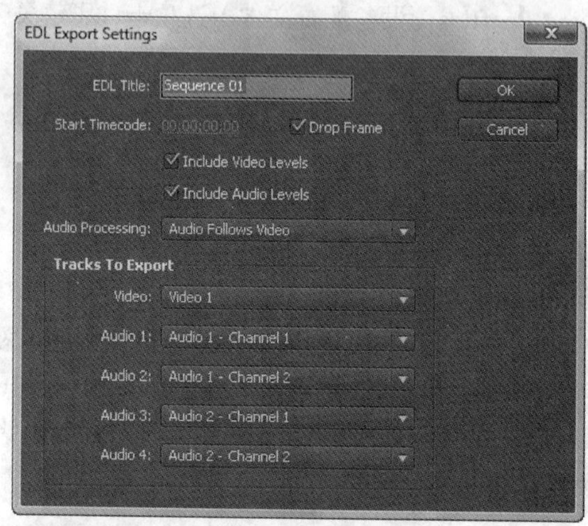

图20-9

其中包括如下选项

- **EDL Title**：指出显示在EDL文件第一行内的标题。

> **注意**：标题可以与文件名不同。在单击EDL Export Settings（EDL导出设置）对话框中的OK按钮之后，就可以输入文件名。

- **Start Timecode**：设置序列中第1个编辑的起始时码值。
- **Drop Frame**：指出时码帧计数是应该使用丢失帧方法（通常用于NTSC视频）还是使用非丢失帧方法（通常用于Web视频）。
- **Include Video Levels**：在EDL中包括视频透明度等级注解。
- **Include Audio Levels**：在EDL中包括音频等级注解。
- **Audio Processing**：指出何时应该进行音频处理，选项包括Audio Follows Video（视频处理后处理音频）、Audio Separately（单独处理音频）和Audio At End（最后处理音频）。
- **Tracks to Export**：指出导出哪些轨道。位于所选导出视频轨道的正上方视频轨道用作键控轨道。

复习

复习题

1. 如果想在将来能够编辑文件，导出数字视频的主要格式是哪些？

2. 单击 Export to Tape 对话框内的 Record 按钮时，摄像机保持暂停，这是什么原因？

3. Adobe Media Encoder 中的 3 种流媒体是什么？

4. MPEG-1 和 MPEG-2 有什么不同之处？

5. 导出到大多数移动设备时使用哪种编码格式？

6. 在开始处理新的项目之前必须等待 Adobe Media Encoder 完成对其队列的处理吗？

复习题答案

1. 主要选项是 Microsoft DV AVI 和 QuickTime MOV。

2. 在 Adobe Premiere Pro 开始把项目录制到磁带之前，必须先渲染项目。可以在打开序列后按回车键，预先进行渲染。否则，在单击 Record 键时，就必须等待 Adobe Premiere Pro 渲染未渲染的序列部分。

3. Adobe Media Encoder 中的 3 种流媒体选项是 Windows Media、QuickTime 和 RealMedia。Windows Media 提供的选项最多。

4. MPEG-1 是 VHS 质量，用于 CD 或 PC 机。MPEG-2 的质量更高，具有更宽的质量控制范围，是 DVD 和数字卫星电视上播放的视频和电影的标准视频格式。

5. 导出到大多数移动设备时所采用的编码格式是 H.264。

6. 不需要。Adobe Media Encoder 是一个独立的应用程序，可以在它处理其渲染队列期间处理其他应用程序，甚至可以开始处理新的 Adobe Premiere Pro 项目。

第21课 用Adobe Encore CS4创建DVD

本课涉及的主题包括：

- 准备 Adobe Premiere Pro 项目创作 DVD；
- 在 Timeline 上添加 Encore 章节标记；
- 通过 Adobe Dynamic Link 把序列发送到 Encore；
- 创建自动播放 DVD；
- 创建菜单 DVD；
- 创建蓝光 DVD；
- 把 DVD 项目导出到 Flash。

学习本课大约需要 30 分钟。

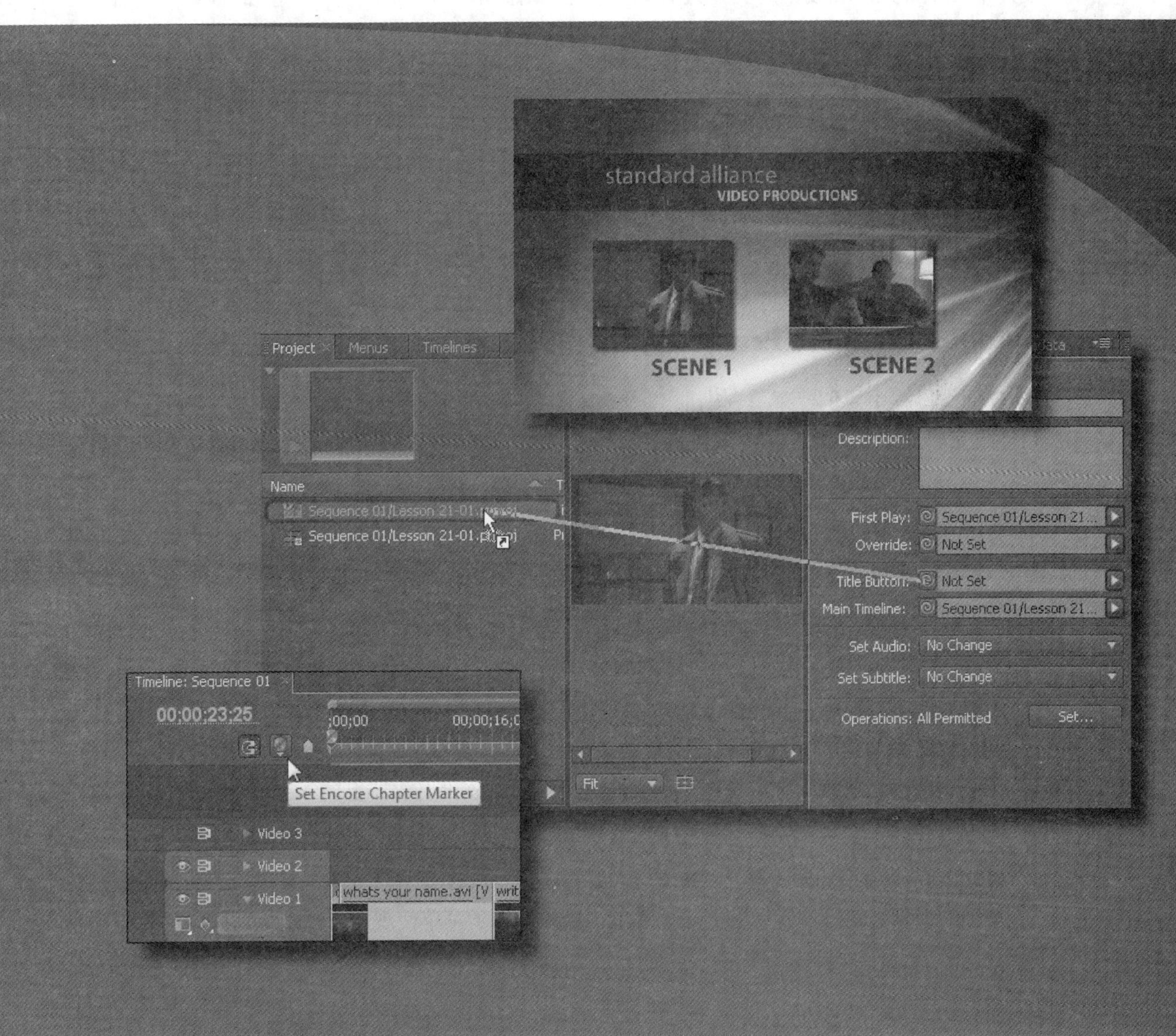

把 Premiere Pro CS4 Timeline 发送到
Encore CS4 创建 DVD、蓝光 DVD，或者
Adobe Flash CS4 Professional Web 项目。

21.1 开始

DVD 是一个巨大的媒体传输平台。它的图像和视频都是全屏的（包括 16 ：9 宽屏），有顶级的音频质量，并且可以交互。只需单击菜单按钮就可以立刻跳转到视频、场景或场景后的静帧。

创建带有全部菜单和按钮的交互式 DVD 过去要花费相当于一部好莱坞大片的预算，它需要昂贵的硬件。现在，使用 Adobe Premiere Pro 或 Adobe Encore，用几分钟时间就可以在 PC 机上创建出专业效果的 DVD。

Adobe Encore 现在包含在 Adobe Premiere Pro 中，它拥有一系列可定制的带有背景和按钮（静态或动画的）的 DVD 菜单模板。只要喜欢，还可以使用自己的图像或视频作背景。

Adobe Encore CS4 使 DVD 创作更进一步。使用 Encore 可以创建标清（SD）DVD 和高清（HD）蓝光 DVD，甚至可以把 DVD 项目输出到 Flash。

21.2 Adobe Premiere Pro 中 DVD 创作概述

DVD 创作过程中要创建菜单、按钮，以及与素材和菜单的链接。它也用于描述一些操作，例如，当视频播放完毕后 DVD 播放器应该执行什么操作，是回到 DVD 主菜单，还是其他菜单，或另一段视频。

每种 DVD 创作产品都采用不同的方法来创建交互式 DVD。Adobe Premiere Pro 允许把 Timeline 发送到 Adobe Encore，从而简化创作过程，Adobe Encore 是一个功能全面的专业创作工具。

在 Encore 内创作时，创建 DVD 有两种选项。

- **Auto-play DVDs（自动播放 DVD）**：这种 DVD 没有菜单，它们最适合用于想让观众从头到尾观看的短电影。在创建自动播放 DVD 之前，我们可以向 Timeline 添加 DVD 章节标记。这些标记使观众在浏览电影时可以用 DVD 播放机遥控器上的 Next 和 Previous 按钮快进或快退。
- **Menu-based DVDs（基于菜单的 DVD）**：这种 DVD 有一个或多个菜单，菜单按钮链接到单独的视频、幻灯片或场景选择子菜单（场景选择子菜单使观众可以定位到视频内的场景）。

Encore 可以把项目输出到以下 3 种文件格式中的任何一种。

- **SD DVD（标清 DVD）**：现在 DVD 播放器中广泛使用的传统 DVD 格式。
- **Blu-ray Disc（蓝光 DVD）**：高清（HD）视频传输介质。
- **Adobe Flash**：只需一步操作，Adobe Encore 就可以把 DVD 项目导出到 Flash 内容中供 Web 浏览。不仅视频被转换为 Flash Video，而且菜单系统和动作也被转换为 Flash 内容，还创建出可供 Web 浏览的 HTML 页面，页面中的链接连接到 Flash 内容，供用户浏览或演示所用。

把 Adobe Premiere Pro Timeline 发送到 Encore 创作有两个选项。

- **Send it via Dynamic Link to Encore（通过 Dynamic Link 发送到 Encore）**：这种首选方法使用 Dynamic Link 把 Timeline “发送” 到 Adobe Encore。这种方法的优点是不需要创建载入到 Adobe Encore 的中间文件。这种工作流快捷而有效。这种方法的另一个优点是日后在 Adobe Premiere Pro Timeline 内所做的任何修改都会立即反应到 Encore 内，而不必渲染甚至保存文件。本课将介绍这种方法。
- **Export it as media（导出为媒体）**：Adobe Premiere Pro 能够把中间临时文件导出到 Encore。可以导出 Encore 能够直接导入和使用的编码文件，或者导出可编辑的中间格式，如 AVI 或者 QuickTime 格式，使 Encore 能够编码它。使用这种方法可以用第三方工具创作 DVD；然而，这失去了与 Dynamic Link 相关的优点。这种方法需要消耗更多的磁盘空间来存储中间临时文件，因此需要更长的渲染时间。

21.3 在 Timeline 上添加 Encore 章节标记

在 Adobe Premiere Pro 内完成视频编辑后，可以在 Timeline 上添加 Adobe Encore 章节标记，以标记最终 DVD 的章节。我们可以随时在序列中移动、删除和添加标记。

> Pr **注意：**Encore 章节标记不是剪辑标记或 Timeline 标记。剪辑标记和 Timeline 标记帮助定位和剪切剪辑。Adobe Premiere Pro 把 Encore 章节标记只用于 DVD 菜单创建和按钮链接。

1. 打开 Lesson 21–01.prproj，如果 Sequence 01 序列还没有打开，请打开它。我们将把这个短视频项目导出到没有菜单的自动播放 DVD。但是，我们首先添加章节标记，让用户可以使用 DVD 遥控器进行控制。
2. 要添加 Encore 章节标记，请把当前时间指示器放置到想要添加标记的位置处，之后单击 Set Encore Chapter Marker（设置 Encore 章节标记）按钮（位于 Timeline 的左上角附近）。把章节标记放置在第 3 段剪辑的开始处（位于 Timeline 上 00;00;23;25 处），如图 21–1 所示。

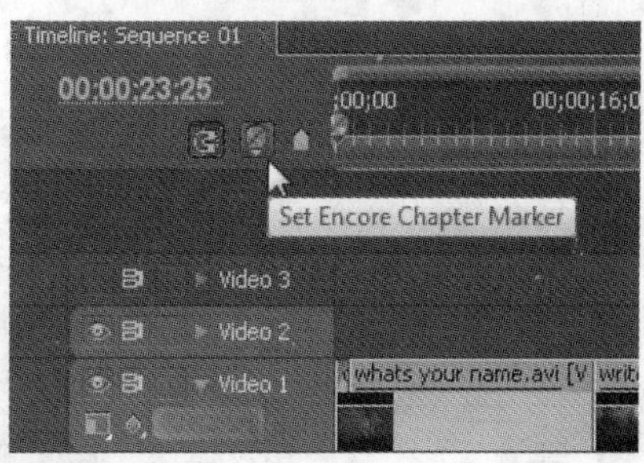

图21–1

> **注意**：Adobe Premiere Pro 自动在每一个序列的首帧上放置 Encore 章节标记，我们不能移动或删除该标记，但可以移动、删除或重命名我们添加的任何其他章节标记。

3. 把该标记命名为 Dixie，如图 21-2 所示。

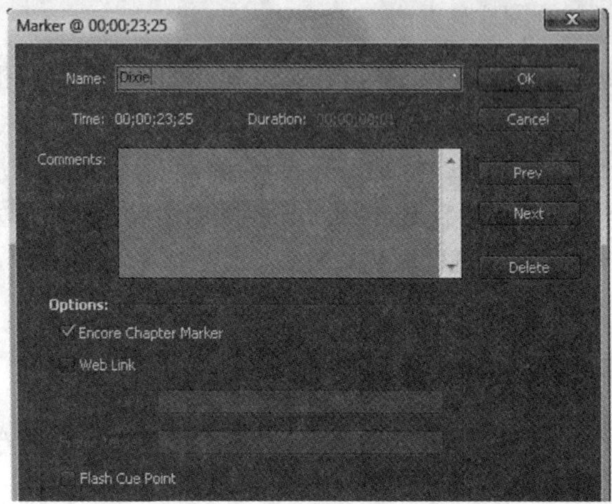

图21-2

21.4 创建自动播放 DVD

接下来我们将创建自动播放 DVD，当用户把它放到 DVD 播放器播放时，它会自动播放电影。

1. 选择 File > Adobe Dynamic Link > Send to Encore 命令，启动 Encore，如图 21-3 所示。

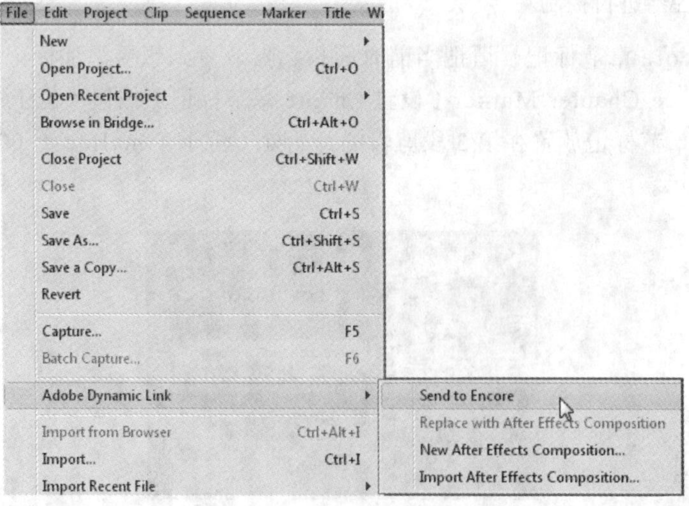

图21-3

2. 把该盘命名为 Auto Play DVD，Location（位置）选择为 Lesson 21 文件夹，如图 21-4 所示。

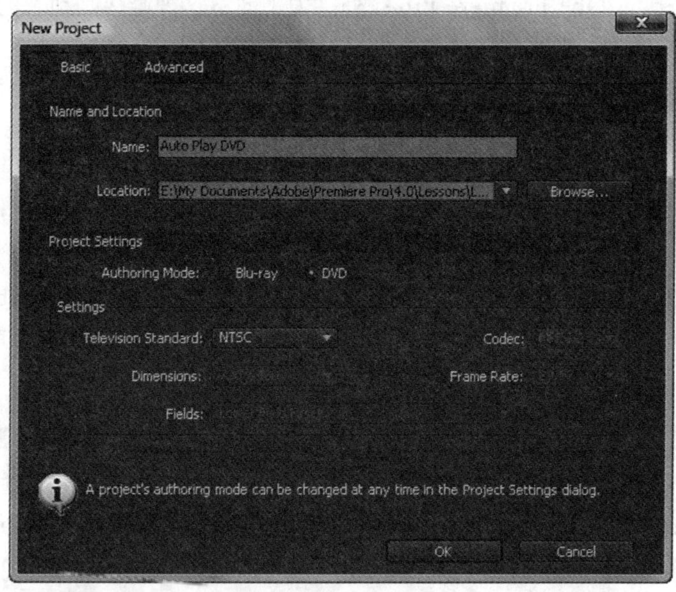

图21-4

3. Authoring Mode（创作模式）选择为 DVD。

4. 单击 OK 按钮。

Encore 在 Encore Project 面板内打开选择中的 Adobe Premiere Pro 序列，创建出具有相同名称的 Encore Timeline，如图 21-5 所示。

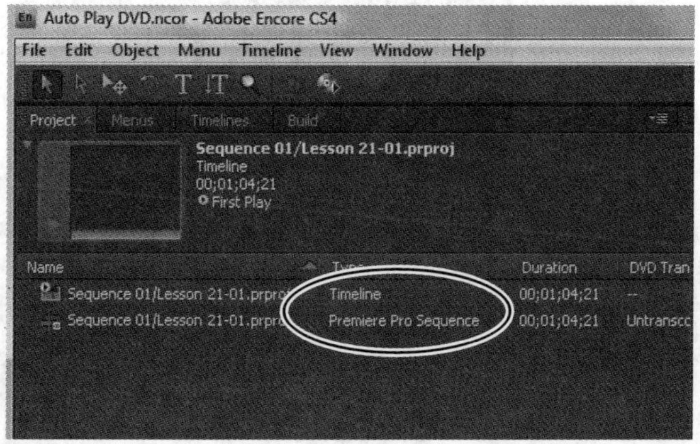

图21-5

5. 双击 Encore Project 面板内的 Timeline 对象，这将打开 Adobe Encore 内的 Timeline 面板和一个监视窗口，这样就可以预览视频。播放或刮擦视频，观察它，这是从 Adobe Premiere Pro 导出的序列。

该视频序列通过 Dynamic Link 载入到 Adobe Encore。这种方法使 Adobe Encore 能够在不预先渲染的情况下播放 Adobe Premiere Pro 序列。为了演示这种链接是动态的，现在将对 Adobe Premiere Pro 序列进行修改，观察这些修改立即反映在 Adobe Encore 内。

6. 从 Adobe Encore 切换到 Adobe Premiere Pro。

7. 选择 Effects > Video Effects > Image Control 命令，把 Black & White 滤镜提到 Adobe Premiere Pro Timeline 上的第 1 段剪辑上。

8. 在修改后不要保存 Adobe Premiere Pro 项目。切换回 Adobe Encore，播放 Timeline，这时会看到刚才所做的修改在没有渲染或者甚至保存项目的情况下显示在 Adobe Encore 内。为了完成创建自动播放 DVD，需要设置两个参数，之后就可以准备刻录 DVD 了。

> Pr | **注意：** 如果 Adobe Premiere Pro 序列动态链接到 Adobe Encore 项目，甚至不需要运行 Adobe Premiere Pro，Adobe Encore 就可以使用链接的序列。

9. 选择 Project 面板内的 Sequence 01/Lesson 21-01 Timeline 对象，注意 Properties（属性）面板内的 End Action（结束动作）是 Not Set（没有设置），这意味着 DVD 在 Timeline 播放完成后不知道要做什么。请把 End Action 设置为 Stop（停止），让 Timeline 在播放之后停止，如图 21-6 所示。

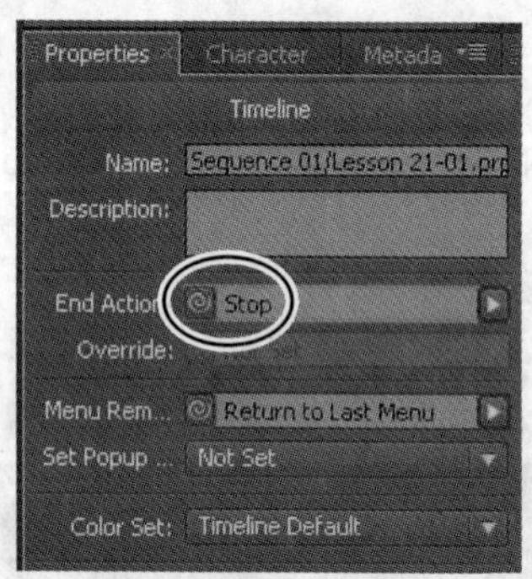

图21-6

10. DVD 播放器还必须知道 DVD 遥控器上的 Title 按钮按下时做什么。其设置方法是单击 Project 面板的空白区域，光盘属性现在显示在 Properties 面板内。使用 Pickwhip 工具选择 Project 面板内的 Timeline 对象把 Title Button 设置为 Sequence 01/Lesson 21-01，如图 21-7 所示。

11. 选择 File > Build > Disc 命令。

12. 可以在 Build 面板内调整几个选项，通常刻录 DVD 时保持它们的默认值不变。如果系统上有多个刻录机，则请检查是否选择了正确的刻录机，并给它们适当的名称。单击 Build 开始刻录 DVD，如图 21-8 和图 21-9 所示。

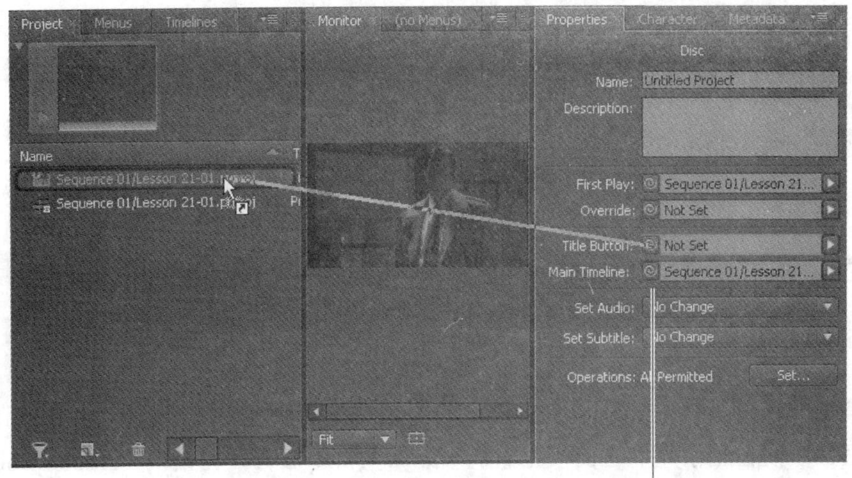

图21-7

注意：要实际创建DVD，请把空白DVD放在DVD刻录光驱内。如果没有DVD光驱或者不想实际刻录DVD，则可以继续，但不能完成最终的刻录过程。

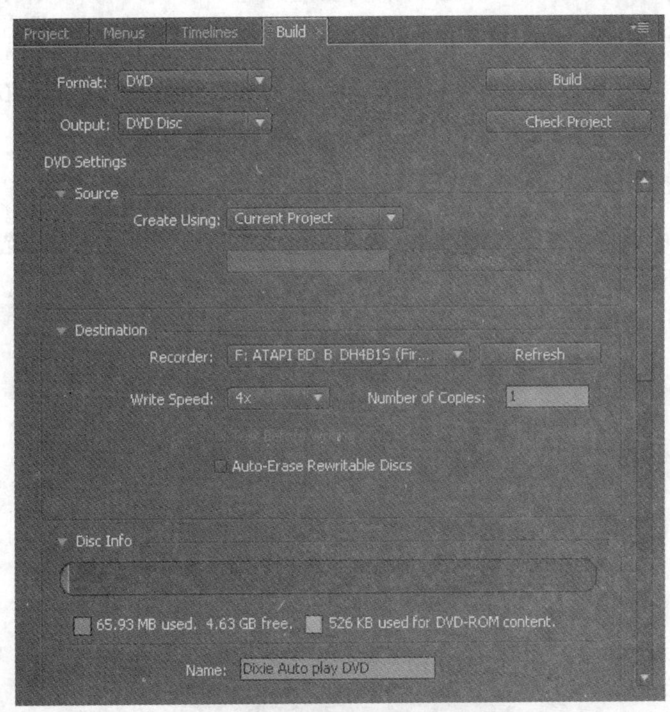

图21-8

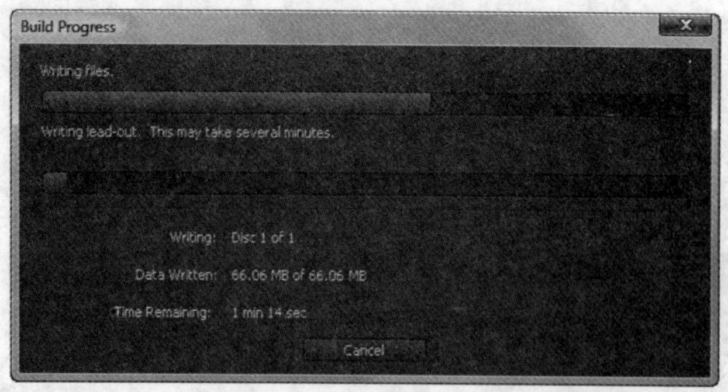

图21-9

13. 如果项目中出现错误，Adobe Encore 会在一个对话框内发出提示，让用户知道哪里出现错误，以便在刻录光盘之前校正它们。如果项目中没有任何错误，Adobe Encore 会刻录 DVD，当它完成后会发出提醒。请保持 Encore 项目打开着，在下个练习中仍将使用它。

21.5 创建菜单 DVD

Adobe Premiere Pro 没有工具可以直接创建 DVD 菜单，但是，可以把 Timeline 上放置的 Adobe Encore 章节标记传递到 Adobe Encore，之后用它们创建按钮或章节。可以使用 Adobe Premiere Pro 把视频素材连同章节标记一起传递给 Adobe Encore，用 Adobe Encore 构建菜单和刻录 DVD。

对于这个练习，不需要运行 Adobe Premiere Pro，请切换到 Encore 项目，在前一节中应该还打开着它。

从 Encore 包含的菜单模板列表中选择 DVD 菜单。

1. 选择 Library 面板，观察其素材列表，会看到几套菜单和按钮样式，请选择 General 这一套，如图 21-10 所示。

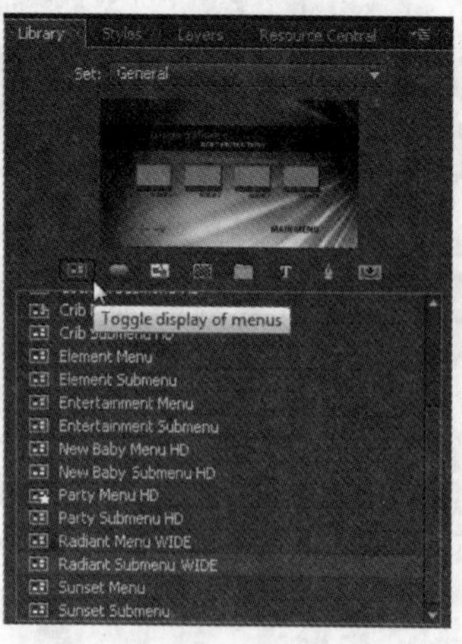

图21-10

2. 滚动到名称为 Radiant Submenu WIDE 菜单处，双击这个菜单项，把它添加到 Project 面板，使它显示在 Menus 面板内。

3. 把 Sequence 01/Lesson 21–01 Timeline 从 Project 面板拖动到该菜单上的 Scene 1 按钮，如图 21–11 所示。

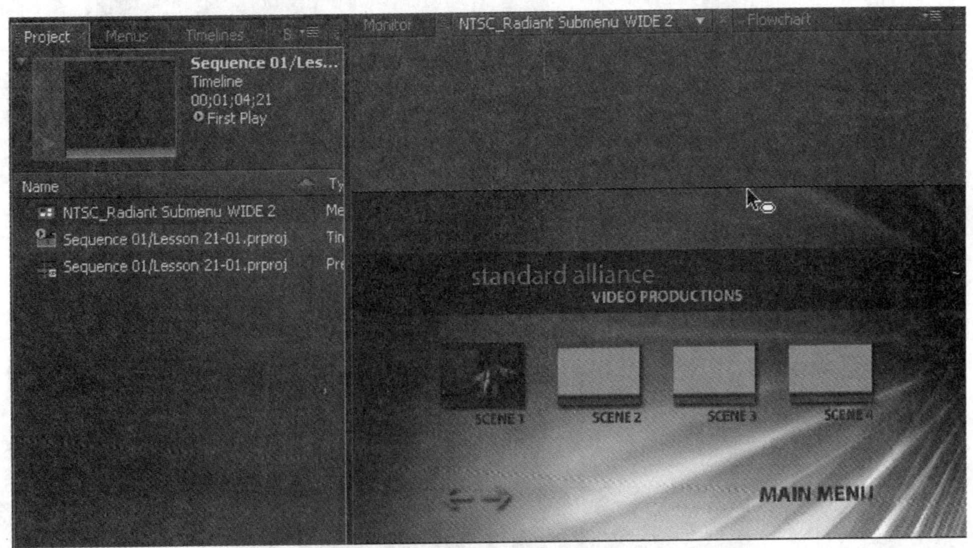

图21–11

人们不喜欢只可选择一个场景的 DVD 菜单，因此要添加来自 Adobe Premiere Pro 的另一个序列，而不必打开 Adobe Premiere Pro。要通过 Dynamic Link 从 Encore 添加这个序列。请记住，第 1 个序列是从 Adobe Premiere Pro 通过 Dynamic Link 添加到 Adobe Encore 的。

4. 选择 File > Adobe Dynamic Link > Import Premiere Pro Sequence（导入 Premiere Pro 序列）命令。在 Import Premiere Pro Sequence 对话框内，导航到 Lesson 17 文件夹，单击 Lesson 17-4.prproj。这在右侧显示出该项目内包含的序列。单击 completed 序列选择它，之后单击 OK 按钮，如图 21–12 所示。

5. 把 completed/Lesson 17-4 序列从 Project 面板拖动到菜单上的 Scene 2 按钮。

   如果喜欢，可以像这样添加任意多个序列。这个练习中只添加两个序列，并在刻录之前清理菜单。

6. 因为没有多个菜单，所以请删除 Main Menu（主菜单）文本和导航箭头。可以在选择它们后按键盘上的 Delete 键来删除它们。

7. 因为只有两个序列，所以还请删除 Scene 3 和 Scene 4。

8. 选择每个场景按钮，把它们拖得更大，并且间距均匀。菜单看起来如图 21–13 所示。

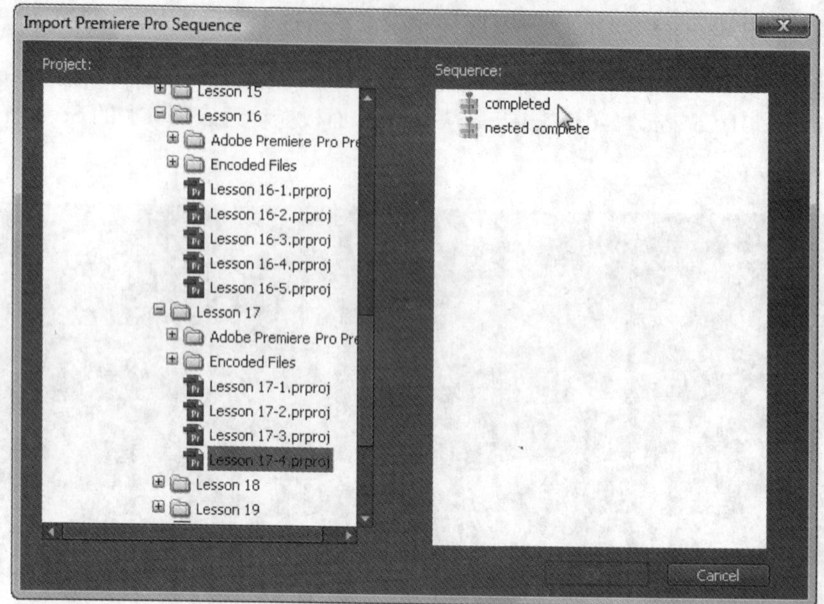

图21-12

图21-13

9. 单击 Timelines 面板选择它。这个面板筛选了素材，因此用户只能看到 Timeline 素材。请选择每个 Timeline，把 End Action 设置为 Return to Last Menu(返回到上一菜单)，如图 21-14 所示。

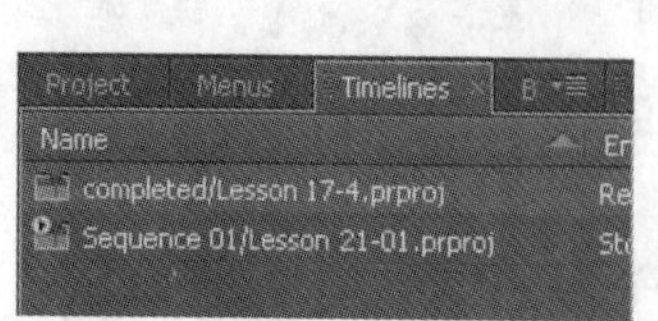

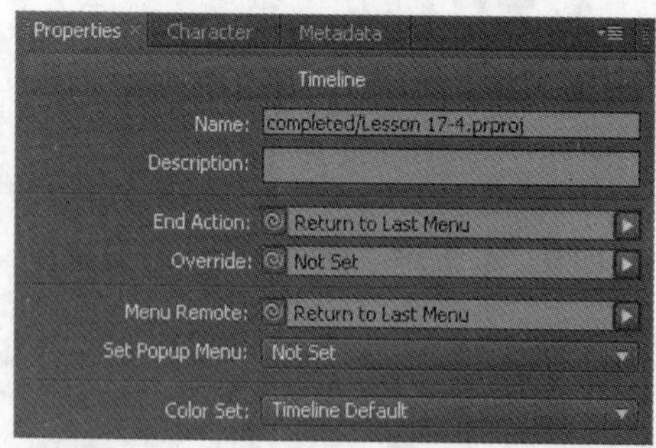

图21-14

Encore 使用户导入的第 1 个对象成为 First Play（首播）对象，这意味着它是 DVD 插入后 DVD 播放器播放的第 1 个对象。导入到这个项目中的第 1 个对象是 Sequence 01/Lesson 12-01。注意它添加了 First Play 图标，说明处于 First Play 状态，这适合于自动播放 DVD。但现在要让该菜单成为首播对象。幸运的是，这很容易修改，如图 21–15 所示。

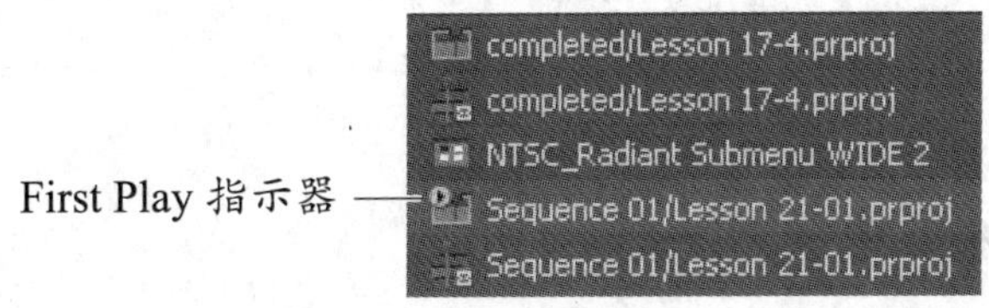

图21–15

10. 右击该菜单对象，从弹出菜单中选择 Set as First Play（设置为首播）命令。注意 First Play 指示器现在显示在菜单图标上，如图 21–16 所示。

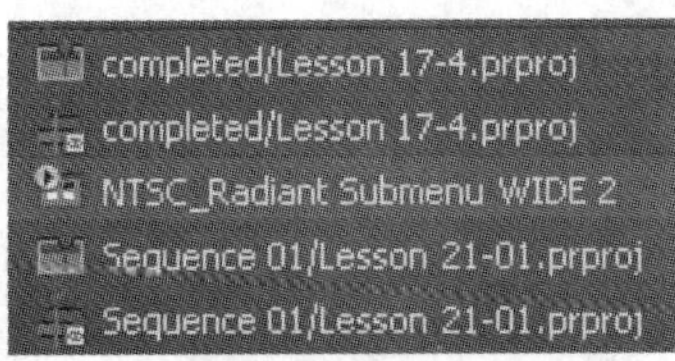

图21–16

预览 DVD

可以在刻录 DVD 之前在 Adobe Encore 内预览菜单，确保其外观效果和实际作用符合要求。

1. 选择 File > Preview 命令预览 DVD，请像使用 DVD 遥控器一样使用鼠标选择按钮，单击每个按钮确保它们能够按要求进行播放。

2. 可以像前面刻录自动播放 DVD 那样刻录这个 DVD。选择 File > Build > Disc 命令，像处理自动播放练习那样处理。

21.6 创建蓝光 DVD

蓝光 DVD 格式支持高清（HD）视频，HD 视频具有比 SD 视频更高的分辨率，因此它不能刻录到标准 DVD 上。刻录蓝光 DVD 需要与蓝光光盘兼容的刻录机和蓝光光盘介质，要播放蓝光光盘，需要在 HD TV 上连接与蓝光盘兼容的播放器。幸运的是，Adobe Encore 可以处理这种新技术。刻录蓝光光盘像刻录标清（SD）DVD 一样简单。

接着我们上一节处理的 Encore 项目，执行以下步骤。

1. 选择 Build 面板。

2. 把 Format 修改为 Blu-ray。

3. 把 Output（输出）修改为 Blu-ray Disc。

4. 单击 Build。

是的，就这么简单。像刻录标准 DVD 一样，如果不想直接刻录到光盘，也可以输出到文件夹或图像文件。

21.7 把 DVD 项目输出到 Flash

从 DVD 菜单创建 Flash 内容是 Adobe Encore 的一项项功能。Adobe Encore 不仅把视频转换为 Flash Video，而且它还能把整个菜单系统转换为 Web 浏览器可以查看的 SWF 文件。这使用户能够通过 Web 演示 DVD 项目，而不需要了解 Flash、HTML 或脚本设计语言。Flash 控件甚至允许用户通过 Flash 的视频控件跳过章节点。

在这个练习中，我们将把刚为 DVD 创建项目导出到 Flash，如果想从包含的例子中载入该项目，请打开 Lesson 21 文件夹下的 Lesson 21 example.ncor。

1. 选择 Build 面板。

2. 把 Format 修改为 Flash。

3. 在 Destination 下方指出位置，在 Settings 内指出项目名称，如图 21-17 所示。请记住，这里所使用的文件夹和文件名，稍后我们需要用浏览器导航到它。

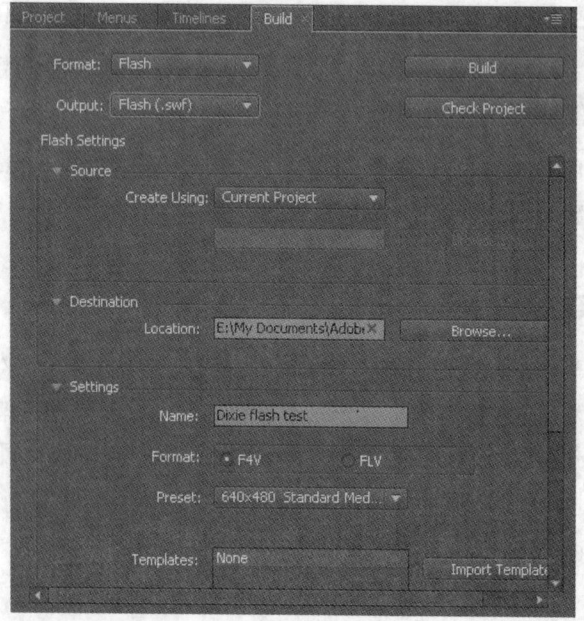

图21-17

4. 所有其他参数保持它们的默认值，之后单击 Build 按钮，就会看到进度条详细说明导出过程的细节，导入完成后会显示“Complete”（完成）消息。Encore 把 DVD 项目转换为可以在 Web 浏览器内浏览的交互式 Flash 文件。

5. 打开 Web 浏览器（浏览器要允许 Adobe Flash 插件查看 Flash 内容）。

6. 导航到刚保存 Flash 文件的文件夹。

7. 在指定的文件夹内，会有一个 HTML 文件：index.html。请在浏览器内打开该文件，观察 Flash 应用。

菜单具有完整的功能，包括背景、按钮突出显示，甚至半透明按钮。单击按钮将播放视频，之后返回菜单，保留在 Adobe Encore 内设置的结束动作。所有这些操作都不需要用户了解 Flash，也不需要编写一行代码。

Pr **注意：**如果把这上传到 Web 服务器，一定要上传子文件夹 Sources 及其所有内容。

如我们前面所提到的，Adobe Encore 是一个全功能的 DVD 创作和刻录工具（功能甚至更多）。这一课展示了一个简单例子，它从 Adobe Premiere Pro 序列构建一个非常简单的菜单。研究 Adobe Encore 的所有菜单创作功能超出了本书的范围，但希望本课能够使用户初步认识到 Adobe Encore 的强大功能。

复习

复习题

1. 为什么把项目通过 Dynamic Link 发送到 Encore，而不是导出 MPEG-2 文件供 Encore 导入？

2. Adobe Premiere Pro 内的 Encore 章节标记有什么用途？

3. Adobe Encore 内首播对象有什么意义？

4. 可以把相同的 Adobe Encore 项目导出 DVD 和蓝光盘吗？

5. 把 Encore Flash 项目上传到 Web 服务器时，必需上传哪些文件？

复习题答案

1. 使用 Dynamic Link 不需要在 Adobe Encore 内处理序列之前进行渲染或编码，Dynamic Link 运行在 Adobe Premiere Pro 内，对序列进行修改，并在 Adobe Encore 内显示出修改。

2. 在导出时 Adobe Premiere Pro 内的 Encore 章节标记将被传递到 Adobe Encore，这些标记在 Adobe Encore 内可用于设置章节点以及命名按钮。

3. Adobe Encore 内 First Play 对象是用户把 DVD 插入到播放器时第 1 个被执行的对象。通常，First Play 对象是主菜单，但它可以是自动播放的视频 Timeline。

4. 是的，不能同时导出两种格式，但可以把相同的项目刻录到 DVD 或者蓝光光盘，之后通过修改 Build 面板的参数把它导出到 Flash。

5. 必须上传在 Build 参数内指定的文件夹内容、Sources 子文件夹及其内容。